山东大学儒学高等研究院教授自选集

农耕文明与中国乡村社会

王加华　著

山东大学出版社
SHANDONG UNIVERSITY PRESS
·济南·

图书在版编目(CIP)数据

农耕文明与中国乡村社会/王加华著. —济南:
山东大学出版社,2023. 8
(山东大学儒学高等研究院教授自选集)
ISBN 978-7-5607-7635-4

Ⅰ. ①农... Ⅱ. ①王... Ⅲ. ①农业-文化遗产-中国-文集②农村社会学-中国-文集 Ⅳ. ①S-53
②C912. 82-53

中国版本图书馆 CIP 数据核字(2022)第 188738 号

责任编辑　肖淑辉
封面设计　王秋忆

农耕文明与中国乡村社会
NONGGENG WENMING YU ZHONGGUO XIANGCUN SHEHUI

出版发行　山东大学出版社
社　　址　山东省济南市山大南路 20 号
邮政编码　250100
发行热线　(0531)88363008
经　　销　新华书店
印　　刷　山东新华印务有限公司
规　　格　880 毫米×1230 毫米　1/32
　　　　　18. 625 印张　418 千字
版　　次　2023 年 8 月第 1 版
印　　次　2023 年 8 月第 1 次印刷
定　　价　92. 00 元

总　序

山东大学素以文史见长，人文学科为山东大学学术地位和学术声誉的铸就做出了极为重要的贡献。而在目前山东大学的人文学科集群中，2012年重组的儒学高等研究院当之无愧地位于第一方阵，是打造“山大学派”的一支生力军。山东大学儒学高等研究院已成为目前国内规模最大、实力突出的国学研究机构。而儒学高等研究院的前身和主体是2002年成立的文史哲研究院。如此说来，儒学高等研究院已然走过了20年的岁月，恰如一个刚刚走出懵懂、朝气蓬勃的青年。

在这20年的生命历程中，儒学高等研究院锻造形成了鲜明的学术特色，即以中国古典学术为重心，以古文、古史、古哲、古籍为主攻方向。本院学者在中国古典学术领域精耕细作，取得了一批具有时代高度的标志性成果，受到学术界广泛赞誉。这一学术特色使儒学高等研究院积极融入了当代学术主流。20世纪90年代以降，中国人文学术发展的大趋势是从西方化向本土化转型，而古典学术是实现本土化的一项重要资源。儒学高等研究院顺应时势，合理谋划，全力推进，因此成为近20年来中国古典学术研究复兴与前行的重要参与者和推动者。

儒学高等研究院的另一特色是横跨中文、历史、哲学、社会学(民俗学)四个一级学科,并致力于打破学科壁垒,在合理分工的基础上力求多学科协同融合。儒学高等研究院倡导和推行的儒学研究实质上是广义的国学,不以目前通行的单一学科为限。在这种开放多元的学术空间中,本院学者完全依据自身的兴趣和能力进行自主探索、自由创造,做到术业有专攻。目前,本院在史学理论、文献学、民俗学、先秦两汉文学、杜甫研究等若干领域创获最丰,居于海内外领先地位。今后的工作重点是在学科协同和学科整合上做进一步探索尝试,通过以问题为轴心的合作研究产生新的学术优势和学术生长点。

在20年的发展中,儒学高等研究院一方面继承前辈山大学者朴实厚重、精勤谨严的学风,一方面力图贯彻汉宋并重、考据与义理并重、沉潜与高明并重、传世文献与出土文献并重、国学与西学并重、历史与现实并重、基础研究与开发应用并重、个人兴趣与团队合作并重、埋头做大学问与形成大影响并重的科研方针,致力于塑造一种健康、合理、平衡的新学风。本院学者中,既有人沉潜于古籍文献的整理考释,也有人从事理论体系的创构发明,他们能够得到同等的尊重和支持。古典学术研究的学派或机构具有自身特色或专长无可厚非,但必须克服偏颇和极端倾向,摒弃自大排他心态。唯有兼顾各种风格、路向的平衡,才能更好地契合学术发展规律,更大限度地释放学术创造力。

当下，古典学术研究正面临五四以来百年未有的历史机缘。中央高度重视中华优秀传统文化的创造性转化、创新性发展，注重发挥传统文化在提升国家文化软实力、推动世界文明交流互鉴、为社会治理提供历史智慧等方面的独特功用。儒学高等研究院将顺势而为，与时俱进，将现有的学术优势与国家重大需求相对接，在古典文献整理研究、儒家思想理论阐释、传统文化精华推广普及等领域齐头并进，努力为古典学术研究的全面繁荣做出新的贡献。

2005年的"山东大学文史哲研究院专刊"第一辑出版说明中曾提出："'兴灭业，继绝学，铸新知'，是本院基本的科研方针；重点扶持高精尖科研项目，优先资助相关成果的出版，是本院工作的重中之重。"这是当年我们这项学术事业"筚路蓝缕，以启山林"时的初心。而今机构名称虽已更易，但初心不变。"山东大学儒学高等研究院教授自选集"即是这一事业的赓续和拓延。这套书是本院33位专家学者历年学术成果的集中盘点和展示，有的甚至是毕生心血之结晶。这同时也是对文史哲研究院成立20周年暨儒学高等研究院重组10周年的一个纪念。期待学界同行的检阅和批评。

山东大学儒学高等研究院
教授自选集编辑委员会
2022年10月

自　序

从2000年9月开始读研究生、算是半只脚踏进学术圈起，至今已走过了二十多个年头。回顾这二十年的所谓“研究”历程，可以2006年4月为断限而分为两个时段。2000年9月至2006年1月，我于复旦大学历史地理研究中心攻读硕博连读研究生，从事的是与历史学相关的研究，具体来说又主要是农业史研究。2006年4月，我机缘巧合进入山东大学文史哲研究院（今儒学高等研究院）民俗学研究所工作，出于或主动或被动的原因，开始踏足民俗学研究领域。虽然我一直不认为自己是一位纯粹的民俗学人，但十几年来，民俗学已给我留下了深深印记，既有学术理念层面的（如田野调查、眼光向下），也有个人性格方面的（让我从内向变得侃侃而谈）。当然，在此过程中，我也曾为自己的学科定位究竟为何而彷徨，曾为与自己周边的民俗学人没有共同的“集体记忆”而苦恼。好在我最终明白了一个道理：做好自己最重要。

对应上述个人之经历，本自选集的22篇论文，亦可大体分为历史学与民俗学两个研究领域，但在具体呈现上却被分为三个版块。第一个版块“农史与农村社会史研究”，主要反映的是我早期的研究主题与相关理念，即重点关注农业生产技术及其对乡村社会的影响等问题。其中特别值得一提的是《内聚与开放：棉花对近代华北乡村社会的影响》一文，主要原因在于这是我踏足学术圈后发表的第一篇学术文章，而并非因为该文写得多么好、见解多么深刻。第二个版块"图像史学研究"，主要是近几年研究话题的体现，即通过体系化耕织图等中国古代农耕图像，看其背后所反映与体现的传统中国思想观念与社会特质。第三个版块"民俗研究"，在内容上则比较庞杂，体现了二十年间个人断断续续对与"民俗"相关的一些话题的关注。其中既有所谓的民俗学理论探讨，也有关于节气与节日、俗民信仰、戏曲与曲艺、大运河等具体话题的讨论。

近些年来，随着相关研究话题的进行，我内心逐渐产生了一个比较宏观的问题意识，即农业生产与传统中华文明的关系问题。传统中国以农为本，虽然我们都承认并强调其"农耕文明"的特质，但却基本只是将农业作为一个先验的前提与基础，而对其究竟是如何塑造与影响中国传统社会的问题却并没有展开详细而深入的讨论。实际上，不论民众日常生活、社会组织，还是文化表达、社会教化、政治运作，都渗透着农耕活动及其相关理念的深刻影响力。这正是我将自选集命名为《农耕文明与中国乡村社会》的原因所在。表面看来，本自选集"民俗研究"版块中的多篇文章似与此主题无关，但实际上亦有着非常紧密的关系。不论节日、戏曲，还是大运河，本质上都是传统农耕时代的产物，适应的是传统农耕时代的社会生活环境；今天节日、戏曲与大运河等出现的诸多变化，与我国社会由农耕社会向工业社会、信息化社会的转变有着直接关系。

感谢儒学高等研究院给我一个可以回顾并梳理自己研究历程的机会，虽然我一直觉得自己还很“年轻”，还不到进行学术回顾与出自选集的年纪。我一直说自己碰到的都是好人，衷心感谢关心与帮助过我的每一个人。学术就是生活，是生活的重要组成部分——切忌将生活过成学术。生活不易，且行且珍惜。

王加华

2022年6月25日于山东大学中心校区

目　录

农史与农村社会史研究

一年两作制江南地区普及问题再探讨
——兼评李伯重先生之明清江南农业经济史研究 …… (3)
节气、物候、农谚与老农
——近代江南地区农事活动的运行机制 …………… (24)
民国时期江南地区的螟虫为害与早稻推广 …………… (44)
内聚与开放:棉花对近代华北乡村社会的影响 ………… (63)
被结构的时间:农事节律与传统中国乡村民众时间生活
——以江南地区为中心的探讨 …………………… (86)
传统中国乡村民众年度时间生活结构的嬗变
——以江南地区为中心的探讨 …………………… (116)

图像史学研究

让图像"说话":图像入史的可能性、路径及限度 ……… (153)
技术传播的"幻象":中国古代耕织图功能再探析 …… (186)
教化与象征:中国古代耕织图意义探释 ………………… (205)

谁是“正统”:中国古代耕织图政治象征意义探析 …… (241)
显与隐:中国古代耕织图的时空表达 …………………… (280)
处处是江南:中国古代耕织图中的地域意识与观念
………………………………………………………… (311)

民俗研究

个人生活史:一种民俗学研究路径的讨论与分析 …… (345)
眼光向下:大运河文化研究的一个视角 ……………… (371)
被“私有化”的信仰:庙宇承包及其对民间信仰的影响
——以山东省潍坊市寒亭区禹王台庙为例 ………… (397)
四“化”:中国节日的当下发展与变化 ………………… (419)
作为人群聚合与社会交往方式的节日
——兼论节日对当下基层社会建构与治理的价值意义
…………………………………………………… (452)
传统节日的节点性与坐标性重建
——基于社会时间视角的考察 …………………… (476)
节点性与生活化:作为民俗系统的二十四节气
——二十四节气保护与传承的一个视角 …………… (498)
“你”怎么看:胡集书会保护与传承的艺人视角 ……… (515)
戏剧对义和团运动的影响 …………………………… (540)
“土”义变迁考 ……………………………………… (555)

农史与农村社会史研究

一年两作制江南地区普及问题再探讨*

——兼评李伯重先生之明清江南农业经济史研究

就传统时期而言，在自然条件允许的情况下，一年两作制的发展与普及程度如何，是评判一个地区农业发展水平甚或是总体经济发展水平的重要指标之一。作为较长一段时期以来我国最为发达、富庶的地区之一，江南地区的一年两作制问题历来受到学界的广泛关注，其中一年两作制普及完成的具体时间问题就是一个重要方面。黄宗智认为，早在明初，稻麦一年两作制在江南平原就已经很是普及，这导致此后复种率几乎没有增加的余地。① 北田英人则提出了完全不同的看法，他认为在江南平原的大部分地区，水稻与冬季作物的一年两作制直到17世纪中叶才取得了优势地位。其有两大特点：一是推广到了江南平原的低田地带，而以前主要是在西部的高田地带；二是以晚稻为主茬，麦、油菜和蚕豆为后茬。但即使如此，在18和19世纪之交，也仍旧有很多田地实行一年

---

* 本文原载于《中国社会经济史研究》2009年第4期。

① 参见[美]黄宗智：《长江三角洲小农家庭与乡村发展》，中华书局2000年版，第78页。

一作制。[①] 对于以上研究,李伯重先生则认为,由于这些研究受统计资料所限,基本是建立在估计与猜想的基础之上,因而可靠性值得怀疑,进而提出了自己的看法:一年两作制于明清之际在江南平原上取得了支配性地位,并最终到19世纪中叶完成普及;至于棉田同样也是如此,到19世纪中叶,棉花与麦类作物的轮作也变得非常普遍。[②]

通过对民国时期一年两作制在江南地区普及情况的分析,我们可以发现,此时一年两作制并不在江南地区占支配性地位,而是以一年一作与两年三作或三年四作为主。诚然,太平天国运动的巨大破坏与上海开埠后外向型商品经济的发展,不可避免地会对江南地区的作物种植制度产生影响,一定程度上有可能会出现作物复种指数下降的情况。但是否真如李伯重先生所认为的那样,即清代中期的复种水平要比20世纪20年代和30年代"多得多"[③]的情形是否存在呢?通过仔细阅读李伯重先生之相关论据,笔者发现其实并不能得出这一结论。另外,可以发现即使作者用以证明19世纪中叶一年两作制江南地区完成普及的相关论据亦存在诸多明显的误读之处,实则并不能证明其自身结论。"皮之不存,毛将焉附。"在材料误读基础上所得出的结论自然也就不能不让人对其可信度产生疑问。虽然"非此"不一定就是"即彼",但至少就李伯重先生

---

① 转引自李伯重:《"天""地""人"的变化与明清江南的水稻生产》,《中国经济史研究》1994年第4期。

② 参见李伯重:《江南农业的发展(1620—1850)》,王湘云译,上海古籍出版社2007年版,第57—62页。

③ 李伯重:《江南农业的发展(1620—1850)》,王湘云译,上海古籍出版社2007年版,第37页。

的论证来看，我们看不出这一点。因此，下文将在笔者对民国时期一年两作制探讨的基础上，通过对李伯重先生所认为的19世纪中叶一年两作制普及完成及民国时期复种指数下降论据的再解读，进而讨论一年两作制在江南[1]地区普及程度究竟若何，并对其明清江南农业经济发展论的观点略作评价。

一、民国时期江南地区作物种植模式

明清以来，因微观环境与作物布局的不同，江南平原逐渐形成了三个相对集中的作物分布区，即沿海沿江以棉为主或以棉稻并重的棉稻产区、太湖南部以桑为主或桑稻并重的桑稻产区及太湖北部以稻为主的水稻产区。[2] 具体而言，在三个地区存在不同的作物种植模式。

（一）棉稻区：两年三作与三年四作

与清中叶时期相同，民国时期江南棉稻区的基本作物种植制度仍旧以棉稻轮作为主，所谓“稻七棉三”，其中最为普遍的为两年棉一年稻，另外就是一年棉一年稻，尤其是到抗战时期由于粮食的匮乏而大为盛行，如在原先盛行两年棉一年稻的宝

---

① 本文的“江南”指江南东部平原区，大体相当于清代的苏、松、嘉、湖四府及太仓直隶州之地。

② 参见李伯重：《明清江南农业资源的合理利用——明清江南农业经济发展特点探讨之三》，《农业考古》1985年第2期。

山,一年棉一年稻就大为扩充。[1] 棉、稻为本区的主茬作物,其后之副茬主要为三麦、油菜等冬作。但在具体作物种植模式上,并非棉、稻之后都有冬作的种植。通常稻收获后会接着种植麦、豆、油菜等冬季作物,而棉花收获后则多土地休闲或种植绿肥作物,借以恢复地力。如在太仓,标准作物种植制度为三年四熟,但并非全是在种棉之后进行休闲,而是棉稻各有一次休闲,标准种植模式为棉—休闲—棉—麦—稻—休闲。[2] 另如上海县,由于是一年棉一年稻,因而通常是两年三熟,种棉后休闲或种植苜蓿、紫云英等绿肥作物,种稻后则种麦或油菜。[3] 在川沙县,民国时期通行的种植方式是两年三熟制,两年中种一茬绿肥以做稻田基肥。[4] "川沙农田,向行两年三熟制,麦为小熟,棉稻为大熟。"[5]

当然我们说稻后冬作、棉后休闲并非绝对。在江南棉区也确有棉后种植冬作的情况存在,上述太仓与宝山北部地区就是如此。不过,这并没有改变三年四熟的熟制,因为虽然增加了一季棉花后的冬作种植,水稻收获后却进行了休闲,仍然是三年中有两次休闲。不过,江南棉区也的确有三年六熟或两年四熟的熟制存在,并且在有的产棉县中还占到主要地位。如在嘉

---

① 参见上海市宝山区地方志编纂委员会编:《宝山县志》,上海人民出版社 1992 年版,第 175 页。

② 参见太仓县县志编纂委员会编:《太仓县志》,江苏人民出版社 1991 年版,第 183 页。

③ 参见上海市社会局编:《上海之农业》,中华书局 1933 年版,第 34 页。

④ 参见上海市川沙县县志编修委员会编:《川沙县志》,上海人民出版社 1990 年版,第 158 页。

⑤ 中华职业教育社编:《农民生计调查报告》,1929 年,第 43 页。

定，一直到新中国成立后的50年代，虽然为两年棉一年稻，但占主体地位的熟制却并非三年四熟，而是三年六熟，即塘元麦（或冬小麦或蚕豆）—棉花—塘元麦—棉花—塘小麦—水稻[①]，也就是说土地已很少休闲。只是这种情形就民国时期的整个江南棉区来说为数很少，并不占重要地位。

（二）稻区：一年一作

相比于棉稻区，民国时期稻区的基本作物种植制度相对简单，基本以水稻种植为主。但由于本区地势低洼，并不适合冬播作物种植，因而以一年一熟制占主导地位。如松江县，新中国成立前作物种植历来就以水稻—紫云英轮作的一年一熟制为主，而在西部和北部的一部分特别低洼地区，则更是只实行冬闲的制度。[②] 即使到了新中国成立初期情况依然如故，“县内大部分地区每年仅栽培一季晚稻，冬季种植绿肥红花草（紫云英）作为水稻基肥，小麦、油菜、蚕豆等冬作，种植极少，农民亦不重视”，只是在东南部的漕泾、亭林等少数地势较高地区“冬季种植麦类油菜较多”。[③] 金山县，“除秋收稻谷外，农人狃于习惯，不肯冬耕，故春令毫无收入，大抵秋谷登场而后，并不翻松泥土，即撒播紫云英种子，春间苗长，翻入土中，作为肥料，

---

① 参见上海市嘉定县县志编纂委员会编：《嘉定县志》，上海人民出版社1992年版，第162页。

② 参见上海市松江县地方史志编纂委员会编：《松江县志》，上海人民出版社1991年版，第319页。

③ 《松江县1955年农业生产计划（修正稿）》，1955年5月9日，藏松江区档案馆，档案号：5-7-11。

间有种植油菜及蚕豆，不过南部少数乡村而已”[①]。嘉善县，作物种植较为粗放，农田大都不冬耕而直接撒播草子，只是第三、四区种春花较多。[②] 吴江县，在民国以前以一熟制占绝对地位，虽然民国时期两熟制面积逐渐增多，却仍旧以一熟水稻为主。[③] “地势低下，河泊又多，故常有水患，八坼、平望、黎里之西南，地愈低，而受患亦愈烈，计十余年来冬作物寥寥可数，盖无岁不被水淹也。……惟北部同里等处地势较高，冬季尚能种植小麦、油菜之属。”[④]青浦县，新中国成立前中部及西南部皆以种单季稻为主[⑤]，“低区冬春休闲，较高之田，亦可栽植油菜及元小麦之属”[⑥]。总之，稻区的大部分地区都是以一年一熟为主。

不过，由于微观地貌环境的差异性，本区的作物种植又并非完全是一年一熟制，而是亦存在少量面积的一年两熟制。昆山县中南部虽为湖荡地区，但地面高程却一般在 4—6 米[⑦]，因此一年两熟制在这些地区亦很盛行。吴县，东部亦为半高田

---

① 《金山县鉴》社编：《金山县鉴》，1946 年，第 22 页。

② 参见杨演：《嘉善农作概况》，《昆虫与植病》第 2 卷第 20 期，1934 年 2 月 11 日，第 56 页。

③ 参见吴江市地方志编纂委员会编：《吴江县志》，江苏科学技术出版社 1993 年版，第 174 页。

④ 东南大学农科：《江苏省农业调查录 · 苏常道属》，江苏省教育实业联合会，1923 年，第 12 页。

⑤ 参见上海市青浦县县志编纂委员会编：《青浦县志》，上海人民出版社 1990 年版，第 210 页。

⑥ 丁宗儒：《青浦农村社会概况》，《农行月刊》第 7 期，1935 年 7 月 15 日，第 10 页。

⑦ 参见江苏省昆山县县志编纂委员会编：《昆山县志》，上海人民出版社 1990 年版，第 194 页。

区，地面高程在3—4米，历史上就一直以一年两作为主。[①] 另外，一定技术措施的实行也在一定程度上保证了这一地区冬播作物的种植，如“垦麦棱”、修圩田等都可在一定程度上促进冬作种植。昆山这项工作就进行得十分出色。据统计，新中国成立前夕，其境内70%左右的耕地共形成了500多个大小圩围，并筑有外塘圩岸518.8公里，这极大改变了土地低洼易涝的状况，从而在一定程度上保证了一年两熟制的施行。[②]

（三）桑稻区：一年两作与一年一作

与棉稻区、水稻区不同，桑稻区的农业用地有其独特之处，即除了“田”之外还有“地”，也就是水田与桑地。而这两种农业用地具体作物种植制度是有所不同的。

桑地主要模式是桑树与其他作物间作。民国时期，在桑地中间作其他作物十分普遍。如在浙江诸产桑区，“桑园间作有豆、麦、棉花、冬芥菜、油菜、玉蜀黍、白菊花、烟叶、玫瑰花、荞麦、药材、乌桕树、番薯、瓜类等，惟如桐庐、富阳、分水、於潜、昌化、新登等县，桑树本身，几为间作，故实无间作之可言。间作之普遍者为豆、麦、菜及瓜类”[③]。如此一来，若桑叶算一熟，桑园中间作之物算一熟，则也就算是一年两熟了。

但就水田而言，在整个桑稻区，民国时期冬播作物的种植

---

① 参见吴县地方志编纂委员会编：《吴县志》，上海古籍出版社1994年版，第288—289页。

② 参见《昆山市农业志》编纂委员会编：《昆山市农业志》，上海科学技术文献出版社1994年版，第1页。

③ 实业部国际贸易局编：《中国实业志 · 浙江省》第4编《农林畜牧 · 蚕桑》，1933年，第172页。

却并不普遍，而是以绿肥为主，并部分休闲。如在嘉兴、桐乡两县，麦类作物虽也有种植，却并不普遍。“两县之农作，几可代表浙西；因种晚稻，多为一熟制。……兹就冬季言之，嘉桐两县，有不冬耕而撒播草子者；或以桩在板田打洞，种以蚕豆者，俗谓之‘牵懒陇头’；或亦翻土种春花者，俗名‘勤谨陇头’，又有于收获后仅撒播紫云草者，为数颇多。”①吴兴，全县九个区，每一区的作物种植基本都以水稻为主，麦类作物极少种植，如第一区耕地面积6万余亩，内种稻4万亩，其余皆栽桑而无麦。② 另如据当时资料，几个蚕桑县份冬季作物种植的比率都比较低，一般在20%左右③，而这些冬播作物中肯定还有一部分是种植在桑地中的。

总之，民国时期一年两作制在江南地区并未取得主导地位。之所以如此，肥料缺乏是重要原因。如在松江：“如种小熟，需肥很多，农民无生产成本，如不下肥，不仅收成少，而且影响大熟产量。”④而直到新中国成立后，太仓新建乡的农民仍是囿于习惯行三年四熟制，究其原因就是怕棉田种植冬作会影响来年棉花生长。⑤ 再就是地理环境的影响，这在稻区与桑稻区

---

① 徐国栋：《嘉桐纪行》，《昆虫与植病》第2卷第6、7期，1934年2月11日，第122页。

② 参见何庆云、熊同龢：《吴兴稻麦事业之调查》，《浙江省建设月刊》第8卷第6期，1934年12月。

③ 参见张心一：《各省农业概况估计报告（附图表）》，《统计月报》第2卷第8期，1930年8月。

④ 华东军政委员会土地改革委员会：《江苏省农村调查》，1952年，第207页。

⑤ 参见中共江苏省委农村工作委员会编：《江苏省农村经济情况调查资料》，1953年内部印行，第210页。

更为明显。如在吴兴:“排水不便,水田亦只能栽种稻作一次,其他春花,如小麦、蚕豆、芸苔、绿肥等作物,均无法栽培。”①乾隆《震泽县志》也说:“邑中田多洼下,不堪艺菽麦。”②对桑稻区而言,蚕桑经济的发达亦为原因之一。正如汪曰桢在《湖蚕述》中所言:“湖人尤以(蚕桑之事)为先务,其生计所资,视田几过之。”③故而,人们都普遍认为“多种田不如多治地”④。而五口通商以后,随着中国生丝的大量出口,蚕桑收益的重要性愈发明显。如吴兴,由于蚕桑事业极为发达,获利颇丰,因而“人民习于懒惰,不勤耕作”⑤,“对于其他农作物,多不重视。地虽肥美,每年禾稻,仅一熟而止”⑥。

二、李伯重先生一年两作制江南地区普及问题论据的再解读

先看棉稻区的情况。李伯重认为,到19世纪中期,棉麦一年两作制已变得很是普遍,这在《齐民四术》《木棉谱》等重要

---

① 何庆云、熊同龢:《吴兴稻麦事业之调查》,《浙江省建设月刊》第8卷第6期,1934年12月。

② 乾隆《震泽县志》卷二五《风俗一》,清光绪重刊本。

③ 汪曰桢:《湖蚕述》卷一《总论》,清光绪汪氏刻本。

④ 张履祥辑补,陈恒力校点:《沈氏农书》,中华书局1956年版,第27页。

⑤ 何庆云、熊同龢:《吴兴稻麦事业之调查》,《浙江省建设月刊》第8卷第6期,1934年12月。

⑥ 中国经济统计研究所编:《吴兴农村经济》,文瑞印书馆1939年版,第15页。

农书中都有记载,另外在上海方志中也能够找到这个变化的明确例证①。但是,检诸史料,我们发现所谓的"明确"例证其实并不明确。

查阅《木棉谱》的记载,直接相关的应该是这几句话:"凡田来年拟种稻者可种麦,种棉者勿种也。谚曰:'歇田当一熟',言息地力,即古代田之义。若人稠地狭,万不得已,可种大麦或稞麦,仍以粪壅力补之,决不可种小麦。"此处提到稻的前作可以种麦,但棉却不可以,除非是"万不得已"。既是万不得已,也就是说非常之少。如此,按褚华所说的两年棉一年稻的种植模式及稻麦不同的冬作搭配方式,则应是三年四熟制,即冬作—稻—休闲—棉—休闲—棉。如此,就三年轮作周期内的某一年而言,确实存在棉与冬作轮作,即一年两作的情形,但某一年内的情形却并不能代表在整个轮作周期内都是如此。

而包世臣《齐民四术》的相关记载,具体谈及棉麦轮作的是这几句话:"其小麦地种棉花者,不及耕,就麦塍二丛为一窝,种棉子,计麦熟而棉长数寸矣。""种棉者宜冬春再耕过,清明即可下种。沟塍种小麦者,及小满可于麦根点种。刈麦,棉长数寸,锄密补空,每窝三茎,深锄细敲,无减专种。"②其中确实提到了麦棉轮作,但并没有说非常普遍。恰恰相反,从包世臣的记述逻辑来看,"种棉者宜冬春再耕过,清明即可下种"应该是更为普遍或者说更受重视的种植方式,棉前种麦只是被特意提起的一种特殊情形而已。而这句话也说明种棉之前是没

---

① 参见李伯重:《江南农业的发展(1620—1850)》,王湘云译,上海古籍出版社2007年版,第60页。

② 包世臣撰,李星点校:《齐民四术》,黄山出版社1997年版,第166、179页。

有冬作种植的，因若有冬作生长，就不可能冬春再耕、清明下种了。

至于嘉庆《上海县志》的记载："业农者最勤苦，植木棉多于粳稻。秋冬种菜麦，来岁始铚刈，为春熟。"首先，此记载确实说明了在棉稻等大熟后存在种植冬作的情形，但并不代表就是非常普遍，因为方志的记载通常是以有无而非多少为标准。[①] 实际上，在江南地区的绝大多数方志中我们都能够见到类似的记载[②]，但这只能说明一年两作制在地域范围上得到了普及，并不能代表一年两作制在整个播种面积中占到了优势地位[③]。其次，从这则记载中我们也不能明确看出到底是棉还是稻与菜麦相搭配的。在棉稻轮作的过程中，虽然确实有作为副茬之冬作的播种，但正如褚华所言的"来年拟种稻者可种麦，种棉者勿种也"，并非在每一年内都会有棉稻与冬作搭配的情形，实际上这只有在棉稻换茬时期才会出现。也就是说，在一个轮作周期内，通常只有一年而非每年都会出现一年两作的情况。之所以要这样做，一是可以"息地力"，二是出于节约农时的考虑。因棉花一般要在谷雨、立夏间播种，而冬作一般要到

---

① 正如白凯在其有关江南赋税的研究中所指出的，地方志对于佃户的记载，只是把它当作理所当然的事实，而不去计较其数量的多少。参见［美］白凯：《长江下游地区的地租、赋税与农民的反抗斗争（1840—1950）》，林枫译，上海书店出版社2005年版，第21页。

② 对此，日本学者川胜守曾有细致的整理。具体可参见［日］川胜守：《明末清初长江沿岸地区的"春花"栽种》，（台北）"中研院"近代史研究所编：《近代中国农村经济论文集》，1989年12月。

③ 普及可以有两种理解：一是分布区域上的普及，一是种植面积上的普及。从李文提出的190%的复种率来看，李先生所云之"普及"应该是指种植面积上的普及。

小满以后才成熟,这样如果种棉之前播种冬作的话,自然就会延误棉花的种植。所以褚华说,除非“万不得已”绝不能种冬作。若真要播种的话,也只能播种大麦或稞麦,而“决不可种小麦”,只因小麦要晚成熟半个月。

再来看水稻区的情形。李伯重认为,到 19 世纪 30 年代,稻田一年两作制的普及全面完成,并为此列举了两条例证。

其一是姜皋的《浦泖农咨》关于松江府的记载,他认为此记载说明“江南稻田已大都种麦与豆,实行一年二作”,并指出其中虽有“频年不见春熟”的记载,但这只是 1823 年大水灾之后的情况,而在此之前,春花种植很普遍。① 但仔细翻检《浦泖农咨》,笔者得出的结论却恰恰与李先生相反。“吾乡地势低洼,稻熟后水无所,故冬遇淫霖,一望尽白矣,春时多犁于淤泥中。”“水无所”“一望尽白”,说明春花作物根本无法种植;“春时多犁于淤泥中”,也说明没有冬播作物种植。因为若种植冬作,犁地通常要到小满以后,也就不能称之为“春”了。“二麦极耗田力,盖一经种麦,本年之稻必然歉薄,得此失彼,吾乡多不为。……然青黄不接无米可炊者,麦粥麦饭终胜草根树皮,故田家于屋旁埣地亦多种之。”说明麦的种植极少,“多不为”,只是在“屋旁埣地”种之。“吾乡春熟者,除红花草外,蚕豆油菜为多”,说明种植最多的应是绿肥作物,蚕豆油菜只是其次。“东乡能种春熟者,皆至高之田”,通过本乡与东乡的对比,姜皋知道春熟只是在一些至高之田才能种植的,而本乡低洼,所以是不种植春熟的。至于“频年不见春熟”也看不出其与癸未

---

① 参见李伯重:《江南农业的发展(1620—1850)》,王湘云译,上海古籍出版社 2007 年版,第 58 页。

大水有何关系。“吾无忧者,地力之不复耳。昔时田有三百个稻者,获米三十斗,所谓三石田稻是也。自癸未大水后,田脚遂薄,有力膏壅者,所收亦仅二石。”

其二是陶澍为李彦章的《江南催耕课稻编》作序时所说的一句话:“吴民终岁树艺一麦一稻。麦毕刈,田始除。秧于夏,秀于秋,及冬乃获。故常有雨雪之患。”单从这句话来看,稻麦连作似确在江南地区获得了普及。但笔者以为,这句话似有夸大之嫌。《江南催耕课稻编》的主要目的是在江南地区推广早稻与双季稻,所谓“易麦而为早稻”。之所以有此提议,主要在于稻麦复种在季节上存有矛盾,陶澍的这句话就在于指明这一点。如此一来,为迎合李彦章书中之意,陶澍必然要夸大稻麦连作的普遍性与危害性,以劝导人们行改种早稻之法。不然,其不会只提及稻麦——“终岁树艺一麦一稻”,而忽略其他作物,如棉、桑等。

三、明清江南农业:停滞还是发展

长期以来,对于明清江南农业经济发展的评价问题,存在着两种截然相反的观点①。一是日本学者较早提出的“明清停滞论”以及与此相近的西方学者的“中国社会停滞论”,还有就是我国大陆学者所持的“中国封建社会长期停滞论”;一是“明清发展论”,在西方称为“近代早期中国论”,在我国大陆则被

① 虽然这些研究不一定都是针对江南地区展开进行的,但都主要是以江南地区经验为基础的。

称为“中国的资本主义萌芽论”。对于以上两种思路与观点，李伯重认为，他们实质上都是“西欧中心论”。[①] 对于以上两种思路与观点，近年来越来越受到反对“西方中心论”学者的强烈反对，他们认为应该从“中国内部”寻找答案。只是，虽然大家立意相同，得出的结论却并不相同。如美国学者黄宗智通过对江南自身经济发展一个较长时间段内的研究梳理，提出了其著名的“过密性增长”或称“内卷化”理论，认为明清江南农业只有增长而没有发展，即只有经济总量的增长而没有劳动生产率的提高[②]，其实质仍旧是“停滞论”。对此，中国学者李伯重提出了针锋相对的看法，认为明清江南农业发展不仅有技术上的进步，亦有劳动生产率的提高[③]，对此我们可称之为新时代的“发展论”。

为论证自己的观点，李伯重提出了三个核心命题或概念，即“一年两作”“人耕十亩”与“男耕女织”，并认为三者的结合，构成了近代以前江南农民家庭经济的最佳模式，它的出现“并不是表明了农民劳动生产率的停滞或下降，恰恰相反，这体现了它的提高”[④]。也就是说，这一最佳模式也正是江南农业获得发展的最佳体现。而就这三者而言，按李先生的论述，“人耕十亩”“男耕女织”的存在又是以“一年两作”为基础的，

---

① 参见李伯重：《江南农业的发展（1620—1850）》，王湘云译，上海古籍出版社 2007 年版，第 2—6 页。

② 参见［美］黄宗智：《长江三角洲小农家庭与乡村发展》，中华书局 2000 年版。

③ 参见李伯重：《江南农业的发展（1620—1850）》，王湘云译，上海古籍出版社 2007 年版。

④ 李伯重：《江南农业的发展（1620—1850）》，王湘云译，上海古籍出版社 2007 年版，第 14 页。

这二者之所以能够出现，与“一年两作”的推广与普及密不可分。可见，就李先生的研究而言，“一年两作”是其整个立论的基石之所在。他认为，一年两作制于19世纪中叶在江南平原地区取得了支配性地位。反映在作物复种率上，此时江南东部①的复种率为190%。② 但问题在于，明清时期并不重视经济数据的收集，李先生的数据是如何得出来的呢？他的基本方法就是环环相扣的估算与推论。

首先，李伯重先对20世纪20年代末本地区的复种率进行了估算，在此赖以为据的是卜凯的估计。他认为，张氏的数字(159%)“显然过低，因为卜凯的调查显示，在‘在扬子江稻麦产区’(其组成部各部分包括江南各地区、苏皖二省中部、鄂省大部及豫省东南部)约三分之二的耕地采用了一年二作制”③。正是根据这一句话，作者得出此时长江三角洲的复种率为180%。但问题在于，凭什么就断定张氏的数字过低而卜凯的数据更可靠呢？笔者认为，恰恰相反，与张氏相比，卜凯的论断更不可靠。其一，卜凯的论断所涉地域范围过于庞大，并不能完全代表江南。其二，也是更为重要的，就数据来源看，张氏数据是建立在分县调查统计基础之上的，而卜凯的调查则是建立在选点(具体来说就是单个“农场”)调查基础上的。谁更准确，一目了然。

---

① 在李文中是指苏州、常州、松江、嘉兴四府，与本文所说的江南东部平原大体相当(以民国区划为准，少吴兴、德清二县)。

② 参见李伯重：《江南农业的发展(1620—1850)》，王湘云译，上海古籍出版社2007年版，第37页。

③ 李伯重：《江南农业的发展(1620—1850)》，王湘云译，上海古籍出版社2007年版，第34页。

其次，在20世纪20年代末江南东部平原复种率的基础上，李伯重又提出了自己的第二个论断，即清代中期的复种水平要比20世纪20年代和30年代“多得多”。但这一论断亦同样存在问题。其一，190%与180%相比，并没有“多得多”。而作者实际上也认同这一点，认为是“大致相当”。“(19世纪50年代)江南东部的复种率为190%，与卜凯1928年对扬子江流域的估计以及程潞1956年对苏州—无锡地区的估计大致相当。”[①]其二，作者据以论证复种率下降的证据也很难站得住脚。为论证复种率下降的论断，作者提出了三条例证。

第一条例证是陈恒力的论述，认为江南地区的冬季作物在1856年以后急剧减少。第二条例证就是《南浔镇志》的相关记载。翻阅《补农书研究》可以发现，陈恒力先生所凭之证据其实也是出自南浔一地。“农人日即偷惰，新谷登场，不闻从事春花。前志所载，田中起棱，播种菜麦，今皆无有。惟垄畔桑下莳种蚕豆。吾镇所辖十二庄大率如此。春郊闲眺，绝无麦秀花黄之象。”这里确实提到了春花种植面积下降的事实，但“绝无”二字却不免有过分夸大之嫌，因为在同一志书中我们亦可以见到如下记载：“是月(九月)，筑场，艺麦豆。”而之所以会出现春花种植下降的现象，其根本原因还在于蚕桑业的发展。“乱后，乡人惰于稼，而勤于蚕。无不桑之地，无不蚕之家。”[②]也就是说，这实际上只是在蚕桑区才有的现象，并不能代表整个江南地区春花种植面积都有所下降。另如前述，就桑园而言，明清以来

---

① 李伯重:《江南农业的发展(1620—1850)》，王湘云译，上海古籍出版社2007年版，第37页。

② 民国《南浔志》卷三〇《农桑一》，民国十一年(1922)刻本。

一年两作制是在增加的，而这必然会在一定程度上弥补因蚕桑发展所导致的水田中一年两作制的减少[1]，从而使整个蚕桑区内一年两作制仍能保持在与以前相差不多的水平上。

第三条例证则是有关松江的对比。据钦善的观察，19世纪初，在松江350万亩耕地中，约有七分之四的稻田存在一年两作，但到20世纪40年代初期，松江却几乎不再种植冬季作物了。[2] 查钦善之文，是这样说的："（为顷五万）去山池涂荡十三不可耕，十三一稔，十四再熟。"[3]据钦善之记载，可以发现李先生在两点解读上存在问题。首先，这"十四再熟"的田，钦善并未说就是稻田，而实际上棉田的可能性更大，因作者通篇更多谈论的是种棉而非植稻。其次，钦善所谓之松江是指"松江府"，而非李氏用作对比之20世纪40年代的松江县。理由之一是单纯一个松江县不可能有350万亩耕地。理由之二，钦善也曾明确说是"七邑"，即松江府所下辖之七县。也就是说，此两处的"松江"并非指同一个地方。就整个松江府而言，由于棉花的广泛种植，在棉稻轮作的过程中，确存在有一定面积的冬播作物种植。但就松江县而言，如前所述，作为一个基本以水稻种植为主的县份，只在南部地区有少量的冬作种植。也就是说，就整个江南地区而言，我们看不出复种指数有明确下降的趋向。

---

① 在蚕桑生产大发展的背景下，桑园中的间作如豆麦等之所以增加，在于与水田相比，桑园地势高，不需要繁重的开垄作沟等工作环节，因而相对比较省力。

② 参见李伯重：《江南农业的发展（1620—1850）》，王湘云译，上海古籍出版社2007年版，第37页。

③ 钦善：《松问》，贺长龄辑：《皇朝经世文编》卷二八《户政三·养民》，岳麓书社2004年版，第613页。

复种指数之所以下降,李先生认为绿肥种植增加是重要原因。而绿肥之所以增加,一是豆饼输入减少所导致的肥料匮乏,二是劳动力的短缺。关于肥料匮乏,李先生似乎过分夸大了豆饼在整个江南农业生产中的重要性。他认为江南地区每年约输入 2000 万石大豆,而这些大豆制成 2600 万担肥料,约占江南地区总肥料量的 27%。① 但问题在于,输入江南的大豆并不一定全部都被制成豆饼,制成的豆饼也不一定全部被用作肥料,而用作肥料的豆饼也并不是在所有人户都有使用,如据足立启二的研究,豆饼其实主要是在"上农"中使用,并不普及。② 关于劳动力短缺,太平天国战后的江南确实损失了大量人口,但通过大量移民及几十年的繁衍生息,到 20 世纪初已日渐恢复。如据竺可桢先生的研究,20 世纪 20 年代,江南所在的江苏、浙江两省的人口密度分别为 732 人与 601 人(每平方哩),远高于全国其他省份,高居前两位。而就这两省来说,又以江南所在的区域人口密度为最高。江苏这边,属于江南的县份人口密度大部分都在 1000 人以上,最低的嘉定也有 766 人,高于江苏的平均值。浙江这边,除嘉兴、平湖外,人口密度均在 1700 人以上,远高于全省平均值。③ 另,李伯重先生一向反对"人口压力说",认为"人耕十亩"(以"一年两作"为基础)模式的出现和普及是农家主动追求较高劳动生产率和劳动报酬的

---

① 李伯重:《江南农业的发展(1620—1850)》,王湘云译,上海古籍出版社 2007 年版,第 125—126 页。

② 参见[日]足立启二:《大豆粕流通和清代的商业性农业》,《东洋史研究》第 37 卷第 3 号,1978 年。

③ 参见竺可桢:《论江浙两省人口之密度》,《东方杂志》第 23 卷第 1 号,1926 年 1 月 10 日。

结果,而不是人口压力的结果。[①] 照此逻辑,太平天国战后江南地区人口的损失应该不会导致单个农户由冬作改种劳动力需求较低的绿肥才对。

正是在以上两个论断的基础上,李伯重先生做出了190%的估算,并认为"这样的复种指数与清代前中期对于江南作物情况的记载基本上是一致的"[②]。但是,据前论述可知,一方面,卜凯的数据本身就是不可靠的;另一方面,有关19世纪50年代以后复种指数降低的论断也是有些站不住脚的。如此,在这两个推断的基础上做出的结论也就必然是不可靠的。正如布伦纳与爱仁民所评论的那样,由于没有"复杂运算所需的合格数据",李伯重的结论"是基于完全不可靠的估算方法之上","李实质上最后是在假定他所必须证明的东西"。[③]

四、结　论

通过以上论述我们可以发现,民国时期一年两作制在江南地区并不占主导地位。另,李伯重先生所认为的19世纪中期江南地区的复种水平要比20世纪二三十年代"多得多"的结论也并不牢靠,实际上我们并不能发现存在有这种明显下降的

① 参见李伯重:《"人耕十亩"与明清江南农民的经营规模——明清江南农业经济发展特点探讨之五》,《中国农史》1996年第1期。

② 李伯重:《江南农业的发展(1620—1850)》,王湘云译,上海古籍出版社2007年版,第37页。

③ 转引自高寿仙:《用另一种眼光看清代江南农业经济》,《中国图书评论》2008年第1期。

趋势，事实上其本人的估算（190%对180%）也证实了这一点。基于此，我们完全可以用民国时期一年两作制在江南地区的普及情况为依据，去了解在此之前一年两作制在本地区的推广情形。如此，则19世纪中叶江南地区一年两作制的普及如何也就颇令人怀疑了。换个角度说，即使李伯重先生用来证明其论点——19世纪中叶一年两作制在江南地区完成普及——的史料依据，通过上文的分析我们可以发现，其实并不能证明这一点，而是存在诸多误读之处。综合这两个方面来说，李伯重先生所认为的江南地区一年两作制于19世纪中叶完成普及的论断并不能让人信服。

若一年两作制在19世纪中叶并没有在江南地区获得极高的普及，则李伯重先生有关明清江南农业经济史研究的基本观点，即劳动生产率提高的发展论也就是站不住脚的。当然，这样说并不表示笔者就赞同黄宗智先生的观点。事实上，笔者认为李伯重先生所提出的地区分工、技术推广等，对于地区经济发展确有其积极意义，但这些进步到底能在多大程度上促进劳动生产率的提高，却是不能给出一个非常明确的定论的。而对这一问题的解答，实际上仍然需要我们做大量相关细致而深入的研究，尤其是对一些基础性问题更是如此，如土地亩数、人口总数及农户百分比、作物种植制度、具体耕作技术等。虽然由于历史上相关统计资料的匮乏，对很多问题的探讨我们将永远无法真正揭示历史真实①，但这总比不求甚解，即力图去构建

---

① 在后现代主义史学看来，在所有问题上其实我们永远都不能获得历史真实，我们所能获得的“历史真实”其实只是“文本真实”。但是，即便我们无法获得完全的历史真实，也可以采取各种途径以便去更进一步地“接近”历史真实。

宏大理论要好得多,而实际上宏大理论是要以基本事实为基础的,即使这些"事实"只是"文本上的事实"。另外,对于许多问题的探讨,我们还要充分注意到其区域差异性,不能只把江南看作一个均质的整体而不关注其内部的异质性,不然就会犯以偏概全的错误。正如许中平先生所说的那样:"江南地域达几十万平方公里,明清时期的时间跨度有四五百年。由于缺乏这几百年中的完整资料,所以我们只能用局部的甚至个别的材料来得出结论。而用局部或个别材料得出的一般性结论肯定是不可靠的。更何况,在如此广阔地域和如此长时期的跨度内,情况必然是千差万别。"①而以上两点,不仅对明清江南农业经济史研究,应该说即使对整个江南研究来说都是适用的。

---

① 许中平:《误入歧途的明清江南经济史探讨——与黄宗智、李伯重、彭慕兰商榷》,2004 年 7 月 24 日,http://economy. guoxue. com/sort. php/321/4。

节气、物候、农谚与老农*

——近代江南地区农事活动的运行机制

一、引　论

农业生产是人类与自然之间相互作用以获取物质资源的活动，其由一系列工作环节所组成。为保证农业生产活动的顺利进行，一年之中，从农作物的播种到收获，各个工作环节必须要顺应农时而依次展开。我国古代劳动人民很早就认识到了农时及其对农业生产的意义，相传早在尧时就曾命羲仲等人根据天象，“敬授人时”①。以后，《夏小正》《诗经·豳风·七月》等都曾记录一年之中各个时期的农业生产活动。至于农时对于农作物生长的意义，《吕氏春秋·审时》曾有集中的讨论，认为“凡农之道，厚之为宝”。叶世昌先生认为，“厚”在此很可能就是“候”的假借字。② 对此，以后历代的农学著作亦都有所提及，如西汉《氾胜之书》、南宋《陈旉农书》、元《王祯农书》、明

---

* 本文原载于《古今农业》2005年第2期。

① 阮元校刻:《十三经注疏·尚书正义》，中华书局2009年版，第251页。

② 参见叶世昌:《中国古代的农时管理思想》，《江淮论坛》1990年第5期。

马一龙的《农说》等。其中，又以王祯的论述最为直接明了："四时各有其务，十二月各有其宜。先时而种，则失之太早而不生；后时而蓺，则失之太晚而不成。"①

农业生产活动必须要顺应农时，那么古代劳动人民在没有今天先进仪器的条件下又是如何把握农时的呢？在这一过程中，政府的督导可能发挥了一定的功效。如《诗经·豳风·七月》中有"田畯至喜"的记载，说明当时已有专门督导农事的官员。《吕氏春秋》十二纪更是有详细记载：正月，天子要布告农事，命令田官"皆修封疆，审端经术，善相丘陵、阪险、原隰，土地所宜，五谷所殖，以教道民，必躬亲之"②，教导人民做好农业准备工作，并因地制宜种植作物。四月，"命野虞出行田原，劳农劝民，无或失时。命司徒循行县鄙，命农勉作"，督导人民抓紧农时努力工作。八月，有关官员要"趣民收敛，务畜菜，多积聚"，督促人们要及时收获。以后封建皇帝与各级州县官吏每年春天都要"亲耕籍田"，这可能就是这种传统在后世的延续。官府外，一些个人或团体也可能起了一定的作用，如王祯就曾"取天地南北之中气作标准"，作授时图，"与日历相为体用"，并且主张"务农之家，当家置一本，考历推图，以定种蓺"。③ 以后的徐光启等人也都曾仿效。民国时期，浙江农业协进会也曾编著一本《农家历》，目的就在于改变以前人们那种"无相当之常识，于农忙农闲，无预定之

---

① 王祯著，王毓瑚校：《王祯农书》，农业出版社 1981 年版，第 10 页。

② 吕不韦撰，高诱注：《吕氏春秋》卷一《孟春纪·正月纪》，四部丛刊景明刊本。

③ 王祯著，王毓瑚校：《王祯农书》，农业出版社 1981 年版，第 11 页。

规则”[1]的状况，指导人们按时从事各项农业生产活动。

不论政府、相关团体还是一些个人，他们可能确实在指导农民掌握农时以顺利开展农业生产活动的过程中起了一定的作用。但是，一方面，政府、团体或个人作为外部力量，他们的作用不宜过分夸大[2]；另一方面，同时也更为重要的是，他们把握农时的依据又是什么呢？因此，在这背后肯定还有一套更为基本的、为大家所共同依赖的准则，那这一套准则究竟是什么呢？本文就试图对这一问题展开论述，探讨在广大普通民众内部，他们据以开展农事活动的准则是什么，范围则限定在近代的江南地区[3]。

二、节气：主要的准则

农民主要是依靠什么来掌握农时、以保证农事活动顺利进行的呢？答案是节气。当笔者在湖州农村做实地考察、与许多老年人交谈而问到这一问题时，几乎每个人都是脱口而出：节气，当然是节气。在他们看来，这是一个不成问题的问题，因此

---

① 浙江农业协进会：《农家历·序言》，上海新学会社出版，1922年9月。

② 随着时间的推移，政府的作用呈日渐减弱之势（当然1949年后的合作化运动就另当别论）。就近代江南来说，政府的作用可能仅仅体现在立春时节的鞭土牛仪式中了，越来越变成一种程式化、娱乐化的东西了。

③ 江南的界定，以李伯重先生的标准为准，即相当于清代的苏、松、杭、嘉、湖、常、镇、宁及太仓这八府一州。参见李伯重：《简论“江南地区”的界定》，《中国经济史研究》1991年第1期。

我亦受到了许多善意的嘲笑。对于这一点，费孝通先生亦早已指出过："农民用传统的节气来记忆、预计和安排他们的农活。"①

节气是我国劳动人民在长期的生产实践中掌握农事季节的经验总结。节气共有二十四个，所以又称为"二十四节气"，十二个月中每月两个。这二十四个节气依次为：立春、雨水、惊蛰、春分、清明、谷雨、立夏、小满、芒种、夏至、小暑、大暑、立秋、处暑、白露、秋分、寒露、霜降、立冬、小雪、大雪、冬至、小寒、大寒。节气在我国很早就已出现，春秋时代就已经有二至和二分四个节气了。以后逐步发展，至迟到秦汉时期，完整的二十四节气最终形成。② 二十四节气是农事经验的总结，其很早就被用于指导农业生产活动。如《礼记·月令》所载："孟春之月……是月也，以立春……天气下降，地气上腾，天地和同，草木萌动。王命布农事，命田舍东郊。"《氾胜之书》亦有论及，如耕田"凡耕之本在于趣时和土……春冻解，地气始通，土一和解，夏至天气始暑，阴气始盛，土复解，夏至后九十日昼夜分，天地

---

① 费孝通：《江村农民生活及其变迁》，敦煌文艺出版社 1997 年版，第 115 页。

② 参见程傅颐：《二十四节气》，苏州人民出版社 1959 年版，第 23、32 页。在节气产生的过程中，又由节气派生出了伏、九、时、霉等名称。伏：一年中最热的三十天叫伏，其又分三个阶段，从夏至后的第三个庚日算起，每十天为一伏，依次称为初伏、中伏、末伏。九：从冬至的第二天算起的八十一天，分成九小段，每段九天，依次称一九、二九……九九，是为一年中最冷的阶段。时：夏至后的十五天，可分成三个段落，每段五天，分别叫作头时、二时、三时。霉：指长江中下游春末夏初的一段潮湿多雨的时段，历法上规定，芒种后第一个丙日称"入霉"，小暑后第一个未日称"出霉"。当然，实际情况不一定完全如此。

气和，以此时耕田一而当五，名曰膏泽，皆得时功”。王祯亦曾说：“十二辰日月之会，二十四气之推移，七十二候之迁变，如环之循，如轮之转，农桑之节，以此占之。”①

二十四节气最初是根据黄河流域的自然气候特点而创造的，由于其能反映农事季节，便于掌握农事活动而逐步向黄河流域以外的地区推广开来。但是，各地的自然气候条件是不同的，二十四节气并非是“放之四海而皆准”。因此，各地在利用二十四节气的过程中不是生搬硬套，而是根据实际情况来灵活掌握与运用。以冬小麦播种为例，在黄河流域播种的适宜时期为秋分时节，正所谓“秋分种麦，前十天不早，后十天不晚”，“白露早，寒露迟，只有秋分正当时”，而在华中就是“寒露霜降正当时”；浙江则为“立冬播种正当时”，“大麦种过年，小麦冬至前”。② 于是，二十四节气只适用于黄河流域的情形被打破，各地人民根据本地特点，用自己积累的二十四节气与农业生产的关系来指导农事活动。总之，虽然二十四节气的名称并没有变，但其已被赋予了新的内容。

在近代江南地区，人们就是用经过调整的二十四节气与农业生产活动的关系来指导自己的农业生产活动。这一点我们可以从此地流行的农谚中看出来。要保证农事活动的顺利进行，掌握好播种季节是重中之重。因为播种季节的迟早就决定了农作物整个生长发育过程的季节与气候，从而对整个生产带来极大的影响。正如农谚所云：“莳秧一日迟，十日追不到。”③

---

① 王祯著，王毓瑚校：《王祯农书》，农业出版社 1981 年版，第 10 页。

② 参见中国农业科学院农业气象研究室：《二十四节气与农业生产》，农业出版社 1960 年版，第 33—34 页。

③ 苏州专署：《农谚》，苏州人民出版社 1960 年版，第 80 页。

因此,为使农事活动顺利开展,首先就是要掌握好播种时节。在农谚中,关于播种方面的最多,应该就是明证。下面我们就以江南地区的主要农作物为例来看一下。先是最主要作物——水稻:“清明浸谷种,勿要问爹娘”(浙江);“谷雨浸谷种,立夏落稻秧”(南汇);“清明前后忙落谷”(松江);“谷雨下早秧,节气正相当”(上海);“谷雨浸种,立夏落秧”(川沙)。[①] 如果错过了最佳时节、播种延迟,结果只能是产生损失:“过伏不栽稻,栽了收不到”(苏南);“小暑里莳秧,只捞点钱粮”(宝山);“小暑插老秧,过年卖老娘”,“小暑里插秧,只好收点种子粮”(川沙)。其他作物,如麦类:“寒露种麦,前十天不早,后十天不迟”(宝山);“寒露麦落泥,霜降麦头齐”(奉贤、川沙);“大麦不过寒露,小麦不过霜降”(苏南)。棉花:“清明种棉早,小满种棉迟,谷雨立夏正当时”(上海);“谷雨早,小满迟,立夏种花正当时”(奉贤);“立夏花,大把抓,小满花,不回家”(上海)。油菜:“立冬种完麦子,小雪种完菜籽”(上海);“冬至菜花年大麦”(川沙)。蚕豆:“寒露种蚕豆”(上海);“蚕豆种在寒露里,一棵蚕豆一把荚”(川沙)。总之,各种作物的播种时期都有相关节气与之相适应。

看过播种,再来看收获。收获是农业生产大田劳作的最后环节,是农事活动的最终目的,因而也是农事中最值得重视的。因此,各种作物的收获也有一定的节气与之相关联。[②] 如水稻:“寒露无青稻,霜降一齐倒”(金山、宝山);“霜降一齐倒,立

---

① 农业出版社编辑部:《中国农谚》上册,农业出版社 1980 年版,第 23、24、28、31 页。另,文中所引用的农谚,如不特别注明,均是出自此书。

② 当然,收获不仅决定于所在节气的气候,而是各种因素综合影响的结果,所以收获的节气主要是依据作物的生育情况而制定的。

冬无竖稻”(上海);“霜降割晚稻”(嘉兴)。麦类作物:“芒种忙,收割忙”(川沙);“芒种夏至麦上场,家家户户一齐忙”(上海);“元麦不过夏至”(嘉兴、湖州);“大麦芒种忙忙割,小麦夏至无一棵”。[①] 棉花:“白露三朝花上行”(嘉定);“中秋前后是白露,宜收棉花和甘薯”(上海);“白露秋分头,棉花才好收”(川沙)。黄豆:“麦到芒种谷到秋,寒露才把豆子收”(上海)。油菜:“立夏三天扯菜籽”(上海)。蚕豆:“小满见三新”(三麦、油菜、蚕豆要收获了)。[②]

除播种、收获外,作物在生长过程中的管理也至关重要,因此也必须要注意。那么这些管理工作在什么时候进行最合适呢?对此,也有相应的节气与之对应。还是先看水稻中间管理的各个环节。施肥:“处暑不浇苗(指施肥),到老无好稻”;“处暑不放本,白露枉费心”(上海)。灌溉:“处暑勿浇苗,到老无好稻”(川沙、宝山);“处暑里的水,谷仓里的米”(宝山);“千车万车,不及处暑一车”(宝山)。中耕锄草:“六月田中拔棵草,冬至吃一饱”(宝山);“大暑不耙稻,到老勿会好”(川沙);“秋前拔稗,秋后拔坏”(宝山);“立秋不耥稻,处暑不长稻”(川沙、宝山)。搁稻:“秋前不搁田,秋后叫懊恼”(宝山);“秋前不干,秋后莫怨天”(宝山);“秋前不搁田,秋后叫皇天”(上海)。麦类作物:“春肥一杓,不及腊肥一滴”(嘉定);“小寒大寒施腊肥,油菜小麦过冬齐”(川沙);“九九不通沟,小麦十成收”[③](宝山)。棉花:“夏至锄三遍,胜过多施三次肥”(奉贤);

---

① 苏州专署:《农谚》,苏州人民出版社1960年版,第82页。

② 苏州专署:《农谚》,苏州人民出版社1960年版,第52页。

③ “九九”大概在春分时期,这时麦正拔节,不宜灌水过多,所以不要通沟。

“脱花要等黄梅信，锄头落地长三寸”（奉贤）；“头时金锄头，二时银锄头，三时无用头”（上海）；“七月小暑连大暑，中耕锄草莫失时”（上海）。油菜：“小寒大寒施腊肥，油菜小麦过冬齐”（川沙）。

从以上我们看出，各种作物从播种到中间期管理再到收获都有一定的节气与之相对应，人们便可以根据这些节气来合理安排各种农活。但是，这并不意味着这些节气是固定的、必须按照节气来进行各农事活动，而是应该灵活运用，正所谓“死节气，活办法”。一方面，即使对于同一种作物来说，不同的品种其各工作程序的日期也是不同的，而非整齐划一。就以水稻播种来说，如早稻“清明浸种，立夏插秧”（川沙），中稻是“立夏种，芒种栽”（江苏），而晚稻则是“小满种，夏至栽”（江苏）。收获也同样如此，“早稻白露收，晚稻留一留”（川沙）；“秋分割中稻”（江苏）；“寒露到，割秋稻”（指籼稻）、“霜降到，割糯稻”（川沙）。同时，由于乡间习惯，节气传统上是与阴历相对照的，因此某一节气的日期在每一年中并非是固定的，如清明就是在阴历二月与三月间摆动，而这种情况下播种也是应该有所不同的。如水稻播种：“二月清明不上前，三月清明不落后”（江苏、浙江）；“二月清明不要慌，三月清明早下秧”（江苏、浙江、上海）。这就是说，如果清明节落在二月份，播种就要缓一下，因为此时气温还较低，不利于播种；而如果落到三月份，此时气候已合适，因而需要抓紧农时。“四月芒种让人种，五月芒种抢来种”（松江），亦是同样道理。小麦同样如此，如“八月寒露抢着种，九月寒露想着种”（川沙）。另外，由于作物茬口不同，自然播种的日期也会不同，如棉花，“麦花立夏前，早花立夏后”（麦田里种的花叫麦花，光田里种的叫早花；川沙、上海）。至于地区的不同，更是应该如此，兹不赘述。总之，对于节气应该灵活运用，而不能生搬硬套。

二十四节气是人们从事农业生产活动的主要依据。新中国成立前，在广大农村中人民是以阴历作为计时系统的，虽然民国时期政府曾经发布命令禁止使用阴历，但这一传统并未得到改变（今天依旧如此）。阴历是根据月亮自转来制定的，而阳历则是以太阳公转为依据来实现的，因此在一年之中，阴历总是要比阳历短 11 天。虽然阴历通过闰月的办法弥补了这一差距，但相对应于阴历来说，每一年中各个节气的日期则并非是固定不变的（对比之下，相对应于阳历来说，各个节气的日期则是基本固定的）。基于此，人们又是如何得知各个节气的日期来安排农事的呢？是传统的历书。这一点费孝通先生早就提到过："历本并非村民自己编排，他们只是从城镇买来一红色小册子，根据出版的历本来进行活动。他们不懂历法的原理，他们甚至不知道历本是哪里发行或经谁批准的。因政府禁止传统历，出版这些小册子是非法的。"但这并未防止历本的普及，"在任何一家人的房屋中都可以找到这本小册子（指历书），而且在大多数情况下，这往往是家中唯一的一本书，人们通常将它放在灶神爷前面，被当作是一种护身符"①。笔者本人的实地调查也证实了这一点。② 在民国以前的苏州，这种历

---

① 费孝通：《江村农民生活及其变迁》，敦煌文艺出版社 1997 年版，第 116 页。

② 如谢阿弟（70 岁，曾长期担任千金农业社社长）老人所言："一般每家都会一本历书，农活根据这些书记载的节气来安排。"（王加华：《湖州考察日记 · 千金》，2004 年 5 月 26 日）

本有官版与私版之别，最后由理问厅署钤印而在市场上发售，“纵不识丁也买”。还有一种形式就是由各图地保以新历逐户分送人家，“必酬以钱文，如市价而倍之，号为送历本”，其“始行于乡村，后沿于城中”。①

在传统的历书外，一种称为春牛图的图画也在这一过程中起了重要作用。“乡村人家，新年粘春牛图于壁，以观四时节序，借以代时宪书，取其便览。”之所以如此，是因为春牛图能够“示农耕早晚。凡立春在腊月中，策牛人在前，示农中也。在正月望，则策牛人在后，示农晚也”。对此，刘克庄曾有诗云：“今年台历无人寄，且看村翁壁上图。”②

三、物候：节气的补充

人们以节气为主要准则来安排自己的农事活动。这样做虽然简单明了，但也存在一定的缺陷。虽然节气主要是根据气候来划分的，能大体反映气候的变化，但是每一年中气候并非与节气完全相吻合，也就是说，以节气来反映气候并非是时时准确的。各年之中，气候可能会有所变化，但节气对于这一点却不一定能如实反映出来。而各种生物的生长、发育都是需要一定的气候条件的，只有满足了这些条件，生长发育才能正常进行。因此，如果某一节气相对应的气候条件变化了，则相应

① 顾禄：《清嘉录》，上海古籍出版社 1986 年版，第 168—169 页。

② 袁景澜：《吴郡岁华纪丽》卷一《春牛图》，江苏古籍出版社 1998 年版，第 42 页。

某种生物的生长发育期也会有所变化，其总是能够如实反映气候变化的。因此，相较于节气而言，以某种生物的生长发育情况作为某项农事环节进行的标准则更为精确与安全。这种某一生物在某一阶段的生长发育的情况就是物候（当然，物候并非只有生物物候，还包括自然物候，如结冰）。于是，为了弥补节气的缺陷，人们便以物候作为补充，以求更加合理地安排自己的农事活动。

物候，就是受环境（气候、水文、土壤等）影响而出现的以年为周期的各种自然现象。它包括三个方面：一是各种植物的发芽、开花、落叶等现象；一是候鸟、昆虫及其他动物的初鸣、终鸣、离去等现象；一是一些水文气象现象，如初霜、结冰、初雪等。① 我国人民对于物候的认识可以追溯到很早的时期。竺可桢先生认为，我国最早的物候记载见于《诗经・豳风・七月》②，“五月鸣蜩”，“五月斯虫动股，六月莎鸡振羽。七月在野，八月在宇，九月在户，十月蟋蟀入我床下”，这些都是对当时一些物候现象的记载。此外，《夏小正》《吕氏春秋》《礼记・月令》《王祯农书》等同时代或后时代的著述里也都大量记载了各月中的各种物候现象。总之，人们对物候现象的认识产生得很早，并为后时代的人们所传承。就是后世作为主要农事活动参照标准的二十四节气也受到物候的影响，这一点我们可以从某几个节气的名字中看出来，如雨水、惊蛰、小满等，这都是以物候现象来命名的。

人们掌握物候知识的目的之一在于指导农业生产，古代人

---

① 参见张福春：《物候》，气象出版社1985年版，第6页。

② 参见竺可桢、宛敏渭：《物候学》，科学出版社1980年版，第1页。

民也确实很早就这样做了。[①] 如西汉时期农学家氾胜之在谈到关中地区的农事活动就曾提道：耕地时对于“软土弱土”要在“杏始华荣”时，就是说在杏花盛开时把比较松软的土地耕一遍，“望杏花落”时则需要再耕一遍；禾，即谷子，“三月榆荚时，雨，高地强土可种”；豆类的播种，大豆要在“三月榆荚时，有雨，高田可种大豆”，小豆则“宜葚黑时雨注种”，就是说在桑葚黑时的雨后种植。[②] 东汉崔寔亦有同样记载：“是月（阴历三月）也，杏花盛，可菑沙白轻土之田。……时雨降，可种秔稻……桑葚赤，可种大豆，谓之上时……榆荚落，可种蓝”，“布谷鸣，收小蒜”。[③] 北魏著名农学家贾思勰的《齐民要术》对以物候指导农事活动亦有记载，如种谷：“二月三月种者为植禾，四月五月种者为穉禾……杨生种者为上时，三月上旬及清明节桃始花为中时，四月上旬及枣叶生桑花落为下时。”[④]其意思就是说，二月上旬，杨树出叶开花的时候下种，是最好的时刻；三月上旬到清明节桃树开始开花时，是中等时令；如果到四月上旬枣树发芽、桑树落花时，就是最差的时令了。真正想

---

① 张福春认为，《诗经·七月》就对这种情况有所记载了，即“春日载阳，有鸣仓庚，女执懿筐，遵彼微行，爰求柔桑”。张先生认为，“黄莺（即仓庚）叫就是采桑活动的时宜标志”（见张前引书第 12 页）。说实话，我对此表示怀疑，二者之间果真有这种联系吗？当然，这样说并不否认当时存在用物候指导农事活动的可能性，而应该说这种可能性是很大的，只是没有见到明确的记载。

② 参见石声汉：《氾胜之书今释》，科学出版社 1956 年版，第 5、16、22、24 页。

③ 缪桂龙：《四民月令选读》，农业出版社 1984 年版，第 11、14 页。

④ 贾思勰著，石声汉校释：《齐民要术今释》，中华书局 2009 年版，第 45 页。

要完全以物候来作为农事活动准则的则是太平天国颁布的《天历》了。正如1861年洪秀全颁旨曰:“特命史官作月令,钦将天历记分明,每年节气通记录,草木萌芽在何辰,每四十年一核对,裁定耕种便于民,立春迟早斡年定,迟减早加作典型,立春迟早看萌芽,耕种视此总无差。每年萌芽记节气,四十年对斡减加,立春迟些斡年减,早些斡加气候嘉,无迟无早念八定,永远天历颁天涯。”[①]其总体思想是以四十年之物候记录平均起来做一个标准的物候历,公行天下,以此作为农事活动的准则。只是由于太平天国运动很快失败,这一历法亦没能最终实现。

不同地区、不同时段(一般是较长时段)的物候现象会有所不同,因此各地利用物候来指导农业生产也会有所不同。就江南地区来说,也有自己地区性的物候现象与农业生产关系的知识,我们同样可以从流行在各地的农谚中看出来。如以小麦生长发育的情况作为水稻播种的标准,“小麦出头好下秧”(浙江),“不要问爹问娘,小麦出头好下秧”(浙江、上海),“不要问爹,不要问娘,小麦伸头好下秧”(江苏、浙江),就是说小麦出穗的时间是水稻播种的最佳时机。水稻苗田浸水:“菜子头上一撮花,种稻人家话出车”(上海),就是说在油菜花开盛期已过但顶心还留着少数几朵花的时候,农民就要安排水车,预备戽水种稻了。小麦的播种:“麦黄秴(即种)豆,豆黄秴麦”(上海),就是说麦类与大豆相互间以对方的成熟期作为自己播种的时间标准。小麦的收获:“元麦一起身,蚕豆小麦落脱

① 转引自竺可桢:《物候学与农业生产》,《新建设》1964年第8、9期合刊,第144页。

魂”(南汇),就是说元麦一割,蚕豆、小麦也就快要收割了;“李树开花麦饭香”(川沙),李子树开花的时候,也就正是收获麦类的时候。棉花的播种:“蔷薇花(指野蔷薇)开早种花”(川沙),“枣树发芽好种棉”,“谷雨早,立夏迟,枣树发芽正当时”①,就是以枣树发芽作为棉花播种的时间标准。除以植物作为农事活动的准则外,某些动物也可以,如布谷鸟。正如一首诗所写的:“声声布谷绕邨鸣,乍去还来似有情。地僻农官行不到,只凭候鸟劝春耕。”②另外,流传在浙江湖州一带的一首民歌对此也有反映:“布谷鸟,咕咕叫,映山红,红耀耀。种田格哥哥,秧田畈快点露露燥。今年格清明,落在三月初,你宁可赶早到田畈,勿可落后种秧苗。”③

四、农谚与老农:农时知识的载体

人们以节气为主要准则、以物候为补充,以保证农事活动的顺利进行,那么这些有关农时的知识又是以何种形式在广大民众间传播的呢?农谚可以说在这一过程中起了重要作用,这一点我们从上文的论述中足以看出来。农谚,是我国古代劳动人民长期进行农业生产实践的经验总结,有非常久远的历史,在我国古代的许多农书中都有记载,如《齐民要术》:“一年之

① 苏州专署:《农谚》,苏州人民出版社1960年版,第90页。

② 《田家杂诗》,《横金(属吴县)志》卷一九《艺文》,印刻年代不详。

③ 钟伟今主编:《浙江省民间文学集成·湖州市歌谣、谚语卷》,浙江文艺出版社1991年版,第3页。这首歌也正印证了前面的一句农谚:“二月清明让人种,三月清明抢着种。”

计，莫如种谷，十年之计，莫如树木。”①游修龄先生认为，农谚的起源是与农业的起源相一致的，早在文字记载以前就已经存在了。农谚最初是歌谣的一部分，后来随着生产的发展而逐渐从歌谣中分化出来。②

农谚是广大普通劳动人民共同创造的产物，来自群众，具有通俗性与群众性以及概括性与科学性等特点，富有泥土气息，易于理解，便于记述与口头传播。③ 作为人们生产实践的经验结晶，农谚对于农业生产必然起着一定的指导作用，尤其是在以前没有温度计、湿度计等现代化仪器设备的时候。正如《中国农谚》的作者费洁心先生所言：“农谚是一种流行民间最广的谚语，它是农民经验的结晶，农民立身处世、耕种饲养，都用来做标准的……中国数千年来，因农民识字知书的不多，农事著作的稀少，他们只知农谚是一种切合需要的知识，所以父诏其子，兄诏其弟，一切稼穑之事，都取法于农谚的。于是，农谚便成为农家唯一的课本。农人虽然一字不识，却能念之成诵，脱口而出。”④

农谚就相当于一本“指导手册”，指导着农民从事各项生产活动。如果我们把各作物的全部过程分解为一个一个的环

---

① 贾思勰著，石声汉校释：《齐民要术今释》，中华书局 2009 年版，第 11 页。

② 参见游修龄编著：《农史研究文集》，中国农业出版社 1999 年版，第 262 页。

③ 参见游修龄编著：《农史研究文集》，中国农业出版社 1999 年版，第 263 页。

④ 费洁心：《中国农谚·代自序》，上海三联书店 2014 年版，第 1、4 页。

节,则几乎每一个环节会有相关的农谚与之相对应。就以水稻为例,从土壤耕作到播种、中耕锄草、施肥、灌溉、除虫,再到收获的各个工作环节都有大量相关的农谚。[①] 在所有的这些农谚中,关于农时的农谚又占有极大的比重,据游修龄先生的统计,大约占40%。[②] 故而,以农谚为基础以求准确把握农时、从而保证农事活动的顺利进行是完全可行的。竺可桢先生指出,为预报农时,古今中外采用的方法主要有三个:以农谚预告农时,以积温预报农时,划分物候季和以自然历预报农时。[③] 但是,就近代时期的中国普通农民来说,后两种方法几乎没有应用。因而,利用农谚是广大劳动人民的最基本方法,农谚也就成为农时知识的最基本载体。[④]

农谚是农时知识的基本载体。但是,农谚毕竟是死的东西,自己不会自动流传散布,因而它们所承载的农时知识也就不会自动发挥作用。农时知识要想真正发挥指导农事活动的功用,还必须要有人的参与才行,有经验的老农则在这一过程中扮演了重要角色。一方面,许多老农通过掌握农谚而掌握大量的农时知识;另一方面,他们还可以通过自己长期的农业实

---

① 具体情况可参见农业出版社编辑部整理出版的《中国农谚》(上册)的详细记述。

② 参见游修龄编著:《农史研究文集》,中国农业出版社1999年版,第265页。

③ 参见竺可桢、宛敏渭:《物候学》,科学出版社1980年版,第53—62页。

④ 当然,歌谣在这一过程中也可能起了一定的作用,就如同我们前面提及的湖州地区关于布谷鸟的那首民歌。但是,一方面这种情况毕竟不多;另一方面,就如同游修龄先生所认为的,农谚与歌谣之间本来就有着渊源关系。

践积累而直接掌握一定的农时知识。

由于从事农业生产活动的时间较长,因而一般情况下许多老农都具有丰富的农业生产经验。例如,《论语·子路》载:“樊迟请学稼,子曰:‘吾不如老农。’请学为圃,子曰:‘吾不如老农。’”历代的农书写作,也往往都注意取用老农的经验。如《齐民要术》就是“采捃经传,爰及歌谣,询之老成,验之行事”①。《老圃良言》则完全就是依据老农的经验所写成的,“村居荒僻,只邻并一二老圃相与往还,尝为余言种植之事,大要有十”②。张履祥亦曰:“稼穑必于老农,诗书必于宿儒。”③由于有丰富的农业生产经验,很多老农往往是一村一乡生产上有威信的人物,他们完全可以影响其他民众。如新中国成立初松江县在推广陈永康的先进生产经验时,某村的老农的影响力就在很大程度上阻碍了先进经验的推广。④ 这虽然是一个反面的例子,但从侧面看出有经验老农的影响力。

我国古代的农业技术知识在书上记载的并不多,并且农民也不一定能看懂,大量的农业技术知识主要是通过一代一代口头相传下来的。为便于流传,把农业知识浓缩成简短易懂又包含丰富内容的农谚形式是再合适不过的。在这一过程中,老农起着积极的作用。每一个地区都会有若干杰出的老农,一方面

① 贾思勰著,石声汉校释:《齐民要术今释》,中华书局 2009 年版,第 12 页。

② 巢鸣盛撰:《老圃良言》,影印续修四库全书本。

③ 张履祥:《杨园先生全集》卷四七《训子语上》,中华书局 2002 年版,第 1359 页。

④ 参见《中共松江县委关于运用连环示范推广陈永康丰产经验的基本总结》,1952 年 10 月 31 日,松江区档案馆,档案号:6-4-25。

他会从上一辈人那里学到许多农谚,另一方面在自己的农业生产实践活动中,经过多次反复试验后,把某一技术定型化,再运用当地的谚语编成便于流传的农业谚语,再逐渐把这些农谚传给下一代。如《补农书》在说明某一个农业技术问题时就往往引用老农的谚语做证明,陈恒力先生曾专门从中摘录过一些以做说明:

> 古人云:"六月莫干田,无米莫怨天。"
>
> 俗云:"稻如莺色红,全得水来供。"
>
> 先农所谓"寒则浪,热则藏"也。
>
> 老农云:"三担也是田,两担也是田,石五也是田,多种不如少种好,又省力气又省田。"
>
> 俗谓冬至垦为金沟,大寒前垦为银沟,立春后垦为水沟。
>
> 俗曰:"早蚕、早田为第一。"①

虽然这些广为流传的农谚不全都是关于农时方面的,但肯定不少。通过老农之口,这些农谚在广大民众之中一代代传下去,从而在总体上指导着农事活动的顺利进行。

除通过掌握大量农谚以指导农事活动顺利进行外,许多老农还可以根据自己积累的农业生产经验来确定某一项农活在何时进行,而不是一味地拘泥于节候。如《沈氏农书》所记水稻追肥的施用日期就以叶色为标准,"下接力,须在处暑后,苗做胎时,在苗色正黄之时。如苗色不黄,断不可下接力;到底不

① 陈恒力:《补农书研究》,中华书局 1958 年版,第 126 页。

黄,到底不可下也。……切不可未黄先下,致好苗而无好稻"[1]。这必然要通过长期的农业实践才能够获得。因此,在一些地方,某些老农的农事活动会成为这个地区农事进行的标准,就因为他们掌握有丰富的农业知识、能够更准确地把握农时,虽然这种情况很少见。[2]

五、结　语

为保证农事活动的顺利进行,必须要准确把握农时。在此过程中,节气成为主要的标准,人们绝大多数的农事活动都是围绕节气来展开的。即使是政府或个人在指导农事活动时,归根结底依赖的也主要是二十四节气。当然,节气的标准会因地域、茬口、作物品种等的不同而不同,因此必须要灵活运用。但是,节气标准也有其不可避免的缺点,那就是节气与气候并非完全一致。于是,为弥补这一缺点,人们又以物候现象来作为节气标准的补充,以求更加准确地把握农时。

不论是节气还是物候,这些有关农时的知识又主要是通过农谚表现出来的。农谚简洁明了、内容丰富,同时又通俗易懂,因而便于把握。每种作物的各个工作环节,从耕地、播种到中期管理与最后收获,几乎都有相关的农谚与之相对应,对农事活动起着直接的指导作用。在这些农谚的利用与传播过程中,

① 陈恒力:《补农书校释》,农业出版社 1983 年版,第 35 页。

② 如据谢阿弟老人所言,虽然从总体来说农时把握以节气为准,但有时也确实存在这种情况,即村里某一个经验丰富的老农会起到示范作用,一些人家会以其为标准。据前引《湖州考察日记》。

富有农事经验的老农又起了重要作用,他们把这些农谚传给下一代人,保持着农谚的完整性。

节气为基本标准,物候为节气的补充,而农谚又充当着这些农时知识的直接载体,对此我们可称之为无生命的、死的载体,老农又利用所掌握的大量农谚与自己实际劳作所积累的经验而成为农时知识的有生命的、活的载体。总之,节气、物候、农谚与老农相互关联,共同组成一个体系,指导着农事活动的顺利进行。

民国时期江南地区的螟虫为害与早稻推广*

历史上中国一直是一个以农为本的国度，并在长期农业生产过程中形成了一套稳定的精耕细作技术体系与农事传统。与现代工业生产相比，传统农业生产的一大特点是相对稳定性，即在一个较长时段内，整体农耕技术体系，如作物品种、种植制度、耕作环节、工具运用等总是会保持大体稳定，而这正是造成传统中国农耕社会稳定发展的最根本支撑因素。当然，传统农耕技术体系也并非一成不变，人口增加、移民运动、技术传播等都会对一个地区的农耕技术体系产生深刻影响。此外，灾害也是一个重要影响性因素。长期以来，中国一直是一个灾害频仍的国家，水灾、旱灾、风灾、虫灾等可谓是无年不有。频发的灾害给农业生产造成了巨大破坏，进而对以农为本的传统社会造成了巨大冲击。面对自然灾害，为减少损失，人们便在适应环境的基础上对农耕技术体系做相应调整，如进行多样化种植、改变作物品种、采用不同的耕作环节与技术等。本文即着重探讨灾害危害是如何对一个地区的作物品种变化产生影响的。

---

* 本文原载于《中国农史》2013 年第 3 期。

中国是一个灾害频发的国家,这给农业生产造成了巨大冲击,因此灾害问题一直受到上至皇帝、下至平民百姓的广泛关注。就学界而言,灾害问题也一直是一个广受关注的研究课题。具体来说,我们可以将这些研究大体归类为两个层面。一是社会层面的研究,重在分析灾害对社会政治、经济与民众生活的影响,以及政府、民众等所采取的相关应对措施及其社会影响。这也是当前有关灾害史研究的绝对主流。代表性研究成果,如邓云特、夏明方、曹树基、吴滔、王建革等人的相关研究。① 二是技术层面的研究,即具体从农业技术层面对灾害的预防、应对等展开探讨。② 相较于社会层面的研究,从技术层面开展的探讨还非常之少。而这少量之研究,又主要着眼于短时间段分析,重在探讨某次灾害发生后人们所采取的临时性技术应对措施,如改种、补种等。一方面,重在分析"应对"而不在探讨"影响";另一方面,重在"临时性",而不关注较长时段。另外,这些研究也主要是以水灾、旱灾为例展开的探讨,而很少

---

① 相关研究成果,主要有邓云特:《中国救荒史》,商务印书馆1937年版;夏明方:《民国时期自然灾害与乡村社会》,中华书局2000年版;曹树基主编:《田祖有神——明清以来的自然灾害及其社会应对机制》,上海交通大学出版社2007年版;吴滔:《清代江南社区赈济与地方社会》,《中国社会科学》2001年第4期;王建革:《清代华北的蝗灾与社会控制》,《清史研究》2000年第2期;等等。

② 相关研究成果,主要有周易尧:《古代浙江人民抗御水旱灾害经验的初步研究》,《浙江农业科学》1962年第8期;宋湛庆:《宋元明清时期备荒救灾的主要措施》,《中国农史》1990年第2期;叶依能:《明清时期农业生产技术备荒救灾简述》,《中国农史》1997年第4期;王加华:《清季至民国华北的水旱灾害与作物选择》,《中国历史地理论丛》2003年第1期;王加华:《农事的破坏与补救:近代江南地区的水旱灾害与农民群众的技术应对》,《中国农史》2006年第2期。

有以虫灾为例进行研究者。虽然胡澍沛、丰箫[①]等都曾对江南地区的螟灾及其防治问题有相关研究，但胡文重在螟害发生历史与影响因素之考察，而不在螟害与水稻种植之关系研究，同时笔者对其客民迁入、改种早稻而导致螟灾迅速蔓延的观点亦并不认同；丰文重在探讨政府是如何在治理虫灾过程中进行政治与社会动员，以及民间社会又对此产生了何种反应，文章既非对灾害本身进行分析，亦非从农业技术角度展开探讨。基于此，本文将以民国时期江南地区的稻螟为害与早稻推广为例展开具体探讨，先是对民国时期江南地区的螟灾实况与相关原因作描述性论述，进而在此基础上对此一时期内螟虫为害与早稻推广间的关系作具体分析。

一、农作制度与稻螟为害：民国时期江南地区的螟灾

水稻是江南地区最为主要之作物。影响江南水稻生产的稻作害虫有很多，如稻螟、铁甲虫、稻虱、稻椿象、稻象虫、稻蚁等[②]，而其中为害最烈者又非稻螟莫属。所谓“螟虫，为浙省历

---

① 参见胡澍沛：《杭嘉湖平原螟害考》，《农史研究》第7辑，农业出版社1988年版；丰箫：《田祖有神：治虫与政治强制式的现代化——以浙江省为例》，曹树基主编：《田祖有神——明清以来的自然灾害及其社会应对机制》，上海交通大学出版社2007年版。

② 参见邹树文：《昆虫局应负之责任》，《浙江建设月刊》第1卷第36期，1930年4月。

年来为害最烈之害虫”[①],“螟为嘉善稻作之最大敌害”[②]。历史上,江南地区就一直存在稻螟危害。现在已知的最早螟害记载为北宋乾兴元年(1022),后世明清时期亦多有记载,但总体而言主要限于西部丘陵地区。直到清末以后,螟灾才开始逐步向东部平原地区扩展,至民国时期而达于“猖獗”。而之所以会发生如此变化,与气候、耕作制度、栽培因子的变化等有直接关系。[③] 确实,从民国时期的相关记载来看,江南地区的螟灾的确到了非常严重的程度。如在嘉善,“民元以来,几于无年不受螟害”,历年虫害成数基本维持在10%以上,绝大部分年份更是在20%以上,米粮损失额高达100多万元。[④] 浙江素来为中国粮食出产之大省,但20世纪二三十年代总体粮食产量却急剧下降,其中一个重要原因就是稻虫尤其是螟虫为害。[⑤] 就损失言之,仅以杭嘉湖三地为例,1933年因螟害而共计损失4259123元。具体如嘉兴县,损失稻米85110石,计468110元;桐乡县,损失稻米53274石,计293007元;吴兴县,损失稻米

① 王启虞:《浙江省一年来治虫事业之回顾及今后之希望》,《昆虫与植病》第3卷第1期,1935年1月1日,第2页。

② 杨演:《嘉善农作物之数种重要病虫害调查》,《昆虫与植病》第2卷第31期,1934年11月1日,第610页。

③ 参见胡澍沛:《杭嘉湖平原螟害考》,《农史研究》第7辑,农业出版社1988年版。

④ 参见杨演:《嘉善农作物之数种重要病虫害调查》,《昆虫与植病》第2卷第31期,1934年11月1日,第610—612页。

⑤ 参见程振钧:《民国十九年浙江省各县建设最须努力之事项》,《浙江省建设月刊》第1卷第33期,1930年2月。

87607 石，计 481839 元。①

与周边其他地区相比，江南地区又是稻螟极为猖獗之地。"杭州湾以北，即自平湖嘉兴起，至扬子江沿岸为止，除武进等少数县份以外，螟虫概属极度猖獗"②；（浙省）"以杭嘉湖宁绍温六旧属为害最烈"③，而在其中，"向以嘉兴县为最烈"④。之所以如此，与江南地区特定的耕作制度与农业经济结构紧密相关。水稻螟虫一生要经过卵、幼虫、蛹、蛾（即成虫）四个阶段，经过这四个变化即完成一个世代。一年经过两个过程的叫一年发生 2 代，三个过程的为一年发生 3 代，以此类推。⑤ 而在其中进行年际衔接的则为越冬之幼虫。冬季来临时，2 代或 3 代（习惯称越冬成虫为第 1 代）之老熟幼虫钻入稻藁或田间杂草中越冬，待来年天气转暖后再化蛹、羽化、产卵，然后开始新一轮的生命轮回。因此，越冬幼虫之数量多少及成活率高低，将直接决定来年螟灾严重之程度。气温、土壤持水量、是否冬耕与播种冬季作物等，都将深刻影响稻螟幼虫之越冬成活率。冬季平均气温高，必将有利于幼虫越冬。但气温非人力所能定，因此真正造成地区差异的为一个地区所固有之耕作传统

① 参见《民国二十二年杭嘉湖旧属各县螟虫分布过冬死亡及为害调查》，《昆虫与植病》第 2 卷第 14 期，1934 年 5 月 11 日，第 265 页。

② 参见蔡邦华：《民国二十四年江浙螟灾一瞥》，《昆虫与植病》第 3 卷第 35 期，1935 年 12 月 11 日，第 704 页。

③ 徐国栋：《浙江重要害虫目前救治法》，《昆虫与植病》第 2 卷第 12 期，1934 年 4 月 21 日，第 223 页。

④ 稻虫研究所：《嘉兴晚稻螟虫为害百分率第一次考查》，《昆虫与植病》第 2 卷第 32、33 期合刊，1934 年 11 月 21 日，第 625 页。

⑤ 参见李宗明、章连观：《水稻螟虫的发生和防治》，上海科学技术出版社 1978 年版，第 1 页。

与习惯。冬耕能大量杀死稻螟越冬之幼虫。耕作使一部分稻株被埋入土中,因土壤潮湿而霉烂腐败,株内之虫亦随之而亡;犁铧切断稻株,也能直接致部分幼虫死去,或幼虫爬出而被禽鸟所食,或因失去保护而被冻死。至于种植春花之田,则分两种情况。一是种植麦类、油菜等作物者,由于需要垦翻田地并开垄做沟[①],因此亦能大量杀死螟虫过冬之幼虫。一是种植紫云英等绿肥作物者,因是直接撒播,并不耕翻土地而破坏残存稻株,加之紫云英植株密闭,具有保温作用,因此反而提高了稻螟幼虫越冬成活率。因此,"冬季板田及紫云英田愈多,螟虫愈易猖獗"[②]。如据 1932 年的一项调查显示,紫云英田、板田(即不冬耕、不种冬季作物之田)与麦田内每千丛稻株中之三化螟幼虫数分别为 22.63、22.70、0.56;二化螟幼虫数分别为 64.83、61.35、5。[③] 冬耕对于防治螟虫之功效一目了然。若不冬耕,灌冬水亦能起到同样之效果。据试验所知,冬季不论气温之高低,凡稻根中螟虫经水浸泡 55 日以上者,就能全部死亡。如在江苏江宁七区,由于有冬季灌水习惯,且浸水时期通常在两个月以上,因而稻田就很少发生螟灾。[④]

---

① 关于江南地区各作物土壤耕作环节与方式问题,可参见王加华:《从〈沈氏农书〉看传统时期江南蚕桑区的土壤耕作》,《中国社会经济史研究》2008 年第 2 期。

② 蔡邦华:《民国二十四年江浙螟灾一瞥》,《昆虫与植病》第 3 卷第 35 期,1935 年 12 月 11 日,第 707 页。

③ 参见柳支英:《冬耕与稻株中螟虫数量分布上之影响》,《昆虫与植病》第 1 卷第 18 期,1933 年 6 月 21 日,第 391 页。

④ 参见蔡邦华:《民国二十四年江浙螟灾一瞥》,《昆虫与植病》第 3 卷第 35 期,1935 年 12 月 11 日,第 708 页。

不幸的是,江南大部分地区未有普遍冬耕或灌水之习惯,相反,紫云英却有大量种植。江南稻区与蚕桑水稻区作物种植制度,向以一年一熟制为主。① 通常稻作收获之后,即不再种植麦类等冬季作物,而是休闲或撒播草籽,从而为螟虫越冬创造了良好条件。"嘉桐两县之农作,几可代表浙西;因种晚稻,多为一熟制。农民对于耕作上之措施,极为粗放,远不若金、衢、严等旧属各县之励行冬耕,是故病虫害之发生,每较特多……兹就冬季言之,嘉桐两县,有不冬耕而撒播草子者;或以桩在板田打洞,种以蚕豆者,俗谓之'牵懒陇头';或亦翻土种春花者,俗名'勤谨陇头',又有于收获后仅撒播紫云草者,为数颇多。田埂杂草,均不清除。凡此均予稻虫越冬之便利。"② 另如吴江、嘉定,"吴江一带,冬季以板田居多(约占50%),嘉定冬季种紫云英者既多,而板田亦占半数,故此等区域,均以螟虫猖獗闻于世"③。此外,苏杭嘉湖等地民众的其他一些农耕习惯,也多不利于稻螟防治。如水稻收获时并非齐泥割稻,而通常遗株甚长,因"若刈株过低,空稻藁有泥渍,不能作蚕簇之用"。另外,"田埂杂草"亦"多不清除"。④ 而稻株与杂草,恰

① 参见王加华:《民国时期一年两作制江南地区普及问题考》,《中国农史》2009年第2期。

② 徐国栋:《嘉桐纪行》,《昆虫与植病》第2卷第6、7期,1934年3月1日,第122页。

③ 蔡邦华:《民国二十四年江浙螟灾一瞥》,《昆虫与植病》第3卷第35期,1935年12月11日,第707页。

④ 参见王启虞、江诗钧:《浙江省农作制度与防治稻作害虫之关系》,《浙江省昆虫局年刊》第4号,1935年10月,第181页。

为稻螟幼虫主要越冬躲藏之处。[①] 由此使稻螟危害极为严重。相比之下,棉花水稻区由于实行棉稻轮作,同一地块通常为一年棉一年稻或两年棉一年稻(干湿交替),而一季水稻收割后一般又会接着种植麦类、油菜等(两年三作或三年四作),因而能有效抑制螟虫为害。所以,“在(棉稻)轮作区域内,不特螟灾较轻,棉作害虫亦显然减少”[②]。

稻螟有二化螟、三化螟与大螟之分,而不同种类之螟虫对稻作危害程度亦不同。就江南地区而言,三类螟虫均有存在,但整体而论却以三化螟为害最甚。据1935年江浙螟灾之调查,两省螟虫之种类,均以三化螟最为普通,二化螟与大螟次之。如在嘉兴,二化螟所占比例为6.3%,三化螟为90.5%,大螟为3.1%;在吴兴,二化螟占2.9%,三化螟占95.2%,大螟占1.7%。因此,“凡螟灾剧烈各县,三化螟之繁殖均盛,换言之,江浙二省农业上螟虫成灾而为严重问题者,为三化螟猖獗所使然也”[③]。之所以如此,一定程度上又与三化螟的食物构成有很大关系,因其专食水稻,而二化螟、大螟除水稻外还能危害其他植物。每年螟虫发生之代数,与气温、食料、种植制度等有极大关系,气温高、食料充足,一年之中发生代数也就越多。概而

---

① 二化螟幼虫一般在稻茎基部10—17厘米处越冬,三化螟幼虫则90%以上在5厘米以下越冬。参见程家安主编:《水稻害虫》,中国农业出版社1996年版,第54页。因此是否齐泥割稻将极大影响稻螟幼虫于田间之留存量。

② 蔡邦华:《民国二十四年江浙螟灾一瞥》,《昆虫与植病》第3卷第35期,1935年12月11日,第709页。

③ 蔡邦华:《民国二十四年江浙螟灾一瞥》,《昆虫与植病》第3卷第35期,1935年12月11日,第704页。

言之,20世纪50年代之前,苏南、浙北一带螟虫发生代数,通常为二化螟一年两代,三化螟一年三代,个别年份还会有不完全的四代。① 一年之中,三化螟代数更多,而这也是其为害更烈的原因之一。

在江南各地,人们对稻螟有多种俗称,如白蛸虫(崇明)、咬梗虫(川沙)、钻心虫(青浦)、稻蛀虫(吴江)、蛀茎虫(吴兴)等。螟虫对水稻的危害主要有两种类型。一是枯心苗,即将稻株生长点或稻茎咬断,从而造成植株上半截干枯,这多发生于水稻生长前期(分蘖期与圆秆拔节期)。一是白穗,即将穗茎近节处咬断,从而切断水分、养分等向穗部传输,这多发生于水稻生长后期(孕穗期、抽穗期)。对于白穗,江南各地人民亦有多种称呼,如白蛸(崇明、吴江)、白莠(川沙)、插白旗(青浦)、白头(德清)、白漂、白稻头(吴兴)。② 面对螟虫危害,人们曾采取过一些措施进行防治。如"用缸贮水,置田塍,夜炷其中,蛾望火光扑入,即淹死,兼杜其生子之患","在脚塍地滩之内,冬间划削草根另添新土,亦杀虫护苗之一法也"。③ 或施用烟茎以除螟,施用日期通常在七月底八月初,"凡水稻施用烟茎

---

① 参见李宗明、章连观:《水稻螟虫的发生和防治》,上海科学技术出版社1978年版,第7、26页。

② 以上分别参见蔡邦华:《民国二十四年江浙螟灾一瞥》,《昆虫与植病》第3卷第35期,1935年12月11日,第699—700页;李宗明、章连观:《水稻螟虫的发生和防治》,上海科学技术出版社1978年版,第32—34页。

③ 转引自徐国栋:《浙江省县志虫害记载之整理与推论》,《浙江省昆虫局年刊》第2号,1933年8月,第359、361页。

后，在其生长与螟虫被害两方面，均发见有肉眼的显著之差异"①。不过从民国时期螟害猖獗来看，这些措施似并未收到多大之功效。正是有鉴于此，在省政府推动之下，各地掀起了一场轰轰烈烈的"治虫"运动，如收缴虫卵、分发诱蛾灯、铲除稻根或冬季灌水等，并专门派员到各地督促指导。但由于整场运动过于依赖行政手段，政策性大于实际行动，且并未顾及民众之生活实际与具体要求，因而亦未取得多大之效果。②

二、环境适应：螟虫为害与早稻推广

民国时期，频发的螟灾对江南地区的水稻生产造成了极大破坏。不过需要注意的一点是，螟灾对不同品种水稻的危害程度却是不同的，总体而言，对中晚稻的危害要远大于早稻。如张若芷 1934 年在嘉兴的观测发现，"螟虫虫数与白穗数之百分比，早稻最小，晚稻最大"③。另 1935 年江浙二省各县早、中、晚稻白穗率亦充分证明了这一点。虽也有极个别地方的早稻白穗率高于晚稻，如在嘉善，早稻为 17.8%，晚稻为 13.2%。但就绝大部分地方而言，白穗率均为中晚稻高于早稻。这从两

① 蔡邦华：《民国二十四年江浙螟灾一瞥》，《昆虫与植病》第 3 卷第 35 期，1935 年 12 月 11 日，第 712 页。

② 参见丰箫：《田祖有神：治虫与政治强制式的现代化——以浙江省为例》，曹树基主编：《田祖有神——明清以来的自然灾害及其社会应对机制》，上海交通大学出版社 2007 年版。

③ 张若芷：《嘉兴水稻收割时螟虫所在地位考查》，《昆虫与植病》第 3 卷第 8 期，1935 年 3 月 11 日，第 159 页。

省之平均数中即可明显看出来:江苏,早稻占6.9%、中稻占15.9%、晚稻占23%;浙江,早稻占6.7%、中稻占12.8%、晚稻占9.8%。① 当然,这种情形并非江浙所独有,其他地区亦同样如此。如在湖南长沙,"栽植晚稻者如东区、河西区,较之栽种中稻之北区、东区、南区,螟害较大,死亡率较小"②。

那为何螟虫对早、中、晚稻的危害程度会有明显不同呢?这与早、中、晚稻生长发育阶段及螟虫为害规律紧密相关。早稻为晚稻之变异型,其与晚稻的根本区别在于对日长反应的特性不同,其中晚稻对短日照敏感,而早稻则对日照长短没有严格要求。③ 早在北宋时期,江南地区的人们就已经对早、晚稻有了较为明确的认识。④ 但一直到民国时期,各地人民对何谓早稻、晚稻却仍然有不同的认识与称谓。"早稻、中稻、晚稻,往往各地称谓不同。在种早稻之地域,常以中稻为晚稻,种晚稻之地域,又常以中稻为早稻,亦有专指糯稻为晚稻者。"为避免此混乱之情形,于是往往以生长期之长短而做具体划分。"凡自插植至成熟期不过百日,即收获期在大暑(阳历七月下旬)者,作为早熟稻,即早稻。百日至百二十日,即收获期在立秋后者,作为中熟稻,即中稻。百二十日以上,即收获期在寒露

---

① 参见蔡邦华:《民国二十四年江浙螟灾一瞥》,《昆虫与植病》第3卷第35期,1935年12月11日,第699—702页。另,在全文所列举49个地方中,早稻白穗率被忽略不计的为27个,相比之下晚稻仅9个。

② 汪仲毅、宋志坚:《长沙二化螟虫越冬状况与田间情形之关系》,《昆虫与植病》第3卷第23期,1935年8月1日,第472页。

③ 参见南京农学院、江苏农学院主编:《作物栽培学(南方本)》上册,上海科学技术出版社1979年版,第27页。

④ 参见李伯重:《"天""地""人"的变化与明清江南的水稻生产》,《中国经济史研究》1994年第4期。

前后者,作为晚熟稻,即晚稻。”①前已述及,民国时期江南地区水稻种植盛行的是一年一作。对于具体生长日期,早稻通常于清明播种,立夏左右移植,大暑、立秋间即可收获。中稻通常于谷雨播种,小满移植,秋分左右收获。② 晚稻则通常于立夏左右播种,移植则在芒种、夏至间,蚕桑区受蚕桑生产的影响,甚至会推迟到小暑时节③,相应的收获期也大大推后,通常要到霜降、立冬时。

再来看主要为害稻螟三化螟的发生与为害规律。通常,越冬幼虫会在翌年四五月份气温回升到16℃以上时开始化蛹,并在5月中下旬(立夏、小满间)进入螟蛾羽化盛期。④ 随后,产卵并经10天左右⑤孵化成虫,然后进入为害期。此时正值早稻移植后的返青及分蘖、拔节期,即易受螟虫为害期。但三化螟越冬幼虫在化蛹期的死亡率较高,通常在99%以上,而其他世代一般只在87%左右。这使越冬代螟蛾数量相对较少,因

---

① 王启虞、江诗钧:《浙江省农作制度与防治稻作害虫之关系》,《浙江省昆虫局年刊》第4号,1935年10月,第180页。

② 参见王启虞、江诗钧:《浙江省农作制度与防治稻作害虫之关系》,《浙江省昆虫局年刊》第4号,1935年10月,第181页。

③ 参见王加华:《民国时期一年两作制江南地区普及问题考》,《中国农史》2009年第2期。

④ 参见徐敬友等:《水稻病虫草害综合防治》,江苏科学技术出版社1993年版,第130页。从民国时期记载来看,当时第一次蛾发期与此时间基本相同。参见蔡邦华:《民国二十四年江浙螟灾一瞥》,《昆虫与植病》第3卷第35期,1935年12月11日,第705页。

⑤ 据在浙江、江苏等地之观测,越冬代卵孵化时间为10.6—12天。参见李宗明、章连观:《水稻螟虫的发生和防治》,上海科学技术出版社1978年版,第29页。

此也就不会对早稻生长造成多大影响。[①] 五六月间第一次蛾发之后，随后于七八月间进入第二、三次蛾发高峰期。[②] 而随着代数增加，三化螟之成活率及为害能力也逐步提高。以一个卵块孵化出来的幼虫所能造成的枯心苗数为例，第一代10—20株，第二代30—50株，第三代40—60株。因而，第三代是三化螟全年发生量最大、危害也最大的一代。[③] 螟虫对水稻之侵害也会随水稻生长阶段[④]不同而不同。分蘖期，由于稻株柔嫩，因而易于侵入。圆秆拔节期，幼穗形成，但由于稻株被叶鞘层层包裹而不易侵入。但到孕穗期与抽穗期，又进入一个易于侵入期。齐穗以后，尤其是乳熟期后，稻株逐渐老硬，穗茎亦逐渐硬化，侵入率又大大降低。[⑤] 因此“过嫩之稻，常易招致螟害”[⑥]。则三化螟勃发的第二、三次即七八月间，此时早稻已进入成熟期，尤其是第三次高发期时（立秋后），很多地方早稻更是已收割。相比之下，晚稻却正处于易于侵入期，其中七月份恰为分蘖拔节期，八月份则为孕穗、抽穗期。螟虫数量暴发，稻

---

① 参见程家安主编：《水稻害虫》，中国农业出版社1996年版，第41、42页。

② 参见蔡邦华：《民国二十四年江浙螟灾一瞥》，《昆虫与植病》第3卷第35期，1935年12月11日，第705页。

③ 参见徐敬友等：《水稻病虫草害综合防治》，江苏科学技术出版社1993年版，第132、134页。

④ 水稻本田生育期可分为分蘖期、圆秆拔节期、孕穗期、抽穗期和成熟期五个阶段。

⑤ 参见李宗明、章连观：《水稻螟虫的发生和防治》，上海科学技术出版社1978年版，第32—34页。

⑥ 陈家祥：《嘉兴新丰镇螟害之一瞥》，《昆虫与植病》第2卷第32、33期合刊，1934年11月21日，第625页。

株又易于侵入，自然危害性也就极大，尤其是第三次暴发。时人对此已有清晰的认识："螟有二化三化两种，三化者尤繁殖。初化在谷雨，食秧，其数尚少。二化在芒种，食苗，所谓箬帽瘟、棚荐瘟者皆是。三化在处暑，初化一蛾，再传至此，可得三十余万虫，群喙向苗心，故被害最烈。早稻此时苗秆已老，幼喙不能蚀，故可避其害。"①所以，县志中有关螟虫成灾的记载，多为"秋"及"十月"，因"晚稻之重要生长期，适当螟害最烈之时"②。

江南地区的水稻种植，明清之后的迟熟中稻和早熟晚稻日益增加。③ 民国时期，情况依然如此，尤其是在蚕桑水稻区，更是因蚕忙而不得不以晚稻种植为主。如在海宁硖石，"因蚕忙关系早稻为数绝少，惟中晚稻而已"④。而就整个杭嘉湖地区而言，晚稻占70%以上。⑤ 相比之下，早稻却很少种植，很多只是作为应急之需而偶有栽植，如沙粳。"谷雨种，五月下旬熟，约六十日，故名六十日沙粳。白壳无芒，粒小色白，人力最省，收数亦少。农民偶有种者，目为济贫稻，缘五六月中新谷未升，得此可济民食，故名。"⑥"麦争场，三月种，六月熟。郡农有本

---

① 《竹林八圩志》卷三《物产》，民国二十一年(1932)石印本。

② 徐国栋：《浙江省县志虫害记载之整理与推论》，《浙江省昆虫局年刊》第2号，1933年8月，第334页。

③ 参见李伯重：《"天""地""人"的变化与明清江南的水稻生产》，《中国经济史研究》1994年第4期。

④ 柳支英、马同伦：《春季灌水除螟试验》，《昆虫与植病》第1卷第21期，1933年7月21日，第448页。

⑤ 参见王启虞、江诗钧：《浙江省农作制度与防治稻作害虫之关系》，《浙江省昆虫局年刊》第4号，1935年10月，第181页。

⑥ 民国《南汇县续志》卷一九《风俗志二》，民国十七年(1928)刻本。

力者先种少许以疗饥。"[1]民国时期,随着螟灾的日益严重,由于早稻受害轻、晚稻受害重,出于应对灾害的考虑,很多农户便开始改种早稻,由此推动了早稻在江南地区的推广。不过对许多江南农户来说,这一过程并非是自发进行的,而是很大程度上仿效"客民"做法的结果。

19世纪中期发生的太平天国运动,对江南地区造成了严重破坏,致使大量人口流徙死亡,"孑遗余黎多者十之三四,少者十不及一"[2]。为迅速恢复经济发展,在政府招垦政策推动下,大量河南、湖北及浙江省中南部宁波、台州、温州等府人民陆续前来并就垦于江南地区。[3] 各地移民在迁入过程中,同时将家乡之风俗习惯、种植传统等带入江南地区,并对江南地方社会产生了很大影响[4],其中一个重要方面就是早稻种植的扩展。如在桐乡濮院:"有粳米、糯米、籼米,籼为早稻,粳为晚稻,大率粳最多,糯最少。客民所种多籼米。"[5]嘉善:"宁波籼,客垦带来,米形细长,价贵收薄,四月种,六月熟。"[6]吴江横塌:"客民所种之湖田,大半系早籼。"[7]嘉兴:"'百日红'为籼稻之

---

① 嘉庆《松江府志》卷五《疆域志·风俗》,清嘉庆松江府学刻本。

② 葛士濬辑:《皇朝经世文续编》卷二四《户政一》,清光绪石印本。

③ 具体可参见曹树基:《中国移民史》第6卷《清、民国时期》第10章,福建人民出版社1997年版;葛庆华:《近代苏浙皖交界地区人口迁移研究(1853—1911)》,上海社会科学院出版社2002年版。

④ 参见葛庆华:《近代苏浙皖交界地区人口迁移研究(1853—1911)》,上海社会科学院出版社2002年版,第212—316页。

⑤ 民国《濮院志》卷一五《物产》,民国十六年(1927)刊本。

⑥ 《重修嘉善县志》卷一二《食货志·物产》,清光绪十八年(1892)刊本。

⑦ 《各区通信·横塌·稻行发达》,《新黎里》1923年10月16日。

一种。嘉兴多称籼稻为早稻,客民喜种籼稻,本地农民则种籼稻者极少。"①句容:"洋籼稻,则楚豫客民携至者,性耐旱涝,米色晶白,尤嘉种也。"②吴兴,也由外地移民带入了湖南早、六十日籼及黄岩早等早稻品种。③

面对螟灾对晚稻极烈之危害,看到强烈对比的江南"土民"便纷纷仿效"客民"改种早稻。如在新丰竹林八圩:"稻之登,有早、中、晚之别,晚稻获量较丰,盖其植地久,得气厚,粒肥秆盛,在昔,里人咸乐种之。其种,有陈家稻、有芒稻、乌蒙稻、麻乌青、黄稻、白稻、糯稻等等。或又兼种中登之稻,曰芦籼,其获在八月,故又名中秋稻。若早稻,则罕有也。自螟祸发生,历试除螟之法,若诱蛾、掘根,而寡效。客籍耕夫乃悉改种早稻以避其害,其种有秵露白、洋籼、河南早、江山早、八十日头、六十日头、五十日头等。新名目年益增多,竞趋于早,而螟果可避。"④嘉善螟灾,"南部较北部为多"⑤,于是,"近年来东南部一带居民,以栽植矮露白为较普遍,谓系晚稻易罹虫害之故"。而矮露白,为"早稻之较著者","最普通"。⑥ 冯紫岗在嘉兴调查时也注意到,"近年来时有螟虫为害,籼稻抗螟力较粳稻为

① 冯紫岗:《嘉兴县农村调查》,1936 年,第 60 页。

② 光绪《续纂句容县志》卷六下《物产》,清光绪刊本。

③ 参见建设委员会经济调查所统计课:《中国经济志·吴兴县》,杭州正则印书馆 1935 年版,第 29 页。

④ 民国《竹林八圩志》卷三《物产》,民国二十一年(1932)石印本。

⑤ 杨演:《嘉善农作物之数种重要病虫害调查》,《昆虫与植病》第 2 卷第 31 期,1934 年 11 月 1 日,第 612 页。

⑥ 杨演:《嘉善农作概况》,《昆虫与植病》第 2 卷第 20 期,1934 年 7 月 11 日,第 398 页。

强，故籼稻之栽植有逐渐增多之势”①。而上已述及，在当地，籼稻即早稻。正因为认识到早稻在防治螟害过程中的重要性，地方政府才劝导人们改种早稻。“嘉兴历年田禾，晚稻均受虫伤，并遭水患，收成歉薄。而客民所种早稻，则收获颇丰，并未受有水患虫灾，此盖因早禾放华较早，稻秆甚强，不至受害。现汪知事有鉴于此，特于昨日示谕各乡民，改种早稻，免遭损失，一面令行各区自治委员会就近劝导。”②总之，在客民带动之下，为防范稻螟之害，江南各地之土民纷纷改种早稻。虽然各地客民早在19世纪中叶已大量迁入并种植早稻，但由于杭嘉湖地区传统以晚稻种植为主，因而客民迁入初期，并未对当地土民之种植习惯产生多大影响。但民国时期，随着螟害的日益猖獗，早稻能降低螟害的“功效”被广大土民所认同，于是纷纷仿效而改种早稻。

三、结　语

综上所述，民国时期的江南地区暴发了非常严重的稻螟灾害。而之所以如此，又是与不同作物分布区内特定的作物种植制度与耕种习惯紧密相关的，如一年一熟、以晚稻种植为主、大量撒播紫云英、不冬耕、不齐泥割稻等。频发的螟虫灾害对江南地区尤其是稻区与蚕桑水稻区水稻生产造成了严重冲击。但由于早、中、晚稻不同的生长发展阶段，螟虫对不同种类水稻

① 冯紫岗：《嘉兴县农村调查》，1936年，第60页。

② 《知事劝种早稻》，《申报》1921年4月18日。

的破坏力会有明显不同。早稻因生育期短，种植、收获时间较早，可刚好错开主要为害螟虫三化螟的高发期及易于受侵害时段，因而所受影响较小。相反，中、晚稻尤其是晚稻，由于其生长发育过程中的易于被侵入阶段恰巧处于螟虫高发、高危害期，因此所受螟虫危害即特别严重。有鉴于此，各地人民便纷纷仿效客民由晚稻改种早稻，以避免螟虫危害并获取水稻丰产。这充分体现出人们对于灾害环境的适应性，其实质是对农业生态系统的一种积极调控。只是虽然早稻适应性更强，但由于生产期较短，因此与晚稻相比，早稻往往不仅收量较少且品质亦差。这又在一定程度上反映出人们在面对灾害环境时的“被动”与无奈。

与现代工业生产不同的是，传统农业生产的一大特点是经验至上，即人们总是根据已有之经验作为今后农业生产的基本指导，如种植何种作物品种、如何中耕管理等。在此，客民早稻可避免螟虫为害的实效，即作为一种“经验”而被人们所采用。而螟灾的“无年不有”，又使这一“经验运用”不同于以往针对某次灾害而采取的临时性技术措施，而是会被多年连续运用。这必然会产生越来越大的示范效应，由此促进了民国时期早稻在江南地区的推广。不过由于缺乏具体统计资料，这种由螟虫为害而推动的早稻推广，究竟其广度与量度如何我们不得而知。但有一点可以肯定的是，其并未改变明清以来整个江南地区以晚稻为主的格局。实际上，江南地区早稻生产获得大面积推广是20世纪60年代以后的事，随着三熟制（早稻、晚稻与麦类、油菜等春花作物）确立与推广而逐步实现的。如吴江庙港，在作物种植制度上就先后经历了一年一熟（1949年之前）、稻麦两熟（1949—1955年）、由两熟制向三熟制转变（1956—

1969年)、以三熟制为主(1970—1979年)等几个阶段。① 只是好景不长,20世纪90年代以后,随着江南地区乡镇工业的蓬勃发展,作物种植制度又逐渐发生了由三熟制向一熟制的转变,早稻种植广度与数量又日渐降低。这就如同民国时期螟灾所导致的早稻推广,都是民众对整体农作生态与社会大环境的调整与适应。

① 参见江苏省吴江市政协编:《江村、江镇——庙港发展的脚步》,中国文史出版社1996年版,第105—106页。

内聚与开放：棉花对近代华北乡村社会的影响*

棉花在华北地区的大规模种植始于明清时期。作为一种商品经济作物，棉花的出现一开始就对乡村社会产生了一定程度的影响，但在很大程度上，由于棉花与乡村手工业的紧密结合，乡村社会结构和经济结构并没有因此而得到根本性的改变。20世纪初，新的棉花品种——美棉引入中国，棉花开始从封闭的乡村系统大规模流向城市，标志着棉花种植开始与一个较大范围的社会发生关系，也标志着棉花与乡村手工业的紧密结合开始被打破。

随着棉花与乡村手工业紧密结合的传统被打破，一个以棉花为核心的社会关系系统因此而形成，这一复杂的关系系统我们姑且可称之为"棉花社会"(Cotton Community)。具体来说，就是指在棉花的播种种植加工运销过程中所表现出来的乡民之间以及乡民与外部世界间相互关系的综合。尽管前人研究也多涉及棉花对乡村社会的影响，如黄宗智、吉田

---

* 本文原载于《中国农史》2003年第1期。

泓一、彭慕兰等①,但是,黄宗智、吉田泓一主要讨论棉花所导致的农村阶层分化,与之相比,伯恩斯所涉及的面则要广泛一些。然而,这些研究者都未对这一问题进行全面性的研究,更没有提出自己的分析性概念。国内学者的研究,一般只讨论棉花种植的技术或棉业经济问题,未进入棉业社会史领域。本文拟用新的分析角度,即在对棉花技术和棉业经济分析的基础上,重点分析棉花社会的结构。此研究,或可为研究近代华北乡村社会变化提供一个新的视角。

一、美棉推广及村民对村外力量的依赖

长期以来,我国栽种的棉花品种主要为亚洲棉,亚洲棉又称中棉,成熟早,产量稳定,抗旱抗虫抗病能力强,但纤维粗短,不适于中支纱以上的机纺,产量也低。中棉品种繁多,据调查,仅在华北就有 70 多种,根据植株形态、茎色、棉絮大小、色泽、纤维长短等特征而有不同名称。② 中棉种植所需的种子,通常由农户采摘自家地里棉花而得到,一般采取中间时月、植株高大、棉铃繁实的留做种子。先晒干,然后带棉收藏,冬天再轧取

---

① 参见[美]黄宗智:《华北的小农经济与社会变迁》,中华书局 1986 年版;[日]吉田泓一:《二〇世纪中国の一棉作农村における农民层分解について》,《东洋史研究》第 33 卷第 4 期,1975 年;Kenneth Pomeranz, *The Making of A Hinterland——State Society and Economy in Inland, North China, 1853-1937*, University of California Press, 1993。

② 参见南满洲铁道株式会社调查部(以下简称“满铁”):《北支棉花综览》,株式会社日本评论社刊行,1940 年,第 207 页。

其籽,晒至极干后放干燥通风处,以备来年播种。[①] 在种植技术上,中棉则主要依赖长期以来积累的经验,并无外界指导。总之,中棉的种子来源及技术选择,完全限于封闭的乡村社会内部。近代以来,随着棉纺织业的发展,中棉纤维短的缺点日益凸显。为此,从 19 世纪末开始,美棉陆续引入中国。美棉产量高,纤维长,特别适合机纺,但由于种种原因,一开始的努力皆告以失败。后随着国内育种及推广部门工作的开展,美棉才真正得到推广。这些美棉育种及推广部门包括各省棉产改进所,如河北棉产改进所,另外还有各县棉业改良机构——棉业公会;乡村建设运动的进步团体,如平民教育促进会、梁邹美棉运销合作社;高校及科研单位,如齐鲁大学乡村服务社。总之,美棉推广的首发力量来自乡村社会外部。

针对美棉推广,乡村社会做出了自己的反应。一种是渐进式反应,主要是乡民自动种植美棉,推广速度极为缓慢。另一种是爆炸式反应,通过有力的宣传,广大村民认识到种植美棉的利益所在,从而增加美棉种植。与前一种方式相比,此种美棉推广的速度要快得多。由于高收益性,美棉在乡村社会中逐步得到推广,但并不是说各阶层对其反应都是相同的。拥有较多土地的农户对美棉的接受可能较快,但无地或少地的农户则相对较慢。在非集中棉产区,这一点尤其突出,如在山东惠民县孙家庙村,全村 12 家种棉户中有 8 家土地经营面积在 20 亩以上,在剩余土地不足 20 亩的 4 户中又有 2 家(86、87 号农

① 参见陈扬编辑:《筹豫近言》第三章第二节《选种》,石印本,1934 年。

家),所种棉花显以自用为主。① 即使在集中棉产区(棉花种植面积超过总耕地面积的30%),各阶层农户虽然都有种植,但还是有所不同。如在河南彰德县宋村,植棉收入在家庭总收入中所占比例随土地经营面积的增加而有增加趋势。② 乡村士绅对美棉推广也有各自不同的态度。如在山东,美棉在鲁西北得到广泛推广,而在鲁西南却归于失败,其主要原因就在于鲁西南乡村士绅的不合作。③

美棉为一新式棉种,易于退化,保持种子纯度至关重要。与传统中棉品种不同,美棉种子不是由棉农自行解决,而是由美棉改良机构提供或在其指导下选种。如华北农业合作事业委员会1934年在河北通县香河等12县进行美棉推广,“事前派调查员分赴各社,宣传植棉利益及本会协助办法,并调查各社需用棉籽数量,填写调查表,一面函请河北省棉产改进所代购美棉棉籽四千担,以备分发各社应用”④。梁邹美棉运销合作社除培育分发棉种外,还印制传单,分发社员,指导他们选种。为保持棉种纯洁度,还在收花细则中规定,不收花衣,只收

① 参见满铁:《北支农村概况调查报告——惠民县第一区和平乡孙家庙》,1939年,第44—45页,附表。

② 参见满铁:《北支农村概况调查报告——彰德县第一区宋村及侯七里店》,1940年,第136—137页。

③ Kenneth Pomeranz, *The Making of A Hinterland——State Society and Economy in Inland, North China, 1853-1937*, University of California Press, 1993, pp. 101-113.

④ 《华北农业合作事业委员会二十三年度工作报告》,《民国丛书》第4编第16册,《乡村建设实验》第3集,第290页。

籽棉。[1] 各产棉县的棉业公会,则收集从国外购买或本地区棉作实验场培育的美棉种子,分发给植棉户种植,并提供技术指导。另外,他们还尝试培育适合当地土质及成熟期稍早的棉花品种。[2]

另外,由于中国棉农对美棉生活习性并不了解,许多美棉推广组织又为棉农提供技术指导。梁邹美棉运销合作社在其工作报告中曾指出:"脱里司美棉,原系异邦棉种,其营养所需土质气候,以及人工各条件,当与中棉有殊;若一任农民应用土法,随意栽培,则不但影响产量,亦且损及品质,本年关于棉花播种施肥耘锄摘心,以及促成成熟等方法,除印发浅说外,并由总社技术人员分往各分社,巡回指导,棉产收量增加,品质亦得以标准化。"[3]华北农业合作事业委员会也曾请专业技术人员负责指导,并刊印棉花怎么种及棉花的种法两种丛刊,寄发给各合作社,以供他们参考。[4]

总之,来自乡村社会外部的各种美棉推广组织与乡村社会内部力量相结合,美棉逐步在华北地区推广开来。与传统的中棉种植情况不同,美棉在留种与技术运用上不再局限于乡村社会内部,而是更多地求助于乡村外部力量,即各种美棉培育及

---

① 参见《梁邹美棉运销合作社第二届概况报告》,《乡村建设》第2卷第20—23期棉业合作报告专号,1934年4月11日。

② Kenneth Pomeranz, *The Making of A Hinterland——State Society and Economy in Inland, North China, 1853-1937*, University of California Press, 1993, p. 97.

③ 《梁邹美棉运销合作社第二届概况报告》,《乡村建设》第2卷第20—23期棉业合作报告专号,1934年4月11日。

④ 《华北农业合作事业委员会二十三年度工作报告》,《民国丛书》第4编第16册,《乡村建设实验》第3集。

推广组织，增强了对乡村外部力量的依赖性。随着对外依赖性的增强，华北乡村社会开始逐步由内聚向开放转变。

二、种植过程：乡村社会内部的生产联合

在华北，生产中的相互合作，如劳动力雇用与换工、农具借用、役畜共有等，由来已久。与华北种植的传统粮食作物相比，棉花是一种高投入的经济作物。据调查，棉花与粟、高粱相比，在种苗、肥料、劳动农具等费用方面，是粟与高粱的1.5倍；在所需劳力与畜力方面，分别是粟与高粱的1.85倍与1.5倍。① 由于棉花种植的这种高投入性，在小农经济占主体的华北乡村，普通农户往往并不能保证各个环节的独自完成。所以，这便产生了各种生产联合方式，并且较传统更大规模地产生。

（一）劳动力的雇用与换工

在华北，劳动力的雇用有年工、月工、日工之分，而尤以日工最普遍，以弥补自家劳动力的不足。被雇用的劳动力来自无地及不种或少种棉花的农户。与其他农作物相比较，棉花种植中大量劳动力的使用，使农村妇女儿童也加入劳动行列中去，这些人主要从事棉花的摘心整枝和摘棉等工作。在临清大三里庄，这部分劳动力占到了整个被雇用劳力的14%。② 另外，

① 满铁：《农村实态调查报告——临清县大三里庄に於ける棉做事情调查中心として》，1943年，第179、180页。

② 满铁：《农村实态调查报告——临清县大三里庄に於ける棉做事情调查中心として》，1943年，第161页。

不但大农户需要雇用劳动力,即使小农户也是如此。劳动力雇用一般在工夫市上进行。在晋县秘家庄,村内的日工在本村工夫市上雇用,其他日工则在城内的工夫市上雇用。[①] 除雇工外,还有换工。换工一般发生于村内,主要在灌溉、耕地、中耕、除草等环节,一般是1日劳动与1日劳动互换,少数情况下也有1日人力劳动与1日畜力劳动互换的。换工一般发生在小耕作者或大耕作者之间[②],因为相同阶层往往具备相同的实力,相对具有满足对方的条件和保障。

(二)农具的共有与借用

一般情况下,华北农业农具共有的种类多是犁杖、耧、磨、碾子、磙子、扇车等大农具,共有各方共同出资,共同使用。借入利用则有多种方式。在晋县秘家庄,家族内部借贷农具不需要支付费用,可自由使用,体现出血缘上的互相辅助。[③] 在惠民县孙家庙,佃农的大车犁杖多由地主无偿借给使用,其他农具则多由亲戚间相互借用,但需要支付钱物。若农具所有者需要的话,借入者也可以采取提供劳动力的方式以作补偿。[④] 在彰德县宋村,借用农具不需要支付费用,但也不能老是借用别人的农具,否则会感到很没面子。除以上两种方式外,植棉户

① 满铁:《河北省晋县实态调查报告——晋县に於ける棉做事情调查中心として》,1942年,第56页。

② 参见满铁:《北支农村概况调查报告——惠民县第一区和平乡孙家庙》,1939年,第143页。

③ 满铁:《河北省晋县实态调查报告——晋县に於ける棉做事情调查中心として》,1942年,第60页。

④ 参见满铁:《北支农村概况调查报告——惠民县第一区和平乡孙家庙》,1939年,第143页。

还可以通过雇用持有简单农具(如小锄)的日工以弥补自家农具的不足。在此种情况下,除受雇者自身条件外,他们持有农具之优劣也是雇主在挑选雇工时的一项重要依据,那些持有较好农具的雇工被雇用的机会相对来说会大一些。[①] 我们可以据此推断,他们得到的报酬也应该会好一些。

(三)役畜的饲养使用与肥料的购买

役畜的使用是对家庭劳动力的重要补充,可大大提高耕作效率。但由于人多地狭,许多农户没有足够的饲料喂养牲畜。特别是在棉产区,棉花秸秆不能做饲料,更是极大地限制了役畜饲养。除一些大土地所有者外,很少有农家能单独饲养役畜。为此,役畜的共有或借入就显得非常必要。役畜共有,是指两户或两户以上农家共同出资购买牲畜,一般发生于邻里朋友间,各方共同饲育、共同使用。在惠民县孙家庙村,3 个农户可拥有 1 头牛,按 5 日时间轮流饲养使用。如果是 4 户共有,则以 15 日为单位轮番饲育。在农忙期间,大家可共同协商由谁役使。[②] 役畜借入场合一般要支付费用。在彰德县宋村,一般每 1 亩地支付 0.5 元左右。有时也可以自家劳动力进行补偿,1 日劳力换 1 日畜力,但这一般只发生在亲戚朋友间。[③] 即使几家共有一头大牲畜,在生产中也会感到不足。于是几家农

---

① 参见满铁:《北支农村概况调查报告——彰德县宋村及侯七里店》,1940 年,第 102 页。

② 参见满铁:《北支农村概况调查报告——惠民县第一区和平乡孙家庙》,1939 年,第 148 页,附表 4。

③ 参见满铁:《北支农村概况调查报告——彰德县宋村及侯七里店》,1940 年,第 107 页。

户将牲畜、农具和人力合在一起使用,这种形式称为“搭套”。搭套在亲戚朋友间广泛存在,但更多地发生于邻里及土地邻近的农户之间。① 这样可以减少从一块地走到另一块地的时间,从而提高役畜农具的使用效率。

在华北,农民用的肥料主要是土粪,另有少量的棉实粕、豆粕及硫安等。土粪是以家畜粪尿为主体,加入土及其他杂物混制而成。华北农村役畜普遍偏少,自然限制了家制土粪的数量。相对于其他作物,棉花亩施肥量要求更多,致使许多农户倍感肥料不足。一般情况下,植棉户通过购买肥料解决此问题。在彰德县宋村,植棉大户直接购入大量干粪,小户则除购买外,还依靠地主提供一部分。② 有时两三家合伙买肥料,这一般在土地邻近便于运输的农户间发生。③ 除购买外,许多农户还利用农闲时间拾粪。在宋村,1 人 1 日可拾粪约 50 斤。④

(四)灌溉中的合作

灌溉对于棉花的种植至关重要,特别是在春旱期间。在华北,灌溉多用井水。植棉户在地旁凿一水井,用辘轳或水车提水灌溉。由于掘一口井费用高昂,许多小农户无力单独承担,于是便出现了伙井。伙井一般是以地邻关系为主体,由两三家

---

① 参见中国农村惯行调查刊行会:《中国农村惯行调查》第 1 卷,岩波书店 1981 年版,第 77 页。

② 参见满铁:《北支农村概况调查报告——彰德县宋村及侯七里店》,1940 年,第 103 页。

③ 参见中国农村惯行调查刊行会:《中国农村惯行调查》第 3 卷,岩波书店 1981 年版,第 53 页。

④ 参见满铁:《北支农村概况调查报告——彰德县宋村及侯七里店》,1940 年,第 122 页。

共同使用一口井。[1] 如在栾城县寺北柴村，村民徐歪子在村北的七亩地与郝钦、张乐卿、徐喜子伙井，而另外四亩地则同何春、何各八伙井。伙井农户共同出资掘井，根据各家土地灌溉面积按比例支付掘井费用。[2] 他们并不同时灌溉，而是各家各户单独进行。作物不同时，灌溉时间不同，可以相对分别利用水井；作物相同时，各家便按顺序轮流灌溉。无井户可以向有井户借水灌溉。此种情况下，水井所有者有优先使用权，且借入者要支付一定的物品做酬金。[3] 但在彰德县宋村，水井掘凿时无偿提供劳动力的邻近地户，届时可以免费使用水井。[4] 在多数场合下，灌溉使用水车。水车由几家农户共同出资购买，其中以地邻关系购入场合最多，这样使用方便，使用完毕后放在最方便的地方保管，修理费也由大家共同负担。水车借入场合，要水车所有者全都同意才可以，假若有一方不同意，则借用关系便不成立，借方只能转向其他所有者。[5]

（五）资金的借贷

为解决生产中资金不足的问题，以前农户多是向高利贷者

---

① 参见中国农村惯行调查刊行会:《中国农村惯行调查》第3卷，岩波书店1981年版，第52页。

② 参见中国农村惯行调查刊行会:《中国农村惯行调查》第3卷，岩波书店1981年版，第266页。

③ 参见中国农村惯行调查刊行会:《中国农村惯行调查》第3卷，岩波书店1981年版，第52页。

④ 参见满铁:《北支农村概况调查报告——彰德县宋村及侯七里店》，1940年，第80—81页。

⑤ 参见中国农村惯行调查刊行会:《中国农村惯行调查》第3卷，岩波书店1981年版，第365—366页。

借款,需支付高额利息,损失惨重。从20世20年代后期开始,农民开始越来越多地倾向于向合作社组织借款。1936年的一份统计报告表明,在山东省的102个县市中,就有1087个信用合作社。这些信用合作社负责以低利向农民发放贷款,以缓解农户生产资金的不足。1936年,仅山东省各合作社就发放贷款1049145元。① 除信用合作社外,许多棉花运销合作社或美棉推广组织还专门向棉农发放低息或无息借款。在河北唐山沧县,运销合作社出面向天津华新纱厂借贷无息贷款并发放给植棉户;正定县则向石家庄中国银行贷款,每亩贷款2元,月8厘。② 栾城县寺北柴村则是由新民会发放春耕贷款,每户可借3—5元,另外还有凿井贷款,每井位约300元。③ 通过向合作社组织贷款,植棉户不仅解决了生产资金不足的问题,还避免了高利贷者的盘剥,这有力推动了棉花的种植。在梁邹美棉运销合作社,凡种有脱字美棉的社员,均可根据自家棉田面积和棉产量向合作社借款。社员借款的总额,一般不得超过棉花运销时价的七成,于棉花运销后再行偿还,月息一律八厘,远低于当时通行的2—3分的借款利息。④ 1934年,梁邹美棉运销合作社两次向济南中国银行借款贷给农民,共计130571元。这种借款模式冲击了农村中传统的金融组织,过去依靠高利贷

① 参见《全国合作事业调查》,《农情报告》第4卷第2期,1936年2月15日。

② 参见又民:《河北:正定棉场本年美棉推广记略》,《棉讯》第9—11期,1934年6月15日。

③ 参见中国农村惯行调查刊行会:《中国农村惯行调查》第3卷,岩波书店1981年版,第40、309页。

④ 参见《梁邹美棉运销合作社第二届概况报告》,《乡村建设》第3卷第20—23期,棉业合作报告专号,1934年4月11日。

为生的人,“莫不蹙眉叫苦”[①]。可见,现代化的社会要素正在以棉花为契机,打破了存在于乡村中的一些恶性组织。

总之,围绕棉花种植,村民之间发生了相对复杂的社会关系。有些社会关系,虽然在传统时代就已经发生,但由于棉花种植的高投入性,这些社会关系开始更大规模与经常性地发生。这些社会关系的发生,属于一种乡村劳动者之间的生产联合型内聚,在一定程度上有利于加强乡村社会的内聚力。[②] 但也有一些社会关系,如资金的借贷,则在传统的基础上又有了新的发展,更多地与村外借款组织发生联系,体现出一定程度的开放性,虽然这种现象在棉花种植过程的各个环节中并非都有发生,也不占主要地位。

三、看青变迁及棉业公会对乡村社会的介入

看青,指作物成熟时为防止偷窃而对庄稼进行的看护。在此,看青自是围绕棉花进行,而其出现又与传统拾棉习俗被破坏有关。看青一开始主要是依赖乡村社会内部力量进行,但后来随着美棉推广,外部力量开始介入,导致看青在组织与运作上发生了一定程度的变化。

---

① 转引自马勇:《梁漱溟评传》,安徽人民出版社 1992 年版,第 204 页。

② 关于乡村社会内聚力,可参见王建革:《近代华北乡村的社会内聚及其发展障碍》,《中国农史》1999 年第 4 期。内聚力有多种形式,如生产联合型内聚、亲和型内聚、强制型内聚等。

(一)拾棉的变迁与看青的出现

在华北,拾棉传统由来已久。所谓拾棉,指棉花收获后,农村中的贫弱者尤其是孤寡有权采取残留在棉枝上的棉花。嘉庆三年(1798)颁布的《授衣广训》记载:"霜后叶干,采摘所不及者,黏枝坠陇,是为剩棉。到十月朔,则任人拾取无禁,犹然遗秉滞穗之风,益征畿俗之厚焉。"①这体现出乡村社会内部不同阶层之间的相互辅助,有利于加强乡村社会内部的亲和内聚力。

但随着人口压力的增强,华北人多地狭的矛盾日益突出,无地少地农民相对增多。为衣被之需,贫民对拾棉的依赖性增强。但拾棉所得毕竟有限,于是许多贫民转而抢棉、偷棉。光绪年间,秦荣光提到拾棉习俗的变化,"棉花,自十月后,剩有零星小朵,乡间旧俗,一听地方孤寡采之,本业户不复与较,俗名捉落花,亦古者遗秉滞穗意也。近乃未至重阳,强壮男妇,十百成群,硬行采摘,并及青铃,冒充捉落花"。又,"棉花开时,乡民必迟捉一二日,养使力足,则色白衣重,售价可丰。今不论月明黑夜,每被偷捉一空,俗名捉露水花。田宅隔离较远者,被害尤甚"②。基于此种变化,从19世纪末开始,村庄中的看青组织逐步发展起来,并在民国时期不断完备。看青的出现,使

---

① 董诰撰:《授衣广训・棉花图》,清嘉庆武英殿刻本。

② 秦荣光:《请禁作践妨农禀》,《皇朝经世文续编》卷三六《户政・农政》,沈云龙主编:《近代中国史料丛刊》第741册,(台北)文海出版社1992年版。

乡村社会内部的亲和内聚力受到严重冲击，并代之以强制内聚力[①]。

看青最初是一家一户的事。普通民户一般是自家人看青；富裕之户则由长工看青，只有在农忙人手不足时才由自家人看青。[②] 每近黄昏时，村民便像清晨去地里劳动那样出发。他们在地里搭一简易窝棚，放一张床，晚上便睡在那里，以防止小偷偷窃。若窃贼被抓住，本村人将被带到村里的头面人物跟前等待发落；外村人则可能被捆绑在村上的庙堂里，挨上一顿打，然后支付一笔罚金才得以释放。[③] 在栾城县寺北柴村，作物偷盗者则会受到村长、闾长的叱责，并要有同族、亲戚、熟人不再偷窃的保证才可以释放。[④]

由于大多数农民的土地分散，从一块地走到另一块地有诸多不便，这在致使看青的实际效用降低的同时，因窃贼与作物主人常为同一村庄，彼此熟悉，又造成诸多不便。为避免以上种种不便，许多村民便协同看青。协同看青主要是在邻里街坊或土地邻近的农户间进行。在寺北柴村，有时几家在棉花播种

---

① 我们之所以说强制，是因为看青以一种强制性手段，如惩罚，来应对贫苦之人对作物的偷窃。

② 参见中国农村惯行调查刊行会：《中国农村惯行调查》第 3 卷，岩波书店 1981 年版，第 42 页。栾城县寺北柴村是一个集中棉产村，全村大部分土地都种植棉花，村民的许多农事活动都是围绕棉花进行的。因此，虽然《中国农村惯行调查》中看青极少提及棉花，但我们完全可以推论，这些活动定与棉花有关。

③ 参见[美]明恩溥：《中国乡村生活》，午晴、唐军译，时事出版社 1998 年版，第 163 页。

④ 参见中国农村惯行调查刊行会：《中国农村惯行调查》第 3 卷，岩波书店 1981 年版，第 42 页。

后共同雇人看青,所需经费由各家根据自家棉田面积多少按比例共同支付。[1] 有时也有两三家共同看青,即由各家轮流看青。[2] 1937 年以前,村里曾雇用一两个人看青,他们往往为村中最穷之人,被雇用看青可以给他们的生活提供一定的补助。工钱一般为谷物,由各家按土地多少一年分两次支付。[3] 1940 年,村里成立了一个由 10 人组成的看护庄稼组织,负责巡视庄稼地及菜园。他们没有报酬,由村长安排村民每天夜里轮流看护庄稼。[4]

看青下仍可拾花,但有时间限制。在许多地方,看青规则中有这样一条附加规则:田地拥有者不要将地里的庄稼收获得太仔细,以备穷人拾取棉花。也不例外,法定允许贫民不分田地拾棉花的日子叫作"松绑",这是穷人们非常高兴的时期,因为不会再被处以罚金。在此段时期内,穷人们会整天从事此项工作。但后来迫于形势,那条附加规则并没有得到认真执行,许多田地所有者即便剩花也不想让别人拾取。在此种情况下,冲突就不可避免。[5]

---

① 参见中国农村惯行调查刊行会:《中国农村惯行调查》第 3 卷,岩波书店 1981 年版,第 32 页。

② 参见中国农村惯行调查刊行会:《中国农村惯行调查》第 3 卷,岩波书店 1981 年版,第 42 页。

③ 参见中国农村惯行调查刊行会:《中国农村惯行调查》第 3 卷,岩波书店 1981 年版,第 42 页。

④ 参见中国农村惯行调查刊行会:《中国农村惯行调查》第 3 卷,岩波书店 1981 年版,第 66 页。

⑤ 参见[美]明恩溥:《中国乡村生活》,午晴、唐军译,时事出版社 1998 年版,第 166、167 页。

（二）美棉种植与看青的变化

与国产棉相比，美棉的成熟期较晚，一般在（阳历）十月末或十一月初才能收获完毕。这一方面使贫苦农户在寒冷季节到来之前没有足够的时间拾取棉秸、棉根以作燃料，另一方面也与传统的拾棉“松绑”日期相冲突。当传统拾棉日期到来之时，美棉才刚好成熟。这虽要进行调整，但在许多地区，如鲁西，拾棉者却拒绝放弃传统拾棉日期。20 世纪 20 年代中期，清平、濮县、菏泽、邱县、临清、观城、武城、夏津、堂邑、巨野等县曾报告说，人们在棉花未成熟之前闯进地里拾棉而使棉花遭受破坏。另一份报告也说，当人们闯进地里拾棉的时候，只有60%—70%的棉铃开放。这种行为使种棉农户遭受了巨大损失，因而威胁到美棉在鲁西的传播。[①] 面对此种情况，传统的看青组织也无能为力。为此，山东省劝业所要求各县成立棉业公会。

如前所述，棉业公会的任务之一在于分发棉种和提供技术指导，但其作用更在于防止拾棉者对棉花的破坏。实际上，棉业公会已经渗入乡村社会的内部。公会的领导人大多为城内精英的儿子，受过新式教育。他们有自己的预算资金——虽然少得可怜，甚至拥有武器。棉业公会的组织成员，除一名会长及两名副会长外，其他全是巡视员。值得注意的是，棉业公会并没有为照顾穷人利益而雇用他们，这一点与传统的看青组织

---

① Kenneth Pomeranz, *The Making of A Hinterland——State Society and Economy in Inland, North China, 1853－1937*, University of California Press, 1993, pp. 85-86.

有所不同。巡视员一般都从乡村上等人士中挑选,并要得到地方长官的认可。棉业公会所收取的罚金,也与传统看青组织用于大众娱乐不同,而是用于印发传单。棉业公会很多时候会与当地警察或驻军相结合,对抢花者实行高压政策。据称,临清地区的棉业公会就有1万多支新式步枪。因此,与传统的看青组织不同,棉业公会能够有效地镇压贫民的抢花活动,1930年以后便不再有抢花的报告。由此可见,与传统看青组织相比,棉业公会更多地使用武力。另外,棉业公会也没有为修复穷人与富人之间的冲突而雇用他们。这不仅更加严重地冲击了乡村社会内部的亲和内聚力,并且对围绕传统看青组织所形成的强制内聚力也产生了冲击。但棉业公会也并非在每一个地区都取得了成功,如在鲁西南,由于没有乡村士绅的配合,他们最终以失败告终。[①] 总之,与中棉完全依赖村内力量相比,美棉在很大程度上依赖于村外的力量,无论是种植,还是看青。

总之,由于拾棉习俗被破坏,出现了围绕棉花进行的看青活动。看青的出现,使乡村社会亲和内聚力受到严重冲击,并代之以强制内聚力。但不论亲和内聚力还是强制内聚力,都是在乡村社会内部进行的。伴随着美棉的推广及由此引起的穷人与富人间冲突的升级,乡村外部力量——棉业公会开始介入其中,并发挥着越来越大的作用,乡村社会内部的强制内聚力亦遭到严重破坏。这也是乡村社会由内聚走向开放的一种表现形式。

---

① Kenneth Pomeranz, *The Making of A Hinterland——State Society and Economy in Inland, North China, 1853–1937*, University of California Press, 1993, pp. 91–101.

四、运销合作组织对乡村社会的介入及村内外力量的整合

20世纪30年代以前,除少数大地主能把自家生产的棉花轧籽、打包并直接运往终端市场外,广大小农都是在本地市场上出售。花店、花客是他们的唯一主顾,数目过小的时候,就先由小贩收买,然后再由他们转售给花店。由于轧车在乡村社会中并不普遍,因而一般情况下,棉农都是直接出卖籽花。

为牟取暴利,许多棉商采取种种不法手段,使广大棉农深受其害。如许多棉商利用棉农收获前缺钱的困境,先借钱给他们,然后再在棉花收获后压价收买。棉农们不甘压迫,“于是便在籽花或轧好的穰子里边,搀上水分及花籽花叶等,来多压分量”①。花店收受了此种棉花后,不仅不设法提高质量,反而变本加厉地再加上些,这种相互欺骗的结果是使棉花品质大为降低,极度不适合棉纺织厂的需要,他们不肯出好价钱来买这种棉花,结果是棉农棉商两败俱伤,农村经济大受影响。

为改变上述弊病,20世纪30年代以后,棉花运销合作社开始大量出现。由于种种原因,中国的农民习惯了一种保守的生活,他们并不是一开始就相信棉花运销合作社的。如1933年卢广绵在河北深泽组织棉花运销合作社,就几经反复。② 运

① 徐作霖:《协助棉运所感到的几点》,《合作讯》第100期,1933年11月。

② 参见卢广绵:《西河农民棉花运销合作的初次试验》,《合作讯》第100期,1933年11月。

销合作社的创立,最初是依赖乡村内部力量,如乡村牧师,卢氏便是如此。梁邹美棉运销合作社则依赖乡村学校力量,采取学校教育的形式,以点带面。[①] 还有的棉花运销合作社依赖乡村内部。具有现代思想的倡导合作事业的上层人物,即"乡村所谓唯一之农民领袖——绅董商人富豪",他们"乘时而起,大显其热心倡导合作事业之身手"。[②] 伴随着运销合作社的建立,这些乡村社会的上层力量与外来力量中的人士相结合,逐步成为运销合作社的领导人物。

棉花运销合作社旨在集合一地域内生产之棉花,直接运送到城市或纱厂出售,以免除中间人的剥削。先收取棉花,然后再轧花、评等级、打包,"一方面能使包装美观划一,一方面又可表示他们的特征,而容易得到社会上之认识与信用"[③],最后再统一出售。下面以梁邹美棉运销合作社为例,说明运销合作社在乡村的具体运作情况。

棉农首先把收获后的棉花交于分社,再由分社交于总社,并规定籽棉不得杂有残瓣、着色花朵及草叶等,花衣则不准混入种层、叶片、砂土及其他夹杂物。无论籽棉、花衣,必须原干,含潮以百分之十为限。收花后,聘请专家,根据潮份、纯度、长度、拉力、色泽等标准,评定等级,分为甲、乙等。等级评定后,再用花车轧去棉籽,制成花衣。花衣装制成包,整齐划一,包装

---

① 参见乔政安:《本院农场改良脱字美棉推广报告(民国二十二年)》,《乡村建设》第4卷第10—11期合刊,1934年。

② 汪春珊:《我所见的几个合作社之病理的现象》,《棉运合作》第1卷第5期,1936年5月1日。

③ 孙廉泉:《合作事业研究纲要》,《乡村建设》第1卷第11—12期,1932年,第4页。

完毕后,印刷标名牌号,标明棉花的品种、产地、重量、号码等,以便识别。前几项程序完成后,再由合作社统一运往济南出售。由于棉花出售时正值新花收获,广大棉农为金钱所需,总是希望尽快出售。但此时由于供过于求,价格低落,且运销合作社从收花到最后出售,中间要费许多周折。为解决此问题,先由合作社借款垫付给农户,以棉花做抵押,棉花卖出后再行偿还。[①] 此种借款方式的实行,曾使农村中许多传统的借款组织遭到严重冲击(如前所述)。

福柯在《规训与惩罚:监狱的诞生》中,提出了"规训"这一概念。规训,就是通过强制力使不良的体态、思想或行为得到矫正。规训主要通过纪律或政策加以进行,从而使被施动对象在"做什么"和"如何做"等方面符合施动者愿望,目的在于达到规范化。有时为了达到这种规范化目的,还采取一定的惩罚方式。[②] 在此,我们借用这一概念,把它应用到棉花运销合作社在乡村的影响中去。运销合作社对乡村的"规训"主要是通过一系列规章来实现,如规定收花的具体标准及如何打包。如发现有人掺假,便退还其棉花,并警告或开除。如此一来,他只能面对不法商贩的侵害。规训的主要目的在于矫正,达到规范化。运销合作社在于矫正乡村棉花运销中的陈规陋习,使售卖的棉花整齐划一,在纯度、包装等方面适合现代棉纺织厂的需要。山东《民国日报》1933 年 12 月 1 日曾载梁邹美棉运销合作社花衣运抵济南后备受欢迎的消息:"第一批花衣四百担,

---

① 参见《梁邹美棉运销合作社第二届概况报告》,《乡村建设》第 3 卷第 20—23 期棉业合作报告专号,1934 年 4 月 11 日。

② 参见[法]米歇尔·福柯:《规训与惩罚:监狱的诞生》,刘北成、杨远婴译,生活·读书·新知三联书店 1999 年版,第 153—219 页。

曾于上月二十日运来本埠,各纱厂争购,结果申新纱厂以每担照市价加六元高价,承购到手,当夜改包运沪。现第二批花衣已于二十八日由邹平装船启运,不日到济,届时纱界恐怕又不免一次逐鹿战云。”①另外,通过运销合作社售卖棉花,广大棉农避免了中间商人的剥削,增加了收入。如卢广绵在深泽,每百斤棉花的售价除去一切花销外,仍较本地高三元多钱。②

棉花运销合作社旨在满足纱厂与棉花种植者之间的共同利益,将整批的棉花运销于大商埠,以避免当地商贩的中间剥削,以求农家收入之增加。这一新出现的力量很快便与传统的村外力量(花贩)发生了冲突。因为合作社“将棉花运销于远方,当然给当地的棉花商贩一个很大的打击,直白地说,是夺了他们的饭碗,断了他们的财源,他们哪里就肯干休呢?于是这就引起了他们的仇视,形成了敌对的状态。因而,他们就时而谗笑造谣,以诱惑那些意志不坚、信仰薄弱的社员。有的因而竟起了怀疑,再不肯将棉花向社内送交,而悄悄地去当地市场出卖了。同时,一般花商见此种改良棉花(美棉——笔者注)为数不多,偶尔将价格稍微提高,来利诱他们”③。棉花商贩的这种破坏性行为,曾在很大程度上迟滞了各地棉花运销合作社的建立。

总之,棉花运销合作社的建立,是村内外力量相互整合的

---

① 《梁邹美棉运销合作社第二届概况报告》,《乡村建设》第3卷第20—23期棉业合作报告专号,1934年4月11日。

② 参见卢广绵:《西河农民棉花运销合作的初次试验》,《合作讯》第100期,1933年11月。

③ 乔政安:《梁邹美棉运销合作社第二届概况报告(民国二十二年)》,《乡村建设》第2卷第19、20期合刊,1933年2月11日。

结果。通过棉花运销合作社售卖棉花,规范了乡民的行为与思想,使棉花整齐划一,彻底改变了过去棉花销售过程中的种种弊端,避免了中间商人的剥削,增加了农民收入。更重要的是,棉花运销合作社的建立,使棉花销售不再囿于传统的乡村社会内部。借此机会,村民们开始更多地与城市发生联系,加入近代化的商品经济潮流中来。这种对传统的封闭乡村系统的突破,正是乡村社会开放性增强、内聚性减弱的集中表现。

五、结　论

传统时代,华北乡村社会具有强烈的内聚性。所谓内聚性,就是乡村社会内部人与人之间的相关性,即以自然村落为单位的人与人之间的亲和性。内聚具有多种形式,如亲和性内聚、强制型内聚、生产联合型内聚等。① 在很大程度上,内聚性就相当于封闭性,它阻碍了乡村社会走向外部世界的可行性。总之,在传统时代,村民们绝大多数的活动都是在这个封闭的乡村系统内部中进行。近代以来,伴随着棉花的种植,传统乡村社会的封闭性开始逐步有所改变(当然,棉花并非唯一因素,在此我们只是以棉花为切入点):由内聚性向开放性转变,逐步走出封闭的乡村系统。这种内聚性减弱、开放性增强,主要表现在棉花的引种与销售上:对外依赖性增强,并直接参与到城市系统中去看青,一开始也主要是在乡村社会内部进行,

① 参见王建革:《近代华北乡村的社会内聚及其发展障碍》,《中国农史》1999 年第 4 期。

但后来随着美棉推广,外部力量也逐步渗入。与之相比,种植过程则主要是在乡村社会内部进行,尽管也有一些开放性因素,如对外资金的借贷。

可渗透性在近代华北乡村社会的转变中起了非常重大的作用。可渗透性,是指乡村社会外部组织进入乡村社会内部的相对容易度。这种可渗透性是与一个地区的社会结构相关的,如在鲁西北,频发的自然灾害使此地的社会组织十分松散,没有牢固的乡村士绅阶层,村民在许多方面对外部事物易于接受。相比之下,鲁西南却存在着组织严密的乡村士绅阶层,对乡村社会的控制也十分牢固,在许多方面不利于新事物的推广。伯恩斯认为,可渗透性与开放性有所不同:可渗透性指外部力量对乡村社会的介入;开放性则指村民相对经常地离开乡村,并与外部世界建立联系。① 但可渗透性与开放性在实质上并无区别,在一定程度上,它们只是一个问题的两个方面。可渗透性会极大地促进一个地区的开放性,而开放性也会增强一个地区的可渗透性。也就是说,美棉推广组织及棉花运销合作组织对近代华北乡村社会的介入,以及村民们借助运销合作组织直接向城市售卖棉花,二者在实际上所起的作用是相同的,即促进了近代华北乡村社会由内聚向开放的转变。

总之,棉花的种植,促进了近代华北乡村社会由内聚向开放的转变。从棉花上,我们可以透视到一种转型中的社会形态,即从相对封闭落后的传统社会向开放性的近现代社会转变。

---

① Kenneth Pomeranz, *The Making of A Hinterland——State Society and Economy in Inland, North China, 1853-1937*, University of California Press, 1993, p. 114.

被结构的时间:农事节律与传统中国乡村民众时间生活*

——以江南地区为中心的探讨

一、引论:生活之流,时间之本

何谓时间?这是一个看似简单却实际难以回答的问题。正如奥古斯丁所说的那样:“我们谈到时间,当然了解,听别人谈到时间,我们也领会。那么时间究竟是什么?没有人问我,我倒清楚,有人问我,我想说明,便茫然不解了。”①诚然,虽然我们每个人都生活于时间之中,看似对之无比熟悉,但究竟何谓时间、时间的本质为何,却没有几个人能真正说清楚。不过,虽然人们对时间之本质莫可名状,却不等于说时间就是完全抽象以至于无法感知与琢磨。春秋交替、岁月流逝、容颜老去及对“逝者如斯夫”的感叹等,即都是人们对时间之流的切身体会与感受。实际上,也只有与人类生活相结合,时间才能彰显

---

* 本文原载于《民俗研究》2011年第3期。

① [古罗马]奥古斯丁:《忏悔录》,周士良译,商务印书馆1963年版,第242页。

出其鲜活生动的现实意义,所以海德格尔才会断然说:“没有人便没有时间。”[①]因此,时间并不是一种无关乎人的存在物,而是内在于人的一种状态,并在一定程度上取决于人自身的状态。[②] 正如胡塞尔所认为的那样,在现实生活中,时间并不能被人所直接感知,而只能根据自己的体验去把握和理解,实际上人们所能感知的仅仅是在时间流逝中所发生和进行的事件。[③] 所以,“有日常生活才谈时间”,因为“在日常生活中,前与后的顺序就是时间。……日常生活就是故事、情景与时间的综合,离开谁都不行”。[④] 故而,对于绝大多数人而言,牛顿所称为的绝对抽象时间或天文学、物理学所研究的天文、物理时间没有任何意义,因而并不需要加以关注与思考。

由于社会时间是与人的社会实践活动紧密相关的,而人之实践活动并非单纯机械运动,而是具有多样性、节律性及非连续性等特性,因此,与天文时间或钟表时间的线性、均质性不同,社会生活时间则具有非连续性与多样性等特征,并表现出强烈的结构性特点。所谓社会时间的结构,就是人们为满足不同需要的各种社会活动在人的整个时间中所占的比例。[⑤] 但

① [德]海德格尔:《存在与时间》,陈嘉映、王庆节译,生活·读书·新知三联书店 2006 年版,第 24 页。

② 参见汪天文:《社会时间研究》,中国社会科学出版社 2004 年版,第 9 页。

③ 参见[德]胡塞尔:《内在时间意识现象学》,杨富斌译,华夏出版社 2000 年版,第 6 页。

④ 刘德寰:《年龄论:社会空间中的社会时间》,中华工商联合出版社 2007 年版,“前言”第 2、3 页。

⑤ 参见刘奔:《时间是人类发展的空间——社会时一空特性初探》,《哲学研究》1991 年第 10 期。

实际上,社会时间结构并不仅仅只是比例的问题,还有更为深层次的内涵,如轻重先后、序列安排、分层差异等。而这种结构性特征又是由人之社会实践活动所生发的,因而社会时间从本质上而言是一种被人为结构化的时间。由于不同民族、不同时代具有不同的物质生产方式与社会实践活动,因而时间结构也必然会有所不同。就传统中国乡村社会而言,农业是其中最为主要的生产活动与民众衣食之源,其他社会活动基本上都以此为轴心展开进行,因此传统中国乡村民众之时间生活也就体现出强烈的农事节律特色。

所谓农事节律,就是一年之中农作物从播种到收获的一系列工作程序,其是由一个地区的自然环境特点及种植作物所决定的。从表面看来,传统中国乡村生活是杂乱无章、毫无规律可循的,但实际情况却并非如此,而是在纷繁芜杂的背后有一定的结构性特征。一年之中,受自然节律的影响,农业生产活动从种植到收获也会表现出一定的节律性特征。与此相适应,乡村社会生活也会表现出一定的节奏性,从年初到年末,各种活动是各有其时。① 农业生产活动有涨有落,于是乡村社会生活诸活动也必然会随之起起落落,一年四季各有其时,各种活动也就会巧妙配合而又有序地分布于时间与空间之中。② 而

---

① 社会学通常将时间分为以下几类:工作时间(含上下班往返时间)、家务劳动和副业劳动时间、照看孩子和教育孩子的时间、生理必要时间(吃饭、睡觉等)及闲暇娱乐时间(含参与各种活动的往返时间)。参见汪天文:《社会时间研究》,中国社会科学出版社 2004 年版,第 236 页。本文所谓的时间,不包括生理必要时间。

② 参见王建革:《近代华北的农业特点与生活周期》,《中国农史》2003 年第 3 期。

之所以会呈现如此态势,是与农事活动在传统乡村社会中之重要性密不可分的。长期以来,中国一直是一个以农立国的国度,农业生产是最为主要的生产部分,尤其是对于广大乡村民众来说,农事活动更是他们最为重要及占用时间最多的活动①,其他社会活动总是在保证农事的基础上才得以展开进行,甚至于战争等极端事件的发生都与农事节律紧密相关。②因此,从农事节律角度对乡村时间生活展开探讨是完全可行的。因这种农事节律与乡村生活的关系问题,从根本上来说体现出的恰是一种乡村民众对于年度时间周期的结构性安排策略。正如法国著名社会学家涂尔干所认为的那样,时间是一种集体现象,是集体意识的产物,各时间进程相互连接从而构成某一给定社会的文化节奏,"集体生活的节奏支配和包含着由集体生活所导致的所有基本生活形式的各式各样的节奏。因此,得到表达的时间也就支配和包含了所有具体的持续过程"③。就中国传统乡村民众来说,虽然农业生产更多的是以一家一户的方式进行,但由于农业生产的季节性特征,却总是

① 如王世帆对20世纪80年代贵州省遵义县柿花生产队的研究所表明的,农业劳动时间是除生理必要时间(每天男10.39小时、女10.02小时)外最长的,分别为每天男6.69小时、女6.09小时。具体参见王世帆:《试析农民的社会时间结构》,《农业经济丛刊》1987年第6期。相较之下,传统时代乡村民众农业劳动所花费时间当为更多。

② 如澳大利亚人C.P.菲茨杰拉尔德就注意到:"在中国,秋季似乎在传统上是打仗的季节。那时庄稼收割完毕,雨季也已结束,光秃秃的田野十分干燥……九月调兵,十月和十一月初打仗",并且"每个中国人都了解这个规律"。具体参见氏著:《为什么去中国——1923—1950年在中国的回忆》,郇忠、李尧译,山东画报出版社2004年版,第59—60页。

③ [英]约翰·哈萨德编:《时间社会学》,朱红文、李捷译,北京师范大学出版社2009年版,"导论"第3页。

在同一时间内进行，因此也就起到了涂尔干所称为的“集体生活”的作用，并以自身节奏支配和调节着其他各式各样活动的时间安排与民众生活节奏。

基于时间问题之神秘性与重要性，长期以来时间一直是天文学、物理学、哲学、社会学、文化学、人类学、心理学等学科探讨的主题之一，对时间的本质、概念、分类、运行及人之感受等都做了详细探究。但美中不足的是，这些研究基本都基于共时性层面的探讨而忽略了历时性讨论。不过这些学科尤其是人类学、社会学等对时间结构、社会节律、时间观念与社会运行等问题的探讨[①]，却为本研究提供了基本的研究思路与问题意识参考，值得广泛吸收与借鉴。相较之下，总体而言，目前学界对传统中国时间问题的探讨更多地集中于时间观念与特定人群的时间实践两个方面[②]，但忽视了社会时间所具有的多样性特点，从而没有注意到传统中国乡村民众时间生活中的诸多差异性，如空间、性别、阶层等；另外，也是更为重要的一点，即更多的是对民众时间观念或时间生活做一种“白描式”论述，而没

---

① 如马克吉的《时间、技术和社会》、索罗金和默顿的《社会—时间：一种方法论的和功能的分析》、马林诺夫斯基的《特罗布里恩德岛人的计时方式》等，具体参见[英]约翰·哈萨德编：《时间社会学》，朱红文、李捷译，北京师范大学出版社 2009 年版。

② 具体如杨联陞：《帝制中国的作息时间表》，《国史探微》，(台北)联经出版事业公司 1983 年版；[法]克洛德·拉尔：《中国人思维中的时间经验知觉和历史观》，[法]路易·加迪等编：《文化与时间》，郑乐平、胡建军译，浙江人民出版社 1988 年版；吕绍理：《水螺响起：日治时期台湾社会的生活作息》，(台北)远流图书出版公司 1998 年版；吴国盛：《时间的观念》，北京大学出版社 2006 年版；刘文英：《中国古代的时空观念》，南开大学出版社 2000 年版；丁贤勇：《新式交通与生活中的时间：以近代江南为例》，《史林》2005 年第 4 期。

有注意到这种时间背后的结构性问题及其原因所在,社会生活时间实际上是具有非连续性及强烈结构性特点的。虽然萧放、刘晓峰等以节日为视角,注意到了民众生活背后的时间结构性问题①,却只关注到了某一方面。实际上,节日时间结构安排只是更大时间结构下的次要结构,因其在很大程度上是由农事序列结构,即农事节律状况所影响或决定的。另外,就本文的另一主题——农事节律问题而言,虽然目前学界已有一些相关研究②,注意到了农事节律与乡村社会生活的关系问题,却只是停留在表象论述,而未抽离出“时间讨论”这一主题。

总之,已有之相关研究由于受研究视角及深度等方面的限制,在许多方面还存在诸多不足。因此,本文将在借鉴已有研究成果的基础上,引入社会时间分析框架,以农事节律为基本研究主线,以普通乡村民众日常时间生活讨论为基本研究主题,以江南地区为基本研究区域,看传统中国乡村民众是如何对一年之中的社会生活时间做结构性处理的,及其背后所反映的民众时间观念与社会文化影响,以期对传统时代的乡村社会生活有一个更为清晰的理解与把握。

---

① 参见萧放:《岁时:传统中国民众的时间生活》,中华书局 2002 年版;刘晓峰:《东亚的时间:岁时文化的比较研究》,中华书局 2007 年版。

② 关于农事节律与传统乡村生活关系的实证研究,可参见王建革:《近代华北的农业特点与生活周期》,《中国农史》2003 年第 3 期;朱小田:《传统庙会与乡土江南之闲暇生活》,《东南文化》1997 年第 2 期;小田:《休闲生活节律与乡土社会本色——以近世江南庙会为案例的跨学科考察》,《史学月刊》2002 年第 10 期;王加华:《社会节奏与自然节律的契合:近代江南地区的农事活动与乡村娱乐》,《史学月刊》2006 年第 3 期;王加华、代建平:《农事节律与江南农村地区饮食习俗》,《民俗研究》2007 年第 2 期;等等。

二、以农为本：传统中国乡村民众时间生活的结构性安排

时间与社会生活紧密相关,并被碎片化为许许多多时间性的活动。社会活动的种类有许多,且往往具有异质与非连续性等特征,因此基于社会活动的社会时间也就同样具有多样性与非连续性等特点。由于每种社会活动对于人类生存之意义并不相同,因此基于不同社会活动的社会时间也就具有了不同的价值与意义,进而用于标注各种社会活动的时间单位或标准也就有所不同。另外,由于社会时间是人类生活之时间,因而对不同规模的时间主体来说其意义也是不同的。故而,表面上看似无始无终、绝对同质的时间也就产生了多种"分层"。但无论如何分层,基本都会围绕一个轴心——农事节律展开进行,且各分层间相互嵌入与契合,从而构成一个以年为单位的完整时间周期。

（一）多样性与契合性：时间的功能性分层与结构安排

社会时间分层具有多方面的含义,其中一个方面就是功能意义上的分层。社会生活丰富多彩,以活动内容而论可分为许多种,如物质生产、衣食住行、婚丧嫁娶、仪式信仰、娱乐休闲、水利兴修与治安维护、暴乱或战争等非常态活动等。与之相对应,社会时间也就可相应分层为生产时间、衣食住行时间、信仰时间、娱乐时间等。而与各种活动的重要性相适应,各时间也

就具有了轻重缓急之分。①

物质资料大生产是人类社会得以存在与发展的基本前提与物质保证,因此与生产相关的社会时间也就占有最为重要的地位。对传统中国乡村社会而言,农业是最为主要的生产部分与民众衣食之源,耗费在农业生产上的时间也就自然占有最为重要的地位。农业生产满足了食物之需,但人类要想生存还必须满足其他方面的基本需要,如穿衣、住房等,耗费在这上面的时间也就必不可少。另外,人类要想保证社会的长期存在与发展,还必须保证自身"种"的生存与繁衍,因此消耗在婚嫁与生育等问题上的时间自是必要。除物质需求外,人还必须要有精神需求,首先就是信仰行为,其次是娱乐休闲。当然,信仰与娱乐休闲经常是紧密结合、密不可分的。但从重要性上来说,信仰似更为重要,虽然民众耗费在娱乐活动上的时间要远多于仪式行为时间。仪式活动中所夹杂的娱乐行为更多的是长期以来的衍生物,如演剧与庙会的结合,最初主要是为娱神,后来才慢慢发展成以娱人为主。至于其他各种纯粹之休闲活动,如泡茶馆、演剧等,对乡村社会的重要性更是在仪式活动之后。这一点从经济衰败对各项活动的冲击程度上即可明显看出来。如刘大钧于 1935 年在浙江吴兴农村调查所显示的,受 20 世纪

① 李世伟、王见川认为,传统中国社会有三种时间轴:日常时间,指民众工作、生产的时间;节日时间,如新年、清明等;神诞时间,即神灵祭祀时间。这三种时间轴是平行发展的,从而形成一套大致稳定的民间社会生活节奏。参见李世伟、王见川:《关于台湾传统节日传承与变迁的考察报告(1945—2010)》,《节日研究》第 2 辑,山东大学出版社 2010 年版。具体到本文来说,所说的时间体系是同时包括这三个时间轴在内的,但从重要性上来说,三者还是不同的,其中以生产时间轴更具主导作用。

30年代经济危机之影响，吴兴传统蚕桑产业受到巨大冲击，人们社会生活也随之发生了很大改变。这其中受冲击最大的就是观剧、泡茶馆、逛灯会等娱乐休闲活动。以泡茶馆为例，原先是“每日生活大约须耗其半日光阴于此”，如今却是“茶馆均不敢一往”。相比之下，诸“宗教迷信”活动却是“其势至今尚未衰也”，只是“各庙均无力演剧矣”①，而演剧恰是庙会中最为吸引人的娱乐方式。最后就是各种大规模群体性社会活动所花费的时间，如大型水利工程的兴修、暴动、起义或战争等。不过，由于每种社会活动都是由更为细小的活动单元所构成，因此在每种社会时间之下又包含有更为细小的时间体系，而这细小的时间体系亦同样具有轻重之分。就生产时间而言，其下又有农业生产时间与副业生产时间之分，很明显，农业生产时间重于副业生产时间。而农业生产时间又有耕种、中耕管理与收获等时间之分，其中耕种与收获占有更为重要的地位。以耕种为例，其下又可进一步细分为主要作物的耕种时间与次要作物的耕种时间，主要作物的耕种时间明显更为重要。

以功能来划分的时间具有多样性，但它们又并非是简单的条块状分割并胡乱分布于一年之中的，而是具有强烈的结构性关系。首要的是，所有这些纷繁芜杂的时间安排都会围绕一个基本轴心展开进行，这就是农事节律，而这其中起主要作用的又是主要作物的农事程序安排。即使是极具刚性的睡觉、吃饭等生理必要时间，其实也会随农事节律而有所波动。在农忙时，人们总是起早贪黑，因而就相应地减少了睡眠时间；吃饭也

---

① 中国经济统计研究所编：《吴兴农村经济》，文瑞印书馆1939年版，第131—135页。

是尽量缩短时间,如在田间地头吃饭、力求简便等。[①] 因此,农事劳作时间尤其是主要作物的农作时间,是整个传统中国乡村时间生活中最重要也是最基本的时间体系,起到了一个"时间核"的作用,所有其他社会生活时间都依据其在整个社会时间体系中的位置而依次嵌入这一时间轴心上,从而形成一个完整的年度时间生活周期。对江南地区而言,就是以水稻与棉花的主要农事程序,即耕种与收获时间安排为基本轴心,然后中耕、灌溉等次要农活程序及大豆、麦类、油菜等次要作物的农事程序嵌入其中,从而形成江南地区总体之农事节律时间体系。然后以此时间体系为轴,棉纺织、蚕桑等副业生产,其他经济活动、信仰活动、娱乐活动、水利兴修等都依次嵌入这一时间轴心之上。[②] 不过,由于农业生产具有非连续性特点,农事程序之间总是存在一定的时间间隔,这就决定了其他社会活动亦具有非连续性特点,使同一社会活动在一年之中的时间安排并非紧密相连。以娱乐活动为例,在最长的冬春农闲季节、七月份较短之农闲时节或水稻插秧与耘耥之间的短暂农闲期内,都会有不同娱乐活动进行。[③] 而这一切体现出的正是年度社会时间体系的结构性安排。

---

① 参见王加华、代建平:《农事节律与江南农村地区饮食习俗》,《民俗研究》2007 年第 2 期。

② 对于传统江南乡村社会生活与农事节律间的嵌入关系,可参见王加华:《被结构的时间:农事节律与传统中国乡村民众年度时间生活》,上海古籍出版社 2015 年版。

③ 参见王加华:《社会节奏与自然节律的契合:近代江南地区的农事活动与乡村娱乐》,《史学月刊》2006 年第 3 期。

（二）个人、群体与文化：时间的主体性分层与结构关系

社会时间是人所经历的时间。从作为时间主体的人的角度来说,也可以分为不同的时间层次。首先是个体时间,可以说这是传统乡村社会中最为主要的时间体系。这是由两方面因素所决定的。一是传统中国农业生产的自身特性,即主要是以个体小家庭为单位来进行。一个"五口之家"的江南小农家庭,主要劳动力就是农民夫妇二人。[①] 夫妻二人中,从事农业生产的又主要是成年男子,妇女、儿童通常只从事一些辅助工作。而这一劳作模式之所以成为可能,又是由土地的零细化决定的,即单凭一己之力足可完成。同样,就江南最为普遍的副业生产,即占据一年之中半数以上时间的棉纺织生产而言,从事者又主要是成年妇女。[②] 因此,不管就农业生产还是副业生产来说,主要表现为个体的时间消耗。其次是传统中国乡村日常生活的非制度性与非组织性特点,也决定了村落日常生活的其他方面也主要是以个人支配为主。[③]

当然,在传统中国乡村社会中,并不是说就没有群体性时间的存在。大卫·刘易斯、安德鲁·J.韦加特认为,群体时间可分为两个层面,即适应于非正式互动的"互动时间"及适应

---

① 参见李伯重:《从"夫妇并作"到"男耕女织"——明清江南农家妇女劳动问题探讨之一》,《中国经济史研究》1996 年第 3 期。

② 参见王加华:《分工与耦合:近代江南农村男女劳动力的季节性分工与协作》,《江苏社会科学》2005 年第 2 期。

③ 参见薛亚利:《村庄里的闲话:意义、功能和权力》,上海书店出版社 2009 年版,第 84 页。

于官僚机构和其他正式组织的“制度时间”。[1] 就传统江南乡村社会而言,其实这两种时间都同样存在。互动时间的表现有许多种,如农忙期间的伴工:两三农户以感情为基础,按一定排列顺序,先集中到某户干活,之后再转移到另一家,直到全部农活完成为止。另外,夫妻间的互动时间在生产过程中亦广泛存在,最典型的就是农忙时期的男为主、女为辅及农闲副业生产时的女为主、男为辅。[2] 至于其他社会活动,如房屋修筑、婚丧嫁娶、演剧、迎神赛会等,由于参与人员较多,不可避免地会发生某种关系,因而是以互动时间而非个体时间为主。至于制度性时间,传统中国乡村社会制度性和组织性的不足,直接导致传统乡村社会中制度性时间体系的不发达。不管是在农业生产还是在副业生产中,都几乎见不到制度性时间的影子,虽然有伴工等现象存在,但也只是一种松散的劳动合作,而没有任何强有力的规章制度约束。相比之下,制度性时间通常只在某些群体性社会活动中才有可能存在,如某一个严密的地区神灵祭祀组织、由政府出面组织的大规模水利工程兴修、与地方社会体系紧密结合的保甲组织或极端情况下某一体系严密的造反派别与组织等。

总之,就整个传统江南乡村社会来说,以个体性时间体系为主、群体性时间体系为辅,同时群体时间嵌入个体时间,从而构成一个完整的社会时间体系。农业生产的重要性及个体性

---

① [美]大卫·刘易斯、安德鲁·J. 韦加特:《社会—时间的结构和意义》,[英]约翰·哈萨德编:《时间社会学》,朱红文、李捷译,北京师范大学出版社 2009 年版,第 67 页。

② 参见王加华:《分工与耦合:近代江南农村男女劳动力的季节性分工与协作》,《江苏社会科学》2005 年第 2 期。

特点，决定了一个成年农民个体只有在完成自身所应承担的农事工作之后才能够参与到演剧等活动中去，否则他就会被批评为不务正业，为人所不齿。也就是说，集体时间只有在满足个体时间的基础上才能顺利展开。[①] 而这一点恰与现代社会相反。今天的人们大多数都会从属于某一组织，如学校、工厂、公司等，严密的规章制度要求人们只有在完成这些“公共”领域的活动后，才能充分享受个体的私人时间，否则就会成为一个与现代社会格格不入的人，时间（钟表时间）在此充分显示出其对于当今社会的权力与暴政。[②] 很明显，在这里是个体嵌入集体而非集体嵌入个体。虽然传统社会以个体时间为主，缺乏全面的互动与协调，但并非整个社会时间制度就是杂乱无章而无共时性特征的。实际上，一个地区的人们总是享有一个大体一致的时间体系，虽然那时的人们并没有钟表等计时工具。之所以如此，根本上是由农事节律特点所决定的。受自然节律的影响，一年之中某种作物何时播种、何时成熟总是有大体相同的时间点，因此人们总是在相同的时间段内干相同的农活。[③] 同时，农事节律的“时间核”作用，又决定了人们在其他社会活动过程中也保持大体的同步。最终，农事活动基础之上的同步时间安排，共同塑造了大体相同的社会文化层面的“循环时

---

① 这一点或许能够对 1949 年后“集体化”运动的失败提供某种解释，即它违背了农民群体长期以来所形成的先个体、后群体的时间安排模式。

② 参见吴国盛：《时间的观念》，北京大学出版社 2006 年版，第 100 页。

③ 在这一过程中，节气、物候、农谚与老农起到了重要作用。对此可参见王加华：《节气、物候、农谚与老农：近代江南地区农事活动的运行机制》，《古今农业》2005 年第 2 期。

间”体系。

(三)计时体系:时间的单位分层与结构体系

社会时间第三个方面的分层,也是最为显见的一个方面,就是它有长短之分,如一天、一季、一年等。不过,与天文时间或钟表时间所不同的是,这一时间体系并非是通过钟表等计时工具来衡量的,而是通过与社会活动的结合而彰显其时间意义。因此,在不同的环境条件下不同背景的人群对待时间的态度或观念也会有所不同。① 正如爱德华·汤普森所说的那样:“时间标志法取决于不同的工作条件及其与‘自然’节奏的关系。”②因此,在不同的环境状况下,人们会采用不同的时间计时标准。另外,钟表时间意义上相同的时间长度在社会时间中亦未必相同,而会分别具有不同的价值意义与体验感受,这正是社会时间区别于钟表时间的最主要特性之一。

传统中国乡村社会的时间单位主要有以下几种:时辰、天、旬、月、季、年等,另外还有一个虽并非时间单位却经常被乡村民众作为农业劳作参照的时间点——节气。“时间的单位通常是由集体生活的节奏所决定的。”③传统乡村社会虽然更多是以个体作为基本时间活动主体,但众多个体在时间上的同步性导致了一种“类集体”状态,从而具有了共同的社会生活节

---

① 笔者家乡的一句话生动地说明了这一点,即“工人的阳历、农民的农历、学生的星期”。

② [英]爱德华·汤普森:《共有的习惯》,沈汉、王加丰译,上海人民出版社2002年版,第387页。

③ [英]约翰·哈萨德编:《时间社会学》,朱红文、李捷译,北京师范大学出版社2009年版,“导论”第4页。

奏。社会生活有许多种,相应所依照的时间计时标准也就有所不同。就农业生产来说,在其间起主要作用的时间单位或时间参照标准为天、节气、季与年。天是古代民众所认识到的第一个时间单位,太阳东升西落即为一天,虽然不同季节中一天的长度实际上是不相同的(钟表测量时间)。事实上所有农活都必须要一天天地做,“日出而作,日落而息”就是对这一生活节奏的真实写照。相比之下,节气则起到了更为重要的时间标志点的作用,因为传统中国乡村民众农事程序操作的主要时间标准就是节气,对此王祯曾说:“十二辰日月之会,二十四节气之推移,七十二候之迁变,如环之循,如轮之转,农桑之节,以此占之。”[①]而费孝通先生在江村的调查中也确实证实了这一点:“农民用传统的节气来记忆、预计和安排他们的农活。”[②]另外,与现代工业生产不同,农业生产周期较长,通常要四到五个月,跨越不同的季节,故而季在乡村民众生产生活中亦具有重要地位,所谓“春耕、夏耘、秋收、冬藏”就是对此的最好诠释。因此,“一个在乡土社会里种田的老农所遇着的只是四季的转换,而不是时代变更。一年一度,周而复始”[③]。最后一个重要时间单位就是年。许慎《说文解字》云:“年,谷熟也。”因此,最初“年”这一时间单位的确定就是以农事活动为基本参照的。一年正好跨越一个完整的自然节律循环,与自然节律相适应的农事生产也就正好以一年为最长计时单位。总之,就农业生产

---

① 王祯著,王毓瑚校:《王祯农书》,农业出版社1981年版,第10页。

② 费孝通:《江村农民生活及其变迁》,敦煌文艺出版社1997年版,第115页。

③ 费孝通:《乡土中国　生育制度》,北京大学出版社1998年版,第51页。

来说,重要时间单位为天、节气、季与年。从基本结构上来说,是一天嵌入一节气、一节气嵌入一季、一季嵌入一年,共同构成农民大众的年度劳作周期。

就生产之外的其他社会活动来说,重要时间单位则是时辰、天、月等①,与农事活动存在很大的差异性。在日常社会生活中,时辰这一单位可谓异常重要。例如,每个中国人都有自己的出生时辰,并认为其同每个人的命运息息相关;一些重要的社会活动,如婚嫁、祭祀、房屋上梁等都需要在一定的时辰点内进行。除时辰外,天则是民众日常生活的最基本单位,所有活动都会被安排在某一天内进行。不过与农事活动中的一天不同的是,此处之“天”更为多姿多彩。人们会赋予每一天不同的价值与意义,分别具有不同的“宜”“忌”之事,由此形成了传统中国非常重要的一项时间习俗,即“择日”“查日子”②。相比之下,农事活动中的一天则要单纯得多,人们体验到的更多只是忙碌与劳累。此外,二者在所指上亦并不相同。农业劳作的一天通常指天亮到天黑这一段时间,即白天,虽然在双抢双收的农忙时节也会有少量农活在晚上进行;日常生活的一天则通常不只限定在白天,如演剧、祭祀神灵等。月通常与日结合使用,构成我们传统的阴历计时体系,“广泛使用在记忆动感情的事件以及接洽实际事务等场合”,被“用作传统社会活

---

① 此外,“旬”也是一个重要的日常生活计时单位,不过其更多的是在上层社会中应用,与普通民众关系不大。

② 关于此一习俗,可参见胥志强:《择日:时间与生命形式》,山东大学硕士学位论文,2006年。

动日的一套名称”，如婚嫁、祭祀、节庆活动等。①

传统中国历法为阴阳合历。其中以阳历系季节与农时，以太阳运行为基本标准；以阴历系年月日期，以月相变化为标准，分别在中国人的日常生活中起着各自的作用。② 就这两个计时体系来说，有几个方面值得注意。首先，从本源上来说，因农事而产生的历法体系更具元初性。其次，从重要性上来说，农事计时体系具有更为重要的地位，因阴历计时体系在根本上是嵌入年度农事时间之内并受农事时间所支配的③，这也是传统中国历法被称为“农历”的最主要原因。最后，从结构上来说，农事计时体系具有明显的契合性关系，阴历计时体系则不然。其虽也有长短之分，如一天包括十二个时辰、一旬有十天等，但由于日常社会活动相比于农事活动通常周期较短，短时间内即可完成，因此各单位间构不成明显的嵌入关系。

总之，与钟表时间或天文时间不同，社会时间具有多样性特征。社会活动不同，与之相适应的社会时间也就不同，其中居基础地位的即为农事劳作时间安排体系，它起到了一种“时间核”的作用，并间接决定着其他社会活动的时间节奏。另外，各社会时间之间又并非杂乱无章、毫无规律的，而是在其自身内部有明显的结构性序列关系。虽然存在多维度的时间分

---

①　费孝通：《江村农民生活及其变迁》，敦煌文艺出版社1997年版，第115页。

②　参见刘宗迪：《传统历法与节日的变迁》，《古典的草根》，生活·读书·新知三联书店2010年版。

③　如在江南地区，农历五月被称为“恶月”，忌在此月内进行婚嫁、建房、出行等事。其根本原因可能还是与异常忙碌相关，此月刚好是双收双抢的忙碌时节。

层现象,但通过各时间结构间的组合、嵌入与同步关系,构成了一个完整的年度时间生活周期,并周而复始、循环往复。

三、因农而异:传统中国乡村民众时间生活的结构性差异

长期以来,中国一直是一个以农立国的国度,农业是广大乡村民众最重要也最普遍的社会活动。因此,他们也就共同享有一个大体相同的时间生活模式,即以农事节律为基本轴心来安排他们的日常生活。但是,这并不代表在这一共同的模式之下就没有差异性存在。不同地区、不同时代,虽然都会有农事节律现象存在,但具体的节奏特征却并不一定相同,这也就直接导致乡村民众的时间生活节奏产生差异。此外,即使就同一地区、同一时代来说,由于对农业生产参与度的不同,具体的时间安排也会有所不同。

(一)空间差异

农事节律是传统中国乡村民众时间生活的基轴,而其又是与一个地区所种植的作物紧密相关的。中国幅员辽阔,各地自然环境差异极大,导致各地的作物种植与农作模式千差万别,也就导致了不同的农事节奏特征,而基于此的乡村民众时间生活节奏自然也就有所不同。

以江南与华北地区的对比为例。江南地区由于自然环境较为优越,一年两熟制较为盛行。相比之下,华北地区通行的却是两年三熟制,这就直接导致两地在农事节奏上存在很大不

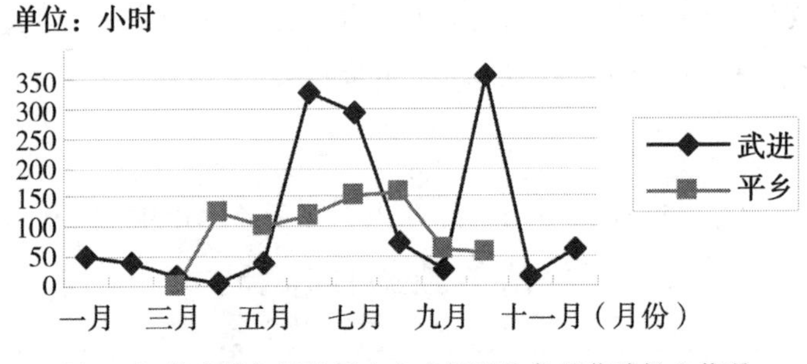

图 1　江苏武进与河北平乡各农场平均各月劳动投入状况

同。图 1 是江苏武进与河北平乡一年之中各农场平均各月劳动投入状况①，从中我们可以发现，两个地方在年中劳动投入上存在很大差异。首先，武进有两个明显的高峰期，相比之下平乡却不太明显；其次，两地在农忙高峰期上所处时间段并不相同，且在劳动投入量上武进明显高于平乡；最后，武进各月都有劳动力投入，平乡却在每年的一月、二月及十一月、十二月 4 个月内没有劳动投入。若以这两个县分别代表江南与华北，则可以看出江南在农业生产的时间安排上明显要比华北更为紧凑与忙碌，一年两熟制自然要比两年三熟制投入更多的劳动力并拉长劳动周期。例如，即使在寒冷的冬季，江南地区仍有敲菜麦沟、施腊肥等工作要进行。与这种忙碌的农业经营状况相适应，江南农民在肥料准备、生产工具修制、水利整治等方面也必然要投入更多的精力。同时，由于江南地区商品经济的发达，乡村民众即使在冬季农闲期也会投入到其他生产工作中去，如捕鱼、进城务工等，而此时华北乡村的典型场景却是晒太

---

①　参见［美］卜凯：《中国农家经济》，张履鸾译，商务印书馆 1937 年版，第 343、348 页。

阳聊天的人们。[①] 因此,传统时期的江南地区乡村生活之所以要比华北地区更为富足,除更为发达的商品经济等因素外,也是以本地民众更多的辛劳与更少的闲暇为代价的。另外,江南地区商品经济的发达,在很大程度上也是以本地区更为"忙碌"的农业生产作为基本保证的。

当然,这种差异性在江南内部也同样存在。传统时期的江南可大体上分为三个集中的作物分布区,即蚕桑水稻区、棉花水稻区及水稻区。[②] 由于种植制度与各作物耕作程序的不同,各地区在劳动力投入周期上并不相同,虽然都存在双峰特征,但时段稍有差异。具体而言,桑稻区为6—8月与11月,棉稻区为5—6月与9—10月,稻区为5—7月与10月。[③] 由此,各地乡村民众在时间安排上产生了不同,一个典型表现就是地区间的劳动力流动。如在属于水稻区的松江与属于棉稻区的闵行之间,每到水稻收割季节,位于松江东部20里左右、黄浦江北岸棉花地带闵行地区的人们,便来到松江受雇参加水稻收割工作。由于棉花一般最晚在十月初便收获完毕,而松江的晚稻收获期集中在十月中旬左右,这就使得两个地区在收获时间上完全可以错开。于是,这些棉花地带的人们完全能够于自家棉花收获完毕后,再到松江地区充当农业雇工,从事水稻收获工作。他们一般于阴历九月中旬出村,随身带着镰刀,先分别从

① 参见[美]明恩溥:《中国乡村生活》,陈午晴、唐军译,中华书局2006年版,第248页。

② 参见李伯重:《明清江南农业资源的合理利用——明清江南农业经济发展特点探讨之三》,《农业考古》1985年第2期。

③ 参见王加华:《分工与耦合:近代江南农村男女劳动力的季节性分工与协作》,《江苏社会科学》2005年第2期。

自家出门,在路上相遇后十余人组成一个小组,相伴去参加收割工作。在一个村子收割完毕后,他们便转向另一个村子。满铁调查员曾详细记载了这些人流动的日期与路线:闵行(阴历九月十五日)—北桥—马桥—车墩—华阳镇(阴历十月十日)—跨塘桥—新五库—石湖荡(阴历十月三十日)。①

（二）时段差异

就一个地区来说,农事节律并非是一成不变的。历史上,随着一个地区作物种类与作物种植制度的改变,农事节律状况也必然会随之发生改变,并进而对民众的时间安排产生影响。从宋末至19世纪中期,江南地区的作物品种与种植制度发生了明显变化:中、晚稻品种数量增加,由一年一作甚至两年一作的“强湿地农法”转变为一年两作制占主导地位,且在耕作环节上日益精细化。② 此一变化不可避免地会对江南民众的年度时间生活产生深刻影响,即更长时间的农作劳累与闲暇时间的逐渐减少。而近代以来,又发生了与宋至清中叶完全相反的趋势变化,即越来越多的乡村民众开始摆脱农事节律的束缚,从而使自己的日常时间生活发生了根本性改变。如在上海法华乡:“光绪中叶以后,开拓市场,机厂林立,丁男妇女赴厂做工。男工另有种花园、筑马路、做小工、推小车。女工另有做花

---

① 参见满铁:《江苏省松江县农村实态调查报告书》,1940年,第163—164页。

② 参见李伯重:《有无“13、14世纪的转折”?——宋末至明初江南农业的变化》,《多视角看江南经济史(1250—1850)》,生活·读书·新知三联书店2003年版,第21—96页。

边、结发网、粘纸锭、帮忙工,生计日多,而专事耕织者日见其少矣。"①还有一些人则完全脱离了农业生产,"有土地的家庭,喜将土地出租,或者租出一部分于他人,以便省出余时,自由从事于都市职业"②。工作重心的转变,使这些乡村民众不再遵循传统的以农事节律为基本轴心的时间安排,日益转入城市时间系统,去适应严苛的、缺乏人情味的、以钟表运行为核心的工厂时间体系,就如同英国"圈地运动"后大批涌入城市而成为产业工人的农民处境那样。③

传统乡村民众之时间生活除具有上述长时段的历时性差异外,较短时期内某些突发性事件的发生也可能使时间生活脱离正常轨道,表现出一种非常态状况下的时间生活模式。如大规模战争的爆发经常会造成大量人口丧失,并使大量生还者流离失所。处于战争状态下的人们因颠沛流离自然无法从事正常的农业生产,娱乐、信仰等活动更是奢望,从而使以农事节律为轴心的正常时间生活发生严重扭曲。灾害的发生也同样会如此。严重的干旱常常会造成"赤地千里",人们转奔流徙以求一条活路,正常生活更是无从谈起。即使并非如此严重的灾害也会对乡村民众时间生活造成影响。这主要表现在两个方面:一是为弥补灾害损失而缩短农事周期,种植一些生育期短

① 民国《法华乡志》卷二《风俗》,民国十一年(1922)铅印本。

② H. D. Lamson:《工业化对于农村生活之影响——上海杨树浦附近四村五十农家之调查》,何学尼译,《社会半月刊》第1卷第5期,1934年11月10日,第60页。

③ 参见[英]爱德华·汤普森:《时间、工作纪律和工业资本主义》,《共有的习惯》,沈汉、王加丰译,上海人民出版社2002年版,第382—425页。

的作物,如在稻田中改种生育期短的绿豆。二是强迫人们由农忙转入“农闲”状态,从而使正常时间安排颠倒。如1934年江南大旱,“又过了五六天,这一带村庄的水车全变做哑子了。小港里全已干成石硬,大的塘河也瘦小到只剩三四尺阔,稍为大一点儿的船就过不去了。这时候,村里人就被强迫着在稻场上‘偷懒’”①。

（三）阶层差异

处境不同,对日常生活时间的安排也必然会有所不同。经济地位高的人,自然会有更多时间可消耗在娱乐、社交等社会活动中,而经济状况不好的人却经常不得不为填饱肚子而异常辛苦地工作。在传统中国乡村社会中,这种分异性在地主与农民之间表现得最为明显。由于不用从事辛苦的农事劳作,有产者自然可以过着一种相对悠闲舒适的生活,如洪璞对地主金明远与柳兆薰日常交往圈的研究所表明的那样。② 正所谓“饱食谁家游冶郎,柳荫闲看插秧者”③。而一入农闲,虽然不用再从事劳累的农业生产活动,贫苦农民也被迫要外出做工或从事小商品买卖等,以贴补家用。卜凯就曾注意到:“每届冬季,常见若干农民相率入城,充当雇工、人力车夫或无技艺劳工等,尤以

---

① 《茅盾全集》第11卷《戽水》,人民文学出版社1986年版,第289页。

② 参见洪璞:《乡居·镇居·城居——清末民国江南地主日常活动社会和空间范围的变迁》,《中国历史地理论丛》2002年第4期。

③ 沈子实:《插秧词》,(清)袁景澜:《吴郡岁华纪丽》卷五《五月》“插秧”条,江苏古籍出版社1998年版。

水稻地带为然。”[①]

当然,这种差异性其实不仅只是在地主与农民之间存在,即使在农民群体内部,由于所处阶层不同,他们对年度时间周期的具体安排也会有所不同。如出于生存之压力,低阶层之乡村民众相比之下更多地受雇于别人而担任农业雇工。在江苏太仓,据满铁调查显示,无论是佃农、自耕农兼佃农还是自耕农,被雇用农业劳动力的人数与日数都随着经营土地面积的增多而减少。同时,就这三种类型的农户来说,也是由佃农向自耕农而逐渐减少的,6 亩以上的自耕农与 16 亩以上的佃农兼自耕农更是没有人去担任农业雇工。[②] 很多贫苦农民更是要被迫在农忙期间舍弃自家农活而为别人担任农业雇工,造成对自家农事活动参与的脱离或延迟。如此一来,必然会使不同阶层农户在农事时间的安排上产生差异性。对低阶层农户来说,被迫为别人担任农业雇工,不仅丧失了更多的闲暇时光,还不可避免地影响到了自家的农事生产。由于他们农忙时多外出帮工,加之耕牛农具缺乏,因而经常会导致自家农作失时,从而影响作物产量,造成“吃了大肉,荒了大熟”的局面。[③] 即使在农闲时期,为维持生计,低阶层农户也需要更多地投入其他经

---

① [美]卜凯:《中国土地利用》,金陵大学农学院,1941 年,第 400 页。

② 参见满铁:《江苏省太仓县农村实态调查报告书》,1939 年,第 90 页。

③ 参见中共松江地委办公室编:《松江县新华高级社合作化优越性调查资料》,1957 年 8 月 29 日至 9 月 17 日,松江档案馆,档案号:5-9-8。之所以说“吃了大肉”,因农忙时期农业雇工的伙食通常都非常好,经常会有肉、鱼等平时不常见之食物。

济活动中去。如在上海浦东,佃农在收获以后前往上海及附近等处暂为谋生者,就“甚为普遍”[①]。相比之下,经济状况稍好的农民,自然也就可以相对更为轻松一些。

(四)性别差异

“男耕女织”是我们对传统时期男女劳动分工的最常用的描述。[②] 从一般意义上来说,这一描述具有其合理性,而这种不同的分工模式将直接对传统乡村社会中男女的社会时间生活产生深远影响。虽然传统乡村社会男女的年度时间安排都以农事节律为基本轴心展开进行,但他们却有截然不同的社会生活轨迹。若将一年分为农忙与农闲两个时段,农忙时期,男子是大田劳作的主要承担者,女子除参加少量农事活动外,她们此刻最主要的任务是为男子做好后勤工作:准备饭食、做家务、带孩子。正如费孝通对江村的研究所表明的:“农忙期间,早上就把午饭和早饭一起煮好。妇女第一个起床,先清除炉灰,烧水,然后煮饭。……男人们把午饭带往农田,直到傍晚收工以后才回家。留在家中的妇女和儿童也吃早上煮好的饭,但吃得较少”,晚饭时“全家人都围着桌子坐着,只有主妇在厨房里忙着给大家端饭”。[③] 与大田劳作相比,家务劳动要相对舒

---

① [美]卜凯:《中国农家经济》,张履鸾译,商务印书馆1937年版,第469页。

② 当然,对于这一说法,许多学者存在不同的看法。如李伯重认为,这“并非放之四海而皆准的普遍模式和万古不变的固定模式”。参见李伯重:《从“夫妇并作”到“男耕女织”——明清江南农家妇女劳动问题探讨之一》,《中国经济史研究》1996年第3期。

③ 费孝通:《江村农民生活及其变迁》,敦煌文艺出版社1997年版,第98页。

适一些,但也并不轻松。所谓“馌饷妇,朝朝持饷忙奔走。最是今年稂莠多,内外力田十余口,每日三餐妾独供,炊爨烹庖汗盈首”①。一入农闲,女子在从事家务劳动外,又投入棉纺织等副业生产中去。男子则从劳累的大田劳作中解放出来,除参加少量棉纺织等副业生产(如纺线)外,则更多的是参加其他一些活动,如进城务工、做小买卖或进行各种社会娱乐活动。在江南,最为普遍的休闲方式即泡茶馆,“较大之乡村,多有小茶馆之设,在茶馆每人茶资七十文。乡间男子除在农忙及养蚕时期外,每日生活大约须耗其半日光阴于此”②。总之,我们可以发现,传统乡村社会中男女在年度时间安排周期上是相互契合的,即农忙时男为主、女为辅,农闲时女为主、男为辅。但总体而言,女子之时间安排是嵌入男子时间周期之内的,这与农业生产的重要性及由此导致的男子占主导地位是紧密相关的。

当然,男女内部还是存在诸多差异的。前述之地区差异、时间差异、阶层差异等,更多的是就男子而言的。其实在女子内部,这种差异也同样存在。仅就地区差异来说,以江南而论之,在农闲副业生产上,棉稻区与稻区的妇女都积极参与到棉纺织生产中去,每年劳作时间超过200天。桑稻区妇女除“首尾六十余日”的蚕桑生产外,其他时间都比较轻松闲暇。正如徐献忠对湖州妇女的描述:“闺阁……不似松人勤苦。……湖

---

① 王蔼如:《馌饷妇》,道光《塘湾乡九十一图里志·风俗》,中国地方志集成编辑工作委员会编:《中国地方志集成·乡镇志专辑》第1辑,上海书店出版社1992年版,第195页。

② 中国经济统计研究所编:《吴兴农村经济》,文瑞印书馆1939年版,第133页。

中虽有苧绵之功,计其劳不抵松人一月。"①农业生产上,从棉稻区到稻区再到桑稻区,大田劳作中妇女的参与程度逐渐降低。在棉稻区,妇女劳动力是棉花生产的主要参与者之一,甚或是主力军,从而造成一种"农业的女性化"趋势;在稻区,除插秧时的拔秧及少量戽水工作外,妇女已很少参加大田劳作;在桑稻区,除紧急情况下的排灌工作外,妇女则极少下地干活。这种对生产参与的差异性,必将导致她们不同的时间生活轨迹。

总之,传统中国乡村社会生活虽然都以农事节律为基本轴心展开,但从实际运作来说却并非完全一致,而是存在诸多差异性,如地区、时间、阶层、性别等。这正显示出社会时间的根本性特点——与人、人之社会活动紧密相关。人不同、社会活动不同,社会时间的具体表现也就不同,从而表现出多样性特点,既有横向层面的,也有纵向层面的。

四、讨　论

总之,就传统中国乡村社会生活而言,总是围绕着农事活动展开进行,二者之间呈现出一种紧密结合关系,而其实质所体现出的是一种时间安排策略。正如布迪厄曾所说的那样:"社会纪律表现为时间纪律,全部社会秩序通过一种特定的方式来调节时间的使用、集体和个体活动在时间中的分配以及完

① 徐献忠:《吴兴掌故集》卷一二《风土》,明嘉靖三十九年(1560)范唯一等刻本。

成这些活动的适当节奏,从而把自己强加于最深层的身体倾向。”①而在传统农业社会里,有关农业活动的时间安排就是最主要的时间纪律安排,因而农业时间纪律也就在很大程度上影响甚至决定着总体社会时间纪律,并进而使传统乡村民众之时间生活表现出强烈的结构性特征。当然,从实际运行来看,这一时间体系并非是完全均质的。农事节律的空间和时间差异性及对农业生产活动实际参与度的不同而导致诸多差异性,如空间、时间、阶层、性别等,充分体现出社会时间的多样性特点。

这种以农事节律为基本轴心的时间安排策略,不可避免地会对传统中国之时间体系产生深刻影响,特点之一就是没有纯粹的测度时间体系,而是在其中包含有非常强烈的“标度”成分,总是与某种具体情境相联系。② 农业生产具有强烈的季节性特征,在每一年相对固定的时期内,都会有相应的农事活动进行,年年重复,每到一年之中的某个时刻,人们就会自然而然地去做某种农活。与此同时,一些大的社会活动也与此紧密相关,一年之中的某一时刻该做何事也已有定数。因此,一年之中的某一时段自然是与某些事情紧密相连的。此外,传统中国时间观的另一个特点就是非精确性③,如没有精确的几点几分的概念。之所以如此,也是与农业生产特点相适应的。农业生

---

① [法]皮埃尔·布迪厄:《实践感》,蒋梓骅译,译林出版社2003年版,第117页。

② 参见吴国盛:《时间的观念》,北京大学出版社2006年版,第34页。

③ 当然,这种时间体系特点并非中国所独有,实际上在许多民族中都有类似特点,如卡比尔人、努尔人、特罗布里恩德群岛人等。

产虽然有一定的农时要求,但在具体的播种、收获等时间上却并没有非常严格的时间限制,只要能大体维持在一个时间段内即可。这并不像现如今技术时代形势下的时间安排那样严格与精确,每个人都必须要严格遵守,包括起床、上班、下班、工作、学习等。与技术时代相反,与农业活动那种相对较长且不很精确的生产周期相适应,处在这种环境下的人们自然也就不用遵循特别严格的时间安排。所以,西方人批评中国人在日常事务上缺乏时间观念时,杨联陞先生辩护说:"但是应该记住,在机器时代以前,中国是一个农业国家,没有特殊的需要去注意一分一秒的时间。"①

选择了一种计时方法,一定程度上来说就是选择了一种生活方式,因此这种以农事节律为核心的传统时间安排体系亦不可避免地会对整个中国传统文化产生深刻影响。正如丁贤勇所认为的,受传统农业生产周而复始、循环往复特征的影响,生活在传统农业文明时代的人们,在时间观念上具有凝固性和恒常性的特点,重复、单调、千篇一律,而这正是孕育了中国人浓厚的乡土观念。② 日复一日,年复一年,作物播种、管理与收获周而复始地进行,只要农耕技术体系不发生根本变化,这一节律特征也就不会发生根本改变,与之相适应的社会生活节奏也就不会发生改变。久而久之,习惯于这一套技术体系与生活节奏的农民不愿再有任何改变,因而具有了浓厚的保守主义色彩,最终成为文化变革的阻力。

---

① 杨联陞:《帝制中国的作息时间表》,《国史探微》,新星出版社2005年版,第59页。

② 参见丁贤勇:《新式交通与生活中的时间:以近代江南为例》,《史林》2005年第4期。

今天,随着社会的飞速发展,传统中国时间体系也发生了很大改变,即日益由一种“事件中的时间”向“时间中的事件”转变。我们逐步开始把测度到的东西叫作时间,这就是测度时间。简言之,测度时间就是借助一定的手段,如水漏、钟表测量而得的时间。其本质上只是一种物理运动过程,是某种空间化的东西,或者是数的序列,或者是几何长度。① 与标度时间不同,测度时间不再与周围环境相联系,不再包含有特定的含义,脱离了人们直接的生活经验。正如拉尔夫金所言:“随着现代生活节奏持续地加快,我们开始越来越感觉到与地球上生命节律的脱节,我们不再能感到自己与自然环境的联系。人类的时间世界不再与潮起潮落、日出日落以及季节的变化相联系。相反,人类创造了一个由机械发明和电脉冲定时的人工的时间环境:一个量化的、快速的、有效率的、可以预见的时间平面。”②而这种转变,正是技术时代农业文明被工业文明代替的必然结果。另外,与技术时代的要求相适应,时间概念也变得日益精确,几时几分几秒的观念开始深入人心。同时,伴随着技术时代的到来,传统凝固性、恒常性的时间观念也逐渐逝去,千篇一律的乡村生活开始发生改变,浓厚的乡土观念也开始被打破。

---

① 参见吴国盛:《时间的观念》,中国社会科学出版社 1996 年版,第 29、30 页。

② 吴国盛:《时间的观念》,中国社会科学出版社 1996 年版,第 123 页。

传统中国乡村民众年度时间生活结构的嬗变*

——以江南地区为中心的探讨

时间与社会生活紧密相关,由此而产生了社会时间。因此从本质上而言,社会时间是社会生活的产物,并通过诸社会活动来对自身加以表达。对于产生社会时间的"社会生活",古尔维奇借用马塞尔·莫斯的术语,将其称为"整体社会现象"(Totalsocialphenomenon)。"社会时间是整体社会现象运动集中与发散的时间,不管这种整体社会现象是总体性的、群体的还是微观社会的以及它们是否被表达在社会结构之中。整体社会现象既产生社会时间又是社会时间的产物。"①整体社会现象包罗万象,由一系列社会活动层面组成,而在所有这些层面中,经济结构与经济活动具有举足轻重的地位,会对民众之时间生活方式与时间观念产生重要影响。因此,在不同的经济结构与生产方式下,人们的时间生活方式也是不同的,如农业

---

* 本文原载于《中国社会经济史研究》2014 年第 3 期,转载于人大复印报刊资料《经济史》2015 年第 1 期。

① [法]乔治·古尔维奇:《社会时间的频谱》,朱红文等译,北京师范大学出版社 2010 年版,第 26 页。

社会与城市工业社会,对此马克吉曾做过专门探讨。[①] 具体到传统中国社会,长期以农为主的经济生产方式塑造了乡村民众以农为本的年度时间生活结构与时间观念。[②] 但近代以后,随着新式工业发展与整体社会文化变迁,这种年度时间生活结构开始逐步发生改变,现代时间体制,如钟表时间、阳历纪时体系等逐渐渗入乡村民众生活之中。在此过程中,农事节律的时间轴心作用逐步减弱,农事时间的结构性地位大大降低,使乡村民众时间生活表现出一种"多元化"趋势,甚至在个别地区的个别乡村,农事节律的影响力从民众时间生活中完全被排除出去。当然,这中间有一个长期的发展变化过程,即使今天仍在继续之中。总体而言,这一过程大约始于清末光绪年间,至民国年间大大加速,但真正发生巨变却是 20 世纪 80 年代以后的事。下面我们就重点针对从近代到当下的这一嬗变过程展开论述。

对于社会时间体系与民众时间观念的变化问题,目前学界已有诸多出色之研究成果。由于西方的工业化历程远早于中国,因此最初的研究主要是针对西方社会展开进行的。如奈杰尔·思里夫特探讨了 1300—1880 年间,伴随着资本主义的发展,现代时间意识如何在英国逐步形成;爱德华·汤普森也描述了在英国资本主义发展过程中,时间如何成为金钱及可计算的对象,并如何在民众中培养出准时、守纪律

---

① [印]雷德哈卡马·马克吉:《时间、技术和社会》,[英]约翰·哈萨德编:《时间社会学》,朱红文、李捷译,北京师范大学出版社 2009 年版。

② 参见王加华:《被结构的时间:农事节律与传统中国乡村民众时间生活——以江南地区为中心的探讨》,《民俗研究》2011 年第 3 期。

的美德与观念。[①] 孟德拉斯则描述了在法国工业化发展过程中,伴随着农民的逐步"终结",人们的时间观念与时间生活方式是如何变化的。[②] 近些年来,这一问题在中国亦日益受到关注。如吕绍理探讨了日治时期台湾在殖民政府引导下,现代时间制度是如何被引进以及对民众日常生活产生了何种影响[③];丁贤勇则探讨了新式交通的引入在民众确立科学时间观念过程中的重要作用[④];黄金麟分析了"世界时间"的引入在近代中国人身体现代化进化过程中的形塑作用[⑤];李长莉考察了清末民初北京、天津等城市"公共时间"的形成、形态及其社会影响[⑥];左玉河则对民国年间政府对阳历纪时体系的推行及其最终效果做了细致探讨[⑦];等等。但综观这些研究,基本上都是针对政府行政层面或城市与上层民众展开进行的,而对传统乡

---

① 参见[英]奈杰尔·思里夫特:《资本主义时间意识的形成》,[英]哈萨德编:《时间社会学》,朱红文、李捷译,北京师范大学出版社2009年版;[英]爱德华·汤普森:《时间、工作纪律与工业资本主义》,《共有的习惯》,沈汉、王加丰译,上海人民出版社2002年版。

② 参见[法]H.孟德拉斯:《农民的终结》,李培林译,中国社会科学出版社1991年版。

③ 参见吕绍理:《水螺响起:日治时期台湾社会的生活作息》,(台北)远流出版事业股份有限公司1998年版。

④ 参见丁贤勇:《新式交通与生活中的时间——以近代江南为例》,《史林》2005年第4期。

⑤ 参见黄金麟:《历史、身体、国家:近代中国的身体形成(1895—1937)》,新星出版社2006年版。

⑥ 参见李长莉:《清末民初城市的"公共休闲"与"公共时间"》,《史学月刊》2007年第11期。

⑦ 参见左玉河:《评民初历法上的"二元社会"》,《近代史研究》2002年第3期;左玉河:《从"改正朔"到"废旧历"——阳历及其节日在民国时期的演变》,《民间文化论坛》2005年第2期。

村社会则极少涉及。很明显,近代时期的普通乡村民众很少有利用新式交通的机会,而政府有关时间的政令也主要是在各级政府官员及社会上层民众身上发生影响。因此,本文将在借鉴已有研究成果的基础上,具体以江南[①]乡村民众为研究对象,探讨他们的时间生活结构与时间观念从近代到当下是如何一步步发展变化的。

一、清末民国:现代工业发展与新式时间体系的初步渗入

第二次鸦片战争后,为救亡图存、富国强兵,清政府在各地陆续开办了一批军工企业及民用企业,新式工业生产组织开始在中国出现。此后,民族资本企业亦陆续出现。1895年中日甲午战争结束之后,中国开始向外资开放,英国、日本等国陆续在中国开设了一批厂矿企业,另民族资本也获得了很大发展。第一次世界大战爆发后,因西方列强忙于战争而无暇东顾,中国民族资本主义工业抓住良机获得迅速发展,此后一直保持发展势头,直到20世纪30年代受世界经济危机影响而陷入困境。[②] 经过六七十年的发展,中国开始逐步建立起一套现代化工业生产体系,初步改变了以往以农业经济占绝对主导地位的态势。而在这一过程之中,江南地区又利用其传统经济发展与

---

① 即今天的苏南、浙北与上海市。

② 参见范西成、陆保珍:《中国近代工业发展史(1840—1927年)》,陕西人民出版社1991年版。

独特区位优势成为中国近代工业发展的中心之地。以棉纺织业为例,仅就华商言之,上海一地即占全国纱锭总数的41.8%(1922年),居第一位;无锡则居第四位,占8.5%。[①]

工业的发展需要大量劳动力,于是在城市较高比较利益的吸引下,越来越多的乡村民众进入城市工厂工作。如在上海法华乡:“光绪中叶以后,开拓市场,机厂林立,丁男妇女赴厂做工。男工另有种花园、筑马路、做小工、推小车。女工另有做花边、结发网、粘纸锭、帮忙工,生计日多,而专事耕织者日渐其少矣。”[②]农村经济的破败则成为促使乡村民众进入城市工厂做工的推力。如在崇明:“自农村经济渐形崩溃以来,继以花稻价搭惨跌,致在崇佃农,胼胝纷劳,依然羹藜含糗,鹑衣百结,不克维持贫苦蚁命,爰为衣食所迫,群思到申谋生。自今岁冬间起,佃农之弃田往申者,连家比户。就庙镇一隅,已不下三四百人。”[③]这使城市工厂充满了来自乡下的男工、女工。以上海为例,据称20世纪20年代仅丝厂女工人数就不下10万人。[④]

随着大量乡村民众进入工厂做工,传统乡村时间生活模式开始受到冲击。这主要表现在两个方面:

一方面,许多乡村民众不再从事农业生产,开始逐步脱离以农为本的年度时间生活模式。这些离村进入都市工作的人,一部分是季节性的,即在农闲时期入城工作,农忙时再回村从

---

① 参见陆仰渊、方庆秋主编:《民国社会经济史》,中国经济出版社1991年版,第135、137页。

② 民国《法华乡志》卷二《风俗》,民国十一年(1922)铅印本。

③ 《农人纷到上海谋生》,《崇民报》(崇明)1934年1月18日。

④ 《各工团为丝厂女工呼吁》,《时事新报》(上海)1922年8月17日。

事农业生产劳动。但也有很大一部分人将主要精力投入了工业生产中去,甚或完全脱离了农业生产。如在上海近郊,“有土地的家庭,喜将土地出租,或者租出一部分于他人,以便省出余时,自由从事于都市职业。这或者是由于农事少兴味,或者因为觉得从事于工业或其他城市工作,可以多赚钱”①。在常熟沙洲:“有很多简直全家乔迁到上海去了……所有的几亩田,以每亩七元或八元之价,租让于人。”②与此同时,他们开始逐步适应现代工业生产的时间安排模式。与传统以农为本的时间生活模式相比,由于工业生产以机器运转为中心,不再受自然节律之限制,因而不再有明显的季节性忙闲之分。另外也不再受白天黑夜之限制,而遵循以往“日出而作,日落而息”的劳作模式。如上海各纱厂,一天24小时日夜换班,开工21—22个小时;每年除假期以外,开工300—320天。③ 同时,生产车间内多人分工并协同工作,改变了传统乡村社会时间生活以个人为主的态势。

另一方面,新式时间体系主要是时钟时间开始渗入他们的工作与日常生活之中。与农业生产相比,机器大生产有极为精细的时间要求,几十、几百人的协同劳作也需要有共同的时间标准,于是时钟时间被引用到工业生产中来。如早在洋务运动

---

① H. D. Lamson:《工业化对于农村生活之影响——上海杨树浦附近四村五十农家之调查》,何学尼译,《社会半月刊》第1卷第5期,1934年11月10日,第60页。

② 江菊林:《江苏常熟沙洲市的农民生活》,《中国农村》第1卷第8期,1935年5月,第76页。

③ 参见《布莱克本商会访华报告书(1896—1897)》,孙毓棠、汪敬虞主编:《中国近代工业史资料》第2辑下册,中华书局1962年版,第1199页。

之初,钟点即成为一些企业计算工时与支付薪水的依据,之后建立的诸多厂矿企业更是普遍采用了这一标准。如上海纺织局在其章程中就明确规定:“七点钟起,六点止,每日十点钟为一工。……夜工亦然。逢礼拜停工。”商务印书馆“上工时间是(上午)七点三十分至十二点,(下午)一点至五点三十分。女工提前五分钟打铃下班。”瑞记纱厂则日班从早上六点钟到傍晚六点,夜班从傍晚六点到早上六点;日班和夜班每星期调换一次,星期日早上六点至晚上六点停工。从星期日晚上到下星期日的早晨这一个星期中,机器昼夜不停。而这种早六点、晚六点的两班制也是其他纱厂的工作时间标准。① 汽笛的鸣响则成为时钟时间的具体标记,随着整点钟的汽笛鸣响,工人们进行有规律的上班、下班或休息、吃饭。

长期以来,中国乡村民众一直习惯的是农业生产状态下那种自由安排、非精确及忙闲交替的时间节奏,因此对那些初进工厂的人来说,必然会不适应。于是,为了使他们能够严格遵守时间规定,各企业建立了一套严苛的奖惩制度。正如一个女工所自述的那样:“我们一天到晚像机器一般的工作着,一分钟也不能偷懒,一天迟到五分钟就得扣除半天的工钱。”②由是,许多工厂专门安排了大量监工以监督工人工作。如上海纺纱局,监督者“常携棒巡视场内,验职工之勤惰,若见有怠惰者,即以棒击之”。崇明大生纱厂,“女工头有约束督帅各工之权,无论生熟手,均须听从女工头调派”。于是在各工厂中,

① 参见孙毓堂、汪敬虞主编:《中国近代工业史资料》第1辑下册,第1220页;第2辑下册,中华书局1962年版,第1200、1201、1202页。

② 绿荷女士:《中国妇女生活》,上海文艺出版社1991年版,第85页。

“一般监工,为忠实地履行其职务起见,不免有打骂殴伤的事情”。最终在一系列规章制度的压力下,乡村民众逐步适应了机器大生产的时间制度与生产模式。如在崇明大生纱厂:“丁未(1907 年)开车伊始,崇之男、女工,未习其事也。……久而生者进于熟,又久而熟者能求精矣。”①英国工业革命初期,那些因失去土地而被迫进入工厂工作农民的悲惨经历与规训过程,在中国传统小农身上又再次上演。但也有一些人因为不习惯而放弃了工厂工作。“工厂初设到附近地方的时候,经理派人下乡找工人,就有人抛开农事跑进工厂。但也有人因为不习惯和不喜欢机器劳动,不久又跑回来了。”②

在工厂严格的时间规制与奖惩制度规约下,中国历史上不曾有过的、精确的时钟时间体制开始渗入这些进厂做工的乡村民众之身体与意识之中。“这种依钟点而作息的规律,不单影响着这批工厂劳动者的个人身体,同时也影响着他们的父母与子女的身体作息,甚至连襁褓中的婴儿都难逃这种时间的规约。这种情形随着工业生产在中国各地的林立,正以有增无减的形式扩散到许许多多产业劳动者的身上,形成一个与过往农业生产极为不同的身体劳动形式。”③因为工厂工人并非孤立的存在,还有与之紧密相关的家人。为配合这些工厂工人的工

---

① 参见孙毓堂、汪敬虞主编:《中国近代工业史资料》第 1 辑下册,第 1230 页;第 2 辑下册,中华书局 1962 年版,第 1204、1207、1216、1217 页。

② H. D. Lamson:《工业化对于农村生活之影响——上海杨树浦附近四村五十农家之调查》,何学尼译,《社会半月刊》第 1 卷第 5 期,1934 年 11 月 10 日,第 57 页。

③ 黄金麟:《历史、身体、国家:近代中国的身体形成(1895—1937)》,新星出版社 2006 年版,第 144 页。

作，其家人也必须要在时间上做出相应调整，无形之中也就被纳入时钟时间的控制之下。如食物的准备，就必须要与上下工时间相一致。Lamson 在上海郊区农家调查时就发现，那些家中有工人的农家，总是在特点时间点内将饭食准备好。[①] 婴儿与祖母也因母亲在工厂工作而受到机械时钟的影响。“有些家属，她可能是祖母，在上午九时和下午三时分两次把小孩带给母亲喂奶。”[②]

另外，工厂所奉行的时钟时间制度除通过工厂工人对乡村民众施加影响外，还会对工厂周边民众产生一定影响。如在吴县浒墅关，就利用该镇大华造纸厂的作息汽笛，作为全镇居民的作息标准。“订定作息汽笛每日鸣放时刻标准，计上午五时三十分鸣放一次，声长约五十秒；上午六时正两次，先短后长；上午七时正一次，声约三十秒；正午十二时一次，三十秒。下午一时正两次，先短后长；下午五时正一次，约三十秒；下午五时三十分一次，约四十秒；下午六时正两次，先短后长。”[③]还有，工厂也并非只在大城市与市镇才有，民国时期在一些农村也建立起使用新式机器的新式工厂，如开弦弓村的合作丝厂。该厂从 1929 年开始试验，到 1935 年装备新型机器后获得巨大成功，“生产出中国最好的生丝”，“被出口局列

① H. D. Lamson:《工业化对于农村生活之影响——上海杨树浦附近四村五十农家之调查》，何学尼译，《社会半月刊》第 1 卷第 5 期，1934 年 11 月 10 日，第 58 页。

② 《中国的大门》，孙毓棠、汪敬虞主编:《中国近代工业史资料》第 2 辑下册，中华书局 1962 年版，第 1206 页。

③ 《浒墅关汽笛日鸣十一次，为全镇作息标准》，《吴县日报》（苏州）1933 年 2 月 5 日。

为最佳产品”。[1] 关于该厂的时间制度费孝通并未提及，不过考虑到该厂的发动者为浒墅关蚕业学校并应用新式机器的情况，应该有上下班的明确时间点，从而使时钟时间对村落民众生活产生一定影响力。

除工业生产外，现代教育体系的发展、新式陆军训练等也是促进时钟时间向民间推广的重要方式。[2] 另外，火车、汽车、轮船等新式交通工具的引入，也促进了钟表时间的推广与普及。[3] 总之，通过多方途径、经过约半个世纪的发展，民国时期时钟时间已逐步深入民众生活之中。越来越多的人尤其是一些社会改良人士，开始认识到时钟时间的重要性，从而更加积极地在民众中推行时钟时间。如在嘉定，“奎山民教馆设在法华塔上之作息钟，原定上午六时、正午十二时及下午六时敲击。近因民众之请求，及入冬以来，日昼渐短，乃改为上午八时、正午十二时、下午五时敲击。俾钟声与民众之实际作息时间相符合。实行不久，该馆又接得县商会函，谓在此国难时期，民众工作时间，实有延长必要，以增国家富力。该馆认为此项意见，极有价值，乃又改于上午六时半、正午十二时、下午六时敲击云”[4]。

---

① 费孝通：《江村经济：中国农民的生活》，商务印书馆 2001 年版，第 188 页。

② 参见黄金麟：《历史、身体、国家：近代中国的身体形成(1895—1937)》，新星出版社 2006 年版，第 176—186 页。

③ 参见丁贤勇：《新式交通与生活中的时间——以近代江南为例》，《史林》2005 年第 4 期。

④ 《奎山作息钟重定敲击时间》，《嘉定新声》(嘉定)1933 年 12 月 1 日。

时钟时间外,清末民国时期,其他一些中国历史上不曾有过的时间体制亦逐步在社会上推广开来,并在一定程度上对乡村民众之时间生活产生了些许影响,阳历的推广与应用即为其一。1912年1月1日中华民国成立,开始正式以法令的形式在全国推行阳历。从此在中国实行了几千年的阴阳合历历法体系失去正统地位。不过由于长期以来形成的习俗惯制,阳历始终未被广大下层民众所接受,从而形成民初历法上的"二元社会"格局。[①] 1928年南京国民政府宣告统一全国之后,又进一步颁布法令在全国推行阳历。与民初临时政府允许新旧历法并存的政策不同,这次采取了强制性的废除阴历之策。[②] 虽然阴历仍旧废而不止,但从此阳历在社会中逐步推广开来,越来越多的人开始接受并使用阳历体制。在此过程中,乡村民众亦不可避免地受到一些影响,如以阳历为标准的官厅作息制度、学校学期设置[③]等,则那些需要到政府机构办事或家中有孩子上学的农村人,就会切实感受到阳历的影响力。另外,由于工厂逐步采用阳历作为生产与结算的时间标准,身处其中的"农民工"亦不可避免地受到影响。

总之,清末民国时期,随着新式工业、交通及教育的发展,时钟时间、阳历纪时体系等新式时间体制,开始逐步在江南推广开来。不过总体言之,当时这些新式时间制度的影响力还主

---

① 参见左玉河:《评民初历法上的"二元社会"》,《近代史研究》2002年第3期。

② 参见中国第二历史档案馆编:《中华民国史档案资料汇编》第5辑第3编《文化》,江苏古籍出版社1994年版,第425—426页。

③ 如在乌青镇,"学校春假暑假寒假均照阳历"。民国《乌青镇志》卷一九《风俗》,民国二十五年(1936)刊本。

要体现在城镇社会中,尤其是诸如上海等工商业发达的大城市,更多的是在政界、学界、文化界、公共事业及新式工商企业中发挥效力。就受众阶层而言,更多的是城市工商业者及社会中上层人士,而对普通农村及乡村民众的影响力还非常有限。在上述几种新式时间制度渗入社会的方式中,工业发展可以说是最为主要的一种,但对乡村社会而言,其影响力也只限于在新式工厂工作的民众及其家人,而这部分人所占整个乡村民众的比例其实是非常有限的。再者,影响力度也不可过分夸大,就如民国时期的台湾蔗农那样,主要集中于工作之中,而在日常生活中却并未产生出衡量时间的意识与习惯。① 所以,就当时之乡村社会而言,以农为本、非精确、阴阳合历历法纪时体系等仍旧占据着绝对主导地位。

二、中华人民共和国成立初至70年代:行政介入与农事时间的“扩张”

1949年10月1日,中华人民共和国成立。为巩固新生政权与发展社会经济,人民政府采取了一系列经济与社会改造措施。具体到农村地区,则是一系列集体化措施的制定与施行。在此过程中,从1952年的互助组到1956年的高级社,再到1958年的人民公社,广大农村民众被广泛组织起来。与此同时,国家行政力量及党组织亦日益深入农

① 参见吕绍理:《水螺响起:日治时期台湾社会的生活作息》,(台北)远流出版事业股份有限公司1998年版,第122页。

村基层[1],并在民众日常生活中发挥着越来越大的效力。这一切都对乡村民众之年度时间生活安排与节奏产生了重大影响。

此时期传统乡村时间生活的一大特色即为农事时间的大大扩张。这是由多方面原因造成的。首先是作物种植制度从传统的一年一作改为一年两作甚至三作。如在松江,通过兴修水利,单在1955年一年就增加麦类作物种植43583亩。[2] 在吴江庙港,解放前一年一熟占主导地位,解放后则先后经历了稻麦两熟(1949—1955年)、由两熟制向三熟制转变(1956—1969年)、以三熟制为主(1970—1979年)等几个阶段。[3] 在此大背景下,江村从20世纪60年代中期起,就很少再有冬闲田,而是普遍种植了小麦与油菜。[4] 在以人力为主的条件下,作物复种指数的提高伴随的必然是更多农业劳动时间的投入,使人们在一年之中变得更为忙碌。正如曾做过生产队长的江村村民赵金海在回忆当时情况时说的那样:"大忙一般是三个时间段:5月20号左右种前季稻;7月20号左右种后季稻;10月20号左右是四秋大忙。种双季稻的时候稻草全部要回田,前季收割后要抢收抢种,收割后要抓紧脱粒,不然的话那些稻谷要晒脱粒

① 对此过程的研究可参见于建嵘:《岳村政治:转型期中国乡村政治结构的变迁》,商务印书馆2001年版。

② 参见《松江县1955年农业生产计划(修正稿)》,1955年5月9日,松江区档案馆,档案号:5-7-11。

③ 参见江苏省吴江市政协编:《江村、江镇——庙港发展的脚步》,中国文史出版社1996年版,第105—106页。

④ 参见沈关宝:《一场悄悄的革命:苏南乡村的工业与社会》,云南人民出版社1993年版,第18页。

的。晚上天天要开夜工。”①

其次，与1949年前相比，1949年后参加农业劳动的人员比例也大大提高，从而无形之中大大增加了整体农业时间投入。② 但1949年后，广大妇女开始逐渐从家庭领域走向社会化生产活动，广泛参与到农业生产中来。③ 江南地区亦同样如此。尤其是集体化以后，直接将家庭收入与农业劳动相结合，不劳动即没有“工分”，也就没有收入分成。这也直接促使大量妇女参与到农业生产中来，于是“为了多争工分，妇女也下地干活了”。④ 除妇女外，还有大量城镇人口被充实到农业生产第一线。一方面，原先流入城镇的大批农村劳动力被安排回乡；另一方面，又采取了精简城镇职工和人口的措施。据沈关宝估算，从1961年到1963年，全国共有2600多万城镇人口被下放到农村。⑤ 紧接而来的知识青年上山下乡运动，又使1400多万⑥青年劳动力填充到农业生产中。大量劳动力被安置在有限的土地上，而一年之中又劳作不断，必然使农事活动时间

① 周拥平：《江村经济七十年》，上海大学出版社2006年版，第154页。

② 参见王加华：《分工与耦合：近代江南农村男女劳动力的季节性分工与协作》，《江苏社会科学》2005年第2期。

③ 参见高小贤：《“银花赛”：20世纪50年代农村妇女的性别分工》，《社会学研究》2005年第4期。

④ 李友梅：《江村家庭经济的组织与社会环境》，潘乃谷、马戎主编：《社区研究与社会发展——纪念费孝通教授学术活动60周年文集》，天津人民出版社1996年版，第511页。

⑤ 参见沈关宝：《一场悄悄的革命：苏南乡村的工业与社会》，云南人民出版社1993年版，第127页。

⑥ 参见国家统计局社会统计司编：《中国劳动工资统计资料(1949—1985)》，中国统计出版社1987年版，第110页。

大大扩张。

传统乡村社会之工作时间由两部分组成，即农业生产时间与副业生产时间。但1949年以后，受重农轻副政策的影响，传统乡村家庭副业生产开始走向衰落。如在开弦弓村，在1952年互助组及随后农业社发展过程中，传统家庭蚕桑生产就曾陷入困境，桑叶供应不足，养蚕数量锐减。与此同时，传统的商品贩运、蔬菜贩卖等副业项目，也全部停止。① 1958年人民公社成立以后，在管理上实行"一大二公"的体制，一切以农业生产为重，传统副业生产更被置于十分次要的地位。随后经过三年困难时期，一直到1962年党中央在全国实施"调整、巩固、充实、提高"的八字方针，副业生产才获得了一定发展。但好景不长，1966年"文化大革命"爆发，在农村地区搞"以粮为纲"，集体副业尤其是家庭副业受到严格限制。在此背景下，广大农村民众只能完全"向土里刨食"，由此使广大乡村民众的工作时间消耗只能以农事时间为主。

虽然副业时间投入减少了，但农业时间投入却急剧增加，使广大民众在年度时间安排上反而没有了以往的那种闲适与自由。这在一定程度上与一年两作、三作等复种制的推广有关，但归根到底则在于行政力量对乡村民众时间生活安排的介入与调整。传统中国农业生产的基本组织形式为一家一户的小农家庭生产，在劳动形式上虽也存在伴工等方式，但基本以个体劳动为主。但合作化运动的进行却完全改变了这一传统模式。从最初的互助组（1951年）到初级社、高级社，再到

① 参见费孝通：《重访江村》，《江村农民生活及其变迁》，敦煌文艺出版社1997年版。

1958年后的人民公社,合作化运动经历了一个逐步发展的过程。互助组是传统中国小农帮工合作传统的延续,土地仍归农户所有,各户也自行决定作物种植种类与面积,只是在劳动过程中相互帮扶。初级社则实行土地所有权与使用权相分离的政策,所有权仍归农户所有,但具体作物种植计划、劳动力调配和一切生产资料,则由农业社进行统一经营、管理和收益分配。高级社则是土地与生产资料全归集体所有,实行政社合一,并严格按照政府计划确定播种面积与收益分配,实行按劳分配。人民公社则在高级社的基础上更进了一步,不仅规模更加扩大,所受控制也更加严密。于是,乡村民众被日益组织起来,反映到时间生活上就是时间安排自由度的日渐降低。从时间角度来看,如果说互助组还比较符合传统习惯,因而能被广大乡村民众所接受的话,初级社、高级社、人民公社则一步步与传统相背离。

具体而言,合作化运动对传统乡村民众时间生活的改变主要表现在三个方面。首先是时间主体由以个体为主转变为以群体为主。一个合作社或一个生产队的所有劳动力,被安排到几个劳动点共同劳作。十几人、几十人集中于同一地块内,做同样的农活,遵循共同的作息制度,被置于一种集体化的有序安排之中,过去那种以个体劳动为主的态势①被完全改变了。

其次是民众的农事时间安排被置于行政力量控制之下。一方面,种什么、种多少几乎完全由政府计划确定。另外,如同生产车间的标准化管理那样,作物管理环节亦被置于上级指挥

① 参见王加华:《被结构的时间:农事节律与传统中国乡村民众时间生活——以江南地区为中心的探讨》,《民俗研究》2011年第3期。

之下。公社与大队通过生产会议的形式向生产队布置生产管理工作。在这种情况之下,“做什么”“什么时候做”“怎么做”,只要按照上级布置按部就班进行就可以了,年度农事时间节奏必然被置于政府引导与调控之下。另一方面,每日工作节奏亦同样被置于安排与调控之下。每天一大早,生产队队长通过敲钟或吹哨子的形式,先将本队劳动力集合起来,布置具体分工,然后大家一起下田劳作、一起休息、一起下工。总之,农民失去了对个人时间的自由安排与利用,被置于统一调控之中。

最后在于劳动时间的延长,而这也是造成20世纪50—70年代农事时间大为扩张的主要原因之一。一是由公社主导的技术引进与推广大大增加了农民时间投入。前述作物种植制度的变化其实也是这一工作的重要组成部分。与以往不同的是,此一时期大多数被推广的技术都有一个共同特点,即明显的劳动密集型。两作制、三作制自不必说,其他如水稻密植,传统江南水稻种植密度一般为5×6,到20世纪70年代普遍变为4×3。[①] 再如要求插秧齐整。一些生产队就采取拉尼龙绳插秧的办法,两边田埂上有两人拉着绳子,二三十人在田里按绳线同时插秧,所有人都插完一行后,一声哨响,两边的人将绳子向后移一行。插秧速度有快有慢,但此种情形下快手必须要等待慢手,这无疑大大增加了劳动时间。[②] 二是大量间接性劳动投入耗费了乡村民众的大量时间。据开弦弓村一位村民回忆,从1958年到1977年的20年间,村里每年都会约有半数的劳动力

---

① 参见张乐天:《告别理想:人民公社制度研究》,东方出版中心1998年版,第308—319页。

② 参见沈关宝:《一场悄悄的革命:苏南乡村的工业与社会》,云南人民出版社1993年版,第130页。

投入水利建设中去。另外,频繁的生产队会议,公社对劳动力的随意抽调等,都大大增加了农民的时间支出,并破坏了他们固有的时间生活节奏。于是,“社员们……整天整年都在忙,连走亲戚都得向队长请假”。紧张的劳动将人们折磨得筋疲力尽:“每天早上四五点钟就要出工,晚上八九点才回家……夜里割稻,有人累得倒在地里睡着了。”①

总之,以粮为纲政策的实行、传统家庭副业生产的衰落、劳动密集型技术的推广、政府对时间安排的直接介入与调控等,都使农事时间大为扩张。在此背景下,农民的时间生活模式亦发生了巨大变化,如集体劳作、丧失了农忙农闲的时间节奏、个人时间安排自由度降低等。虽然仍旧与传统农村社会一样,继续坚持以农为本,甚或还大大强化,但传统农事节律的时间轴心地位及其对传统乡村社会民众时间生活的调控作用却受到行政力量的严重冲击,从而出现了对农事节律的偏移。另外,农事时间的大大扩张及相关政策的实行又阻止了农村劳动力向其他行业的转移,于是副业时间、工业时间从民众时间构成中被排挤出去。这都在一定程度上迟滞了阳历纪时体系、时钟时间等新式时间制度在乡村社会中的推广与普及。不过总体而言,与解放前的传统时期相比,这些新式时间体制还是获得了较为广泛与深入的推广。但这更多的是通过行政力量、政府广播、教育体系、现代交通等途径,而非生产方式的变迁。如当时的大多数农业社干部都配备了手表,会议记录、政府文件等

---

① 李友梅:《江村家庭经济的组织与社会环境》,潘乃谷、马戎主编:《社区研究与社会发展——纪念费孝通教授学术活动 60 周年文集》,天津人民出版社 1996 年版,第 517—518 页。

都以阳历作为日期标准,孩子们较为普遍的被纳入现代教育体制之中等。

三、20世纪80年代至今:乡村工业发展与工业时间的推广扩张

1976年10月历时十年的“文化大革命”结束,1978年12月中共十一届三中全会做出了改革开放的重大决策,1980年代初,农村地区开始广泛开展家庭联产承包责任制改革。一系列政策的出台与实施,促使中国社会发生了巨大变革,其中一个重要表现就是乡村工业大发展。作为长期以来中国的经济重心所在地,江南地区农业繁荣、商业发达,近代以来又成为中国新式工业的集中之地,这一切都为江南乡村工业发展创造了优良条件。虽然早在民国时期江南地区的一些乡村就办起了以机器生产为主的新式工厂(如江村),但真正获得大发展却是20世纪80年代以后的事。以苏州市为例,1970年乡村工业产值为1.7亿元,1978年为11亿元,1984年为56.09亿元(占全市乡村工农副总产值的82%),1986年更是达到124.3亿元。乡村职工总数在1985年为109.9万人,占全市乡村劳动力总数的41%,1986年又上升到50%。在范围上,1985年全市乡村共有13000多个工业企业,平均每村3—4个,工业产值330万元。[①] 而在这一过程中,随着农村经济结构由传统的农—副—工转变为工—副—

① 参见沈关宝:《一场悄悄的革命:苏南乡村的工业与社会》,云南人民出版社1993年版,第109—112、142页。

农，乡村民众之年度时间生活结构与时间观念亦发生了巨大变化。在此，开弦弓村为我们提供了一个良好例证。①

开弦弓村的现代工业发展始于1929年，在日本人入侵后停止。1968年又复建缫丝厂，1978年建起了丝织厂，以后又陆续兴办了粮饲加工厂、酱油厂、酿酒厂、食品厂等。不过，解放后开弦弓村工业发展虽于60年代末即已起步，但受当时以农为本、以粮为纲政策的影响，工业生产的重要性还远没有后来那样大。正如当时曾担任厂长的周说的那样："农字挂帅，以农业为主。虽然办了一点工业，但总认为工业只不过是一项副业，是在农业之外附带搞搞的。因此工厂不仅要放农忙假，还要组织工人一起到那些进度慢的生产队帮助插秧，进行义务劳动。"另外，燃料的缺乏、电力的紧张，也经常使工厂无法正常生产，工厂只能做出有电上班、无电下班的规定，如此严格、准确的钟点时间制度自然也就无法建立起来。而对于那些进入工厂做工的村民来说，也没有任何"当工人"的感觉。正如一位最初进入工厂做工的女工说的那样："我们那时哪像做工人的样子，进厂是生产队派的，上班第一天是割草平地，与队里做生活没啥两样。……我们那时一年工夫在厂里做不到半年辰光，还有的日子回到生产队跟大家一道种田。厂里也不发一分钱工资，我们做工由生产队记工员计工分，到年夜（终）与小队

① 之所以选择江村，一是因为有丰富的资料可用，从1936年费孝通江村调查算起，70多年以来江村一直受到学界的广泛重视，出版了一系列研究成果、积累了大量相关资料。二是江村具有一定的代表性，"这个村子所发生的一切在其他村子里也差不多同样发生过"。具体资料主要来自沈关宝的《一场悄悄的革命：苏南乡村的工业与社会》（云南人民出版社1993年版）一书。

里社员一道分红(配)。”在这样的工作条件下,新时间制度自然也就不会对他们产生多大影响。

但1980年代中期以后,上述情况开始发生极大改观。1985年,江村工业产值达到全村总产值的61%,务工人员占全村劳动力总数的43%。经济结构开始由传统的农业为主、蚕桑等副业为辅转变为工业为主、副业其次、农业再次之的格局。全村已有58%的户属于无农户,相反只有16%的户属于无工户,而且绝大部分都是与儿女分户独过的老人户。虽然这时农事节律在民众时间生活中仍旧具有一定影响力,如放农忙假、电影院农忙停映等。但一方面,农事节律已不能如传统时期那般对所有村民或者说绝大多数村民都有制约力,如那58%的无农户。另一方面,农事节律调节作用开始受到工业生产的巨大冲击,如农忙假的时间越来越短,从以前的七八天、十几天缩短到了三四天。总之,此时工业生产时间在“量”上开始超过农事时间,一位工人一年之中总会有将近300天的时间在工厂上班。相反,因为新式技术的采用及农作制度的改变等,农事时间大大缩短。首先是三熟制面积逐步减少。在江村所在的庙港乡,所占比例从1980年的80.2%降到1990年的7.5%。①此外,化肥的广泛运用省却了收集、积制肥料的时间,除草剂的喷洒使传统的耘耥技术变得不再有必要,还有免耕技术的应用、农用机械的推广,也都大大缩短了人们的农事时间消耗。其次,在农民心目中,工业时间与其他副业时间在重要性上也开始超过农事时间。以前,人们总是将农事时间摆在第一位,

① 参见江苏省吴江市政协编:《江村、江镇——庙港发展的脚步》,中国文史出版社1996年版,第110页。

现在则恰恰相反,人们总是在充分保证工业生产时间的基础之上,再抽空从事农事活动。农忙假外,人们只能利用上班的间隙到田间劳动。一到上班时间,就停下手中农活进厂上班。再次,人们也越来越不重视农业生产,也不愿意从事农业生产。据1985年的一份问卷调查显示,95%的青年人不愿意种田,67%的中年人希望进入工厂,连老年人也有几位做出这样的假设:如果年轻20岁,当然也要进工厂做工。传统农业生产的参与者主要为青壮年男性,解放以后青壮年妇女也大量参与进来。但20世纪80年代中期以后,老年人却越来越成为农业活动与蚕桑生产的主要承担者,中年人则以工业生产为主、农业生产为辅,年轻人则完全以工业生产为主,从而在家庭成员内部产生了一种新的分工格局。[1] 对江村三个生产队72户人家的调查结果完全证实了这一点:祖辈中有98%的人从事农业,而父辈务农的占48%,到了孙辈(除在校学生)仅占6%。总之,青年人是越来越从农业生产中脱离出来。[2]

随着乡村工业的蓬勃发展,人们的时间作息制度也在逐步发生改变。与自然节律相适应,传统农民在工作时间上具有明显的季节性特点,而相比之下的工业生产时间却相对均匀。于是,人们的工作时间变得日益规律与均匀化,八小时工作制、三班制成为主要的工作时间模式。不过与传统相比,在工业状态

---

① 参见李友梅:《江村家庭经济的组织与社会环境》,潘乃谷、马戎主编:《社区研究与社会发展——纪念费孝通教授学术活动60周年文集》,天津人民出版社1996年版,第528页。

② 以上所有关于开弦弓村的论述,除特别注出者外,具体可参见沈关宝:《一场悄悄的革命:苏南乡村的工业与社会》,云南人民出版社1993年版,第58—108、111—112、158、165、170—172、185、216、277页。

下人们所受时间约束也日益增多。由于以群体合作为主要工作形态,时间安排不再是个人之事,而是与其他人紧密相关,生产的机械化也要求必须有精确的时间计算与时间标准,于是建立起一套严格的时间规章与制度就变得极为必要,并要求每个人都必须严格遵守。另外,由于群体时间在重要性上超过个体时间,并越来越成为占主导地位的工作时间组织方式,加之工厂严格时间制度的确立,人们的时间节奏也变得越发同步化,在同一时间上班、同一时间下班,其他活动时间也随之逐渐趋同,如各个家庭总在大体相同时间内吃饭、在大体相同时间内收看电视等。

在作息制度发生改变的同时,人们的计时标准也在逐步发生改变,钟表成为人们主要的计时工具,人们以之来确定自己的上下班时间,甚至睡觉、起床、吃饭等时间,使时钟时间日益深入普通民众之中。另外,由于现代工业生产以阳历作为生产进度与财务结算的时间标准,于是阳历纪时体系日益在民众中普及开来,并成为工厂工人的主要历法标准,尤其是工资发放日成为一个重要时间节点,大大强化了阳历时间体系在人们心中的感受性与影响力。当然,传统历法体系在民众生活中仍旧具有很大影响力,通过一些特殊性事件向人们昭示它的存在,如婚姻、寿辰、传统节日、集市日期等。这使乡村民众在计时标准上呈现出一种多元化态势。一是在不同事件上会采取不同时间标准,如一月、一年工作以阳历为标准,而结婚、寿辰等仍以传统阴历为标准;二是不同群体具有不同时间标准,如农业劳动者更倾向于阴历,工厂工人更倾向于阳历。不过总体趋势是阴历纪时体系日益让位于阳历纪时体系与时钟计时方式。老人在逐渐逝去,传统周期性的定期集市逐渐让位于每天进行的市场交易,婚礼的进行越来越趋向于五一、十一等公立假期,春节、清明等传统节日假期以阳历来标定,择日等传统习俗的日渐削弱等,使传统阴历纪时体系越来越被排除于乡村民众日常生活之外。

随着新的时间作息制度与时间标准慢慢确立,人们的时间观念也在逐步发生改变,精确的时间概念、守时、时间就是金钱等观念开始深入人心。当然,这有一个变化发展的过程。在乡村工业化的初期,由于工业生产只被看作是“副业”,人们在心理上不重视。许多工厂虽然建立了详尽的规章制度,但却无法严格执行,如此守时观念自然也就无法建立起来。此后随着乡村工业的逐步发展,严格的时间制度才逐渐被确立并认真执行。尤其是20世纪90年代中期之后,随着江南地区乡镇企业在体制上逐步由集体所有向个人承包制转变,时间体制的严苛性被进一步增强。如在张家港长江村,企业开始用电脑代替以前的人工考评。[①] 对这些规章制度,村民一开始并不习惯,经常会有人因迟到早退而被扣工资。但最终在经济利益的驱动下,人们逐渐改变了以前那种自由散漫的无纪律状况,养成了严格的时间观念与规范意识。而相比于老年人,这种规范意识在年轻人身上表现得更为明显。如开弦弓村的一位姑娘因迟到而被扣奖金,她的奶奶、一位曾经在城市丝厂做过工的老人知道后非常恼火,气呼呼地要到工厂找领导评理,并说“女孩子白相(玩)过了一点,迟到几分钟,就要扣奖金,那样做太辣手了”。对此,孙女却回答:“违反纪律,你去有什么理?迟到

① 参见马琴芬:《集中居住区居民的生活方式研究——以张家港市长江村和永联村为例》,苏州大学硕士学位论文,2007年。

不扣奖金？大家迟到，工厂开得下去吗？亏你还做几十年丝。”这充分说明现代时间制度在不同年龄段的人身上具有不同的影响力，即使这位老人曾在城市工厂工作过。[①]

与此同时，工作之外的时间观念也在逐渐发生变化。现代工商业的发展，大大加快了人们的生活节奏，农业生产状态下的那种悠然闲适的慢节奏生活被大大改变。时间的价值被越来越多的人认识到，于是人们开始尽量缩短一些“不必要”时间，而将更多的时间应用到他们认为更有价值的方面。如在吴江庙港，20世纪80年代以后，走亲戚的频率日渐降低，且总是匆匆而来，饭后即去。[②] 另外，随着人们尤其是年轻人对有着严格时间制度的工业生产的参与，时间具有“公”“私”之分、个人为自我时间主人的思想开始在他们头脑中出现，这集中体现在人们对“闲暇”的认识上。在传统时间观念中，只要不工作，那就算是“闲着”，如今这种观念却正在发生改变。因为“上班时间不属于自己”，所以“现代人对属于自己的‘工余’‘业余’‘课余’‘8小时之外’等时间格外重视”。[③] 这使工人与农民在闲暇时间的利用上逐渐产生了明显不同。如在开弦弓村，据1981年调查，当时务工与务农人员对空余时间的利用方式大体一样，都是三分之二用于自留地和家务劳动，三分之一用于传统的娱乐方式。而1985年，务工者和务农者的时间安排开

---

① 参见沈关宝：《一场悄悄的革命：苏南乡村的工业与社会》，云南人民出版社1993年版，第282页。

② 参见江苏省吴江市政协编：《江村、江镇——庙港发展的脚步》，中国文史出版社1996年版，第260页。

③ 吴国盛：《时间的观念》，中国社会科学出版社1996年版，第124页。

始产生明显差异:在空余时间总量(7 小时)中,用于文化活动的时间职工为 2.7 小时,农民为 0.8 小时;用于家务劳动的时间职工为 1.1 小时,农民为 1.8 小时;用于兼业劳动的时间职工为 0.3 小时(不计农忙),农民为 0.5 小时。①

总之,20 世纪 80 年代以后,随着江南地区乡村工业的发展及农村经济结构的改变,工业时间在人们生活中的地位日渐重要,并且取代农事时间成为人们年度时间生活中最重要的时间构成。相反,农业时间不管在"量"还是"质"上都逐渐退缩,甚至完全退出了民众年度时间生活。② 与此过程相适应,人们的年度时间生活模式与时间观念也逐渐发生改变,如阳历纪时体系的推广,钟表时间的普及,守时、时间就是金钱等观念的确立等。当然,在此必须特别强调的一点是,工业发展并非是这种时间生活模式发生变化的唯一推动力,新闻广播、电视节目设置、现代教育体系的普及等也都是重要渠道③,但工业发展无疑是最重要的。同时,随着生产组织方式由以个体小家庭为主向生产车间的多人协作转变,群体时间开始在民众生活中占据越来越重要的地位,传统乡村社会中那种以个体时间为中心的态势开始发生改变。虽然在集体化时期,乡村社会

① 参见沈关宝:《一场悄悄的革命:苏南乡村的工业与社会》,云南人民出版社 1993 年版,第 281 页。

② 如在张家港市长江村,农业生产已从绝大多数村民的生活中被排除出去。少量从事种植、养殖业的村民,也不再是传统意义上自给自足的小农,而是实现了自动化、"工业化"。参见马琴芬:《集中居住区居民的生活方式研究——以张家港市长江村和永联村为例》,苏州大学硕士学位论文,2007 年。

③ 参见周星:《关于"时间"的民俗与文化》,《西北民族研究》2005 年第 2 期。

也曾采取群体化的劳作模式,使群体时间在他们年度时间生活中大行其道。不过与那时相比,20 世纪 80 年代以后这种主要由工业发展而导致的群体性时间却有很大不同,因其本质上是由生产方式所决定的,而非集体化时期那样依靠政治动员来实现。

四、讨论:从“事件中的时间”到“时间中的事件”

索罗金与默顿认为,社会时间就是以其他社会现象作为参照点来表达社会现象的变化或运动,通过在事件与时间参照系之间建立起一种附加意义关系来对自身加以确定,而非通过钟表等计时仪器进行测量与标定。① 也就是说,时间与事件紧密相关,并由事件派生而来。正因为此,“当事件的性质变化时,我们用来指定某一事件发生在某一时间的方法也会发生变化,因此,时间会以不同的外观出现”②。所以就本质而言,这种时间是一种“事件中的时间”。

传统中国时间文化就是一种典型的“事件中的时间”。传统乡村民众年度时间生活的最大特点即以农为本,人们总是根

① 参见[美]皮蒂里姆·索罗金、罗伯特·默顿:《社会-时间:一种方法论的和功能的分析》,[英]约翰·哈萨德编:《时间社会学》,朱红文、李捷译,北京师范大学出版社 2009 年版。

② 参见[美]皮蒂里姆·索罗金、罗伯特·默顿:《社会-时间:一种方法论的和功能的分析》,[英]约翰·哈萨德编:《时间社会学》,朱红文、李捷译,北京师范大学出版社 2009 年版,第 44 页。

据农事进程相应地安排副业生产、娱乐、社交、信仰等活动,并没有一个严格精确的时间表。在这一模式之下,时间安排即被隐含于活动进程之中,由活动进程来确定各项活动进行的具体时间。另外,农事活动的慢节奏特征,使整体乡村社会生活亦表现出慢节奏,各项活动从容进行,也就不需要当下社会所要求的精确计时仪器与计时方式,只需通过观察周围天体运行、自然变化与生活事件等即已足用,如“鸡叫头遍”“太阳一竿子高”“一袋烟的工夫”等。因为,“对农民来说,每天的生活作息安排主要还是依据劳动来确定的,所以比较灵活。不过,在这种灵活性中还穿插着一些确定的时间点。这些确定的时间点是基于事件的,例如,吃饭时间,做礼拜时间等。所以,确定这些时间点,需要通过视觉、听觉甚至生理上的依据,并有一些简单而且稳定有效的方法或者装置。例如,直接观察太阳的位置,或者把木棍插到地上做一个简易日晷”。于是,在这种状况之下,“几乎没有人知道准时,它取决于参照事件”。① 很明显,这些时间在“量”上都是不精确的。虽然传统中国时间生活中也有“量”的成分,如年、月、日、时辰等时间单位,也包含有确定的“时间量”。但这些却“不是测量的单位,而是一种节奏的单位,在这种节奏中,多种多样的现象交替更迭,周期性地返回到同样的现象”。② 因此,在传统中国社会中,任何一个时间点或时间单位都并非我们现在所理解的是一种“纯粹的时

---

① [英]奈杰尔·思里夫特:《资本主义时间意识的形成》,[英]哈萨德编:《时间社会学》,朱红文、李捷译,北京师范大学出版社 2009 年版,第 97、98 页。

② [法]H. 孟德拉斯:《农民的终结》,李培林译,中国社会科学出版社 1991 年版,第 67 页。

间”,而是一种标度时间,是与周围环境相协调的结果,并与自然节律及人们的生活经验紧密相关。

由于时间总是与某种社会现象、经济活动或自然天象等紧密相关,于是自然而然地人们就很容易将这些现象本身当作时间来看待。比如,我们说春天是万物生长的季节,那么看到万物生长自然就会想到春天的来到。从发生顺序来看,脑海中首先浮现出的是万物生长,然后才是“春天”这一时间概念。因此从时间的角度而言,春天与万物生长的逻辑关系被倒置,也就是说,不是春天导致了万物生长,而是万物生长“产生”了春天。另如,我国古代劳动人民很早就认识到,某些物候现象总是与特定月份相联系,早在《夏小正》中对此即有相关记载。在此,时间亦被隐含于自然或天体现象之中。当看到某一自然现象时,人们就知道现在是哪一个月,于是时间由现象而生。虽然各地有不同的自然及地理环境,每个地方的物候现象也有所不同,但人们都会因时因地建立起自己的物候时间标准。而在这种时间与事件紧密相连并充满丰富意义的背景下,人们又很容易人为地将某些时间赋予特别意义,最典型的就是“日”具有吉凶之分。每一日都有不同的意义,分别有不同的宜忌之事,人们之所以选择某一天来做某事,不是因为在这一天该做某事,而是因为其适合做某事。于是,某一时间点的选择也就由适合做的事件来确定,是事情决定时间而非相反。

总之,在传统农业社会条件下,由于生活节奏缓慢、没有对时间的精确要求,人们的时间生活总是从容展开。因此,时间对人们生活的影响力度也就相对有限,不是控制而是附属于生活节奏,并由构成生活节奏的事件而生。但随着由农业社会向工业社会转变,这种情况开始逐渐发生改变。新式机器的应用,社会节奏的加快,要求人们必须遵循严格精确的时间表,于是生活愈来愈被置于时间控制之下。另外,为了调节大家的生活节奏,一种普适性的时间标准开始形成。而在此过程中,一个重要推动力即是机械钟表的推广应用及由此带动的钟表时间的普及。在机械钟表产生之前,虽然人类历史上已存在多种计时仪器,如日晷、水漏等,但没有一种具有如此大的影响力。钟表将一昼夜分为 24 等份,改变了传统以白天黑夜分别计时的传统,并使时间与具体情境相脱离。于是随着钟表的普及与应用,标度时间加快向测度时间转变。“一种终年不变的、各地统一的普适的时间体系,开始取代从前当下的、临时性、局域性的计时体系。时间正在脱离人们日常的、具体的生活的象征和制约,成为一个独立的我行我素的客体。日月的运行也退隐于已调节好的时钟的后面,不再充当时间创造者的角色。”①

随着工业化的推进,钟表时间开始与大机械生产相结合,将其影响力推向社会各阶层,并逐渐确立起自己的控制力。与农民主要依赖自然节律展开生活不同,工业生产则主要以机器运转为中心,从而“形成了一个独立于自然界而运行的人工世界,在大都市里,在工厂里,人们就生活和工作在这个人工世界中。时间不再是自然律动的象征,而是机器单调重复动作的象征,而人就被绑缚在这个单调的动作之上”。机器的转动与操作要求必须有精确时间标准,于是钟表大行其道,并逐渐成为

① 吴国盛:《时间的观念》,中国社会科学出版社 1996 年版,第 29、30、105—112 页。

"技术世界的组织者、维持者和控制者;它不是诸多机器中的一种机器,而是使一切机器成为可能的机器——一切机器都与效率有关,而效率必得由钟表来标度"。[①] 所以穆福德(Mumford)说:"工业时代的关键机械是时钟而非蒸汽引擎。"[②]于是,随着工业的发展、经济结构由农业向工业转变,"我们越来越感觉到与地球生命节律的脱节,不再感受到自己与自然环境的联系。人类的时间世界不再与潮起潮落、日出日落以及季节变化相关联。相反,我们创造了一个由机械发明和电子脉冲定时的人工时间环境,一个量化的、迅捷的、高效的并可预见的时间平面"。[③] 与此相适应,时间日益精确化,守时观念深入人心,时间开始成为日常生活的指挥棒与人们行事之标准。"'定时'是技术时代的日常生活的一大突出特征。早起,上班,工作,下班,都被仔细地定时,你不能出差错。整个社会就好像一台庞大的机器,它在时间的指挥下有条不紊地运转。"[④]也就是说,与传统时代相反,现代社会是生活依赖于时间,而非时间产生自生活,于是"事件中的时间"转变为"时间中的事件"。人们越来越成为时间的奴隶,尤其是成为时间之象征——时钟的奴隶。它控制了人们社会生活的方方面面,没有时钟,人们甚至连何时吃饭都不知道,因为吃饭时间越来越根

---

① 吴国盛:《时间的观念》,中国社会科学出版社 1996 年版,第 124、105 页。

② L. Mumford, *Technics and Civilization*, New York: Harcourt, Brace & World, 1934, p. 14.

③ Jeremy Rifkin, *Time Wars: The Primary Conflict in Human History*, New York: John Wiley, 1987, p. 12.

④ 吴国盛:《时间的观念》,中国社会科学出版社 1996 年版,第 123—124 页。

据时间点而非自身生理反应来确定。

就中国社会而言，与西方社会相比，上述转变过程出现的时间相对较晚、进程也比较缓慢，尤其是对乡村社会而言，但主要推动力却基本相同，即工业生产发展及由此带动的钟点时间的推广与普及。早在16世纪时就有耶稣会士将钟表带入中国并作为礼物送给中国的皇帝与官员，明末开始有中国人仿制机械时钟，清以后各地陆续建立了制造机械时钟的工场，其中又以江南地区分布最为集中。① 不过，由于当时整个社会并没有精确计时的需要，因此钟表主要是作为达官显贵的家庭陈设而不具有实际计时功用，普及面亦非常有限，并未对人们的时间观念产生何种影响。真正将钟表作为一种计时工具是在清末以后，主要推动力为现代工业发展及由此带动的新式交通方式的发展。如在嘉定："计时之器，仅有日晷仪，用者亦不多，购买外洋钟表者尤为稀少。自轮船、火车通行，往来有一定时刻，钟表始盛行。"②所以黄金麟说："钟点时间在中国的应用并非起源于机械钟表的输入，而是起因于工业生产的需要。"③不过在分布上仍主要限于城市之中，所谓"自鸣钟这个东西，在都会里差不多可说是无处不有，无人不备的了"。④ 至于广大乡

---

① 参见陈祖维：《欧洲机械钟的传入和中国近代钟表业的发展》，《中国科技史料》1984年第1期；汤开建、黄春艳：《明清之际自鸣钟在江南地区的传播与生产》，《史林》2006年第3期。

② 民国《嘉定县续志》卷五《风土志·风俗》，民国十九年（1930）铅印本。

③ 黄金麟：《历史、身体、国家：近代中国的身体形成（1895—1937）》，新星出版社2006年版，第174页。

④ 丰子恺：《缘缘堂随笔》，浙江人民出版社、浙江教育出版社2002年版，第18页。

村地区,除个别社会上层外,钟表的应用仍非常有限。20 世纪五六十年代,钟表开始在乡村地区获得比较多的应用,但也主要限于"公家人"与农业社干部之中。钟表真正成为一种全民性的消费品则是在 70 年代以后,尤其是到 80 年代中期。以上海奉贤江海、庄行、新寺等 12 个乡的调查统计为例,1949 年仅有时钟 671 台、手表 125 只。解放以后数量开始上升,1956 年有时钟 1704 台、手表 1639 只,1965 年分别为 3649 台与 4518 只,1978 年又上升到 9542 台与 14483 只,到 1984 年则急剧上涨到 13744 台与 36844 只。[①] 70 年代是江南乡村工业的发展期,80 年代则进入成熟期,因此乡村钟表数量在这两个时期的明显上升不是偶然现象,而是与工业进程紧密相关。一方面,工业的发展使人们生活日益富裕,有了购买钟表的财力;另一方面,工业生产的精确时间要求也使钟表的应用变得非常必要。与 70 年代之前主要是为一种身份的象征不同,此时钟表的实际应用功能被大大强化,计时成为人们购买钟表的主要目的。简而言之,是工业的发展促进了钟表在乡村民众中的普及,而反过来,钟表的普及又进一步加强了人们的精确时间观念,促进了钟表时间在乡村民众中的推广与应用,从而大大加快了从"事件中的时间"向"时间中的事件"的转变历程。

总之,随着乡村工业的逐步发展,中国农村经济结构逐步由以农为主向以工为主转变。与不同的经济结构相适应,乡村民众的年度时间生活结构与时间观念亦发生了很大改

---

① 参见上海市奉贤县志修编委员会编:《奉贤县志》,上海人民出版社 1987 年版,第 362 页。

变。不过,总体而言,我们以上所论及的转变过程还远未完成,即使对于长三角这个全国经济最为发达的地区而言亦同样如此。以工、农经济结构比例为标准,我们可以将中国农村分为四类,即完全的农业村、农为主工为辅、工为主农为辅、实现工业化的村。由于地域经济的差异性,这四种类型的村庄在各个地区的分布是不同的。如江南地区,由于具有良好的经济发展基础与较早的工业发展历程,像开弦弓村这种以工为主、农为辅的村落应该占据多数,然后就是已基本实现工业化的村庄,而完全的农业村可以说完全没有。而相比之下的华北地区,由于经济发展相对落后一些,因此农为主、工为辅的村落应该占据最多数。从全国来看,就总量言之,应以第二、第三类村庄占据最多数,尤其是第二类现在应该是中国村庄的主体类型。经过改革开放后的飞速发展,可以说当前不受工业化影响的村落已几乎没有。因为一个村落本身即使没有任何工业发展项目,也总会有人在工厂工作,当前的农村务工人员就是体现。这些进城务工人员就如同清末民国时进入城市工厂工作的乡村民众一样,必然会深受现代时间体系的影响,但很难说能对自身村落时间计时体系与观念产生多大影响。当然,并不是说没有工业发展项目的村落就不会受阳历、钟表时间等新式时间制度的影响。因为工业发展并非是带动这些新式时间制度的唯一途径,新闻广播、电视节目设置、现代教育体系的普及等也都是重要渠道,其对村民时间观念产生影响力。而完全实现工业化的村庄也为数极少,目前主要集中在苏南、浙北、珠三角等工业发达区域与某些城市周边村落。不过,由农向工转变是当前社会发展的一个大趋势,因此经过较长时间的发展,则传统乡村时间生活中那种以农事节律为基本轴心与主导力量的局面也必将发生根本改变,钟表时间、阳历纪时体系等也必然会随之完全占据主导地位,民众时间观念也必将发生根本变化。虽然这需要一个长期的发展过程,但相信总会到来的。

图像史学研究

让图像“说话”:图像入史的可能性、路径及限度*

一、“图像转向”与图像入史的勃兴

图像是人类把握世界的一种重要方式,在传播知识与表达意义方面,具有文字无法替代的重要功用与价值。对此,南宋史家郑樵曾说过:“图谱之学,学术之大者。”“天下之事,不务行而务说,不用图谱可也。若欲成天下之事业,未有无图谱而可行于世者。”①因此,不论对国家治理、社会发展还是学术研究而言,图像都是极其重要的。图像虽然具有非常重要的作用,但长期以来,除艺术史等个别学科外,图像在学术研究中并未得到应有的重视。具体到历史学来说,文字一直都是传统研究的主体。历史学家们“宁愿处理文本以及政治或经济的事实,而不愿意处理从图像中探测到的更深层次的经验”。“即

---

* 本文原载于《史学理论研究》2021 年第 3 期,主体转载于《新华文摘》2021 年第 21 期、《中国社会科学文摘》2021 年第 11 期,全文转载于人大复印报刊资料《历史学》2021 年第 9 期。国家社会科学基金重大项目“中国古代农耕图像的搜集、整理与研究”(20&ZD218)的阶段性成果。

① 郑樵:《通志》卷七二《图谱略第一 · 索象》,浙江古籍出版社 1988 年版,第 837 页。

使有些历史学家使用了图像,在一般情况下也仅仅是将它们视为插图,不加说明地复制于书中。历史学家如果在行文中讨论了图像,这类证据往往也是用来说明作者通过其他方式已经做出的结论,而不是为了做出新的答案或提出新的问题。"[①]也就是说,图像基本上只是作为文字资料的辅助和补充而被关注与应用。即使一再引用郑樵观点、反复强调图像优势与重要性的郑振铎,在其编印的《中国历史参考图谱》(共24辑)中,也无意识地将图像降低成为文字补充的"插图"。

进入20世纪后,随着电影、电视、摄影等技术的发展与普及,尤其是近几十年数字传媒技术的迅猛发展,我们步入了史无前例的读图时代,读图日益成为一种流行与风尚。在此背景下,出现了一种明显的图像转向(Pictorial Turn)[②],图像逐渐成为备受关注的学术话题,影响遍及哲学、文学、历史、考古、艺术、美学、人类学、民俗学等人文科学领域。受西方学术界的影响[③],约从2000年开始,图像亦成为中国学术研究的热门话

---

① ［英］彼得·伯克:《图像证史》(第二版),杨豫译,北京大学出版社2018年版,第2、3页。

② W. J. T. Mitchell, *Picture Theory*, The University of Chicago Press, 1994, pp. 11-35;W. J. T. 米歇尔:《图像理论》,陈永国、胡文征译,北京大学出版社2006年版。该中译本将Pictorial Turn译为"图像转向"。不过,尹德辉认为,这是一个"毫无疑问"的误译,"图画转向"的译法才更为准确。参见尹德辉:《图像研究的历史渊源与现实语境》,《百家评论》2015年第6期。

③ 虽然中国图像研究在很大程度上受到西方学术界的影响,不过从已有的研究实践来看,我国与西方学界在对"图像"外延的认知上似有一些不同。大体言之,西方学界所言之"图像",包含"图"(平面的,如绘画)与"像"(立体的,如雕塑、建筑等),而我国则主要是指"图",相对很少涉及"像"。

题,2010 年以后更呈现出大放异彩的态势。[①] 而受此时代与学术背景的影响,除美术史等学科外,图像入史、以图证史也越来越受到中国历史学及相关学科研究者的广泛关注,出现了“形象史学”“图像史学”等研究热潮[②],并随之出现了《形象史学研究》(《形象史学》)、《中国图像史学》等专业研究刊物。图像何以能够入史、图像如何入史、图像入史的陷阱与误区等问题,亦引起越来越多的关注与讨论。

作为图像研究的重要问题之一,对图像如何入史等问题,目前学界已有一些探讨。如英国艺术史家哈斯克尔讨论了西方文艺复兴以来“图像对历史想象的影响”的问题,对不同时代的学者们(如瓦萨里、温克尔曼、黑格尔、布克哈特、赫伊津哈等)从事图像研究的传统做了细致入微的梳理。[③] 英国历史学家彼得·伯克在《图像证史》一书中系统梳理了西方史学界图像研究的理论与历史,全面论述了包括工艺品、画像、雕塑、电影、广告在内的各类图像是如何被作为历史证据加以运用的,以及存在的“陷阱”与不足等。诸多国内学者基于彼得·

---

① 参见尹德辉:《图像研究的历史渊源与现实语境》,《百家评论》2015 年第 6 期;彭智:《图像理论及其本土化径向——2010 年以来国内图像研究述评》,《中国文艺评论》2018 年第 8 期。

② 参见刘中玉:《形象史学:文化史研究的新方向》,《河北学刊》2014 年第 1 期;蓝勇:《中国古代图像史料运用的实践与理论建构》,《人文杂志》2014 年第 7 期;等等。“形象史学”与“图像史学”虽名称不同,但其内涵并没有本质区别,二者都是以历史时期的“图”与“像”(如石刻、壁画、木器、绘画等历史实物、文本图像、文化史迹)作为研究资料与主题的研究模式。

③ 参见[英]弗朗西斯·哈斯克尔:《历史及其图像:艺术及对往昔的阐释》,孔令伟译,商务印书馆 2018 年版。

伯克《图像证史》的研究理念与基础,从不同层面对图像证史的概念、实践运用、价值意义、理论建构、有效性、存在误区等问题做了相关探索与讨论。①

不过,纵观已有研究可以发现,基于某类图像或具体案例基础上的讨论与分析较多,专门的理论性探讨相对较少;多数研究更强调图像资料对于历史研究的价值意义及运用中存在的误区与不足,而对图像何以能够入史(合理性)、如何入史(具体路径)等问题的探讨还有欠缺;在研究理念上,将图像作为补充文字资料之不足的观念仍占主流。但事实上,图像入史的路径要宽泛得多,不论是形式主义、资料学意义还是图像学意义上的图像研究,都是图像入史、以图论史的重要路径与方法,而图像入史也绝不是一个局限于历史学学科内的方法与实践。有鉴于此,笔者将在已有研究的基础上,对图像何以入史、如何入史、使用限度以及如何规避等问题略作探讨与分析。

二、图像入史的合理性

图像为何可以入史、证史?这与图像本身的性质直接相

---

① 参见曹意强:《可见之不可见性——论图像证史的有效性与误区》,《新美术》2004 年第 2 期;葛兆光:《思想史研究视野中的图像》,《中国社会科学》2002 年第 4 期;李公明:《当代史研究中的图像研究方法及其史学意义》,《社会科学》2015 年第 11 期;叶原:《警惕图像研究中的“预设规律”》,《美术观察》2018 年第 9 期;孙英刚:《移情与矫情:反思图像文献在中古史研究中的使用》,《学术月刊》2017 年第 12 期;蓝勇:《中国古代图像史料运用的实践与理论建构》,《人文杂志》2014 年第 7 期。

关:一方面,从历史记载或历史学意义上说,图像同文字一样,都是历史信息的承载者与记录者;另一方面,从事实存在层面上来说,图像本身往往也是历史事实或进程的组成部分。因此,将图像入史是完全可行的。

(一)图文同源与同功

同作为传统历史学主要证据的文字一样,图像也是历史信息的承载者与记录者。首先,从历史生发性的角度来说,图、文具有共同的起源。不论中外,都曾存在图文一体的时代,早于文字产生的岩画、陶器纹样等即为典型表现。因为这些图画绝不仅是一种图像形式,也是原始先民表达思想情感、生产生活等各方面情态的载体,和语言文字一样有叙事功能。“人类曾经历过漫长的没有文字的历史时期,当社会发展到一定历史阶段,便出现用物件、符号、图画等原始方法来记载事情,其中以图画记事为多……它被刻划在树皮、岩石、骨头或皮革上,写实地或示意地表现物体、事件、动作或个别场面,如事件发生的年代、各种野生动物的形象、狩猎和放牧、部落之间的战斗。”①因此,“岩画中的各种图像,构成了文字发明以前原始人类最初的‘文献’”②。此后,随着人类文明的日益发展,在原始图像的基础上产生了文字,并逐渐发展成为一种具有独立形态的表意形式。以汉字为例,作为一种表意文字,汉字构造的基础即在于“象形”,体现出明显的由图像演变而来的特质,具体如“日”

① 盖山林:《从图画记事谈阴山岩画》,《黑龙江文物丛刊》1984年第2期。

② 陈兆复主编:《中国岩画全集》,辽宁美术出版社2007年版,“序言”第3页。

“月”“山”“川”等字的早期形态,望形即可知其义。所谓“象形者,画成其物,随体诘诎,日月是也”①。从这一角度来说,文字(书)与图像(画)是同源的。对此,唐代画论家张彦远曾说:“庖牺氏发于荥河中,典籍图画萌矣。轩辕氏得于温、洛中,史皇、仓颉状焉。奎有芒角,下主辞章;颉有四目,仰观垂象。因俪鸟龟之迹,遂定书字之形……是时也,书画同体而未分,象制肇创而犹略……是故知书画异名而同体也。”②

图像与文字,作为不同的表达形式,各有优势。“语言(其文本形式即文字——笔者注)的本性是指涉事物或表达思想……图像的本质是视觉直观。”③也就是说,图重表形,文重表意。“无以传其意,故有书;无以见其形,故有画。”“宣物莫大于言,存形莫善于画。”④当然,二者并非决然分立,而是存在着非常紧密的联系。“图,经也,书,纬也,一经一纬相错而成文”,“见书不见图,闻其声不见其形;见图不见书,见其人不闻其语”⑤,只有图、文相合,才能声形兼备。

相较于文字,图像重在表形,最大特点在于直观明了。“从自然环境、历史人物、历史事件、历史现象,到建筑、艺术、日常用品、衣冠制度,都是非图不明的。有了图,可以少说了多

---

① 许慎:《说文解字》卷一五上,中国书店 1989 年版,第 500 页。

② 张彦远:《历代名画记》卷一《叙画之源流》,上海人民美术出版社 1964 年版,第 2—3 页。

③ 赵宪章:《传媒时代的“语-图”互文研究》,《江西社会科学》2007 年第 9 期。

④ 张彦远:《历代名画记》卷一《叙画之源流》,上海人民美术出版社 1964 年版,第 2、4 页。

⑤ 郑樵:《通志》卷七二《图谱略第一·索象》,浙江古籍出版社 1988 年版,第 837 页。

少的说明,少了图便使读者有茫然之感。”①因此,图像可弥补文字表达之不足,古人所谓“记传所以叙其事,不能载其容,赋颂有以咏其美,不能备其象,图画之制所以兼之也”②。故而,图像也是记载历史的重要方式与手段。事实上,中国早期的诸多典籍,确实都是图、文相合的。夏商周及秦汉时期,所谓“图书”包括图画与文字两部分。尤其是有关山川神怪崇拜内容的文献,大多数都是图、文相结合,如《山海经》《楚辞》《淮南子》等,其中的许多文字都只是对天体、山川、神怪之图的说明。只是魏晋以后,这些文献中的图都丢失了,只剩下文字流传至今。③ 正因为图也是承载信息的重要手段,所以按郑樵的说法,早期学者治学都是图、文并重的:“古之学者为学有要,置图于左,置书于右,索象于图,索理于书,故人亦易为学,学亦易为功。”④只是秦汉之后,这种图、文相合的情况开始发生变化,图逐渐从文献记载中“剥离”出去。郑樵认为,其始作俑者乃汉代的刘向、刘歆父子:

> 歆、向之罪,上通于天。汉初典籍无纪,刘氏创意,总括群书,分为《七略》,只收书不收图。《艺文》之目,递相

---

① 郑振铎:《〈中国历史参考图谱〉序、跋》,郑尔康编:《郑振铎艺术考古文集》,文物出版社 1988 年版,第 435 页。

② 张彦远:《历代名画记》卷一《叙画之源流》,上海人民美术出版社 1964 年版,第 4 页。

③ 参见江林昌:《图与书:先秦两汉时期有关山川神怪类文献的分析——以〈山海经〉〈楚辞〉〈淮南子〉为例》,《文学遗产》2008 年第 6 期。

④ 郑樵:《通志》卷七二《图谱略第一 · 索象》,浙江古籍出版社 1988 年版,第 837 页。

因习，故天禄、兰台、三馆、四库内外之藏，但闻有书而已。萧何之图，自此委地。后之人将慕刘、班之不暇，故图消而书日盛。①

当然，“图消而书日盛”有更深层次的原因，绝不能将责任全部推到刘氏父子身上。不过，此后这确实成为一种趋势与潮流，到魏晋南北朝时期，图像已完全被文字“征服”，所谓“今莫不贵斯鸟迹而贱彼龙文”②。鸟迹，文字也；龙文，图像也。当然，这主要是从文献媒介角度来说的，并不代表图像在各个层面完全被“驱逐”出去，因为不论是在艺术创作还是在社会生活中，仍存在着繁盛的图像传统。③ 另外，图像也并非从载体媒介中被完全“清除”出去，在地方志等文献中仍然断续有存，在经籍志中也有著录④，亦有郑樵这样的拥趸与支持者。

（二）图像语境与历史呈现

以上我们从文献媒介的角度，从内容层面对图像的历史记载功能做了简单论述。另外，我们说图像是历史信息的承载者，还因为图像有自身的发展历史，有具体的创作、展示、传播、

---

① 郑樵：《通志》卷七二《图谱略第一·索象》，浙江古籍出版社 1988 年版，第 837 页。

② 姚最：《续画品》，中华书局 1985 年影印本，第 4 页。

③ 参见［英］柯律格：《明代的图像与视觉性》，黄晓娟译，北京大学出版社 2016 年版。

④ “宋齐之间，群书失次，王俭于是作《七志》以为之纪，六志收书，一志专收图。”（郑樵：《通志》卷七二《图谱略第一·索象》，浙江古籍出版社 1988 年版，第 837 页）

运用等语境。图像自身发展史,主要是指图像本体“风格”的发展与演变,具体如构图、形式、线条、色彩等,这也正是传统艺术史研究重点关注的内容。“每个时代有每个时代的风格,不同地域有不同地域的风格,每个艺术家在不同阶段有不同阶段的风格。”①风格并不是凭空产生的,其与历史时代、社会语境、创作者个人经历等紧密相关。按图像学家潘诺夫斯基的观点,艺术作品的形式是无法与内容分离的,即使是赏心悦目的线条、色彩等,也都承载着多样化的意义。② 也就是说,即使单纯的“风格”本身,也是一种历史信息。

每一幅或一套图像都不是凭空产生的,总有其特定的赞助人、创作者、创作动机、时空背景、艺术风格、传播路径、功能用途、社会反响等。虽然并非每一幅图像都会存在或涉及上述全部要素,但其历史与社会“语境”却是可以肯定存在的。为此,韩丛耀提出了图像的“三种形态”与“三个场域”理论。三种形态,即技术性形态、构成性形态与社会性形态;三个场域,即图像制作的场域、图像自身的场域和图像传播的场域。所有图像,都处于三种形态之中,亦都存在于三个场域之中,正是在此基础之上,图像才有意义。③ 这些形态和场域,亦是图像所承载或折射的历史信息。正如葛兆光所说:“图像也是历史中的人们创造的,那么它必然蕴含着某种有意识的选择、设计和构想,而有意识的选择、设计与构想之中就积累了历史和传统,无

---

① 谈晟广:《图像即历史》,《中国美术报》2016 年 3 月 28 日。

② 参见[美]潘诺夫斯基:《视觉艺术的含义》,傅志强译,辽宁人民出版社 1987 年版,第 302 页。

③ 参见韩丛耀:《中华图像文化史 · 图像论》,中国摄影出版社 2017 年版,第 26—30 页。

论是它对主题的偏爱、对色彩的选择、对形象的想象、对图案的设计还是对比例的安排，特别是在描摹图像时的有意变形，更掺入了想象，而在那些看似无意或随意的想象背后，恰恰隐藏了历史、价值和观念。”①

（三）作为历史事实的图像

与上述图像的三种形态、三个场域紧密相关，之所以说图像即历史，“还在于它很可能本身就是发生过的历史事件、仪式的组成部分”②。也就是说，图像是历史事实或社会进程的组成部分。一幅图像被创作出来，总是出于某种特定的目的或功用，即使那些文人画家、职业画家创作的作品，也绝非如他们自传所说的那样，纯粹出于个人爱好或为抒发胸臆而作，实际上其背后包含了经济利益、社会交往等多方面的考量与目的需求。③ 至于各种出于政治或仪式目的创作而成的图像作品，则更体现出其历史构成性的一面。例如，创作于五代十国时期的《韩熙载夜宴图》，是宫廷画家顾闳中奉南唐后主李煜之命，潜入韩熙载宅邸据实创作而成的作品，后主欲借此“观察”韩氏之日常，以决定是否重用此人。④ 因此，《韩熙载夜宴图》本身就是当时南唐政治运作、君臣关系的组成部分与画面体现。又

---

① 葛兆光：《思想史研究视野中的图像》，《中国社会科学》2002 年第 4 期。

② 孙英刚：《移情与矫情：反思图像文献在中古史研究中的使用》，《学术月刊》2017 年第 12 期。

③ 参见［美］高居翰：《画家生涯：传统中国画家的生活与工作》，杨宗贤等译，生活·读书·新知三联书店 2012 年版。

④ 参见张朋川：《〈韩熙载夜宴图〉图像志考》，北京大学出版社 2014 年版。

如,南宋以来各种版本的体系化耕织图,其并非如传统研究认为的那样在于图录、传播生产技术,而是中国古代重农、劝农传统的产物,目的在于社会教化并带有强烈的政治目的和象征意义,本质上就是一种如同籍田礼那样的重农、劝农之“礼”。[①]再如,各种寺庙壁画及仪式活动中的水陆图绘、神像符码等,“本身正是在此类场所中所行仪式的重要组成部分”[②],承载着人们对神灵的想象,在信仰实践中扮演着至关重要的角色。[③]由此,作为历史事实或进程的一部分,图像自然也就具有了入史、证史的性质与功能。

三、图像入史的路径与方法

图像即历史,承载着丰富的历史信息,是历史事实或社会进程的重要组成部分,因此将图像作为证据或者发声主体来研究历史是完全可行的。具体来说,图像入史的路径与方法是多维的,下面我们即针对这一问题展开相关讨论与分析。

(一)以图证史

以图证史,也就是用图像证史。曹意强认为,“图像证

---

① 参见王加华:《教化与象征:中国古代耕织图意义探释》,《文史哲》2018 年第 3 期。

② [英]柯律格:《明代的图像与视觉性》,黄晓娟译,北京大学出版社 2016 年版,第 27 页。

③ 参见李生柱:《神像:民间信仰的象征与实践——基于冀南洗马村的田野考察》,《民俗研究》2014 年第 2 期。

史"概念有三个层面的含义:一是概括往昔学者运用图像等解释历史的研究实践;二是肯定图像作为一种"合法"史料并以之证史的价值;三是建构一种具有自身特性的批评理论与方法。从研究实践的层面来说,他认为"图像证史"的内涵并没有得到恰当的理解,因为流行的做法是用文字描述已知的图像,或以图像去图解从文献中已获知的历史事件,仅仅将图像当作文字的"插图"。① 我们在此讨论的"图像证史",主要就方法与路径层面而言,即究竟应该如何用图像来解读与证实历史。

"绘画经常被比喻为窗户和镜子,画像也经常被描述为对可见的世界或社会的'反映'。"②以图证史的第一个层面,是将图像作为一面镜子,将图像自身的内容作为直接证据,对历史时期的社会生活、物质生产等直观历史事实进行描述与说明。这是以图证史最基础的层面,也是目前有关图像证史研究实践中最主要的路径。例如,以出土的汉画像石资料为基本依据,对汉代的农业生产状况、建筑形制、生活服饰等进行描述与分析③;以《清明上河图》为图像例证,对北宋开封城的城市建设、经济活动、社会生活、风俗习惯、医药卫生等各方面状况进行描

---

① 参见曹意强:《"图像证史"——两个文化史经典实例》,《新美术》2005年第2期。

② [英]彼得·伯克:《图像证史》(第二版),杨豫译,北京大学出版社2018年版,第36页。

③ 参见蒋英炬:《略论山东汉画像石的农耕图像》,《农业考古》1981年第2期;王怀平:《汉画像中的图式物质资源——以建筑、服饰、农耕为例》,《安徽农业大学学报》(社会科学版)2019年第6期。

述与分析①;对《韩熙载夜宴图》所反映的五代时期生活方式、家具、服饰等的研究与考辨②;等等。通常来说,这一研究路径更多地利用了具有写实性、具象性、叙述性等特征的图像,内容多集中于故事传说、历史人物、生活画面、生产场景、宗教活动、街市景象等。这类图像,往往是出于某种实用性目的创作的,与主要为“艺术”而创作的图像,如文人画,有明显不同。正如彼得·伯克所说的那样:“对重现普通民众的日常生活,图像有着特殊的价值。”“把图像当作服饰史的证据时,它的价值十分明显。”③

以图证史的第二个层面,是将图像置于具体历史与社会语境中,通过对其创作动机、创作过程、传播应用等内容的描述与分析,再现其周围的多彩世界,从而达到间接证史的目的。黄克武认为,对视觉(图像)史料的研究通常有两种观点,即“映现”与“再现”。映现的观点认为,图像能忠实地捕捉并记录历史的瞬间,有助于展现文字史料无法呈现的过去,将图像资料视为文字资料的补充与辅助;再现的观点认为,图像的生产与消费并非是中立性的,涉及观看的角度与选择,与其说是像镜

---

① 参见宋大仁:《从清明上河图看北宋汴京的医药卫生》,《浙江中医杂志》1957年第4期;杜连生:《宋〈清明上河图〉虹桥建筑的研究》,《文物》1975年第4期;周宝珠:《试论〈清明上河图〉所反映的北宋东京风貌与经济特色》,《河南师大学报》1984年第1期;马华民:《〈清明上河图〉所反映的宋代造船技术》,《中原文物》1990年第4期。

② 参见高宇辉:《〈韩熙载夜宴图〉中的“生活方式”研究》,《学术评论》2019年第4期;徐小兵、温建娇:《〈韩熙载夜宴图〉中的衣冠服饰考》,《艺术探索》2009年第2期。

③ [英]彼得·伯克:《图像证史》(第二版),杨豫译,北京大学出版社2018年版,第115页。

子那样反映现实，毋宁将其视为一种文化产品，注重探讨这一产品生产、销售、消费的过程，从而解读其背后的文化符码与象征意涵。① 如前所述，每一幅图像都不是凭空产生的，是由人创作完成的，有其特定的存在形态和存在场域。图像本身既承载着特定的功能与意义，其形态和场域亦是现实存在与历史真实。从这一角度来说，任何图像都有其历史意义，都有反映历史的可能性，即使那些看似非常单纯的风景图像背后，也可能蕴含着丰富的权力关系。② 因此，从理论而非实际操作的角度来说，那种认为"不是所有图像都能证史"的观点是不正确的。而之所以有学者持这样一种观点，是因为"图像的真实性、可选择性以及操作性等环节都有出现歧义的可能，所有这些问题一起构成了操作过程中隐含的陷阱"③。这种观念实质上仍将图像视为文字资料之补充，并没有把图像作为真正关注的"主体"。因为从图像"主体"的角度来说，既然每幅图像都有具体的时空背景、创作者和创作动机，那么我们关注的重点就不应该是真假的问题，而应该是为何造假（若存在"造假"的话）的问题。一幅图像反映的情景可能是不真实的，但"造假"背后的动机、心态等，却也是历史的真实，由此也就"可以在研究'失真'的过程中接近另外的'真实'"④。基于此，"歪曲现实

---

① 参见黄克武主编：《画中有话：近代中国的视觉表述与文化构图》，（台北）"中研院"近代史研究所，2003 年，"导论"第Ⅳ－Ⅴ页。

② 参见［美］W. J. T. 米切尔：《风景与权力》，杨丽、万信琼译，译林出版社 2014 年版。

③ 黄鹤：《图像证史——以文艺复兴时期女性的性别建构作为个案研究》，《世界历史》2012 年第 2 期。

④ 陈仲丹：《图像证史功用浅议》，《历史教学》（上半月刊）2013 年第 1 期。

的过程本身也成为许多历史学家研究的现象,为如心态、意识形态和特质等提供了证据"①。

图像的存在场域和语境分析亦可为图像证史提供可能,因此对历史研究来说,图像不仅可以通过画面的细节描绘等提供直接、形象的证据,还可以从其存在语境的角度间接地为历史研究提供有意义的线索,激发历史学家的合理想象。"想象那些文字所不能及的社会及文化心理、那些只能用想象去填补的历史空白……我们可以对视觉艺术进行特殊的技巧解读,对历史情境进行重构。""它可以将我们引领到某个特殊的历史情境中,让我们在特殊的情境中勾勒出特定历史和文化完整结构。"②因此,"历史学家对图像的使用,不能也不应当仅限于'证据'这个用词在严格意义上的定义,还应当给弗朗西斯·哈斯克尔所说的'图像对历史想象产生的影响'留下空间和余地"③。如,以《清明上河图》为切入点,结合其具体图像描绘、创作者生平、时代背景等,对其再现的北宋社会政治形势等进行深入讨论与分析④;结合历代体系化耕织图创作的具体语境,对其背后蕴含的中国传统政治运作模式、王朝正统观、时空观、绘画观念转变等进行讨论

---

① [英]彼得·伯克:《图像证史》(第二版),杨豫译,北京大学出版社2018年版,第36页。

② 陈琳:《图像证史之证解》,《东南学术》2013年第2期。

③ [英]彼得·伯克:《图像证史》(第二版),杨豫译,北京大学出版社2018年版,第10页。

④ 参见余辉:《清明上河图解码录》,商务印书馆(香港)有限公司2016年版。

与分析。①

（二）以史解图

除以图证史外,图像入史的另一条路径在于以史解图。所谓以史解图,简单来说,就是运用相关文献记载对图像为何如此(如风格特征、画面呈现等)进行解释与说明。具体来说,以史解图在于通过已知的历史知识和历史语境对图像进行分析与说明,然后在此基础上反过来加深对图像背后的历史事实与思想观念的认知,而这本质上也是一种图像入史及对历史的认识与解读。一定程度上说,这一路径与由图像引发历史想象、进而展开研究类似。不过,与以图证史那种直接以图像证史或通过引发历史想象而重构历史情境来证史不同的是,以史解图在路径方向上是完全相反的,即先由语境到图像,再由图像到语境,故在此我们可将其称为“反向”证史。下面我们以两个个案为例,对以史解图这一研究路径略作说明。

一是赵世瑜对云南大姚县石羊镇文庙明伦堂彩绘石刻的研究。这一幅被称为《封氏节井》的石刻画,画面内容既有李卫来滇赴任,在洞庭湖遇难,石羊显圣相救之事;也有明末清初孙可望部将张虎屯兵石羊,杀白盐井武举人而欲娶其妻封氏为妾,封氏投井自尽之景。但洞庭湖远在湖南,与云南大姚相距甚远,为何当地的石羊神会跑到洞庭湖显圣呢?这个虚构的、

---

① 参见王加华:《显与隐:中国古代耕织图的时空表达》,《民族艺术》2016年第4期;王加华:《谁是正统:中国古代耕织图政治象征意义探析》,《民俗研究》2018年第1期;王加华:《观念、时势与个人心性:南宋楼璹〈耕织图〉的“诞生”》,《中原文化研究》2018年第1期;王加华:《教化与象征:中国古代耕织图意义探释》,《文史哲》2018年第3期。

似乎与本地生活无关的故事,为何会被置于画面顶端,显示出非同一般的地位呢?为何整幅石刻图像以“封氏节井”命名呢?通过对明末清初的历史、云南楚雄和大姚地方史,以及土主信仰、当地井盐生产发展史的考察可以发现,将整幅石刻命名为“封氏节井”其实是一种误解。这幅石刻实际上是为凸显盐业生产在当地社会中的重要性,由当地井盐灶商捐献,因为“无论王朝更迭,无论官军盗匪,他们前来石羊的目的都是盐”。故无论李卫遇险获救还是封氏投井之事,都是为了凸显“盐”这一主题。[①]

二是为何中国古代体系化耕织图描绘的总是江南。作为后世体系化耕织图“母图”的南宋楼璹《耕织图》,是以山多田寡、旱田居多的南宋於潜县(今杭州市临安区於潜镇)为地域基础绘制而成的,但在具体场景描绘上却都是较为平整的水田、桑园及水稻种植等比较典型的江南景观,并且越到后世的明清时期,画面中的江南特色就越明显。为何会如此呢?只要考察一下唐宋以后江南地区在整个传统中国政治、经济、文化等方面的重要地位与象征隐喻作用,也就一清二楚了。[②]

以上我们从直接、间接、反向三个方面对图像入史的路径做了具体分析与说明。就与文字证史的关系来说,图像证史可有如下四个方面的功能:印证文字已证明之历史、弥补或补充文字材料之不足、为文字证史提供切入点、证明文字无法证明

---

① 参见赵世瑜:《图像如何证史:一幅石刻画所见清代西南的历史与历史记忆》,《故宫博物院院刊》2011年第2期。

② 参见王加华:《处处是江南:中国古代耕织图中的地域意识与观念》,《中国历史地理论丛》2019年第3期。

之历史。[1] 就目前已有的研究实践来说,绝大多数图像证史还停留在第一、二层面上。今天,若想进一步发挥图像在历史研究中的价值与作用,在具体的研究实践中就必须要向另外两个方面努力开拓。但是,我们也不能为了改变传统史学不重视图像的研究倾向,为了强调图像研究的独特性与重要地位,而忽略甚至“看不起”图像在印证、弥补或补充文字材料方面的作用。曹意强认为:“更为重要的是:图像应充当第一手史料去阐明文献记载无法记录、保存和发掘的史实,或去激发其他文献无法激发的历史观念,而不仅仅充当业已从文献记录中推演出来的史情之附图,即作为已知史实的图解而不是提出独特问题的激素。”“这种‘图像证史’实际失去了实践意义。”[2]这种看法有其合理性,但从长远来看,实际上可能会对图像作为史料的价值及图像入史的开展起相反的作用。因为,暂且不论有多少图像具有“阐明文献记载无法记录、保存和发掘的事实”的能力,这种认知背后的核心理念,实际上仍旧隐含的是这样一种观念与看法:仍然将图像视为文字资料的辅助与补充,是一种特殊的资料形态,并没有将其放到与文字平等的地位上。因此,“必须要有一部分美术史研究者来做这一项工作:通过研究图像来得到与历史学家(历史学家以文献为第一手的资料)相同或者不同的结论,而这种结论的得出是建立在以图像为第一手资料,

---

① 参见陈仲丹:《图像证史功用浅议》,《历史教学》(上半月刊)2013年第1期。

② 曹意强:《“图像证史”——两个文化史经典实例》,《新美术》2005年第2期。

而不是仅仅作为佐证和研究对象"[1]。这一观点,不仅适用于美术史研究,对历史研究来说也同样适用。故而,图像入史不能仅是证明文字无法证明之历史,而是要将其进行全方位、多层面的入史,充分发挥图像在证史方面的全部功用与价值。

(三)图像入史的"内"与"外"

纵观目前国内外与图像有关的"史"的研究,大体可分为三种思路。一是强调形式主义的研究,即直接针对图像本体诸问题进行探讨,如构图、形式、线条、风格、色彩等。这一思路主要集中于传统艺术史研究领域,如以沃尔夫林、李格尔等为代表的形式主义艺术史研究[2],美国艺术史家高居翰有关中国绘画史的研究就基本在这一思路内展开。[3] 二是将图像作为直接的资料与证据,强调其对于补充或弥补文字史料的价值与意义,如法国年鉴学派史家阿利埃斯对中世纪儿童史的研究、谢江珊对宋代女性形象的研究等。[4] 三是图像学的研究

---

① 冯鸣阳:《图像与历史——美术史写作中的"图像证史"问题》,《美与时代》(下半月)2009 年第 6 期。

② 参见温婷:《形式主义艺术史视野中的李格尔与沃尔夫林》,《东南大学学报》(哲学社会科学版)2014 年第 2 期。

③ 参见[美]高居翰:《隔江山色:元代绘画(1297—1368)》,宋伟航等译,生活·读书·新知三联书店 2009 年版;[美]高居翰:《江岸送别:明代初期与中期绘画(1368—1580)》,夏春梅等译,生活·读书·新知三联书店 2009 年版;[美]高居翰:《山外山:晚明绘画(1570—1644)》,王嘉骥译,生活·读书·新知三联书店 2009 年版。

④ 参见[法]菲力浦·阿利埃斯:《儿童的世纪:旧制度下的儿童和家庭生活》,沈坚、朱晓罕译,北京大学出版社 2013 年版;谢江珊:《宋代的女性形象及其生活——以图像史料为核心》,上海师范大学硕士学位论文,2014 年。

思路[1],把图像作为可发声的主体,将其置于具体的历史存在语境中,强调由图像引发、再现的社会诸层面,以此解读其背后的文化符码与象征意涵等。[2] 若再进一步归纳整理,这三种研究思路又可分为两类,即对图像本体与外围,或者说形式与内容的研究。其中,对本体或形式的研究强调关注图像的构图、色彩、风格等信息,重在强调文本;对外围或内容的研究强调关注图像的内容呈现及其背后丰富多彩的社会信息,重在强调语境与意义。

图像的“本体”“形式”“文本”主要是艺术史,尤其是传统艺术史研究重点关注的话题。作为一门现代学科,艺术史兴起于19世纪末的欧洲。中国现代艺术史学(美术史学)的出现则相对较晚,约兴起于20世纪初,是我国近现代美术教育事业、海外美术史研究传统及近代中国“新史学”和“史学革命”运动等多方影响的结果。[3] 20世纪艺术史研究最普遍的方法就是以沃尔夫林、李格尔等为代表的形式分析法。这一研究分析法主张抛开一切上下文、意义、情境之类的外在问题,将作品本身作为关注的核心对象,重在讨论艺术作品的线条、色彩、构

① 参见陈怀恩:《图像学:视觉艺术的意义与解释》,河北美术出版社2011年版。

② 参见曾蓝莹:《图像再现与历史书写——赵望云连载于〈大公报〉的农村写生通信》,黄宗智主编:《中国乡村研究》第3辑,社会科学文献出版社2005年版,第152—230页;余辉:《清明上河图解码录》,商务印书馆(香港)有限公司2016年版;[英]柯律格:《明代的图像与视觉性》,黄晓娟译,北京大学出版社2016年版;王加华:《教化与象征:中国古代耕织图意义探释》,《文史哲》2018年第3期。

③ 参见孔令伟:《“新史学”与近代中国美术史研究的兴起》,《新美术》2008年第4期。

图等形式特质。他们认为,左右艺术风格变化的既非艺术家,也非其他社会法则,而是不变的艺术法则,因此社会背景、艺术家生平等无益于理解作品本身。① 不过,随着20世纪初以瓦尔堡、潘诺夫斯基等为代表的图像学研究的兴起,这一状况开始发生改变。与传统的艺术史学重在关注形式不同,图像学重在关注图像的内容与意义,认为图像不论是题材、主题、形式、风格、内容,还是整体内容表现与细节呈现,都蕴含着丰富的意义。图像学方法可谓是当前艺术史研究中影响力最大的方法之一,也广泛拓展到历史学、文艺学、美学等学科领域。而随着图像学研究影响的日渐扩大,以及读图时代的来临与图像转向的出现,亦有越来越多的学科与学者转到与图像有关的“史”的研究中来。这其中的许多学者,由于缺乏美术学背景与知识储备,或者虽有美术学背景但缺乏相应的美术实践活动,只能针对图像的外围展开研究,而对作品本体及其艺术价值的关注并不多。这对传统的形式主义艺术史研究产生了极大的冲击,也招致了一些学者的不满。李倍雷指出,这是对美术史研究趋向的偏离,是当前中国美术史学研究的一个重大缺陷。②

传统的艺术史研究与当下历史学等学科中流行的图像证史研究确有一些不同。首先,艺术史研究更关注那些有名望的作品,即那些“最精彩的天才作品”,而对日常图像的关注不多;更关注某类作品的源头或者说代表;更关注风格异乎常规

---

① 参见曹意强:《图像与语言的转向——后形式主义、图像学与符号学》,《新美术》2005年第3期。

② 参见李倍雷:《图像、文献与史境:中国美术史学方法研究》,《新疆艺术学院学报》2011年第4期。

的特例,而不太关注"俗套"。[①] 而图像证史,却并不受这些方面的限制。其次,也是更为重要的,即研究任务的不同。艺术史"要求研究者通过对图像外围研究后直接针对图像本体诸问题进行研究,研究图像的影响与受影响之间的关系要素,以及研究在时间和空间结构所形成的一种相关联的图像关系群的原因,从而诠释构成图像(或称为美术作品)的历史与联系"。[②] 而图像证史,则往往并不关注图像本体的内容,强调的是运用图像资料来证明历史事实或引发历史想象,即再现历史。因此,陈仲丹认为,艺术史并不等于图像史学,其只是一个利用图像较多的学科;艺术史与图像史学更像是姊妹关系,研究领域可互相融通,理论上也可互相借鉴。[③]

不过,今天随着图像学方法的广泛传播与运用,以及传统美术史研究对人类学、考古学等方法的借鉴,当下的艺术史研究也越来越不像传统的艺术史了,"渐渐离开'虚'越来越远,倒是离'实'越来越近,褪去了它'艺术'的那一面,剩下的是'历史'的这一面"。[④] 事实上,不论是我国还是西方学界,目前大量有关图像入史的讨论,都是在新艺术史范畴内展开的。即

---

① 参见葛兆光:《思想史家眼中之艺术史——读2000年以来出版的若干艺术史著作和译著有感》,《清华大学学报》(哲学社会科学版)2006年第5期。

② 李倍雷:《图像、文献与史境:中国美术史学方法研究》,《新疆艺术学院学报》2011年第4期。

③ 参见于颖:《图像史学:学科建立的可能性》,《文汇报》2016年8月5日。

④ 葛兆光:《思想史家眼中之艺术史——读2000年以来出版的若干艺术史著作和译著有感》,《清华大学学报》(哲学社会科学版)2006年第5期。

使对图像史学探讨产生了巨大影响的《图像证史》中所举的例子,也多属于艺术史的探讨,而不是历史的探讨。① 因此,从图像入史的角度来说,不论是艺术史研究还是图像证史研究,本质上都是图像入史的一种方式,仅存在内(形式与本体)、外(内容与意义)之别。另外,图像本身即历史,图像的本体、风格等不能完全脱离历史与社会语境,也就是说,形式在一定程度上也有再现历史的功能;用图像证史,若不了解图像的本体形式与程式风格,以图证史也可能会出现误读与错误。因此,图像研究的内与外其实是一体两面、紧密相关、不可分离的。从这一层面来说,艺术史研究也是在图像证史,艺术史也就是图像史学。

四、图像入史的限度与规避

当今有一句流行的网络用语——“无图无真相”,认为没有图片就不能真正了解事情的真相。但是,随着图像合成等技术的迅速发展,我们发现即使有图也不一定有真相。因为和文字一样,图像也存着诸多“造假”(作伪)的可能。古代社会虽然没有如今天这般发达的图像处理技术,但也不代表所有的图像都是客观真实的。另外,受图像重在表形、叙事性较差及古代重文字、轻图像传统的影响,在我们将图像作为考察、认识历史的方式和手段时,也存在诸多陷阱与误区。因此,要想更合

① 参见赵世瑜:《图像如何证史:一幅石刻画所见清代西南的历史与历史记忆》,《故宫博物院院刊》2011 年第 2 期。

理地开展图像入史研究，就必须尽可能地规避这些陷阱与误区。如何才能尽可能地避免这些陷阱与误区呢？加强图像考证，对图像本体及其存在语境作全面、准确的把握，进而在此基础上进行合理阐释，或许是最为理想的途径。而在此过程中，如何处理好图像文献与文字文献间的关系至关重要。

（一）“本体”描述与分析

作为一种具有艺术性质的作品，图像有其自身的形式特质，如线条、色彩、材质、构图等，也就是图像本体或形式层面的内容。而就图像本体来说，它的一个重要特点就是程式化。所谓程式，就是“一种强化秩序条理的形式表现手法，它经过改造加工，提炼概括出物象的典型特征，然后进行集中、简化和固定，将形制定型化”①。它是各门艺术都有的、具有一定规律性和相对稳定性的艺术语言。因此，图像的“生产”，除受创作者个人性格、经历及社会语境的影响外，还会受艺术程式的影响。

受图像程式化等因素的影响，“即使是最逼真的历史画，它所再现的历史事实，不论画家尽多大的努力去消除个人的主观干预，也不可避免地会因他所采用的表现手段而使之变形，甚至扭曲”②。对中国传统绘画来说，其主流艺术风格经历了由写实向写意发展的过程，尤其是宋元之后的文人画。这极大地影响了图像对客观事物的反映，以致约翰·巴罗批评中国绘画为“可怜的涂鸦，不能描绘出各种绘画对象的正确轮廓，不

① 王菊生：《造型艺术原理》，黑龙江美术出版社2000年版，第340页。

② 曹意强：《“图像证史”——两个文化史经典实例》，《新美术》2005年第2期。

能用正确的光、影来表现它们的体积”①。而这一绘画风格的转变,恰恰就是一种大的程式化体现。具体到不同的图像种类来说,其程式化特征之所以能一直延续(当然并非一成不变),一个技术层面的重要原因是“粉本”的存在。所谓粉本,也即“古人画稿”②。早在汉代,画像石图像的雕造就有粉本存在,民间雕刻艺人在制作画像石时就是以一定的绘画样本作为依据的。③ 此后,随着中国绘画艺术的发展,在各种类型的绘画创作中粉本的使用也越来越普遍,寺观壁画、宗教绘画、佛传故事画等皆有粉本。与此同时,粉本的运用还由绘画广泛传播到其他艺术创作中,“画出来的‘样’不仅可以用来充当作画底本,而且还可以充当雕塑的范例、建筑的工程图、工艺美术的设计图”④。不仅是绘画,雕塑、工艺设计等图像形式,也都存在相对稳定的程式化特征。

因此,鉴于图像本体与程式的重要性,在运用图像进行历史研究时,“布局、构图、线条、色彩等方面的综合往往是一个避绕不开的问题”⑤。也就是说,图像入史研究,首先要做的就是对图像本体内容的探讨与分析。可惜的是,由于相关知识的缺乏,绝大多数历史学者在针对图像问题展开研究时都忽略了

---

① [英]柯律格:《明代的图像与视觉性》,黄晓娟译,北京大学出版社 2016 年版,第 4 页。

② 夏文彦:《图绘宝鉴》卷一,商务印书馆 1930 年版,第 3 页。

③ 参见郑立君:《从汉代画像石图像论其“粉本”设计》,《南京艺术学院学报》(美术与设计版)2008 年第 4 期。

④ 张鹏:《“粉本”“样”与中国古代壁画创作——兼谈中国古代的艺术教育》,《美苑》2005 年第 1 期。

⑤ 叶原:《警惕图像研究中的“预设规律”》,《美术观察》2018 年第 9 期。

这一内容。正如哈斯克尔所说:"他经常忽视了笔触的雅致、描绘的精微、色彩的和谐或混乱,忽视了对现实那富有想象力的置换以及所有精湛的技艺。"但是,实际上,"正是这些技艺从根本上影响了他一直试图解说的那些图像的本质"①。如此,很可能就会出现误读的问题。例如,阿利埃斯在研究欧洲中世纪儿童史时,通过当时绘画中儿童没有自己的特定服装这一细节,提出了中世纪没有"儿童"概念这一结论。批评者认为,这实际上是一种程式化的艺术表现,因为当时的儿童与成年人一起作为画家的模特时,必须穿正装。也就是说,这完全是一种艺术表现的需要,而非实况再现。② 再如,被认为比较准确地描绘了不同时代的耕织操作流程、具有技术传播作用的体系化耕织图,也具有强烈的程式化特征:后世绝大部分耕织图,基本皆以南宋楼璹《耕织图》为底本,临摹、创作或再创作而成。③ 这种耕织图亦有专门的粉本,明代李日华曾说:"歙友程松萝携示《耕织图》,就题其后。此宋人作《耕织图》粉本也。"④因而,所谓耕织图的技术传播作用根本就是一种"幻象"。⑤ 因此,对图像入史研究来说,搞清楚图像的本体性特征是非常重要的。这也就对图像研究者提出了更高要求:"从事

---

① ［英］弗朗西斯·哈斯克尔:《历史及其图像:艺术及对往昔的阐释》,孔令伟译,商务印书馆 2018 年版,第 3 页。

② 参见李源:《图像·证据·历史——年鉴学派运用视觉材料考察》,《史学理论研究》2010 年第 4 期。

③ 参见王加华:《处处是江南:中国古代耕织图中的地域意识与观念》,《中国历史地理论丛》2019 年第 3 期。

④ 李日华:《六砚斋笔记》卷一,中央书店 1936 年版,第 32 页。

⑤ 参见王加华:《技术传播的"幻象":中国古代〈耕织图〉功能再探析》,《中国社会经济史研究》2016 年第 2 期。

‘图像证史’者,首先必须具备艺术史家‘破译’图像风格与形式密码的功夫,否则只能‘望图生义’,随意曲解,陷入图像证史的重重误区而难以自拔。”①当然,我们也要避免走向另一个极端。虽然“通过分析各种图像个案,归纳出图像程式,有助于研究者掌握某一历史时期图像的基本面貌”,但也要警惕图像研究中的预设规律,不能先入为主地认为某种程式或格套就代表了某种特定含义。②

（二）语境重建与意义阐释

图像重在表形,文字重在表意。与文字表达相比,图像表达具有直观、形象、生动等特点,表面看来似乎更为客观与真实,尤其是瞬间成像的照片图像。但是,正如美国纪实摄影家刘易斯·海因所说:“照片不会说谎,但说谎者会去拍照片。”③因此,作为一种人为作品,图像完全有造假或作伪的可能。更为重要的是,即使再逼真的图像,也并非所描绘事物本身,只能是其形象的表现,“这就给图像带来了一个重要的特征——去语境化”④。与此同时,受艺术程式与基本只能表现某个瞬间场景的影响⑤,去语境化的图像在内容呈现上还可能会被进一

---

① 缪哲:《以图证史的陷阱》,《读书》2005 年第 2 期。

② 参见叶原:《警惕图像研究中的“预设规律”》,《美术观察》2018 年第 9 期。

③ ［美］玛丽·华纳·玛瑞恩:《摄影梦想家》,金立旺译,中国摄影出版社 2016 年版,第 20 页。

④ 龙迪勇:《图像叙事:空间的时间化》,《江西社会科学》2007 年 9 期。

⑤ 参见刘斌:《图像时空论:中西绘画视觉差异及嬗变现象求解》,山东美术出版社 2006 年版。

步削弱与歪曲。总之,受上述各种因素的影响,在利用图像进行历史研究时,不可避免地会出现一系列问题。

一是"想当然"。比如,看到耕织图对水稻种植与蚕桑生产技术环节的描绘,就认为其是在记载与传播先进生产技术;二是误读或过度阐释。之所以如此,与研究者总是带着自己的知识背景、以所知来解读所见直接相关。图像具有启发历史想象的重要作用与功能,因此人们在观看图像时很容易将其与自己已有的知识背景联系起来,产生一种先入为主的认识与解读,甚至是没有多少根据的过度阐释与解读。比如,有些研究者对《清明上河图》中某些画面的解读:城门口飞奔的马匹,隐喻了官民之间的矛盾;船与桥要相撞,象征着社会矛盾到达了顶峰;独轮车及串车苫布上面有类似草书的字迹(是不是字迹尚不清楚),反映了当时政治斗争的残酷和对文化艺术的破坏;汴河两岸的酒馆,反映了当时酒患严重;等等。① 这是典型的过度阐释。另外,不同研究者会有不同的知识背景和问题关注点,面对同一幅图像,也可能会产生完全不同的理解和看法,尤其是对那些充满隐喻性的图像。如,对《清明上河图》中"清明"的理解,就有清明节、政治清明、开封城外东南清明坊等不同的解读。② 总之,虽然图像表面上看起来形象又直观,但针对图像的多意性或过度解读,往往比文字资料要丰富多彩得多。

图像的误读或多意性解读,与研究者总是带着自己的已有

---

① 参见余辉:《清明上河图解码录》,商务印书馆(香港)有限公司2016年版,第38—39、154—179页。

② 参见余辉:《清明上河图解码录》,商务印书馆(香港)有限公司2016年版,第26—28页。

认知来理解图像直接相关,但实际上,“研究者不是历史图像设定的观众”,因此就不能带着自己的知识背景去做“自作多情的解释”。[①] 如何才能规避图像历史研究的相关误区呢?加强图像考证,回归图像创作、传播的具体历史语境,在此基础上对图像进行合乎逻辑的解读,是唯一的途径。如前所述,每一幅图像都有特定的创作者、创作动机、创作过程、存在与传播方式等历史语境,只有在这一特定语境中我们才能真正明白每一幅图像的具体价值与意义。因此,在将图像作为证据进行历史分析前,就要加强对图像创作与存在语境的考察和了解,尽可能全面地重建、复原画面背后的丰富信息。对此,哈斯克尔非常明确地说:

> 在历史学家能够有效利用一条视觉材料之前,不管(这材料)多么无关紧要,多么简单,他都必须弄清楚自己看到的是什么、是否可信、是何时出于何种目的被制作出来,甚至还要知道当时人们是认为它美还是不美。在任何一个时代,艺术所能传达的东西总是受控于特定社会背景、风俗传统和种种禁忌,对于这一切,以及造型艺术家在表现个人想象时所能采用的技术手段,他都必须有所了解。[②]

总之,图像分析必须要结合具体的图像语境来进行,“不

① 孙英刚:《移情与矫情:反思图像文献在中古史研究中的使用》,《学术月刊》2017年第12期。

② [英]弗朗西斯·哈斯克尔:《历史及其图像:艺术及对往昔的阐释》,孔令伟译,商务印书馆2018年版,“导言”第2页。

能见到莲花、大象，就说是佛教，看到凤凰、嘉禾就说是祥瑞”[①]。当然，并非所有图像都能重建、复原其背后的详细历史语境信息，但至少不能强行做脱离实际、不合逻辑的解读。

（三）图文相合，以图入史

作为一种重要的信息载体与表达形式，图像虽然有形象、直观等优势，但在对复杂、深奥信息的承载及叙事性方面，却远逊于文字，而去语境化、易被误解等特性，又进一步加重了其表达“劣势”。正如东汉王充所言：“人好观图画者，图上所画，古之列人也。见列人之面，孰与观其言行？置之空壁，形容具存，人不激劝者，不见言行也。古贤之遗文，竹帛之所载粲然，岂徒墙壁之画哉！”[②]因此，当从图像中分离出来并日渐成熟之后，文字成为最主要的信息表达载体，图像则退居次要地位。事实上，即使对图像持有极高评价的郑樵，在《通志》中也并没有收录任何图像。不过，曹意强认为，这并非自相矛盾的，而是因为郑樵深刻认识到图像存在的种种弊端。从郑樵的自传推测，他应该曾为《通志》制作了大量插图，但考虑到后人传承时易于走样，会引起极大的误解，故忍痛放弃了。[③]

图像是否可以单独证史呢？从信息承载的角度来说当然没有问题，如历史时期留下来的一幅有关古代中国某个城市结

---

① 孙英刚：《移情与矫情：反思图像文献在中古史研究中的使用》，《学术月刊》2017年第12期。

② 王充：《论衡》卷一三《别通篇》，上海人民出版社1974年版，第208页。

③ 参见曹意强：《可见之不可见性——论图像证史的有效性与误区》，《新美术》2004年第2期。

构与布局的地图,但从历史书写与知识传播的角度来说,将图像作为单独主体来叙说历史可能是行不通的,尤其是对非具象层面以及整体、宏大、复杂的历史叙述来说。"尽管历史图片是图录历史的关键,但离开文字说明,它就不能独立地、完整地表释历史。通过简明准确地说明文字,死的历史图片才能够栩栩如生地展现历史画面。"[①]如法国文艺理论家、史学家丹纳(1828—1893年)在去意大利游历之前,曾发誓要抛开文献记载,单独以图像为证书写一部意大利史,但在考察过程中他发现这完全就是黄粱美梦,不得已只好修正了自己的计划,将视觉遗物与文献记载相结合展开研究。[②] 即使在今天,图像使用早已蔚然成风、人们越来越将注意力投向图像的读图时代,若没有文字介绍的辅助,仅凭图像来书写历史仍是不可行的。与此同时,由于图像去语境化的特征,故在解读时极易出现各种陷阱与误区。因此,我们必须要加强对图像背后相关信息的考察与了解,而这更离不开文献记载的帮助。一方面,文字文献是历史记载的主要形式,要想进行图像考证,就必须依赖相关文献记载;另一方面,图像去语境化、叙事性差的特征也使其不可能对自身背后的存在语境做具体记载与描述。即使是传统的美术史研究,自始至终看似都在围绕图像讨论问题,以图像作为先决条件,似乎并没有过分依赖文字文献,但其背后却是

---

① 朱诚如:《从〈图录丛刊〉论图像史学的勃兴》,《中华读书报》2007年5月16日。

② 参见曹意强:《"图像证史"——两个文化史经典实例》,《新美术》2005年第2期。

以文字资料记载的已有观念为基础与前提的。[1] 这种研究思路使图像证史不可避免地陷入悖论之中：因为文献材料缺乏，我们求助于图像；但对于图像的理解，却需要更多的文献。[2]

总之，要开展图像入史研究，就必须加强图像与文字间的合作，“图像证史与文字考证的结合才是真正可取、可行的研究思路”[3]。相比之下，离开了图像，文字却仍然可以单独证史、叙史。因此，从这一层面来说，图像在历史研究中更多的只是文字资料辅助的说法是有其合理性的。

五、结 语

以上我们对图像入史的合理性、如何入史以及图像入史过程中存在的问题和具体对策等做了讨论与分析。可以发现，图像同文字一样，也是历史信息的重要承载者，能再现历史的诸面向，因此图像入史、通过图像来研究历史是完全可行的。就图像入史的路径与方法来看，可以是多角度、多层面的：以图证史，既可将图像作为直接证据，亦可将图像置于具体的历史与社会语境中，通过对其周围世界的多彩再现，达到间接证史的

---

① 参见冯鸣阳：《图像与历史——美术史写作中的“图像证史”问题》，《美与时代》（下半月）2009年第6期。

② 参见［美］巫鸿：《东夷艺术中的鸟图像》，郑岩、王睿编：《礼仪中的美术：巫鸿中国古代美术史文编》上册，郑岩等译，生活·读书·新知三联书店2005年版，第27页。

③ 李根：《图像证史的理论与方法探析——以卡罗·金兹堡的图像研究为例》，《史学史研究》2013年第3期。

目的;以史解图,则是通过相关文献记载对图像何以如此进行解释与讨论,从而达到反向证史的目的。此外,对图像“本体”风格的描述与分析,同对图像所蕴含内容的探讨与解析一样,本质上也是图像入史的一种重要途径与方式。当然,由于图像本身存在的问题与缺陷,如重在表形、叙事性差等,以及由此导致的历史书写重文字、轻图像传统的影响,在图像入史的过程中也不可避免地存在诸多陷阱与误区,如想当然、过度阐释等。因此,图像入史,一要重视对图像“本体”的描述与分析,二要强调对图像存在语境的探讨与考证,而在此过程中,最重要的是要处理好图像与文字间的关系,加强图像与文字的合作。今天,随着读图时代的来临与学术研究图像转向的大趋势,图像入史、图像史学必将成为史学研究的一个重要内容和话题。但是,我们必须注意,图像入史研究绝不应该只是一个局限于历史学学科内部的理论、方法与实践,而是一个需要多学科合作的综合研究体系。

技术传播的"幻象":中国古代耕织图功能再探析*

耕织图就是以农事耕作与丝棉纺织等为题材的绘画图像,在我国有非常久远的历史,最早可追溯到战国时期。耕织图有广义与狭义之分。广义的耕织图,指所有与"耕"和"织"相关的图像,铜器或瓷器纹样、画像石图像、墓室壁画等。狭义的耕织图则仅指南宋以来呈体系化的耕织图,通过成系列的绘画形式将耕与织的相关环节(如浸种、耕、灌溉、施肥等)完整呈现出来,并且配有诗歌对图画略作说明。相比之下,宋之前的耕织图还是停留在分散表达的阶段。① 从宋至清,我国至少出现了十几套不同版本的呈系统化的耕织图,如南宋楼璹的《耕织图》、元代程棨的《耕织图》、明代邝璠的《便民图纂·耕织图》及清代康熙、雍正、乾隆、嘉庆朝的《耕织图》与《棉花图》等,是我国传统农业文化遗产的重要瑰宝之一。②

---

* 本文原载于《中国社会经济史研究》2016 年第 2 期,全文转载于人大复印报刊资料《经济史》2016 年第 5 期。

① 参见游修龄:《〈中国古代耕织图〉序》,中国农业博物馆编:《中国古代耕织图》,中国农业出版社 1995 年版。

② 关于中国古代耕织图概况,可参见中国农业博物馆编:《中国古代耕织图》,中国农业出版社 1995 年版。

由于反映的是与农业生产相关的“耕织”活动,因此在性质上,目前学界基本都是将呈系统化的耕织图作为农学著作来看待的。如作为我国系统化耕织图“母本”的南宋楼璹的《耕织图》就被称为“我国第一部图文并茂的农学著作”①。《中国农学史》《中国农学书录》《中国古代农书评介》《中国农业科技发展史略》《中国古代农业科技史图说》《中国农学遗产文献综录》等著作,均对耕织图有著录。基于这一定性,在谈及耕织图的编纂意义时,研究者基本都强调了其在推广农业生产技术方面的巨大意义与作用。如国内研究耕织图的集大成者王潮生就认为:“图与诗的结合提供农民仿效操作的范例,其目的是为发展农业生产服务的,是一种社会化、大众化的科普著作。”②臧军认为耕织图发挥了农业技术的普及推广功能,推动了中国古代蚕织、棉纺等生产技术的发展。③ 但事实果真如此吗?仔细阅读历代耕织图,我们就可以发现,所谓的“技术推广”其实是一种“幻象”——虽然不能说耕织图就完全没有技术推广的意义。之所以如此,是由耕织图的一系列特点决定的,如前后因袭而少有变化、存在大量的技术描绘错误、重场景描绘而轻操作流程与技术细节等。虽然闵宗殿、张家荣等也曾注意到耕织图所描绘技术的某些讹误之处④,但一方面都是针

---

① 臧军:《楼璹〈耕织图〉与耕织技术发展》,《中国农史》1992年第4期。

② 王潮生:《清代耕织图探考》,《清史研究》1998年第1期。

③ 参见臧军:《楼璹〈耕织图〉与耕织技术发展》,《中国农史》1992年第4期。

④ 参见闵宗殿:《康熙〈耕织图·碌碡〉考辨》,《古今农业》1993年第4期;张家荣:《〈耕织图〉的尴尬》,《中华文化画报》2011年第9期。

对个别技术细节的论述，并没有从整体上论述耕织图的不足之处，另一方面也未对讹误与技术推广之间的关系进行讨论。基于此，本文将以宋以来呈系统化的耕织图①为具体对象，就它们所反映技术体系的不足之处进行细致论述，并进而对中国古代耕织图的功能意义重新略作评价。

一、“停滞”的技术描绘

从宋至清，历代耕织图在画面内容上基本都是相互沿袭而少有变动，而事实上耕织技术体系一直是在发展变化的，试想怎么可能清代去推广南宋时期的耕织技术呢？

从南宋至清末，历代王朝创作了多幅耕织图，其中南宋楼璹的《耕织图》是第一部系统化的耕织图（创作于1133—1135年）。后世的耕织图，从图像内容来看，基本上都是以楼璹的《耕织图》（清代《棉花图》及光绪年间的《桑织图》《蚕桑图》除外）为“母图”创作而成的。如元代程棨的《耕织图》完全据楼图临摹而成，不论画幅还是画目与楼图完全一致。明代邝璠的《便民图纂》耕织图也完全是据楼图而来，只是在画目上有所变动，由原作的45图变为31图，另在每幅图的名称上也有所变动，如将楼图的“布秧”改为“布种”、“淤荫”改为“下壅”等，再就是将楼璹五言诗删去并改配吴歌。但不管在形式上有多少变化，内容上却并无实质性变动。康熙《御制耕织图》也同

① 本文耕织图资料主要据中国农业博物馆编《中国古代耕织图》（中国农业出版社1995年版），下文不再特别注明。

样是据楼璹的《耕织图》(或摹本)增减而成:在“耕图”部分增加了“初秧”“祭神”两图,“织图”删去了“下蚕”“喂蚕”“一眠”三幅,增加了“染色”“成衣”二幅;画目次序上,楼图“持穗”之后依次为“簸扬”“砻”“舂碓”“筛”“入仓”,康熙图则为“舂碓”“筛”“簸扬”“砻”“入仓”与“祭神”。虽然也有变化,但并无实质性改变。雍正《耕织图》除在画目名称上稍有改动外(如将织图的“祀谢”改为“祀神”),与康熙《耕织图》基本相同,也就是说,其也是以楼图为“母图”的。乾隆《耕织图》则是完全据元程棨的《耕织图》而来,也就是据楼图而来。另外,他命陈枚所做《耕织图》是据康熙《耕织图》而来,也就是据楼图而来的。嘉庆则是补刊乾隆《耕织图》,很明显就是楼图的再版。至于《耕织图》之外的《棉花图》,也同样存在完全照搬的现象,即嘉庆《棉花图》只是乾隆《棉花图》的补刻。

关于中国宋元之后尤其是明清时期的农业发展问题,学界曾有一个非常流行的观点,即“农业技术停滞论”,而之所以出现停滞,又与“人口压力”有直接关系。这一观点最先由美籍华裔学者何炳棣提出,其后伊懋可、黄宗智、赵冈等也加以论证,“并为几乎所有中国学者所接受”①。对此,许多学者进行了批驳与质疑。② 确实,由宋元到明清,中国传统农业技术虽

---

① 李伯重:《“最低生存水准”与“人口压力”质疑——对明清社会经济史研究中两个基本概念的再思考》,《中国社会经济史研究》1996 年第 1 期。

② 参见李伯重:《有无“13、14 世纪的转折”?——宋末至明初江南农业的变化》,《多视角看江南经济史(1250—1850)》,生活·读书·新知三联书店 2003 年版;周立群、张红星:《经济史上的技术变迁——以江南农业为例》,《江苏社会科学》2010 年第 5 期。

然没有大的、突破性的发展，但发展变化还是有的。但由于在耕织图的创作上，基本都是以楼图为“母图”，因此这种技术上的变化并没能在图中反映出来。以“持穗”（有的称“打稻”）为例，历代耕织图的画面均为几位农夫手持连枷敲打稻穗的场景，即用连枷来脱粒。但实际上，由宋元至明清，江南地区水稻脱粒的主要用具经历了一个由连枷变为稻床、稻桶（又称掼床、掼桶）及牛拖曳石磙的变化过程。连枷，距离楼璹时代不远的王祯《农书》（作于1313年）记载：“击禾器……今呼为连耞。南方农家皆用之。北方获禾少者，亦易取办也。”[①]这说明“连耞”这种脱粒用具在当时南方地区的运用确实很普遍，楼璹的《耕织图》所描绘的也的确为当时的实际情况。至于后世的稻床与稻桶，王祯《农书》中未见记载，但却提到了与之有些类似的掼稻簟，即掼稻用的竹席。“掼，抖擞也。簟，承所遗稻也。农家禾有早晚，次第收获，即欲随手收粮，故用广簟展布，置木物或石于上，各举稻把掼之，子粒随落，积于簟上。”[②]明徐光启的《农政全书》完全照搬了王祯《农书》关于连枷的记载，只字未改。另《农政全书》也提到了掼稻簟，在完全照搬了王祯的记述之后，徐光启加了自己的评论：“玄扈先生曰：不如掼床为便。”[③]说明当时已有了掼床（稻床）这一农器。另外，还出现了用牛拖曳滚石于场圃内碾压脱粒的方式。对此，与徐光启

---

① 王祯撰，缪启愉、缪桂龙译注：《农书·农器图谱集之六》，齐鲁书社2009年版，第516页。

② 王祯撰，缪启愉、缪桂龙译注：《农书·农器图谱集之八》，齐鲁书社2009年版，第558页。

③ 徐光启：《农政全书》卷二四《农器·图谱四·掼稻簟》，岳麓书社2002年版，第378页。

基本同一时代的宋应星曾有如下记载:

> 凡稻刈获之后,离稿取粒。束稿于手而击取者半,聚稿于场而曳牛滚石以取者半。凡束手而击者,受击之物,或用木桶,或用石板。收获之时,雨多霁少,田稻交湿,不可登场者,以木桶就田击取。晴霁稻干,则用石板甚便也。凡服牛曳石滚压场中,视人手击取者力省三倍。但作种之谷,恐磨去壳尖减削生机,故南方多种之家,场禾多借牛力,而来年作种者则宁向石板击取也。①

这说明当时在水稻脱粒上,已根据天气、用途等采取了不同方法,但用连枷者已很少。到清末、民国时期,随着牛力的减少,稻桶、稻床更是成为最普遍使用的脱粒农具。②

另外,在一些画面内容上,不仅没能及时反映技术的变革,甚至还出现了“倒退”的情况,如“灌溉”一图所反映的。在楼璹的《耕织图》中,灌溉用的主要农具为龙骨水车,另有桔槔汲水作为陪衬。对此,楼璹配诗曰:“揠苗鄙宋人,抱瓮惭蒙庄。何如衔尾鸦,倒流竭池塘”,指出了龙骨水车(即“衔尾鸦”)灌溉的高效率。此后由宋至清,水车一直都是江南地区最主要的灌溉用具,桔槔虽也有应用,但为数甚少。但到清康熙《御制耕织图》“灌溉”一图中,配角却变为了主角,只保留了桔槔灌田的场景,此后雍正、乾隆的《耕织图》也都沿袭了这一错误。

---

① 宋应星著,杨维增译注:《天工开物》卷上《粹精·攻稻·击禾》,中华书局2021年版,第134页。

② 参见江苏省地方志编纂委员会编:《江苏省志》第18卷《农机具志》,江苏古籍出版社1999年版,第111页。

王潮生认为，之所以如此，因绘图人焦秉贞为北方人，而北方地区用桔槔灌田较为普遍，于是他就突出了桔槔的作用。[①] 另外，这可能还与康熙皇帝有很大关系，正如他在《御制耕织图·序》中所说的那样："听政时恒与诸臣工言之，于丰泽园之侧，治田数畦，环以溪水，阡陌井然在目，桔槔之声盈耳，岁收嘉禾数十钟。"很可能是康熙对桔槔的重视影响了焦秉贞的绘图思路。

在画面内容上，历代耕织图具有前后沿袭的特点，未能反映技术的变迁，因而不具有技术推广的实际作用，那作为"母图"的楼璹《耕织图》又如何呢？关于楼璹《耕织图》，一个比较普遍的看法是，其比较真实地反映了当时江南一带的农业生产状况。[②] 将此图体现的农业技术与反映当时长江下游一带耕织技术的陈旉《农书》相对比，可以发现确实如此。陈旉《农书》创作于南宋绍兴十九年(1149)，它的一个突出特点就是实践性，代表了长江下游较广泛的地区，是我国第一部专门谈论南方水稻区栽培技术的农书。[③] 书中所提到的水稻栽培技术，如施肥、育秧移栽、中耕锄草(耘田)等，在楼图中都有反映。但即便如此，也不代表楼璹的《耕织图》就有技术推广的价值。因技术推广总是由技术发达区域向相对不发达区域进行，若两

---

① 参见中国农业博物馆编：《中国古代耕织图》，中国农业出版社1995年版，第79页。

② 如冯力：《图解历史、图示生活、图画艺术——南宋楼璹〈耕织图〉研究》，南京艺术学院硕士学位论文，2012年；张万刚：《楼璹〈耕织图诗〉研究》，兰州大学硕士学位论文，2009年；臧军：《楼璹〈耕织图〉与耕织技术发展》，《中国农史》1992年第4期。

③ 参见缪启愉：《〈陈旉农书〉评介》，(宋)陈旉撰，缪启愉选译：《陈旉农书选读》，农业出版社1981年版，第1页。

地在技术体系上差距不大,则就没有多少推广的价值与必要。而对于楼图反映的情形,正如其侄楼钥所说的那样:“虽四方习俗,间有不同,其大略不外于此,见者固已韪之。”[①]也就是说,大家认为各地大体都是这样的,则既如此,又如何能起到技术推广的作用呢? 事实上,就当时的於潜县而言,也并不是一个农业与经济发展超前的县份,“杭属九邑之田,惟潜最墝埆”,“山峻石粗,地狭土瘠”,“田多沙土,易于渗溜”。[②] 一直到清代,於潜县仍是“少市镇,各乡铺户亦甚疏落……非百货聚集之所”[③]。而楼璹的《耕织图》可能也并未给当地民众带来何种技术推动与具体实惠,否则楼璹不会一直不被当地所重视,一直到清嘉庆年间才被列入名宦祠崇祀。“谨按宋县令楼璹,当时邑人未经请详入祠,府县两志并遗逸其善政。”直到嘉庆十三年(1808),教谕李江、训导张爕查《四库全书》所载耕织图时,才知楼璹之“善政”,才由知县蒋光弼详请补入名宦祠。[④]

二、讹误百出的技术描画

耕织图的创作者主要为地方官员、士绅或宫廷画师等[⑤],

① 楼钥著,顾大朋点校:《攻媿集》卷七六《题跋·跋扬州伯父〈耕织图〉》,浙江古籍出版社2010年版,第1334页。

② 邵文炳:《复清涟上塘序》,光绪《於潜县志》卷八《水利》,民国二年(1913)石印本。

③ 光绪《於潜县志》卷九《风俗》,民国二年(1913)石印本。

④ 参见光绪《於潜县志》卷一二《秩官》,民国二年(1913)石印本。

⑤ 如楼璹为县令、程棨为当时有名的画家、邝璠为吴县县令、康熙《御制耕织图》的创作者焦秉贞为宫廷画师等。

虽然也有如南宋楼璹等曾"究访始末"[①]，但其实他们对农业生产本身并不真正熟悉，反映在图像上，也就不免会出现诸多错误。那错误的技术又如何能加以推广呢？

仔细观看历代耕织图对劳作场景的描绘可以发现，在许多技术细节上都存在错误之处。对此，张家荣曾做过相关分析，如插秧的手势不对——右手虎口朝上握，而事实上这样插秧根本无法进行；耘田的身势是错误的，均为站立式劳作，而实际上耘田多是跪或趴于田中的；康熙《御制耕织图》缺犁铧与牵牛的绳子且犁的比例不对；等等。而由于历代耕织图多存在前后摹画的情况，因此这些错误也都被"继承"了下来。[②] 除此之外，我们还可以发现一些"常识性"错误。如反映水稻收获场景的"收割"（或"收刈"）图，收割者均为左手抓稻穗、右手持镰刀割取，这明显不对，因水稻收获一般是手握接近稻株的根部部分用镰刀割取，只有单纯收割稻穗时才有可能用到图中所绘之办法。但从图中农夫肩挑稻个的情形来看，明显是整株收获而非只是割取稻穗。

除上述历代耕织图的"共性"错误外，很多耕织图还存在一些"个性"的错误，这在康熙《御制耕织图》中体现得最为明显，并被雍正《耕织图》等所"沿袭"。除前述以"桔槔"为主要灌溉农具的错误外，还有其他一些错误。如闵宗殿通过对比清以前历史上有关碌碡的相关文字与图像记载，发现"耕图"第五幅"碌碡"所画的碌碡明显存在讹误，即并非一种可以转动

---

① 楼钥著，顾大朋点校：《攻媿集》卷七六《题跋・跋扬州伯父〈耕织图〉》，浙江古籍出版社2010年版，第1334页。

② 参见张家荣：《〈耕织图〉的尴尬》，《中华文化画报》2011年第9期。

的碎土工具,而是类似于"耙"。另外,图画所配诗歌也很难对上号,存在图不对题、名不副实的问题。[①] 第六幅"布秧"图,由农夫手中撒出的稻种竟然是垂直向下散落的,这明显不符合实际技术要求,因稻种是要向前方抛洒的。再如第16幅"登场"图,画面为几位农夫堆垛稻把的场景。对照江南地区的操作现实可以发现,这幅图是完全错误的。江南地区水稻收割后,可先放于田中晾晒几天,然后再运回场圃内脱粒,也可将割下的稻把放到用竹子搭成的架子或乔扦上晾晒(尤其是碰到阴雨天气时),正如程棨《耕织图》"登场"所反映的那样。竹架,王祯《农书》称为"笐"。"以竹木构如屋状,若麦若稻等稼,获而棄之,悉倒其穗,控于其上,久雨之际,比于积垛,不致郁浥。"乔扦,"挂禾具也。凡稻,皆下地沮湿,或遇雨潦,不无渰浸……乃取细竹,长短相等,量水浅深,每以三茎为数,近上用篾缚之,叉于田中,上控禾把"[②]。这些晾晒器具,至少一直到民国时期仍在应用。[③] 因水稻收割之后的首要工作是晾晒、脱粒,因此不会堆垛在一起,不然会因郁热而造成稻禾损失。而之所以会出现这么多错误,应与焦秉贞为北方人、不熟谙南方水田耕作有极大关系。

当然,其他耕织图也并非尽善尽美。如元程棨《耕织图》第2图"耕",图中所画耕犁为直辕。由于程图是摹楼图而来,

① 参见闵宗殿:《康熙〈耕织图·碌碡〉考辨》,《古今农业》1993年第4期。

② 王祯撰,缪启愉、缪桂龙译注:《农书·农器图谱集之六》,齐鲁书社2009年版,第511、512页。

③ 参见江苏省地方志编纂委员会编:《江苏省志》第18卷《农机具志》,江苏古籍出版社1999年版,第111页。

亦可大体推知楼图(今已不存)亦为直辕。但问题在于,唐代之后,耕犁已由直辕改为曲辕,并至少已在江东一带获得了大范围普及,故唐末陆龟蒙的《耒耜经》末尾曾特别说“江东之田器尽如是”。故此,曲辕犁又名“江东犁”。[①] 而“江东”,即今长江下游地区,也即楼璹《耕织图》所以为据的地区。这一错误直到邝璠的《便民图纂·耕织图》才被改变,即由直辕犁改为了曲辕犁,并被后世耕织图所沿袭。唯一例外的是乾隆石刻《耕织图》,由于此图是直接据程棨摹本而作,因此仍为直辕犁。再如乾隆、嘉庆《棉花图》第1幅“播种”图,农夫所持翻土农具为四齿铁搭,这明显是江南水田器具。相比之下,北方手工翻土农具通常为镢头。铁搭,“四齿或六齿,其齿锐而微钩,似杷非杷,斸土如搭,是名铁搭……南方农家,或乏牛犁,举此斸地,以代耕垦,取其疏利……江南地少土润,多有此等人力,犹北方山田镢户也”[②]。虽然北方也有带齿之翻土工具,但一般为两齿而非四齿。

再看耕织图中有关劳作者的描绘。除从“浸种”到“淤荫”等少数画幅外,大部分描绘的都是集体劳作的场景,即在同一田块或场景中总是至少有三到四人在同时劳作,而这明显不符合传统中国社会以一家一户为中心的个体劳作分工模式。自

---

① 关于曲辕犁的推广及其与直辕犁相比的效率问题,可参见杨荣垓:《曲辕犁新探》,《农业考古》1988年第2期;王星光:《试论犁耕的推广与曲辕犁的使用》,《郑州大学学报》(哲学社会科学版)1989年第4期;曾雄生:《从江东犁到铁搭:9世纪到19世纪江南的缩影》,《中国经济史研究》2003年第1期。

② 王祯撰,缪启愉、缪桂龙译注:《农书·农器图谱集之三》,齐鲁书社2009年版,第459页。

公元前594年鲁国实行“初税亩”之后,两千多年间我国占主导地位的一直是以个体小家庭为主的土地占有制度。在这一土地占有制度下,自家人员即为基本劳动力。具体家户规模,传统有“五口之家”的说法,可以说基本属实。如据梁方仲的研究与计算,从西汉至清,中国历代户均人口为4.95人。[①] 而在一个传统“五口之家”内,最主要的劳动力则是农夫、农妇。实际上以一夫一妇作为计算一个农户劳动力的标准,长期以来一直是我国的传统做法,如古代均田令就将一夫一妇(称之为“一床”)作为一个农户的法定单位,以取代标准混乱不一的“户”。当然,这并不是说家庭中的其他成员就并不从事任何生产性活动,只是通常干一些辅助性劳动,并不占重要地位。在传统男耕女织的分工模式下,从事大田农业生产的主要是“农夫”,副业生产的则主要是“农妇”。因此,历史上虽然也存在如元代“锄社”这样的耕作合作组织,“其北方村落之间,多结为锄社,以十家为率,先锄一家之田,本家供其饮食,其余次之,旬日之间,各家田皆锄治。自相率领,乐事趋功,无有偷惰。间有病患之家,共力助之。故苗无荒秽,岁皆丰熟。秋成之后,豚蹄盂酒,递相犒劳。名为锄社,甚可效也”[②],但大部分劳动(农业与棉纺织等副业生产)基本上都是个体性的。[③] 耕织图

---

① 据梁方仲:《中国历代户口、田地、田赋统计》(上海人民出版社1980年版)甲编统计表而得。

② 王祯撰,缪启愉、缪桂龙译注:《农书·农桑通诀集之三》,齐鲁书社2009年版,第66页。

③ 参见王加华:《传统中国乡村民众时间生活的主体分层及其结构关系——以近代江南为中心的研究》,《中国社会历史评论》2014年第15卷。

之所以要违背实情,描绘这种集体劳作的场景,应该主要是出于劝农角度的考虑,即营造一种人们团结协作、勤于劳作的社会氛围。

三、操作流程与技术细节的欠缺

有关技术描绘的一幅图画或一段文字,要想真正起到技术传播的作用,就必须对这一技术的操作流程、技术细节、实施方式等作细致描述。而这一基本要求,耕织图却并不具备,因此要指望其起到技术传播的作用,也是根本不可能的。

随便翻开一幅耕织图可以发现,其都是对某一特定场景的描绘。以采用西洋焦点透视画法,因而在画面内容上更为清晰、逼真的康熙《御制耕织图》为例,其《耕图》多描绘室外风光,主要采用平远的构图,近实远虚,通过远山、树木、田埂等营造出一种强烈的空间感;《织图》多描绘室内景象,采用截景构图,将视平线设立在画面上方,呈俯视状态,完整展现出庭院房舍内的三维空间布局。在具体景物的刻画上亦是细微深刻,如农夫的斗笠与蓑衣、房舍的砖瓦与围栏,不仅描绘出其物品材质与制作纹理等,更是表现出其或柔软或坚硬的质感;谷粒、稻秧等也是一颗颗、一株株,清晰明了,芭蕉的柔美、柳条的飘逸也是生动入微。① 一种活生生的、生活化的场景跃然纸上。"不过,虽然大量细节在他的绘图中得到准确的描绘,可图画

① 参见黄瑾:《康熙年间〈御制耕织图〉研究》,浙江理工大学硕士学位论文,2014年。

只是固定场景:他们绘制的耕犁是埋在泥里的,织布机通常被墙挡住了。”①虽然每个画幅表现一个技术环节,但由于受平面绘图的限制,只能描绘其中的一个技术动作。比如“布秧”图,画面主体是两位农夫,一位正抛洒稻种,另一位正将手伸入盛放稻种的篓内抓取稻种。至于撒种的具体技术流程与细节,比如该如何在一块田内分区进行、撒种的密度、抛洒的手势、如何抛洒等却都没有体现。一眼看去,虽然马上就能理解是在播种,但究竟如何播种,如果观者没有这方面经验的话,自然也就不得而知了。因此,这些图像只能让人知道在做什么,却不能教给人们如何做。这与以技术传播为主要目的的技术绘图完全不同,因为技术绘图“展示了某个技术设备的构造方式:它怎么运作,为什么运作;或如何使用。一项建筑设计,一张蓝图,或是一本说明书都是说明这一点的好例子……展示了事物之间或者步骤之间是如何相互联系的”②。就是说,技术绘图主要展示的是某一技术如何具体展开、如何实施以及各环节之间有何具体逻辑关系的,其一大特点就是有大量对技术细节的描绘。与之相对照,耕织图很明显并非技术绘图,因为“它更加注重场景性,而不注重精确性和细节性;它缺乏技术细节的展示,而更像是一种基于常识的比较模糊的对特定生产方式的

---

① [英]白馥兰:《帝国设计:前现代中国的技术绘图和统治》,呼思乐译,吴彤校,李砚祖主编:《艺术与科学》卷九,清华大学出版社2009年版,第7页。

② [英]白馥兰:《帝国设计:前现代中国的技术绘图和统治》,呼思乐译,吴彤校,李砚祖主编:《艺术与科学》卷九,清华大学出版社2009年版,第2页。

艺术化的描绘,意在显示某种文化取向、技术审美观"①。

"诗画结合"是中国传统绘画的一大特色,其约在北宋时期产生,此后逐渐成为中国传统绘画的一种基本形式。"画以载形,诗以达志","诗"与"画"的结合,弥补了绘画表意功能的缺陷,起到了完善绘画作品意义表达功能的作用。② 作为中国传统绘画的一种,历代耕织图采取的是"诗画结合"的形式,每幅图都有相应的配诗以作说明。既然"图"因画法的限制无法描绘技术细节,那"诗"是否有具体描述呢? 检诸历代耕织图可以发现,只有乾隆《棉花图》有此说明。其特点是在每一图前均有一段文字,以说明这一环节的基本技术要求。如"摘尖"图说:"苗高一二尺,视中茎之翘出者,摘去其尖,又曰打心。俾枝皆旁达,旁枝半尺以上亦去尖,勿令交揉,则花繁而实厚。实多者一本三十许,甚少者十五六。摘时宜晴忌雨,趁事多在三伏……如或失时入秋候晚,虽摘不复生枝矣。"但除此之外,其他耕织图却都没有这种相对详细的技术要点说明,更多的只是对技术环节的外在性、事件性描述。如楼璹"耙耨"诗:"雨笠冒宿雾,风蓑拥春寒。破块得甘霆,啮塍浸微澜。泥深四蹄重,日暮两股酸。谓彼牛后人,著鞭无作难。"其重点描述了农夫耙耨劳作的辛苦,至于该如何耙耨、耙耨的基本技术要领是什么,并没有说明。正如白馥兰在评价楼璹《耕织图》诗时所说的那样:"在当时,对技术性诗赋的要求是语言实际、浅显易懂,韵律还要朗朗上口,楼璹的诗意图绘几乎不包含技

① 朱洪启:《耕织图与我国传统社会中农业技术及农业文化传播》,《科普研究》2010 年第 3 期。

② 参见范美霞:《画以载形,诗以达志——诗画结合别解》,《艺术广角》2011 年第 3 期。

术信息。相反,它们充满高雅的艺术气息。很多在强调技术的复杂和操作的熟练度的地方,更侧重对作为结果的奇迹的仰慕,而不是对过程的描述。”①相反,由于耕织图创作的主要目的在于教化劝农,我们反而可以在诗歌中发现大量有关教化劝诫的内容。如楼璹“耕”诗:“东皋一犁雨,布谷初催耕。绿野暗春晓,乌犍苦肩赪。我衔劝农字,杖策东郊行②。永怀历山下,法事关圣情。”赵孟頫《耕织图》题诗:“谁怜万民食,粒粒非易取。愿陈知稼穑,无逸传自古”,“女当力蚕桑,男当力耘耔”③,等等。即使是旨在向民众传播生活、生产知识的“通书”《便民图纂》,在邝璠所题的耕织图竹枝词中也大量充斥着这种说教性的说辞,如“插莳”诗:“芒种才交插莳完,何须劳动劝农官。今年觉似常年早,落得全家尽喜欢。”“牵砻”诗:“大小人家尽有收,盘工做米弗停留。山歌唱起齐声和,快活方知在后头。”这正体现了中国传统绘画“画以载形,诗以达志”的“诗画结合”风格,进一步凸显出耕织图的教化劝诫功能。

当然,也有耕织图配诗会对某项技术环节进行的时间、要达到的技术要求等作简要说明。如楼璹《耕织图》“浸种”诗:“溪头夜雨足,门外春水生。筠篮浸浅碧,嘉谷抽新萌。西畴

---

① [英]白馥兰:《帝国设计:前现代中国的技术绘图和统治》,呼思乐译,吴彤校,李砚祖主编:《艺术与科学》卷九,清华大学出版社 2009 年版,第 7 页。

② 在楼璹、程棨、邝璠等《耕织图》的“浸种”“收刈”(或曰“收割”)图中可见手持拐杖与撑伞的老者形象,从其体态及所戴冠帽与所穿长衫来看,其明显不是普通农夫,代表的应该是楼璹所说的“我衔劝农字,杖策东郊行”的劝农者形象。

③ 赵孟頫:《松雪斋文集》卷二《古诗 · 题〈耕织图〉二十四首》,四部丛刊景元本。

将有事,耒耜随晨兴。只鸡祭句芒,再拜祈秋成。”“筠篮浸浅碧”,意思是将稻种放在篮子里,然后浸泡在浅水中;“只鸡祭句芒”,说明浸种的时间约在立春时节(古代立春祭句芒神)。再如“一耘”诗中的“去草如去恶,务令尽除根”,指出了耘草的要点在于务必将草根除尽。但一方面,这种诗句描述相对并不多;另一方面,如同图画描绘,诗中也并没有提及具体的技术细节。同时,正如邝璠所言:“其为诗又非愚夫愚妇之所易晓”①,也就是说,这些诗句也不一定能被普通民众所看懂。如庞瑾就认为,“能读懂这些诗歌之人大概也都在那10%以内,所以即使是一般庶民购得或借得此书(指康熙《御制耕织图》——笔者注)也只能是走马观花的看看而已,不能获得真正的知识,除非他具有一定的阅读能力或者旁边有帮助其阅读的人”②。

四、结　语

在针对王祯《农书·农器图谱》的研究中,沈克提出了“理性的图像”这一概念。“凡是以客观现实为题材,以视觉传达为主要手段,在技术上符合视知觉原则,并体现本民族文化价值观念的图像,是理性的图像。”而在判断《农器图谱》是否为理性的图像时,沈克提出了三个标准:首先,图像是以技术传承为主要目的的;从题材上看,图中所表达的是以客观存在的耕

---

① 邝璠:《便民图纂》卷一《农务之图》,中华书局1959年版,第1页。

② 庞瑾:《古籍中的书画及其阅读价值研究——以焦秉贞〈御制耕织图〉为例》,《南京艺术学院学报》(美术与设计版)2013年第1期。

织劳作场景为描绘对象的;从形式上看,图像完全是追求人类的视觉感受,最大限度上追求视觉的真实,从而达到传递信息的目的。[①] 按传统农史学界对耕织图的研究与界定我们可以发现,耕织图也是一种典型的"理性的图像"。但问题在于,耕织图是否真如已有研究所认为的那样,是以技术传承为主要目的或者说其在推广农业技术方面具有巨大意义呢?从上述分析我们可以看出,由于受自身图绘技术的限制,耕织图技术推广的意义其实并不大,这更多的只是后世研究者的一种"幻象"而已。

既然历代耕织图作为技术推广的意义并不大,那其创作的意义又何在呢?宣扬农业生产的重要意义并教化劝农,应是其被创作的主要目的所在。虽然就具体创作原因或动机而言,历代耕织图各有不同:有的为响应帝王号召、凸显个人政绩(如楼璹《耕织图》);有的意在劝谏皇帝重视农桑(如元杨叔谦《耕织图》);有的则在于劝诫臣庶重视农桑(如康熙《御制耕织图》);有的是为了讨好皇帝(雍正《耕织图》);有的在于遵从祖制(如嘉庆《耕织图》);有的在于宣传、推广某项技术知识(如光绪《桑织图》)。但不管具体动机如何千差万别,其最终目的却是一致的,即宣扬"农为天下之大本"的重农理念并劝课农桑。具体来说,又可分为三个层面:彰显最高统治者重农耕、尚蚕织的统治理念,体现帝王对农业、农民的重视与关心;鞭策和劝诫各级官员重视农业生产、永怀悯农与爱农之心;教化百姓专于本业、勤于耕织。蕴藏于其后的根本目的,则在于

---

① 参见沈克:《理性的图像——元·王祯〈农器图谱〉图像研究》,南京师范大学博士学位论文,2004年。

宣扬并维持一种帝王重农并爱民、民则勤于业以供帝王的道德准则与社会秩序,而这正是历代耕织图之所以创作不停的最根本原因。[①] 正如白馥兰所说的那样:"楼璹的绘图流行的原因并不在于它所包含的实践讯息,而在于其所反映的道德准则和社会秩序。"[②]

① 对此,笔者有专文论述,参见王加华:《教化与象征:中国古代耕织图意义探释》,《文史哲》2018 年第 3 期。

② [英]白馥兰:《帝国设计:前现代中国的技术绘图和统治》,呼思乐译,吴彤校,李砚祖主编:《艺术与科学》卷九,清华大学出版社 2009 年版,第 8 页。

教化与象征:中国古代耕织图意义探释*

长期以来,中国一直是一个以农为本的国度,农业不仅是国民经济的命脉,亦是广大民众的最主要衣食之源。因此,从中国历史的早期开始,上至帝王、中至地方官员与士绅、下至普通平民百姓,都对农业生产极为重视,由此在几千年的历史发展过程中,形成了大量与农事活动相关的资料记载,如各种劝农文、农书、农事政令等。不过,检诸相关记载我们可以发现,这些资料基本都是以文字为介质的,相比之下作为人类把握有形世界重要方式的"图像"资料却甚为少见——实际上这也是中国传统文献记载的一大特点。但事实上,不论对社会发展还是学术研究而言,"图"都是极为重要的。正如南宋郑樵所说的那样:"图谱之学,学术之大者";"天下之事,不务行而务说,不用图谱可也。若欲成天下之事业,未有无图谱而可行于世者。"之所以如此,是因为"图,经也;书,纬也。一经一纬相错而成文";"见书不见图,闻其声不见其形;见图不见书,见其人不闻其语。图,至约也;书,至博也。即图而求,易;即书而求,难";"非图,不能举要";"非图,无以通要";"非图,无以别要"。①

---

* 本文原载于《文史哲》2018 年第 3 期。

① 郑樵:《通志》卷七二《图谱略》,中华书局 1987 年版,第 837 页。

不过,虽然图像资料相比于文字记载相对较少,但并不是说就没有关于农事活动的图像资料流传于世,比如王祯《农书·农器图谱》就是非常著名的农事图像资料。此外,还有许多以绘画形式保存下来的农事图像资料,这其中最为著名的非耕织图莫属了。简言之,耕织图就是以农事耕作与丝棉纺织等为主题的绘画图像。耕织图在我国有着悠久的历史,其起始可以追溯到战国时期的采桑铜纹壶,此后经汉至唐,又不断充实丰富,至宋代最终形成完整的耕织图体系,此后历经元明清而一直延续下来。具体来说,耕织图有广义与狭义之分。广义的耕织图是指所有与"耕""织"相关的图像资料,如铜器或瓷器上的纹样、画像石图像、墓室壁画等。狭义的耕织图则仅指宋代以来呈系统化的耕织图像,如南宋楼璹《耕织图》、元代程棨《耕织图》、清康熙《御制耕织图》等,通过成系列的绘画形式将耕与织的具体环节完整呈现出来,并且配有诗歌对图画略作说明。相比之下,宋之前的耕织图总还是停留在分散表达的阶段[1],往往只是对某一个环节的简单描画。从南宋楼璹《耕织图》开始并以之作为基本蓝本,历经元明清七百多年,我国至少出现了几十套不同版本与内容的呈系统化的耕织图。[2] 有些耕织图还东传到日本与朝鲜,并对两国绘画、农学发展等产

---

① 参见游修龄:《〈中国古代耕织图〉序》,中国农业博物馆编:《中国古代耕织图》,中国农业出版社 1995 年版。

② 关于中国古代耕织图概况,可参见中国农业博物馆编:《中国古代耕织图》,中国农业出版社 1995 年版;王红谊主编:《中国古代耕织图》,红旗出版社 2009 年版。当然,历史上实际创作出来的耕织图要远比两书所载为多,但或已不存,或难以搜求。具体情况可参见王潮生:《几种鲜见的〈耕织图〉》,《古今农业》2003 年第 1 期;周昕:《〈耕织图〉的拓展与升华》,《农业考古》2008 年第 1 期;等等。

生了很大影响。[①]

那么,中国古人为何要创绘一系列的体系化耕织图像呢?耕织图的创作又发挥了什么作用呢?传统主流观点认为,由于耕织图比较真切地反映了当时的具体农业生产技术与劳作场景,因此其目的与意义主要在于推广农业生产技术。如国内研究耕织图的集大成者王潮生就认为:“图与诗的结合提供农民仿效操作的范例,其目的是为发展农业生产服务的,是一种社会化、大众化的科普著作。”[②]因此,在具体定性上,传统主流观点也基本将耕织图作为农学著作来看待,如作为我国系统化耕织图“母图”的南宋楼璹《耕织图》就被称为是“我国第一部图文并茂的农学著作”[③]。《中国农学史》《中国农学书录》《中国古代农书评介》《中国农业科技发展史略》《中国古代农业科技史图说》《中国农学遗产文献综录》等农学与农书著作,均对耕织图有著录。但事实果真如此吗?笔者通过对历代耕织图的研读后发现,总体而言,耕织图的教化意义远大于技术推广意义,象征意义远大于实际意义,其主要目的在于教化劝农,而并非为推广农业生产技术——虽然我们不能说耕织图就完全没有技术推广的意义。尽管已有学者注

---

① 参见[日]渡部武:《〈耕织图〉流传考》,曹幸穗译,《农业考古》1989年第1期;[日]渡部武:《〈耕织图〉对日本文化的影响》,陈炳义译,《中国科技史料》1993年第2期;臧军:《〈耕织图〉与日本文化》,《东南文化》1995年第2期。

② 王潮生:《清代耕织图探考》,《清史研究》1998年第1期。

③ 臧军:《楼璹〈耕织图〉与耕织技术发展》,《中国农史》1992年第4期。

意到了这个问题[1],却只是简单涉及。下面我们就主要以南宋以来系统化的耕织图为研究对象,采取"映现"与"再现"[2]相结合并以"再现"为主的研究思路,对历代耕织图的创作者及创作背景、原因、目的与实际意义等做具体探讨与分析。

一、耕织图由谁而作、为何而作

"图像解读,首先是对图像记录者的解读,即了解这些图像是谁的想象。"[3]那么,古代创作耕织图的都是何人?他们为何要创作耕织图这种图像形式呢?具体说来,不同时代、不同

① 如张家荣认为,《耕织图》最初确实是出于实用目的的,但后来却流于形式,成为帝王"民本"思想的表现。参见张家荣:《〈耕织图〉的尴尬》,《中华文化画报》2011年第9期。朱洪启也认为,耕织图虽然也有技术传播的意义,但更重要的功能在于传播农业文化。参见朱洪启:《耕织图与我国传统社会中农业技术及农业文化传播》,《科普研究》2010年第3期。

② 黄克武认为,对视觉(图像)史料的研究通常有两种观点,即"映现"与"再现"。"映现"的观点认为图像能忠实地捕捉并记录历史的一瞬间,有助于展现文字史料所无法呈现的过去,即主要将图像资料作为文字资料的补充与辅助来看待;"再现"的观点认为,图像的生产与消费并非是中立性的,涉及观看的角度与选择,并认为图像与其说是像镜子那样反映现实,毋宁视之为一种文化产品,注重探讨这一产品是如何被生产、销售与消费的过程,从而解读其背后的文化符码与象征意涵,即将图像本身作为能发声的主体来看待。参见黄克武主编:《画中有话:近代中国的视觉表述与文化构图》,(台北)"中研院"近代史研究所,2003年,"导论"第4—5页。

③ 王笛:《走进中国城市内部——从社会的最底层看历史》,清华大学出版社2013年版,第56页。

的创作者,其具体动机可能各有不同。正如张仲葛所说的那样:“这些古代农业图像,就其形成之动机言,绝不一致。”[①]

目前发现的战国时期与耕织相关的图像主要是青铜器上的图画,如四川成都百花潭出土的“宴乐射猎采桑纹铜壶”上的“采桑图”、河南辉县琉璃阁出土的“采桑铜纹壶”盖上的“采桑图”等,但其明显是出于装饰的考虑。秦汉以后以至隋唐,在画像石、画像砖及墓室壁画、石窟壁画中,也能发现大量与耕织相关的图像,如牛耕图、耙地图、播种图、采桑图等。有学者认为,这些图像的“主要作用是宣传和推广当时先进的耕作技术,具体来说就是铁犁牛耕”[②]。不过,这更多只是一种想当然的认识,因为这些画像主要是在墓室中发现的,也就是说并不会为当时人所见,那试问其是如何发挥推广耕作技术的功能的呢?其实大量有关画像石、画像砖的研究已经证明,这些图像的主要作用在于装饰美化与营造氛围。如蒋英炬认为:“这些画像在一定程度上所起的作用,就是随葬品的代替、扩展与延伸。”[③]杨爱国也认为:“其实不只墓室画像石如此,墓室壁画和画像砖的内容也同样有此功能。这些墓室建筑装饰与墓中的随葬品一起共同营造了一个当时人认为理想的死后世界。”[④]

与前代相比,宋之后出现的耕织图日渐系统化,开始注重

---

① 张仲葛:《〈中国古代耕织图〉序》,中国农业博物馆编:《中国古代耕织图》,中国农业出版社1995年版,第1页。

② 黄世瑞:《浅说耕织图》,《寻根》1995年第3期。

③ 蒋英炬:《关于汉画像石产生背景与艺术功能的思考》,《考古》1998年第11期。

④ 杨爱国:《幽明两界:纪年汉代画像石研究》,陕西人民美术出版社2006年版,第216页。

细节的描画,也不再被封闭于幽暗的墓室之中,那其创作者又是出于何种具体动机呢?

先看南宋楼璹《耕织图》,这是我国现今有确切证据并有摹本留存下来的第一部体系化耕织图。楼璹,字寿玉,浙江鄞县人,生于北宋元祐五年(1090),卒于南宋绍兴三十二年(1162)。楼璹之所以要创作此《耕织图》,主要是出于一个地方官员对皇帝"务农之诏"的响应。对此,楼璹之侄楼钥为《耕织图》所作的题跋曾言:"高宗皇帝身济大业,绍开中兴,出入兵间,勤劳百为,栉风沐雨,备知民瘼,尤以百姓之心为心,未遑他务,下重农之诏,躬耕耤之勤。伯父时为临安於潜令,笃意民事,慨念农夫蚕妇之作苦,究访始末,为耕、织二图。耕自浸种以至入仓,凡二十一事。织自浴蚕以至剪帛,凡二十四事,事为之图,系以五言诗一章,章八句。农桑之务,曲尽情状。虽四方习俗间有不同,其大略不外于此,见者固已韪之。未几,朝廷遣使循行郡邑,以课最闻。"①对此,明代大儒宋濂亦云:"宋高宗既即位江南,乃下劝农之诏,郡国翕然,思有以灵承上意。四明楼璹,字寿玉,时为杭之於潜令,乃绘作《耕织图》。"②当然,这其中楼璹个人的悯农、重农情怀也应是一个重要原因。若说皇帝的提倡是"外因"的话,则楼璹个人的重农、悯农情怀应是其创作《耕织图》的"内因"。史载,楼璹是一个对民众疾苦十分关心的人。如早在其担任婺州幕府期间,当得知"州岁贡素罗数颇多,民不能输"时,他就积极向上级申请以减轻民众负担,

---

① 《楼钥集》卷七四《题跋 · 跋扬州伯父耕织图》,浙江古籍出版社2010年版,第1334页。

② 宋濂:《宋学士文集》卷一六《题织图卷后》,商务印书馆1937年版,第302页。

"为州将作奏,自诣行在所,具言利害,朝廷为损其数";看到"州县输纳至者,多不省轻重,予夺在吏"的情形时,他又"以其多寡所当出者,大书揭之",由此"民甚悦"。[①] 事实上,重农、悯农意识是中国古代文人所固有的一种人文情怀,历史上尤其是中唐以后,出于对普通百姓艰辛劳作与困苦生活的同情而创作了大量诗词歌赋与文学作品,这其中最为大家所熟悉的就是李绅的《悯农》诗了。[②]

除此之外,据楼钥所载,楼璹创作《耕织图》可能还有更为实用的目的,即出于考课的需要。中国古代有定期对地方官吏进行巡查考课的行政制度,以对官员"政绩"进行评定,而农桑垦殖、水利兴修等又是考课的最重要内容之一。如据《宋史·职官志》所载:"以四善、三最考守令:德义有闻、清谨明著、公平可称、恪勤匪懈为四善;狱讼无冤、催科不扰为治事之最;农桑垦殖水利兴修为劝课之最;屏除奸盗、人获安处、振恤困穷、不致流移为抚养之最……凡内外官,计在官之日,满一岁为一考,三考为一任。"[③]因此,楼钥将《耕织图》的创作完成与楼璹的"以课最闻"并述,应是以《耕织图》证其劝课农桑之绩[④],尤其是考虑到楼璹所任职的地方又是都城临安下属的县份。而

---

① 陆心源辑撰:《宋史翼》卷二〇《循吏三·楼璹》,中华书局 1991 年版,第 214 页。

② 参见鞠志强、闫涛:《谈中国古代的悯农诗》,《文史哲》1992 年第 6 期;余颖:《中唐诗人悯农情怀的文化观照》,《长春师范学院学报》2011 年第 11 期。

③ 脱脱等撰:《宋史》卷一六三《职官志三》,中华书局 1977 年版,第 3839 页。

④ 参见张万刚:《楼璹〈耕织图诗〉研究》,兰州大学硕士学位论文,2009 年。

《耕织图》的创作,也确实为楼璹后来的一系列升迁打下了坚实基础。"初除行在审计司,后历广闽舶使,漕湖北、湖南、淮东,摄长沙,帅维扬,麾节十有余载,所至多著声绩,实基于此。"[①]事实上,有一种观点认为,楼璹的《耕织图》为代笔之作,并非由其亲自绘制而成,而是他让人按自己意图绘制而成后再进呈给高宗皇帝的,就如同宋初开宝年间权臣孙四皓让寓居画家高益绘制《搜山图》并进献给皇帝一样。[②] 若果真如此的话,则响应皇帝号召并证明自己劝课农桑之绩的意图也就更为明显了。[③]

元代程棨《耕织图》,现藏于美国华盛顿弗利尔美术馆。据乾隆三十四年(1769)《耕织图》刻石题识中称:"《耕图》卷后姚氏跋云:'耕织图二卷,文简程公曾孙棨仪甫绘而篆之。织图卷后赵子俊跋,亦云每节小篆,皆随斋手题。今两卷押缝

---

① 《楼钥集》卷七四《题跋·跋扬州伯父耕织图》,浙江古籍出版社2010年版,第1334页。

② 参见[美]高居翰:《画家生涯:传统中国画家的生活与工作》,杨宗贤等译,生活·读书·新知三联书店2012年版,第150、180页。另外,持此观点的还有Ho Wai-kam(何惠鉴),*Eight Dynasties of Chinese Painting: The Collections of the Nelson-Atkins Museum, Kansas City, and the Cleveland Museum of Art*(Cleveland Museum of Art in cooperation with Indiana University Press, 1980), pp. 78-80. Lawton Thomas(罗覃), Chinese Figure Painting(Washington, D. C.: Freer Gallery of Art, Smithsnian Institution, 1973), pp. 54-57。

③ 不过,据楼钥所记,楼璹乐于收藏画卷,并喜欢与雅士交游,"襟度高胜,所至多与雅士游",晚年告归后曾绘《六逸图》及《四贤图》(《楼钥集》卷六九《题跋·跋扬州伯父赋归六逸图》及《又四贤图》、卷七一《题跋·跋扬州伯父所藏魏元理画卷》,浙江古籍出版社2010年版,第1229—1330、1259页),这说明楼璹的《耕织图》是代笔之作的观点可能是不正确的。

皆有仪甫、随斋二印,其为程棨摹楼璹图本并书其诗无疑。”①由此记载可知,此《耕织图》为程棨据南宋楼璹《耕织图》临摹而成。② 程棨,生平事迹不详,现只知其为程琳(985—1054,谥号文简)的曾孙,字仪甫,号随斋,安徽休宁人,系当时书画名家,人称“博雅君子”。另据元陶宗仪《南村辍耕录》可知,程棨曾著有《三柳轩杂识》一书。程棨临摹楼璹《耕织图》的具体动机为何,受资料记载所限我们不得而知,但由其为书画名家的身份推断,可能主要是出于对《耕织图》的喜爱而临摹之,其本意绝非为推广农业生产技术。事实上,临摹楼璹《耕织图》或据其再创作是一种常有之举,仅在南宋就至少出现了6套与之相关的耕织图作品,如梁凯的《耕织图》、刘松年的《耕织图》等。程棨《耕织图》外,元代还有由诸色人匠提举杨叔谦所作的《农桑图》,并由赵孟頫奉懿旨作诗二十四首。

> 延祐五年四月廿七日,上御嘉禧殿,集贤大学士臣邦宁、大司徒臣源进呈《农桑图》。上披览再三,问作诗者何人?对曰翰林承旨臣赵孟頫;作图者何人?对曰诸色人匠提举臣杨叔谦……钦惟皇上以至仁之资,躬无为之治,异宝珠玉锦绣之物,不至于前,维以贤士、丰年为上瑞,尝命作《七月图》,以赐东宫。又屡降旨,设劝农之官,其于王

① 转引自中国农业博物馆编:《中国古代耕织图》,中国农业出版社1995年版,第46页。

② 据日本东京大学东洋文化研究所户田研究室所收藏的程棨《耕织图》照片可知,程棨《耕织图》与楼璹《耕织图》不论在画幅还是在画目上均完全一致。现楼图亦佚,仅有《织图》的宫廷摹本《蚕织图》存世,因此借助程图,我们就能窥见楼图的基本原貌。

> 业之艰难，盖已深知所本矣，何待远引《诗》《书》以裨圣明。此图实臣源建意令臣叔谦因大都风俗，随十有二月，分农桑为廿有四图，因其图像作廿有四诗，正《豳风》因时纪事之义，又俾翰林承旨臣阿怜怙木儿，用畏吾儿文字译于左方，以便御览。①

从上述记载可知，此图主要是为进呈皇帝以示劝农、重农之意而作的。邦宁，即李邦宁，其本为南宋宫廷的一名小太监，宋亡后随瀛国公（端宗赵昰）入元廷，后受元世祖重用，累官至集贤大学士，《元史》有传。大司徒源，不知为何人。杨叔谦，元代著名宫廷画家，潘天寿称其善画“田园风俗”②。另，与楼璹、程棨《耕织图》不同的是，此图反映的是大都（今北京）而非江南一带的农作与蚕桑情形。可惜此图在国内外至今尚未发现，只有赵孟頫所作二十四首诗歌尚存。

明《便民图纂》耕织图由《便民纂》加楼璹《耕织图》合编而成，只是图有增删、改动，并非完全照搬。一般认为《便民图纂》的编者是邝璠，“字廷瑞，任丘人，进士，弘治七年（1494）知吴县，听察勤政，无绩不兴，久任民和，循良称最”③。邝氏虽为今河北人，但因在吴县为官，对太湖流域的农村与农业生产均颇为熟悉，故书的内容是以江南地区为主编写而成的，涉及耕获、蚕织、树艺、杂占、祈禳、起居、牧养、制造等多个方面。之所

---

① 赵孟頫：《松雪斋诗文外集·〈农桑图〉叙奉敕撰》，上海涵芬楼影印元沈伯玉刊本。

② 潘天寿：《中国绘画史》，上海人民美术出版社 1983 年版，第 160 页。

③ 同治《苏州府志》卷七一《名宦四》，清光绪九年（1883）刊本。

以要加入楼璹的《耕织图》并稍作改动,目的在于使民众更易理解,正所谓"即图而求,易;即书而求,难"①。对此,邝璠自云:"宋楼璹旧制《耕织图》,大抵与吴俗少异,其为诗又非愚夫愚妇之所易晓,因更易数事,系以吴歌。其事既易知,其言亦易入,用劝于民,则从厥攸好,容有所感发而兴起焉。"②从"用劝于民,则从厥攸好,容有所感发而兴起焉"来看,作为地方官的邝璠在借用此图时仍有教化劝民的目的,故同治《苏州府志》称其"循良称最"。

清代是制作耕织图的高峰期,既有宫廷御制,也有地方自制;有综合描绘耕织的,也有专门宣传蚕桑和棉业的;既有绘画作品,也有石刻、木刻等,可谓是丰富多彩。③ 清代耕织图的兴盛是与帝王的重视和提倡分不开的,其中的第一部即为康熙《耕织图》。康熙二十八年(1689),康熙南巡时有江南士人进呈南宋楼璹的《耕织图》残本,带回京城后,遂命宫廷画师焦秉贞依图重绘,于康熙三十八年(1699)刊行。④ 此画由康熙帝亲撰序文并题诗,故名《御制耕织图》。不过此图虽是据楼图而绘,但却并非完全照搬,而是分别有所增减。作画人焦秉贞,"济宁人,钦天监五官正。工人物,其位置之自近而远,由大及小,不爽毫毛,盖西洋法也。康熙中祗候内廷,圣祖御制《耕织

① 郑樵:《通志》卷七二《图谱略》,浙江古籍出版社 1988 年版,第 837 页。

② 邝璠:《便民图纂》卷一《农务之图》,中华书局 1959 年版,第 1 页。

③ 参见中国农业博物馆编:《中国古代耕织图》,中国农业出版社 1995 年版,第 77 页。

④ 参见王潮生:《清代耕织图探考》,《清史研究》1998 年第 1 期。

图》四十六幅，秉贞奉诏所作。村落风景、田家作苦，曲尽其致，深契圣衷，锡赉甚厚，璇镂板印赐臣工”①。康熙帝为何要命焦秉贞重绘《耕织图》呢？宣扬“农为天下之大本”及其爱民、劝民之意，应是最主要用意，这在其所作的《御制耕织图》序中表现得一览无余：

> 朕早夜勤毖，研求治理，念生民之本，以衣食为天。尝读《豳风》《无逸》诸篇，其言稼穑蚕桑，纤悉具备，昔人以此被之管弦，列于典诰，有天下国家者，洵不可不留连三复于其际也。西汉诏令，最为近古，其言曰：“农事伤，则饥之本也；女红害，则寒之原也。”又曰：“老耆以寿终，幼孤得遂长。”欲臻斯理者，舍本务其曷以哉？朕每巡省风谣，乐观农事，于南北土疆之性，黍稌播种之宜，节候早晚之殊，蝗蝻捕治之法，素爱咨询，知此甚晰，听政时恒与诸臣工言之……古人有言：“衣帛当思织女之寒，食粟当念农夫之苦。”朕惓惓于此，至深且切也。爰绘耕织图各二十三幅，朕于每幅制诗一章，以吟咏其勤苦而书之于图。自始事迄终事，农人胼手胝足之劳，蚕女茧丝机杼之瘁，咸备极其情状。复命镂板流传，用以示子孙臣庶，俾知粒食维艰，授衣匪易。书曰：“惟土物爱，厥心臧。”庶于斯图有所感发焉。且欲令寰宇之内，皆敦崇本业，勤以谋之，俭以积之，衣食丰饶，以共跻于安和富寿之域，斯则朕嘉惠元元之

① 张庚、刘瑗：《国朝画征录》卷中“焦秉贞、冷枚、沈喻”条，浙江人民美术出版社 2011 年版，第 58 页。

意也夫!①

康熙《御制耕织图》之后,“厥后每帝仍之拟绘,朝夕披览,借无忘古帝王重农桑之本意也”②。雍正朝图,由“雍正帝袭旧章命院工绘拟”③,共52幅。此图究系何人所绘,不得而知。现存图册分耕、织两部分各23幅,画面、画目与康熙焦秉贞图基本相同,只是排列顺序稍有改动,并删掉了楼璹原题的五言诗,增加了雍正御题的五言诗。乾隆《耕织图》是由乾隆命画院据画家蒋溥所呈元程棨《耕织图》摹本而作,不论在画幅、画目还是画面内容上均与程图相一致,后刻石存于圆明园内。此外,乾隆还曾令陈枚据康熙《御制耕织图》绘《耕织图》46幅,每幅图均有乾隆御笔行书题其所和康熙皇帝原韵诗一首。④这几部耕织图均是沿袭康熙旧制而作,亦是为彰显农为国之本以及教化劝农之意。此后嘉庆皇帝也曾补刊乾隆《耕织图》,对于自己的动机,他亦曾言:“朕续有题咏,应补行编载,原书篇页内余幅甚宽……以示朕祗遹成谟重民务本至意。”⑤总之,清代自康熙朝以至嘉庆朝,均有耕织图问世,其目的在于“借

① 鄂尔泰、张廷玉等纂:《钦定授时通考》卷五二《劝课门·耕织图上》[清乾隆八年(1743)钦定],吉林出版集团2005年版,第721—722页。

② 《清雍正耕织图之一(浸种)》,《故宫周刊》第244期,1933年,第455页。

③ 《清雍正耕织图之一(浸种)》,《故宫周刊》第244期,1933年,第455页。

④ 参见王璐:《清代御制耕织图的版本和刊刻探究》,《西北农林科技大学学报》(社会科学版)2013年第2期。

⑤ 鄂尔泰、张廷玉等:《钦定授时通考》[清嘉庆十三年(1808)补修],影印文渊阁四库全书本。

以宣传农业在国民经济中的重要地位,劝民努力本业,从而巩固封建政权”①。

与前代相比,清代耕织图不仅数量多,且有新型耕织图——《棉花图》《桑织图》的创作。乾隆三十年(1765),“高宗南巡,观承迎驾……四月,条举木棉事十六则,绘图以进”②。对方观承之举,乾隆皇帝极为赞赏,并亲为之题诗,所以《棉花图》又名《御题棉花图》。方观承,字遐谷,号雨亭,安徽桐城人,曾任直隶总督二十年,“尤勤于民事”③,十分重视农业生产。他认为棉花有“衣被天下之利”的作用,功用不在五谷之下,故主持绘制了《棉花图》,并上呈乾隆皇帝。因此,方观承绘制《棉花图》的动机在一定程度上可能与楼璹相类似,既是重农与劝农的表现,也是凸显其个人“政绩”的一种表现。嘉庆十三年(1808),皇帝命大学士董诰等据乾隆《御题棉花图》编订并在内廷刻版16幅《棉花图》(又名《授衣广训》),画目与画面内容与乾隆《棉花图》基本相同。董诰,字雅伦,一字西京,浙江富阳人,乾隆进士,累官至东阁大学士,工诗文,善画。《清史稿·董诰传》称其“尚书邦达子……邦达善画,受高宗知。诰承家学,继为侍从,书画亦被宸赏,尤以奉职恪勤为上所眷注”④。嘉庆帝之所以命作此图,亦应是出于继承祖制与教

① 中国农业博物馆编:《中国古代耕织图》,中国农业出版社1995年版,第77页。

② 光绪《畿辅通志》卷一八九《宦绩录七·国朝一·方观承》,清光绪十年(1884)刻本。

③ 赵尔巽等撰:《清史稿》卷三二四《方观承传》,中华书局1976年版,第10831页。

④ 赵尔巽等撰:《清史稿》卷三四〇《董诰传》,中华书局1976年版,第11089页。

化劝农的目的。

光绪木刻《桑织图》成于清光绪十五年(1889),原图24幅,册首图上有“种桑歌”,尾有跋语。其中作者在跋语中讲述了创作该图册的目的和过程:

> 桑蚕为秦中故物,历代皆有,不知何时废弃,竟有西北不宜之说。是未悉豳风为今邠州,岐周为今岐山,皆西北高原地,岂古宜而今不宜耶?历奉上宪兴办,遵信者皆著成效,惟废久失传,多不如法,不成,中止。奉发《蚕桑辑要》《豳风广义》,或以文繁不能猝识……因取《豳风广义》诸图仿之,无者补之,绘图作画,刻印广布,俾乡民一目了然,以代家喻户晓,庶人皆知:务地利,复其固有。衣食足而礼义生,豳风再见今日,所厚望焉!是举也!书者为甘肃候补州判邑人张集贤,绘者为候选从九品邑人郝子雅。时光绪十五年岁次乙丑,冬十一月吉日刻,板存三原县永远蚕桑局。①

由此跋语可知,这一木刻《桑织图》是由下层官员兼地方士绅以《豳风广义》(作于乾隆年间)为蓝本绘制的,这与清代《耕织图》多由帝王倡导有所不同。而绘图的目的,则是在关

① 王潮生认为,这是“一部记录清代后期陕西关中地区从事蚕桑生产的形象资料”(中国农业博物馆编:《中国古代耕织图》,中国农业出版社1995年版,第169页),从《桑织图》作者的初衷来看,这一看法是错误的,因其力图在已废弃蚕桑的关中地区推广蚕桑养殖,而不是对当时实际蚕桑养殖情况的忠实记录。

中地区宣传推广此地早已失传的蚕桑养殖与丝织生产。① 因此,与前述诸《耕织图》不同的是,此《桑织图》具有强烈的劝导及技术推广意味。

光绪《蚕桑图》,作于光绪十六年(1890),由浙江钱塘人(今杭州)宗承烈据宗景藩(曾于同治年间任湖北蒲圻县知县)所撰《蚕桑说略》,请当时著名画家吴家猷配图而来,故名《蚕桑图说》。编著此书的目的,宗承烈在序言中说:"蚕桑者,衣之源,民之命也","植桑养蚕之法,浙民为善",而"楚地却耕而不桑",他认为这是"未谙其法"所导致的。序文的最后说:

> 唯种植饲缫之法,恐不能家喻户晓,爰检朝议公《蚕桑说略》,倩名手分绘图说,付诸石印,分给诸屯读书之士,转相传阅,俾习者了然心目,诚能如法,讲求勤劳树畜,则多一桑即多一桑之利,多一蚕妇即多一养蚕之利……衣食由此而足也。②

从序言可知,作者创作此图、编著此书的目的,则是在不事蚕桑的楚地宣传、推广浙江等地的蚕桑养殖技术,因此与光绪木刻《桑织图》相同,亦具有劝导及强烈的技术推广目的。

除上述耕织图外,1978 年在河南省博爱县一农家门楼墙壁上还发现了 20 幅估计是作于清光绪年间的石刻《耕织图》,

---

① 转引自中国农业博物馆编:《中国古代耕织图》,中国农业出版社 1995 年版,第 169 页。

② 转引自中国农业博物馆编:《中国古代耕织图》,中国农业出版社 1995 年版,第 178 页。

展现了清代晚期豫北人民男耕女织的劳动景象。但此图作者为谁,又为何而作,现均不得而知,故在此不作赘述。

二、耕织图为谁而作、影响如何

出于各自不同的目的——至少是创作者自己言说的目的,中国古人创作了《耕织图》《棉花图》等诸多与农事、纺织生产相关的图像。那这些图像又是为谁而作呢?创作出来之后又发挥了何种实际功效或影响力呢?

楼璹《耕织图》的创作,在很大程度上是为当世皇帝而作的,既是对其重农之策的响应,也是为了让皇帝形象而具体地知晓民众稼穑之艰难,以进一步引起其对下层民众与农业生产的重视。正如楼璹之侄楼钥所说的那样:

> 周家以农事开国,《生民》之尊祖,《思文》之配天,后稷以来世守其业。公刘之厚于民,太王之于疆于理,以致文武成康之盛。周公《无逸》之书,切切然欲君子知稼穑之艰难。至《七月》之陈王业,则又首言授衣,与夫"无衣无褐,何以卒岁","条桑""载绩",又兼女工而言之,是知农桑为天下之本。孟子备陈王道之始,由于黎民不饥不寒,而百亩之田,墙下之桑,言之至于再三,而天子三推,皇后亲蚕,遂为万世法……呜呼,士大夫饱食暖衣,犹有不知耕织者,而况万乘主乎?累朝仁厚,抚民最深,恐亦未必尽知幽隐。此图此诗,诚为有补于世。夫沾体涂足,农之劳至矣,而粟不饱其腹;蚕缫织纴,女之劳至矣,而衣不蔽其

> 身。使尽如二图之详，劳非敢惮，又必无兵革力役以夺其时，无污吏暴胥以肆其毒，人事既尽，而天时不可必。旱涝螟螣既有以害吾之农夫，桑遭雨而叶不可食，蚕有变而坏于垂成。此实斯民之困苦，上之人尤不可以不知，此又图之所不能述也。①

事实上，《耕织图》创作完成后，也确实很快就引起宋高宗的注意。“未及，朝廷遣使循行郡邑，以课最闻。寻又有近臣之荐，赐对之日，遂以进呈。即蒙玉音嘉奖，宣示后宫，书姓名屏间。”正因为此，其后楼璹的官职也不断得以升迁——从这个角度来说，《耕织图》又是为其自己所作，以证其劝课农桑之绩。此后理宗朝时，程珌亦曾借进呈《耕织图》之机，劝导帝王重视生产、关心民生：

> 臣近因进读三朝宝训，内农穑门一段云：“太宗朝，有同州民李元真者献《养蚕经》，太宗留其书于宫中，赐钱一万。”臣读毕奏云：“绍兴间有於潜令楼璹尝进《耕织图》，耕则自初浸谷以至舂簸入廪，织则自初浴蚕以至机杼剪帛，各有图画，纤悉备具，如在郊野目击田家。高宗嘉奖，宣示后宫，擢寘六院。绍兴帅臣汪纲近开板于郡治。臣旦夕当缴进一本，以备宴览，玉音嘉纳之。臣今已装背成帙谨以进呈，伏望陛下置之坐隅，时赐睿览，一则知稼穑之艰难而崇节俭之化，二则念民生之不易而轻租赋之敛，则高

① 《楼钥集》卷七四《题跋·跋扬州伯父耕织图》，浙江古籍出版社2010年版，第1333—1335页。

宗称赏其图之意,迨今犹一日也,天下幸甚。”①

楼璹将《耕织图》进呈之后,受到了南宋宫廷的极大重视。高宗续配吴皇后在《织图》摹本《蚕织图》的每幅图画面下部亲笔楷书题注。“今观此卷,盖所谓织图也,逐段之下,有宪圣慈烈皇后题字。皇后姓吴,配高宗,其书绝相类。岂璹进图之后,或命翰林待诏重摹,而后遂题之耶。”②之所以《织图》会由皇后题注,因古代有“皇后亲蚕,以仪范天下”的传统。另据元代虞集所言:“前代郡县所治大门,东西壁皆画耕织图,使民得而观之。”③其实,宋代一直有于墙壁上画农桑图以提醒当政者注意农耕的传统。据《建炎以来系年要录》记载,宋高宗说:“朕见今禁中养蚕,庶使知稼穑艰难。祖宗时于延春阁两壁,画农家养蚕织绢甚详。”④而宋高宗之所以对《耕织图》如此重视,是因为此图正契合了其重农、劝农的政策。当是时,南宋王朝于江南初定,外有金朝威胁,内则急于稳定社会,故高宗皇帝“未遑它务,下务农之诏”,发展农业生产,以增强国力、安抚百姓。

程棨之所以摹楼璹《耕织图》,或许只是出于一个书画名家对前人书画的爱好之意。此图在元代的流传情况,受资料所

---

① 程珌:《洺水集》卷二《奏疏·缴进耕织图札子》,商务印书馆 1934 年版,第 98 页。

② 宋濂:《宋学士文集》卷一六《题织图卷后》,商务印书馆 1937 年版,第 302 页。

③ 虞集:《道园学古录》卷三〇《七言绝句·题楼攻媿织图》,商务印书馆 1937 年版,第 512 页。

④ 李心传:《建炎以来系年要录》卷八七,中华书局 1956 年版,第 1445 页。

限我们不得而知,但其为后世帝王所重视却是确定的。清高宗乾隆就曾在此图上“兼用楼韵题图隙”,并将图保存于圆明园多稼轩以北的贵织山堂,乾隆三十四年(1769)还命画院双钩临摹刻石。① 而杨叔谦的《农桑图》,从赵孟頫所作《农桑图》序来看,明显是为当世皇帝而作,目的在于劝导皇帝重视农耕,这在赵孟頫所作二十四首诗中体现得特别明显。诗作通过题咏田家一年耕作之事,劝诫农夫蚕妇要循时令,习勤劳,以获取丰收,上报皇天,同时也慨叹田家之不易,因此劝导帝王要重稼穑、珍民生。② 而之所以这样做,又与元代定鼎中原后对农业生产的重视有极大关系。元朝是由蒙古游牧民族南下中原建立的王朝,其初期并不重农桑,并意欲将农地变为牧业用地,加之战乱冲击对农业生产造成了巨大破坏,直到忽必烈时期才开始施行重视农耕之策。元仁宗时期,延祐二年(1315)刊印《农桑辑要》万部并颁降有司,以劝导农耕。③ 一系列劝农文的发布,显示了政府的重农之策。④ 可能邦宁等人深知朝廷对农政的重视,故特令绘制《农桑图》以进献仁宗。而在这一系列劝农政策的促进下,元代农业也确实获得了很大发展,正如虞集所言:

---

① 参见中国农业博物馆编:《中国古代耕织图》,中国农业出版社1995年版,第46页。

② 参见单人耘:《浅谈元代赵孟頫的题耕织图诗》,《中国农史》1988年第2期。

③ 参见柯劭忞等撰:《新元史》卷六九《食货志二·田制农政》,吉林人民出版社1995年版,第1589—1590页。

④ 关于元代劝农文的特点、实施等,可参见[日]伊藤正彦:《元代劝农文小考——元代江南劝农文基调及其历史地位》,《(熊本大学)文学报论丛》第49号(1995年)。

> 我国家既定中原,以民久失业,置十道劝农使,总于大司农,慎择老成重厚之君子而命之。皆亲历原野,安辑而教训之。今桑麻之效遍天下,齐鲁尤盛。其后功成,省专使之任,以归宪司。宪司置四佥事,其二则劝农之所分也。至今耕桑之事,宪犹上之大农。天下守令,皆以农事系衔矣。①

《便民图纂》耕织图是为了配合《便民纂》的传播而作的。作为明代"通书"类型的一部农书,《便民图纂》的主要目的在于供给一般民众日常生活所需的技术知识,其"便民"名称便是明证,故邝璠借用并删改楼璹《耕织图》这一行为有向民众介绍、推广生产知识的目的,这与前代耕织图主要用于"教化劝民"有所不同。"今民间传农、圃、医、卜书,未有若《便民图纂》,识本末轻重,言备而指要也。务农、女红,有图有词,以形其具,以作其气。有耕获、蚕织,以尽其事。"②由于《便民图纂》的设定对象主要是普通民众,因此邝璠借用楼璹《耕织图》亦主要是面向普通大众的,这与楼图、杨叔谦图最初主要是为帝王而作有很大不同——虽然这些图册最终也可能会因帝王的提倡而被推向民间。与图相配的为民间形式的吴歌——竹枝词,读起来朗朗上口,浅显易懂,这必然会增强传播的效果。由于知识门类齐全、通俗易懂,《便民图纂》也确实获得了广泛的

① 虞集:《道园学古录》卷三〇《七言绝句·题楼攻媿织图》,商务印书馆 1937 年版,第 512 页。

② 欧阳铎:《〈便民图纂〉序》,邝璠著,石生汉、康成懿校注:《便民图纂》,农业出版社 1959 年版,第 11 页。

传播，时任云南布政使的吕经（字九川）就曾在云南地区大力推广《便民图纂》：

> 民生一日不能已者，皆精择而彪分昭列焉，故它书可缺，此书似不可缺。况滇国之于此书，尤不可缺，是岂可一例禁邪？盖上之惩病民之弊，正所以为利民之图耳，岂拘拘而为之者哉？经所以将顺而干冒为之。匠用公役，梓用往年试录及历日板可者。或闻之亦悦。遂布诸民。①

出于“令寰宇之内，皆敦崇本业”的劝诫农耕的目的，康熙帝命焦秉贞绘制了耕织图。那《御制耕织图》主要是作给谁看的呢？从其在《御制耕织图》序中所说的“复命镂板流传，用以示子孙臣庶，俾知粒食维艰，授衣匪易”来看，主要是为“子孙臣庶”而作，以提醒他们“衣帛当思织女之寒，食粟当念农夫之苦”。在此，“子孙”应主要指皇家子孙，后世雍正、乾隆等朝《耕织图》的绘制与创作，在一定程度上就是对这一祖训的回应。“臣”即各级政府官员，他们既是被教化者，又是教化者。一方面，“臣”是皇帝的“附属”与“助手”，因此首先要在他们中间树立起爱民、重农的观念，才能真正将各项劝农政策落到实处；另一方面，作为皇权在各地的“代理”，“臣”是皇帝“牧民”与政策推行的具体执行者，因此相对于“庶”，他们又是教化者。“庶”是平民百姓，是教化施行的最终目标主体。

康熙是中国历史上一位颇有作为的皇帝，他勤于政事，对

---

① 吕经：《〈便民图纂〉序》，邝璠著，石生汉、康成懿校注：《便民图纂》，农业出版社1959年版，第14页。

农业生产也极为重视,正如他在《御制耕织图》序中所说的那样:“朕每巡省风谣,乐观农事,于南北土疆之性,黍稌播种之宜,节候早晚之殊,蝗蝻捕治之法,素爱咨询,知此甚晰,听政时恒与诸臣工言之。”①那他为何要在1696年命焦秉贞绘《耕织图》呢?1689年,康熙南巡而得宋楼璹《耕织图》残本应是一个直接诱因,而当时的社会环境则是最主要原因。1644年清军入关,开始实行圈地运动,大量民田被侵占,此后与残明势力的战争又持续了十数年,加之清入关之前农民军与明军的多年战争,致使社会经济遭受严重破坏,人口大量流徙死亡。如一直到康熙十年(1671),四川等省仍旧是“有可耕之田,而无耕田之民”②。于是,安抚民众、恢复并发展农业生产,成为清政府的首要任务。1669年康熙铲除鳌拜集团并亲政后,先是下诏停止圈地,又先后平定三藩之乱(1681年)、收复台湾(1683年)、击败沙俄侵略(1686年)与平定噶尔丹叛乱(1690年),终于实现了国家的和平与安定,由此“经济发展”便成为重中之重。于是,绘制具有象征意义的《耕织图》并以示“子孙臣庶”也就自然而然了。同理,雍正、乾隆朝创作的《耕织图》,也都有以经济发展为重、稳定社会秩序的意思在里面。故白馥兰评价说:“清朝三代帝王在18世纪下令重新绘制了新的耕织图,并亲自题诗赞扬农民的辛勤劳碌。这不是在更新技术细节,而是在重申——在另一个长期的冲突和道德无常的周期过去后,农民和皇权国家的物质繁荣和按照宇宙法则建立秩序之间必

---

① 鄂尔泰、张廷玉等纂:《钦定授时通考》卷五二《劝课门·耕织图上》[清乾隆八年(1743)钦定],吉林出版集团2005年版,第721页。

② 戴逸:《简明清史》,中国人民大学出版社2006年版,第104页。

然存在有机的联系。”①

虽实质上亦是为重农、劝农而作，但雍正《耕织图》的直接目的可能是为了讨好康熙皇帝而作。此图的具体创作年代不详，但根据画上“雍亲王宝”与“破尘居士”的印章来看，应是创作于康熙四十八年(1709)之后、雍正登基之前(1722年)。由于是为讨好康熙而作，所以雍正《耕织图》的画面布局与康熙《御制耕织图》完全相同。每图除雍正配诗一首外，并未添加楼璹之诗，主要因为此图是为进呈康熙之用，因此题楼璹诗也就没有必要了。

在清代所有皇帝中，以乾隆朝《耕织图》作品最为丰富，其不仅摹刻了大量康熙《御制耕织图》、雍正《耕织图》书画作品，还新创作了以棉花与棉纺织为主题的《棉花图》，并且摹刻了前代的耕织图像。② 除图像、石刻外，乾隆帝还命人在颐和园的清漪园创建了一个以耕织为主题的、有江南风韵的田园景观，体现了其对农桑之本的重视与耕织之道的宣教。③ 乾隆命人摹刻《耕织图》，这既有对先祖传统的延续，以显示其重农之道，同时也应该与其对古代书画的喜爱有很大关系。④ 因此，这些作品既是为其自己所作，也是为天下臣工与百姓而作，同

---

① [英]白馥兰：《帝国设计：前现代中国的技术绘图和统治》，呼思乐译，吴彤校，李砚祖主编：《艺术与科学》卷九，清华大学出版社2009年版，第10页。

② 参见王璐：《清代御制耕织图的版本和刊刻探究》，《西北农林科技大学学报》(社会科学版)2013年第2期。

③ 参见王潮生：《乾隆创建的耕织图景区》，《紫禁城》2007年第7期。

④ 参见刘迪：《试析乾隆帝书画鉴赏活动之特征》，《文史杂志》2014年第3期。

时也可能有讨好的意味在里面,因其和康熙原韵的46首《耕织图》诗也创作于其为皇子之时。

由直隶总督方观承所主持绘制的《棉花图》,从其创作完成即进呈乾隆皇帝来看,似是专为乾隆皇帝而作,其目的可能在于引起皇帝对棉花种植及棉纺织生产的重视。在进呈的奏文中,他如是说:

> 太子太保、直隶总督臣方观承谨奏为恭,进《棉花图》册,仰祈圣鉴。事窃惟五十非帛不暖,王政首重夫蚕桑,一女不织则寒,妇功莫亟于丝枲,然民用未能以遍给,斯地利因之而日开。惟棉种别菅麻,功同菽粟,根阳和而得气,苞大,素以含章有质有文,即花即实。先之以耰锄袯襫,春种夏耘,继之以纺绩组纴,晨机夜杼。盖一物而兼耕织之务,亦终岁而集妇子之劬,日用尤切于生民,衣被独周乎天下。仰惟我皇上,深仁煦育,久道化成,巡芳甸以劝农,播薰风而阜物。揽此嘉生之蕃殖,同于宝稼之滋昌。臣不揣鄙陋,条举棉事十六则,绘图列说,装潢成册,恭呈御览。夙在深宫之咨度授衣,时咏豳风,冀邀睿藻,以品题博物,增编尔雅,为此恭折具奏,伏祈圣鉴。①

同时,为了能引起乾隆重视,方观承还将康熙御制《木棉赋》一并上呈。嘉庆年间,嘉庆皇帝又命董诰重刊乾隆《棉花图》,并更名为《授衣广训》,以彰显其继承祖训及爱民之意。

---

① 方观承向乾隆进呈《棉花图》奏文,据中国农业博物馆编《中国古代耕织图》(第115页)拓片整理而来。

正如他在上谕中所言：

> 朕勤求民事，念切授衣，编氓御寒所需，惟棉之用最广。其种植纴纺，务兼耕织。从前圣祖仁皇帝曾制《木棉赋》，迨乾隆年间直隶总督方观承恭绘《棉花图》，撰说进呈。皇考高宗纯皇帝嘉览之余，按其图说十六事，亲制诗章，体物抒吟，功用悉备。朕绍衣先烈，轸念民依，近于几暇。敬依皇考圣制元韵作诗十六首，诚以衣被之原，讲求宜切，生民日用所系，实与稼穑、蚕桑并崇本业。著交文颖馆，敬谨辑为一书，命名《授衣广训》。[1]

《棉花图》的创作，源于棉花在人们生活中重要性的日益突出。虽然棉花早在东汉时业已传入中国，但长期以来，受棉花加工技术的限制，一直未能得到全面推广，只在西北及西南地区有少量种植。直到元代，黄道婆改进棉纺织技术，才大大促进了棉花在中国的种植。其后，明太祖更是通过政令的形式在全国推行棉花种植，"凡民田五亩至十亩者，栽桑、麻、木棉各半亩，十亩以上倍之。不种桑，每年出绢一匹，不种麻及木棉，出麻布、棉布各一匹"[2]，这大大促进了棉花在我国的种植。至明代中叶以后，棉花已是"地无南北皆宜之，人无贫富皆赖之"[3]。至清代中叶，棉花更是成为"衣被天下"的重要之物。

---

① 董诰等编：《授衣广训》，浙江人民美术出版社 2013 年版，第 5 页。

② 张廷玉等撰：《明史》卷七八《食货志二·赋役》，中华书局 1974 年版，第 1894 页。

③ 丘浚著，蓝田玉等校点：《大学衍义补》卷二二《治国平天下之要四·制国用·贡赋之常》，中州古籍出版社 1995 年版，第 336 页。

“三辅(直隶)……种棉之地,约居什之二三。岁恒充羡,输溉四方。”①正是在此大背景下,乾隆三十年(1765)直隶总督方观承以直隶一带棉花种植与棉纺织情况为参照,主持绘制了《棉花图》。

清代中前期创作的耕织图(含《棉花图》在内),或由皇帝发起而作,或由大臣所作再进呈于皇帝。这些图册完成之后,由于其本意在于教化劝农,因此并没有收藏于内宫秘不外传,而是进行了大量刊刻并向民间推广。从著述形式来看,清代内府所藏耕织图主要分为四类,即书法、绘本、刻本与拓本。通常先由宫廷画师绘制耕织图画册,再由帝王御笔题诗,经由工匠将御制诗文装裱于画作之上,最后再以之为底本进行版刻。或将耕织图刻于石上,再据石刻做成拓本传世。这其中对民间影响最深的是刻本,具体如乾隆二年(1737)与嘉庆十三年(1808)的《钦定授时通考》以及嘉庆十三年的《授衣广训》等。这几种刻本流传广泛,流布到民间后又经民间书坊大量翻刻,普通市面上多有售卖流传,许多还传到海外。这必然会使耕织图在民间发挥诸多的影响力。“流传到民间之后,第一次使帝王敕修的农业文献用通俗易懂的形式在民间呈现,使极难窥见的宫廷艺术在民间传播,是连接上下层社会的桥梁。它以特有的通俗易懂的图说形式被官方发行,被民间所接受,故其西洋新画风得以在宫廷与民间两个阵营流传,同时官方赋予其的农本务实思想在民间以耕织图各种艺术变体的形式呈现。”②

---

① 《棉花图》第7图《收贩》所载文,见中国农业博物馆编:《中国古代耕织图》,中国农业出版社1995年版,第122页。

② 王璐:《清代御制耕织图的版本和刊刻探究》,《西北农林科技大学学报》(社会科学版)2013年第2期。

光绪木刻《桑织图》与《蚕桑图》均创作于19世纪晚期，而之所以要在此一时期推广蚕桑生产，与当时的社会经济环境有极大关系。第一次鸦片战争后，随着中国沿海港口的迭次开放，大量机织棉纺织品进入中国市场，加之19世纪70年代之后中国本土城市轻纺工厂的纷纷建立，传统乡村棉纺织生产遭受严重冲击，先是纺纱，继而是手织布生产日益下滑。[①] 加之一系列战争赔款的赔付与太平天国等战事的冲击，使中国经济呈现一片破败之象。但与这一趋势相反的是，五口通商之后，江浙一带的蚕桑生产因出口增加而获得迅速发展，并出现了"辑里丝"（湖州南浔）等在国际上享有盛誉的名优产品，由此植桑养蚕收益丰厚，成为地方民众收入的最重要来源。如在吴兴："民国十年前后，蚕桑产销最盛时代，吴兴农户，蚕桑与种稻比较，蚕桑收入占七成，种稻收入占三成。"正因为如此，广大人民"对于其他农作物，多不重视，地虽肥美，每年禾稻，仅一熟而已"[②]。一直到20世纪20年代末30年代初，在日本生丝及人造丝尤其是资本主义世界经济危机的冲击下，这种盛况才告结束。[③] 正是看到了江浙一带蚕桑生产的高收益，人们才萌生了在各地推广蚕桑的动议，《桑织图》与《蚕桑图》正是应此背景而创作的。

《桑织图》与《蚕桑图》的创作目的在于推广蚕桑的种植与

---

① 参见刘华明：《近代上海地区农民家庭棉纺织手工业的变迁（1840—1949）》，《史学月刊》1994年第3期。

② 中国经济统计研究所编：《吴兴农村经济》，文瑞印书馆1938年版，第29、15页。

③ 参见章楷：《江浙近代养蚕的经济收益和蚕业兴衰》，《中国经济史研究》1995年第2期。

生产,因此其受众是推广地的广大民众。为了实现此一目的,两图都曾被刊刻并加以推广,“绘图作画,刻印广布,俾乡民一目了然”,“分绘图说,付诸石印,分给诸屯读书之士,转相传阅,俾习者了然心目……择人指授机宜,当可尽得其法”。[①] 不过,虽然创作之人做了一系列努力,但从实际效果来看却并不理想。历史上,关中的确是我国著名的蚕桑盛地。但唐代之后,受气候及行政中心转移等因素的影响,关中蚕桑业日益衰落。此后到清乾隆年间,杨双山著《豳风广义》,以图重振关中蚕桑业,也确实出现了短暂的“回光返照”,但却只是昙花一现。此后关中一带的蚕桑生产就再未获得实质性发展,以至于到新中国成立后几十年,仍有人在极力呼吁重振关中蚕桑业。[②] 至于《桑织图》的刊刻,也未产生任何实际效果。对于《蚕桑图》的推广效果,我们不得而知。王潮生认为:“《蚕桑图说》在传播推广蚕桑生产的先进经验方面一定起过有效的作用”,因为“《蚕桑图说》画面内容丰富,绘制精当,以文解说,以图示意,图文并茂”。[③] 但这更多的只是理想与臆断之词,并无真凭实据。实际上,一项技术能否在一地推广,并不是简单说教就能成功的,也并不是有高收益就一定会接受的。因为技术传播不单单只是一个技术问题,更是一个社会问题,与当地的自然环境、社会条件、传统惯习、民众心态等都有直接的关系,

① 转引自中国农业博物馆编:《中国古代耕织图》,中国农业出版社1995年版,第169、178页。

② 参见陈浮:《复兴豳原遗风　发展关中蚕桑》,《陕西蚕业》1981年第1期。

③ 中国农业博物馆编:《中国古代耕织图》,中国农业出版社1995年版,第178页。

正如二战后杂交玉米在法国西南部的推广所显示的那样。①

三、耕织图的意义究竟何在

“讨论图像其实很大程度上就是讨论图像与人的关系,不可能有脱离人而有存在价值的图像,也不可能有图像可以脱离人而有价值”,“因为大多数图像是有人为了某些个人的或集体的某种(宣传的、信息的、宗教的、教育的,总之是意识形态的)目的而制造出来的”。② 因此,对耕织图的解读也必须要将其放到具体的社会情境中去才能真正加以理解。

长期以来,中国一直是一个“以农为本”的国家,农业在上至国家政治、下至民众生活中占有极其重要的地位。“与其他近代帝国一样,中华帝国是以农业为经济支柱的。大约早在公元前 5 世纪的孔子时期,‘以农为本’的农业帝国宇宙论和政治原则,就已经在早期中国建立起来了,并一直延续到 19 世纪……因此,‘促耕’是统治阶级的首要任务,从皇帝的宫廷到地方官的府衙,无一例外。”③为了“促耕”,从早期中国开始就建立起一套有关农业生产的仪式或礼仪活动,如郊祀、社稷之

---

① 参见[法]H. 孟德拉斯:《农民的终结》之第四章,李培林译,中国社会科学出版社 1991 年版。

② 韩丛耀:《图像:一种后符号学的再发现》,南京大学出版社 2008 年版,第 177 页。

③ [英]白馥兰:《帝国设计:前现代中国的技术绘图和统治》,呼思乐译,吴彤校,李砚祖主编:《艺术与科学》卷九,清华大学出版社 2009 年版,第 3 页。

祀、大雩礼、籍田礼、先蚕礼等,以祈求神灵保佑风调雨顺、五谷丰登,或显示统治阶层对农业的重视,意在劝民力田。[①] 与一般的农祭仪式不同的是,这些祭仪活动都被纳入国家正式祀典之中,是为国家之"礼"。

耕织图的创作与推广,应该也是古代"重农"之礼的一种体现,也可看作是一种重要的仪式性活动,尽管其并没有被列为正式的、常规性的国家之"礼"。耕织图的创作者,或为地方官员与士绅,如南宋楼璹、元代杨叔谦、明代邝璠、清代方观承等;或由皇帝命宫廷画师而作,清代各朝耕织图基本如此。虽然创作主体多样,但在流传、推广过程中却都受到了最高统治者——皇帝的重视,并往往以皇帝或中央政令的形式被推向民间。因此从这个角度来说,耕织图的创作与推广就是一种国家之"礼"。这一"礼"在内容上是以非常"俗"的形式体现出来的,即看似最普遍、最平淡无奇的农桑活动。俗,即大众的、普遍流行的风俗传统、行为惯习等。因此,作为基本技术体系的耕织活动,如同衣食住行等,应该是传统中国社会最普通、最常见的"俗"了。[②] 虽然耕织之"俗"极为普通与常见,地位却极

---

① 参见李锦山:《中国古代农业礼仪、节日及习俗简述》,《农业考古》2002 年第 3 期。

② 奇怪的是,以"俗"为研究主题的民俗学却很少将农事技术体系作为研究的对象,或者根本就不认为农事活动为"俗"。与农业生产相对应的、在传统社会被界定为"副业生产"的各项手工生产,如酿酒、条编、年画制作等,其技术却通常被作为"手工技艺"而广受关注,并被认为是重要的"传统"而被刻意保护与传承,成为当前热闹的非遗保护运动的一个重要门类。相反,作为传统中国农耕文明之根的"农事活动",虽然当前也面临着快速消失的窘境,受到的关注却远没有那么多。个中原因,或许是农业生产太过普遍、太为人熟悉了。

为重要，它不仅关乎人们的衣食温饱，还直接决定着整个社会与国家秩序的稳定与否，于是以平常之“俗”来践行国家之“礼”也就顺理成章了。因此，耕织图创作与推广的技术推广意义可能并不大，而更主要体现出的是一种隐喻或象征意义。

绘画作品一般都有作品内容本身所表达的意义与作品在具体语境中所表达的意义之分：作品本身内容表达的意义是固定的、唯一的，而具体语境中的意义却是随语境变化而变化的。对于绘画作品在不同语境中的意义表达，范美霞称之为“绘画中的隐喻”。她认为，绘画是否使用隐喻以及使用何种具体的隐喻手法与绘画履行的功能密切相关，而绘画功能的表达又是由绘画隐喻的行为主体决定的。绘画隐喻的行为主体是多元的，可以是画家本人，可以是绘画创作的赞助者，还可以是绘画的使用者与鉴赏者等。① 就耕织图而言，历代虽多有绘制，但基本都是以楼璹的《耕织图》为“母本”的，因此在作品本身内容上基本保持不变，但由于所处时代及行为主体的多元性，历代耕织图在具体的创作原因或动机上各有不同，也就是说具体的“绘画隐喻”有所不同。有的为响应帝王号召，凸显个人政绩（如楼璹《耕织图》）；有的意在劝谏皇帝重视农桑（如杨叔谦《耕织图》）；有的则在于劝诫臣庶重视农桑（如康熙《御制耕织图》）；有的是为了讨好老皇帝（雍正《耕织图》）；有的在于遵从祖制（如嘉庆《耕织图》）；有的则重在宣传、推广某项技术知识（如光绪《桑织图》）。但不管具体动机如何千差万别，其最终目的或者说功能却是一致的，即宣扬“农为天下之大本”的

① 参见范美霞：《绘画中的隐喻——中国古代绘画中的隐喻现象研究》，民族出版社 2015 年版，第 1、2、21 页。

重农理念,并劝课农桑。具体来说,绘画目的又可分为三个层面:彰显最高统治者重农耕、尚蚕织的统治理念,体现帝王对农业、农民的重视与关心;鞭策、劝诫各级官员重视农业生产、永怀悯农与爱农之心;教化百姓专于本业、勤于耕织。

"非图,不能举要";"非图,无以通要";"非图,无以别要"。[①] 在传播知识与表达意义方面,图像具有文字不可替代的重要功用与价值,"它们能够传播意义、陈述力量、规定位置"[②]。尤其是考虑到传统时代,民众识字率低下,因此直观的图像更是有极大的"用武之地"。如在基督教的传播过程中,为了使绝大多数不识字的穷人得到教诲,教会就曾发行了许多图画本的《圣经》,即"穷人的圣经",或在修道院、大小教堂的墙壁上画满有关基督教的图画,均发挥了极其重要的作用。[③] 正是考虑到图像所具有的重要意义,历代王朝都将其作为一种施行教化规鉴的重要媒介与手段来加以应用与推广。这种教化规鉴作用,又可具体分为几个方面,如对帝王的规鉴讽谏,对属僚功臣的"旌表",对吏民百姓"劝善戒恶"的教化,等等。[④] 这其中最为主要的是对吏民百姓的"劝善戒恶"。以此相对照,中国古代耕织图以普通民众的日常生产与生活实践为基本主题,以图像为基本载体,以诗歌达其志,通过国家仪式与政府

---

① 郑樵:《通志》卷七二《图谱略》,浙江古籍出版社 1988 年版,第 837 页。

② 韩丛耀:《图像:一种后符号学的再发现》,南京大学出版社 2008 年版,第 29 页。

③ 参见[新西兰]史蒂文·罗杰·费希尔:《阅读的历史》,李瑞林等译,商务印书馆 2009 年版,第 182—184 页。

④ 参见贺万里:《鹤鸣九皋——儒学与中国画的功能问题》,南京艺术学院博士学位论文,2002 年。

行政的方式加以创作与推广，根本上体现出“官”对“民”的“教化”“爱护”与“认同”（虽然也有臣下对帝王的规鉴意义）。正所谓“夫画者，成教化，助人伦”①。而这样做的根本目的，则在于宣扬、创造并维持一种各安其业、各担其责的和平安定的社会稳定秩序。故康熙在《御制耕织图·序》中说：“庶于斯图有所感发焉，且欲令寰宇之内，皆敦崇本业，勤以谋之，俭以积之，衣食丰饶，以共跻于安和富寿之域。”而对这种社会秩序，康熙帝在其亲撰的《农桑论》中亦曾有过明确表达，“尝躬行三推以率天下农矣，而敦实崇俭之令绳督有司，靡不加意”，希望做到“薄海以内，袯襫之众比肩于野，杼柚之声相闻于里，庶几古初醇朴之风”，“使天下之民咸知贵五谷，尊布帛，服勤戒奢，力田孝悌而又德以道之，教以匡之，礼以一之，乐以和之，将比户可封而跻斯世于仁寿之域”。②

事实上，保持并维护社会稳定，一直是中国传统社会控制体系的基本目标。在中国传统社会，农业生产是整个国家的经济命脉，农民大众为最主要的社会主体与生产主体；农民往上，是人数较少但却占统治地位的官僚阶层与高高在上的皇帝，他们及整个国家机器要依赖于农民的供养才能生存与运转。在这一社会分层下，农民的职责在于安于生产、服务上层并聆听教化，皇帝及官僚阶层则应勤政爱民，行“善政”，承担好自己“保护者”与“教化者”的角色。只有民众安于耕织，才能衣食有保、安居乐业，才会不易为匪，进而利于国家的编户齐民与理

① 张彦远：《历代名画记》，上海人民美术出版社1964年版，第1页。

② 爱新觉罗·玄烨：《康熙御制文集》卷一八，（台北）学生书局1966年版，第293页。

想社会建设;统治阶层只有爱民、怜民并时时表现出对“农”的重视,才能得到下层民众的爱戴与认同。因此,耕织图的绘制与推广,具有维护道德准则与社会秩序的深层意义,有利于国家大一统观念的贯彻,同时兼具文化认同与社会治理的作用。而这才是历代耕织图创作不停的最根本原因。正如白馥兰在谈到楼璹的《耕织图》时所说的那样:“楼璹的绘图流行的原因并不在于它所包含的实践讯息,而在于其所反映的道德准则和社会秩序。”①

传统中国是一个非常强调道德伦常的社会,反映在社会控制上,虽然传统中国有着发达、成熟的行政官僚体系与制度,但在具体的行政管理过程中,道德教化却发挥着至关重要的作用。实际上,支撑中国官僚体系运转的不是关于职业化管理的系统知识,而是发达的伦理道德。道德是官员任命的依据,推行道德或实施道德教化是为公共管理的具体内容,在复杂精细的公共管理结构中,充斥着的是道德知识和践行道德的要求。② 这一传统在中国有着悠久的历史,正如黄仁宇所言:“以抽象的道德代替工作的效率,以仪礼算为实际的行政,都有两千年以上的历史作根据。”③而历代耕织图的绘制与推行,目的即在于对民众施行道德教化,故而就本质而言,其正是传统中

---

① [英]白馥兰:《帝国设计:前现代中国的技术绘图和统治》,呼思乐译,吴彤校,李砚祖主编:《艺术与科学》卷九,清华大学出版社 2009 年版,第 8 页。

② 参见黄小勇:《传统社会的道德化行政及其当代影响》,《中国行政管理》2010 年第 12 期。

③ 黄仁宇:《蒋介石的历史地位》,《现代中国的历程》,中华书局 2011 年版,第 204 页。

国这一道德化行政的一种体现。虽然这一行为本身并不能如中央政令那样发挥直接的行政功用,但具有丰富的象征意味。正如克利福德·格尔茨对巴厘“剧场国家”的研究所展示的那样:“国家借由演出一套秩序的意象来规范社会,这组意象对旁观者而言是一个模范,它内在于国家本身,亦是国家据以自鉴的典型。”[①]所以,历代体系化耕织图的编绘,并不只是发行一册图画那么简单,也不单纯是为了推广先进农业生产技术,而是具有深远的象征与社会治理意义。

---

① [美]克利福德·格尔茨:《地方知识——阐释人类学论文集》,杨德睿译,商务印书馆2014年版,第37页。

谁是“正统”:中国古代耕织图政治象征意义探析*

“正统观”是中国传统政治思想与史学编纂的重要观念之一,正如朱维铮先生所说的那样:“(正统观)是困扰中国历代王朝的政府及其学者达两千年的一个核心观念。”①在中国古代社会,不论是偏安一隅的创业霸主,还是一统天下的开国皇帝,在开基立业的过程中,都会竭力构建其政权的正统性,以巩固与强化统治基础。作为一种政治观念,正统观在我国有着非常久远的历史,先是或明或暗地存在于上古历史中,后经过《春秋》的借鉴与整理,成为正统理论,再经北宋欧阳修等史学家的发展和完善,而成为有体系的政治历史观念和史学理论。② 中国传统正统观,其理论依据主要有二:一为邹衍之五德运转说,计其年次,以定正、闰;一为依据《公羊传》加以推衍,强调“居正”“一统”之二义。其中五德运转说, 主要流行于

---

* 本文原载于《民俗研究》2018 年第 1 期。

① 朱维铮:《研究历史概念史的一部力作》(代序),饶宗颐:《中国史学上之正统论》,中华书局 2015 年版,第 1 页。

② 参见谢贵安:《饶宗颐对史学正统论研究的学术贡献——〈中国史学上之正统论〉发微》,《史学理论研究》2005 年第 2 期。

唐之前，而宋之后，则“居正”“一统”居主导地位。[①] 而判断正统之标准，按梁启超（号任公）的总结，可分为六个方面，即得地之多寡、据位之久暂、是否为前代之血胤、是否为前代旧都之所在、后代之所承与所自出、是否为中国种族。[②]

作为一个传统以农立国的国家，在所有那些何谓正统的标准之背后，其实都有一个隐性的基本前提，那就是必须要有发达的农业生产作为立国之基、以“重农”“劝农”为基本的治国理念。[③] 而这一点，在以是否为“中国种族”为判断标准时体现得最为明显。是否为“中国种族”，本质上又是我国传统夷夏观的具体体现。作为一重要的政治与民族观念，夷夏观萌芽于西周时期，定型于春秋战国时期，此后一直或隐或显的代有传承。通常，民族关系紧张之时，也是夷夏观被加以强调之时，虽然在不同的时代其说法可能有所不同。[④] 夷夏观的核心思想是内华夏而外夷狄，其中华夏代表着文明与先进，而夷狄代表着野蛮与落后。华夏与夷狄的划分，表面来看是基于文化的，如服饰、饮食、居住方式等，本质上却是以“农”与“非农”为核

---

① 参见饶宗颐：《中国史学上之正统论》，中华书局 2015 年版，第 81 页。

② 参见梁任公：《饮冰室文集全编》卷一一《〈历史〉（一）·论正统》，上海新民书局 1933 年版，第 16—17 页。

③ 白馥兰认为，“劝农”是中国古代“政府的哲学理念和治理技巧的核心所在”，“一直是‘经世济民’当中需要从政者主动去虑及的问题，同时关涉到仪式因素与实用因素”。参见［英］白馥兰：《技术、性别、历史：重新审视帝制中国的大转型》，吴秀杰、白岚玲译，江苏人民出版社 2017 年版，第 87、216 页。

④ 参见张鸿雁、傅兆君：《论传统夷夏观的演变及其对近代社会民族观的影响》，《民族研究》1993 年第 2 期。

心标准的,是“农耕为本”的话语体系所派生出的一种表述方式,代表的是农耕文明的自我天下观及与之相应的区域性政治与社会体系。因此,不论是《礼记·王制》还是《史记·匈奴列传》等,都会特别强调“农耕”这一前提。① 所以,从更本质的角度来说,所谓“华夏”与“夷狄”的分野,也是农耕民族与游牧民族的分野。“农”如此重要,故历代统治者在构建自己的正统性时(如立国号、制礼作乐、颁历等),对“农”的强调都是一个重要方面,如行籍田礼、颁劝农文等。这其中,绘制并推广与农业生产相关的图像——耕织图,亦是一个重要体现。

耕织图,就是以农事耕作与丝棉纺织等为题材的绘画图像。具体来说,其又有广义与狭义之分。广义的耕织图,是指所有与“耕”“织”相关的图像资料;狭义的耕织图,则仅指南宋以来呈系统化的图像,即通过成系列的绘画形式将耕与织的具体环节完整呈现出来。现今有确切证据并有摹本留存下来的第一部体系化耕织图,为南宋楼璹《耕织图》。楼璹之后,南宋、元、明、清时期,又先后创作绘制了几十套不同版本与内容的体系化耕织图。这些耕织图创作与绘制的背景、原因与目的意义,各有不同,但其最主要的目的在于教化劝农,并具有深远的象征与社会治理意义。② 这其中,对“正统性”的象征性体现,就是一个重要方面。而这一点,在南宋、元与清三个朝代中又体现得最为明显:不仅创作绘制并刊刻了大量耕织图,还将其上升到皇帝与中央政府的高度加以重视。下面,本文即主要

① 参见徐新建:《牧耕交映:从文明的视野看夷夏》,《思想战线》2010年第2期。

② 参见王加华:《教化与象征:中国古代耕织图意义探释》,《文史哲》2018年第3期。

针对这一问题展开分析。

作为一个受历代政府、学人关注的热门话题,关于"正统观"问题的讨论可谓是代不乏人。而从现代学术角度展开讨论的,首推饶宗颐先生之大作《中国史学上之正统论》,其对历代以来中国史学编年中的"正统观"问题做了相关梳理与论述,并对历代学者、官员等有关正统观问题的讨论文献做了搜集与整理。[①] 相比于饶先生从"史学编年史"角度展开的讨论[②],还有一些学者从"王朝政治"的角度做了相关探讨。[③] 具体到中国古代耕织图,虽然从20世纪初期起就开始受到中外学界的广泛关注并产生了大量研究成果[④],但综而观之,从"正

---

① 参见饶宗颐:《中国史学上之正统论》,中华书局2015年版,第81页。

② 从这一角度展开讨论的还有很多学者,比如王晓清:《宋元史学的正统之辨》,《中州学刊》1994年第6期;张伟:《两宋正统史观的历史考察》,《宁波大学学报》(人文科学版)2003年第2期;魏崇武:《论蒙元初期的正统论》,《史学史研究》2007年第3期;等等。

③ 具体成果如杨念群:《何处是"江南":清朝正统观的确立与士林精神世界的变异》,生活·读书·新知三联书店2010年版;刘浦江:《正统与华夷:中国传统政治文化研究》,中华书局2017年版;谢贵安:《从朱元璋的正统观看他对元蒙的政策》,《华中师范大学学报》(哲社版)1994年第1期;杜洪涛:《明代的国号出典与正统意涵》,《史林》2014年第2期;等等。

④ 代表性成果,如[日]渡部武:《〈耕织图〉流传考》,曹幸穗译,《农业考古》1989年第1期;[日]中村久四郎:《耕织图所见的宋代风俗和西洋画的影响》,[日]《史学杂志》第23卷第11号,1912年;中国农业博物馆编:《中国古代耕织图》,中国农业出版社1995年版;Roslyn Lee Hammers, *Pictures of Tilling and Weaving: Art, Labor, and Technology in Song and Yuan China*, Hong Kong: Hong Kong University Press, 2011;黄瑾:《康熙年间〈御制耕织图〉研究》,浙江理工大学硕士学位论文,2014年;等等。

统观”角度展开分析的研究却并不多,据笔者管见,仅著名艺术史研究大家高居翰先生有所论及。① 不过,高先生的研究,只是对这一问题有简单涉及,并未结合不同的时代背景展开详细讨论,因此仍有进行细致讨论的必要。有鉴于此,本文将在已有相关研究成果的基础上,结合南宋、元、清不同的朝代与时代背景,对耕织图的绘制及其背后所体现的政治“正统性”意义进行深入考察。

一、南宋:偏安一隅的自我张扬

宋代是我国“正统论”发展的一个重要时期,正如梁启超所言:“正统之辨,昉于晋而盛于宋。”②北宋初年,传统的正闰之说仍具有极大的影响力,不过此后这一观点开始遭到时人的批判与反对,其中的代表性人物便是欧阳修,他认为“谓帝王之兴必乘五运者,谬妄之说也”,“《传》曰‘君子大居正’,又曰‘王者大一统’。正者,所以正天下之不正也”③,即提出了以“正”与“统”为主要标准的正统论观点。此后,以欧阳修的正统观为中心,章望之、苏轼、司马光等人均提出了自己的正统观看法。其中,章望之反对欧阳修的看法,更强调以“道德”(正)

① 参见[美]高居翰:《中国绘画中的政治主题——“中国绘画中的三种选择历史”之一》,杨振国译,《广西艺术学院学报》2005 年第 4 期。

② 梁任公:《饮冰室文集全编》卷一一《〈历史〉(一)·论正统》,上海新民书局 1933 年版,第 16 页。

③ 欧阳修:《欧阳文忠公文集·居士集》卷一六《正统论上》,转引自饶宗颐:《中国史学上之正统论》,中华书局 2015 年版,第 114 页。

来评判历史；苏轼、司马光则基本认同欧阳修的观点，“凡不能壹天下者，或在中国，或在方隅，所处虽不同，要之不得为真天子”①。总之，北宋有关正统观的主流论述，在“正”与“统”两个方面，且相对更偏重于“统”，即更强调王朝的功业所在。

和北宋相比，南宋时的“正统论”则发生了很大改变，在“正”与“统”两个方面开始更强调“正”，即更注重“纲常名分”而非“王朝功业”。所谓“有正者其后未必有统，以正之所在，而统从之可也；有统者，其初未必有正，以统之所成，而正从之，可乎？”“有正者不必有统”，“有正者，不责其统以正之，不可废也；有统者，终与之正，是不特统与正等，为重于正矣”，“无统而存其正统，犹以正而存也；无正而与之统，正无乃以统而泯乎？”②总之，南宋时人，多主此说。如张栻认为，王道之公的关键在于“居天下之正”，赞扬以仁义得天下者。因此在三国究竟谁为正统的问题上，他赞成以蜀汉为正。“汉献之末，曹丕虽称帝，而昭烈以正义立于蜀，不改汉号，则汉统乌得为绝？”③朱熹亦持相同观点，在三国正统问题上，也主张蜀汉正统观。为此，他批评司马光说：“温公谓魏为正统，使当三国时，便去仕魏矣。”④

南宋正统观的另一个重要特点就是对“夷夏之辨”的重提

---

① 司马光：《温国文正司马公集》卷六一《答郭纯长官书》，转引自饶宗颐：《中国史学上之正统论》，中华书局2015年版，第134页。

② 周密：《癸辛杂识》后集《论正闰》，中华书局1988年版，第98页。

③ 张栻：《经世纪年序》，魏齐贤、叶棻辑：《圣宋名贤五百家播芳大全文粹》卷一二三，（台北）学生书局1985年版，第815页。

④ 黎靖德编：《朱子语类》卷一三四《历代一》，中华书局1986年版，第3207页。

与重视。产生于春秋战国时期的“夷夏观”,本来到唐代时已被“华夷一家”的观念所取代,北宋时期更是出现了超越“夷夏”的族群意识。[①] 但南宋初年,观念开始发生明显改变,“夷夏之辨”重新被当时人所关注与论述。这在胡安国于1140年编纂而成的《春秋传》中已有明确表达,“以明复仇之义,严华夷之辨,为其主旨”[②]。对此,饶宗颐先生说:“宋代《春秋》之学,北宋重尊王,南宋重攘夷。”[③]前已述及,正是经过《春秋》的借鉴与整理,才形成了正统观理论。因此,“夷夏之辨”之说很快便影响了南宋时人的正统观念,如张栻就说:“由魏以降,南北分裂,如元魏、北齐、后周皆夷狄也,故统独系于江南。”[④]而南宋末年的郑思肖,更是将华夷观与正统观完全结合了起来。“君臣、华夷,古今天下之大分也”,“夷狄素无礼法,绝非人类”,“圣人也,为正统,为中国;彼夷狄,犬羊也,非人类,非正统,非中国”。[⑤]

南宋之所以一改北宋时所持有的正统观,是与其所处的社会政治形势紧密相关的。靖康元年(1126)十一月,金兵攻破

---

① 可参见傅乐成:《唐代夷夏观念之演变》,(台北)《大陆杂志》1962年第8期;邓小南:《论五代宋初“胡/汉”语境的消解》,《文史哲》2005年第5期;熊鸣琴:《超越“夷夏”:北宋“中国”观初探》,《中州学刊》2013年第4期。

② 牟润孙:《两宋春秋学之主流》,(台北)《大陆杂志》1951年第4期。

③ 饶宗颐:《中国史学上之正统论》,中华书局2015年版,第81页。

④ 张栻:《经世纪年序》,魏齐贤、叶棻辑:《圣宋名贤五百家播芳大全文粹》卷一二三,(台北)学生书局1985年版,第815页。

⑤ 郑思肖:《郑思肖集》之《杂文·古今正统大论》《杂文·大义略论》《久久书·久久书正文》,上海古籍出版社1991年版,第132、177、103页。

北宋都城汴梁,并在第二年四月俘获徽宗、钦宗二帝北归。五月,高宗赵构于南京应天府登基,重建赵宋王朝,是为南宋。南宋建立于风雨飘摇之时,内忧外患不断,一系列政治、经济危机摆在了新登基的高宗皇帝面前。如此,国力强盛并占有中原之地的金与偏安东南一隅的南宋,究竟谁是“正统”,成为高宗皇帝乃至历代南宋皇帝、臣民必须要解决的问题。尤其是绍兴十一年(1141),在金人的压迫之下,南宋与金签订了“皇统协议”(也称“绍兴十一年协议”)。次年,金“遣左宣徽使刘筈,以衮冕圭册,册宋康王为帝”,“俾尔越在江表”,“世服臣职,永为屏翰”[①],将南宋视为臣下政权,明确以中国正统地位自居。对此,高宗的奉表之词则曰:“臣构言:‘今来画疆,以淮水中流为界……既蒙恩造,许备藩方,世世子孙,谨守臣节。每年皇帝生辰并正旦,遣使称贺不绝,岁贡银绢二十五万两匹。’”[②]这确立了南宋偏安一隅并向金称臣纳贡的事实。

在偏安一隅并向金称臣纳贡的情势下,从疆域的角度来说,南宋不仅难以与北宋相比,就是与占有中原之地的金也无法相比,如此“统”也就无从谈起。此时若仍强调“统”,反而对金以及后来的元更为有利。如金海陵王完颜亮便说:“天下一家,方可以为正统。”正是以此为标准,他才发动了侵宋战争,“恃其累世强盛,欲大肆征伐,以一天下”[③]。因此,南宋一改北宋重“统”轻“正”的看法,并转而强调蜀汉正统地位,只因他们

---

① 脱脱:《金史》卷七七《宗弼传》,中华书局 1975 年版,第 1756 页。

② 冯琦原编,陈邦瞻纂辑:《宋史纪事本末》卷七二,中华书局 1955 年版,第 586 页。

③ 脱脱:《金史》卷一二九《李通传》,中华书局 1975 年版,第 2783 页。

具有相同的历史处境。正如《四库全书总目》所说的那样:"宋太祖篡立近于魏,而北汉、南唐迹近于蜀,故北宋诸儒皆有所避而不伪魏。高宗以后,偏安江左,近于蜀,而中原魏地全入于金,故南宋诸儒乃纷纷起而帝蜀。"[①]从称臣纳贡的角度来说,南宋也一改传统汉族政权封册周边少数民族政权的做法,反而被少数民族政权所册封——这被西方学者称为"倒过来的朝贡"[②](逆向朝贡)。在此情势之下,南宋朝廷只能强调自己"文明""开化"的先进性面向,并重拾传统的"夷夏之辨",将"种族"与"正统"相挂钩,以强调自己作为华夏"君子"之国的纲常名分(即"正"),从而否认金朝政权并彰显自己政权的正统性。所谓"'夷夏之辨'在宋代兴盛,即起因于疆域狭小引起的自卑感,也与宋儒企图用文化优势弥补军事衰败的脆弱心理有关"[③]。

前已述及,华夏与夷狄的划分,本质上是以"农"与"非农"为核心标准的。于是,是否有发达的农业生产体系及相应的重农、劝农政策,也就成为彰显王朝正统性的重要方式之一。而这正契合了南宋王朝的政治需要:虽然只能偏安一隅而没有广阔的疆域,虽然迫于野蛮的武力而不得不称臣纳贡,但由于发达的农业生产及重农政策的存在,因此"我"仍旧是文明、开化之邦,因而代表着"正统"所在。这些观念与看法(如"夷狄

---

① 永瑢等:《四库全书总目》卷四五《正史类一·三国志六五卷》,中华书局1965年版,第403页。

② 田浩:《西方学者眼中的澶渊之盟》,张希卿主编:《澶渊之盟新论》,上海人民出版社2007年版,第93页。

③ 杨念群:《诠释"正统性"才是理解清朝历史的关键》,《读书》2015年第12期。

观”)，虽不是在南宋初建之时就被载入典籍，但作为一种观念应该很早就出现了，并不断付诸行动。比如，宋高宗在甫一登基、政权尚未稳固并四处“逃窜”之时，就屡次下诏劝农、蠲免地方税收。如建炎二年(1128)春正月，“录两河流亡吏士，沿河给流民官田、牛、种”；绍兴元年(1131)春正月，“蠲两浙夏税、和买绸绢丝绵；减闽中上供银三分之一”，“诏江东西、湖北、浙西募民佃荒田，蠲三年租”。[①] 正是在此背景下，一套图绘的创作引起了高宗皇帝的高度重视，这就是楼璹的《耕织图》。对此，楼璹的侄子楼钥曾有专门记述：

> 高宗皇帝身济大业，绍开中兴，出入兵间，勤劳百为，栉风沐雨，备知民瘼，尤以百姓之心为心，未遑他务，下重农之诏，躬耕耤之勤。伯父时为临安於潜令，笃意民事，慨念农夫蚕妇之作苦，究访始末，为耕、织二图。耕自浸种以至入仓，凡二十一事。织自浴蚕以至剪帛，凡二十四事，事为之图，系以五言诗一章，章八句。农桑之务，曲尽情状。虽四方习俗间有不同，其大略不外于此，见者固已韪之。未几，朝廷遣使循行郡邑，以课最闻。寻又有近臣之荐，赐对之日，遂以进呈。即蒙玉音嘉奖，宣示后宫，书姓名屏间。初除行在审计司，后历广闽舶使，漕湖北、湖南、淮东，摄长沙，帅维扬，麾节十有余载，所至多著声绩，实基于此。[②]

---

① 脱脱：《宋史》卷第二四至二八《高宗本纪》，中华书局1977年版，第498、504页。

② 《楼钥集》卷七四《题跋 · 跋扬州伯父耕织图》，浙江古籍出版社2010年版，第1334页。

由此记载可知,出于对高宗皇帝“务农之诏”的响应,时为於潜县令的楼璹创作了《耕织图》四十五幅,其时间应为1133—1135年。[①] 后此图被进献给高宗,并受到皇帝的高度重视。至于进献的时间,白馥兰先说是1145年,后又据渡部武与王潮生的研究认为是1153或1154年。[②] 不过从“未几”“寻”等词汇来看,时间应该是在图像被创作出来之后不长时间。楼璹《耕织图》后,南宋时期又至少出现了六套与耕织相关的绘画作品,如南宋名臣汪纲的《耕织图》、梁凯的《耕织图》、刘松年的《耕织图》等。而据元代虞集所言:“前代郡县所治大门,东西壁皆画耕织图,使民得而观之。”[③]由此可知,南宋时的《耕织图》还在各地广泛传播并推向了民间。

高宗皇帝之所以如此重视楼璹的《耕织图》,并在此后各代进行多次创作、传播,只因其符合了高宗及南宋王朝的政治需要。事实上,赞助特定主题的绘画,正是高宗皇帝巩固皇权

---

① 据南宋李心传《建炎以来系年要录》卷六六绍兴三年六月戊子条“右承直郎知於潜县楼璹”、卷九六绍兴五年十二月乙卯条“右通直郎楼璹与升擢差遣,遂以璹通判邵州”的记载,可知楼璹担任於潜县令的时间为绍兴三年至绍兴五年,也即1133—1135年。

② 参见[英]白馥兰:《技术、性别、历史:重新审视帝制中国的大转型》,吴秀杰、白岚玲译,江苏人民出版社2017年版,第257、260页。不过,查阅王潮生之原著(《中国古代耕织图》,中国农业出版社1995年版,第33页)可发现,实际上其中并未提及任何进献年份之事,不知白馥兰的1153或1154年之说所从何来。

③ 虞集:《道园学古录》卷三〇《七言绝句·题楼攻媿织图》,商务印书馆1937年版,第512页。

与确立正统地位的重要手段之一。① 当然,楼璹《耕织图》的创作可能具有多重目的,高宗皇帝重视此图的原因也并不单一,但彰显其相对于金王朝的“正统性”却是一个重要面向。正如高居翰所评论的那样:“对于高宗来说,这些绘画作品都是为了维护其相对于金朝而言的英明的政治统治。金人虽然采取汉人的统治方式,但仍有游牧背景,因而能否承担农民的利益颇可怀疑。高宗在用这些视觉修辞手段时就像是一个政客,农民要求遵守古老、稳定和保守的价值观,同时指控其政敌不理解农民所关心的事情。”②而对于建立南宋并鼓励耕织的宋高宗及南宋王朝的正统性,南宋史家则给予了高度肯定。“洪惟国家高宗寿皇,尧父舜子,雍容授受,道迈隆古,盖自揖逊以来,实有光焉。圣上丕承慈训,嗣无疆之历,正统巍然,与天地并。其视尧、舜、禹之传,三朝之盛,兼有其美,帝王之极际,莫大于此。”③

二、元朝:“内蒙外汉”的自我点缀

与南宋时期相比,元朝耕织图的创作有两个不同的特点:一是耕织图的创作主要集中于元代中期,其中又以仁宗

---

① 参见[美]孟久丽(Julia K. Murray):《作为艺术家和赞助人的宋高宗:王朝中兴》,[美]李铸晋编:《中国画家与赞助人——中国绘画中的社会及经济因素》,石莉译,天津人民美术出版社2013年版,第25—33页。

② [美]高居翰:《中国绘画中的政治主题——“中国绘画中的三种选择历史”之一》,杨振国译,《广西艺术学院学报》2005年第4期。

③ 廖行之:《问正统策》,《省斋集》卷九,《四库全书珍本初集》本。

(1312—1321年)、英宗(1321—1324年)两朝为最;二是出现了非以“江南”为描绘区域的耕织图。之所以如此,与元朝的政治与社会现实是紧密相关的。

前已述及,南宋正统观的一个重要转变便是开始极力强调“华夷之辨”,并以之否认金朝政权的正统性。对此,早在宋金对立时期,金人就做了极力反驳,认为夷狄也是人,夷狄有文化,也一样高贵。[1] 1234年,蒙古灭金,占领了广大的中原之地。当是时,北方汉地有关正统论讨论的一个重要主题是对“夷夏之辨”“夷夏之防”的突破,并且参与讨论的并不是女真、蒙古等被称为“夷狄”的人,而是绝大部分为汉族知识分子。如早在金未亡之时,赵秉文就称南宋为“岛夷”“蛮夷”。金灭亡后,修端在有关辽、金与南宋孰为正统的讨论中,也流露出对南宋的蔑视与愤恨,并对金的灭亡充满了惋惜之情。[2] 郝经更是对夷夏之防做了彻底突破:“窃惟王者王有天下,必以天下为度,恢弘正大,不限中表而有偏驳之意也;建极垂统,不颇不挠,心乎生民,不心乎夷夏而有彼我之私也。故能奄有四海,长世隆平,包并遍覆,如天之大,使天下后世推其圣而归其仁”[3];“圣人有云:‘夷而进于中国,则中国之。’苟有善者,与之可也,从之可也,何有于中国、于夷?”[4]作为汉人,他们之所以没有

---

① 参见赵永春:《金人自称“正统”的理论诉求及其影响》,《学习与探索》2014年第1期。

② 参见修端:《辨辽宋金正统》,苏天爵编:《元文类》卷四五《杂著》,商务印书馆1958年版,第650—653页。

③ 郝经:《上宋主请区处书》,李修生主编:《全元文》第4册,江苏古籍出版社1999年版,第108—109页。

④ 郝经:《辨微论·时务》,李修生主编:《全元文》第4册,江苏古籍出版社1999年版,第259页。

“华夷之辨”的观念并更认同金的正统地位，只因他们是金的臣民，已完全接受并认同了金的宗主国地位。因此，蒙古灭金之后，他们虽也有惋惜之情，但没有像南宋被灭后宋遗民那样持有强烈的仇恨心态，很快便接受、认同了蒙古的正统地位，如耶律楚材就从天命、威德以及政权实力的角度论证了蒙古政权的正统性。[①] 事实上，元世祖之所以发动灭宋战争，“正统云者，犹曰有天下云尔”[②]的正统观正是一个重要驱动因素：

> 至元四年十一月，(刘整)入朝……又曰：“自古帝王，非四海一家不为正统。圣朝有天下十七八，何置一隅不问，而自弃正统耶?”世族曰：“朕意绝矣!”[③]

作为一个兴起于蒙古草原的民族，蒙古人传统是“逐水草而居”的游牧生活，并不事农耕。因此，蒙元初年的诸位统治者，从成吉思汗到蒙哥汗均不重视农业生产。相比之下，第一位真正开始关注农业生产的蒙古大汗为忽必烈。1251 年，蒙哥汗即位后，派忽必烈去治理漠南地区。在此期间，在刘秉忠等儒士幕僚的帮助下，忽必烈采取了一系列发展农业生产的措施。对忽必烈鼓励与发展农业生产的一系列措施，《元史·食

---

① 参见刘晓：《耶律楚材评传》，南京大学出版社 2001 年版，第 212—219 页。

② 苏轼：《正统辨论·中》，苏轼撰，郎晔选注：《经进东坡文集事略》卷一一《论》，文学古籍刊行社，1957 年，第 149 页。

③ 宋濂等：《元史》卷一六一《刘整传》，中华书局 1976 年版，第 3786 页。

货一·农桑》评价云:“农桑,王政之本也。太祖起朔方,其俗不待蚕而衣,不待耕而食,初无所事焉。世祖即位之初,首诏天下,国以民为本,民以衣食为本,衣食以农桑为本。于是颁《农桑辑要》之书于民,俾民崇本抑末。其睿见英识,与古先帝王无异,岂辽、金所能比哉?”不过,笔者认为,忽必烈采取发展农业的措施,可能并没有多少提高自身王朝“正统性”的考虑在内。从时间上看,忽必烈一系列措施的颁布与实施,主要是在1279年彻底摧毁南宋之前,在他看来,“天下一统”才是最主要的任务及“正统性”的最主要的体现,而发展农业生产则主要是为“天下一统”提供必要的物质基础。

元代见于史籍记载的体系化耕织图主要有三部,即程棨的《耕织图》、杨叔谦的《农桑图》与忽哥赤的《耕稼图》,其中程棨的《耕织图》为最早的一部。据清乾隆皇帝在乾隆三十四年(1769)《耕织图》刻石的题识中称:“《耕图》卷后姚氏跋云:耕织图二卷,文简程公曾孙棨仪甫绘而撰之。织图卷后赵子俊跋,亦云每节小篆,皆随斋手题。今两卷押缝均有仪甫、随斋二印,其为程棨摹楼璹图本,并书其诗无疑。”①程棨生平事迹不详,只知系宋人程琳(986—1054年,卒谥文简)的曾孙,字仪甫,号随斋,安徽休宁人,是当时的书画家,人称“博雅君子”。程棨摹绘楼璹《耕织图》的具体年代,韩若兰认为是1275年②。若果如此,则此图就不能算元时所绘,应属南宋。但无论如何,

---

① 转引自王潮生:《中国古代耕织图》,中国农业出版社1995年版,第46页。

② Roslyn Lee Hammers, *Pictures of Tilling and Weaving: Art, Labor, and Technology in Song and Yuan China*, Hong Kong: Hong Kong University Press, 2011, pp. 35-36.

此图的创作似不会晚于元代初年，又似乎完全属个人行为，并未如楼璹《耕织图》那样受到皇帝与朝廷的重视与推广。因此，程棨《耕织图》的绘制，应该与“正统性”的宣扬并无多少关系。

与程棨《耕织图》相比，杨叔谦《农桑图》的绘制，则具有比较强的、宣扬王朝“正统性”的味道在里面。之所以如此，与元灭南宋后所面临的社会舆论形势及元廷自身的治国方略有直接关系。1279 年，元军彻底摧毁南宋最后的抵抗力量，最终实现了“天下一统”。“但现在忽必烈可能面临更加难以对付的局面，因为他必须获得他征服的汉人的效忠。为赢得他们的信仰和支持，他不能仅仅表现为一位只对中国南方财富有兴趣的‘蛮人’占领者。”①唐五代以后，经过沙陀、北汉、辽、金等几百年的统治，北方民众早已习惯并接受了“异族”的统治，因此对他们来说，蒙古人的到来，更多的只是换了一个统治的“异族”而已。但南方地区却截然不同，此地历史上从未“遭遇”过“异族”统治，因此民众在心理上完全无法接受蒙古这样一个“异族”征服者。尤其是经过南宋 150 余年的统治，在与金王朝的对峙过程中，民众脑海中早已被深深植入了“夷夏之辨”的观念。因此，虽然忽必烈采取了一系列相关措施，但这并未消除南方汉人的“敌意”。“在忽必烈的统治结束之前，其他的起义持续不断”，“总而言之，到忽必烈统治的后期，南方并没有完全统一，而且经济问题加上政治分裂在这个地区不断干扰着

---

① ［德］傅海波、［英］崔瑞德编：《剑桥中国辽西夏金元史》，史卫民等译，中国社会科学出版社 1998 年版，第 296 页。

元廷”。①

起义之外,更多的南方汉人则采取了不合作的态度,他们拒绝出仕,拒绝为蒙古人服务。大量知识分子还著书立说,攻击蒙古人的“蛮夷”身份,质疑蒙古人统治的正统性。作为忠于前朝的南宋遗民,他们的正统论更加强调“夷夏之辨”的观念意识,极力维护南宋的正统性。如林景熙就认为:“正统在宇宙间,五帝三王之禅传,八卦九章之共主,土广狭,势强弱不与焉。秦山河百二,视江左一隅之晋,广狭强弱,居然不侔,然五胡不得与晋齿,秦虽系年,卒闰也。”②相比之下,郑思肖对“夷夏之辨”的讨论则最具代表性。郑思肖,原名不详,宋亡后改名为思肖,字所南,号忆翁,皆含有忠于南宋皇室之暗示(“肖”是“趙”的一半)。宋亡后,他留居苏州,余生致力于义理和宗教的讨论,将对蒙古人的恨意埋藏在诗画作品与日常行为中。在《古今正统大论》《久久书正文》等文章中,他刻意强调了“夷夏之辨”,意在影射元朝的蛮夷身份并否认其正统性。“臣行君事,夷狄行中国事,古今天下之大不祥,莫大于是。夷狄行中国事,非夷狄之福,实夷狄之妖孽”,“君臣华裔,古今天下之大分也,宁可紊哉?”“尊天王,抑夷狄,诛乱臣贼子,素王之权,万世作史标准也”,“彼夷狄,犬羊也,非人类,非正统,非中国”。③ 正是因为不认同元朝的正统地位,所以许

---

① [德]傅海波、[英]崔瑞德编:《剑桥中国辽西夏金元史》,史卫民等译,中国社会科学出版社 1998 年版,第 320—321 页。

② 林景熙:《林景熙诗集校注》卷五《季汉正义序》,浙江古籍出版社 1995 年版,第 329 页。

③ 郑思肖:《郑思肖集》之《杂文·古今正统大论》《久久书·久久书正文》,上海古籍出版社 1991 年版,第 132、134、103 页。

多南宋遗民对元朝采取了不承认的态度，如王应麟、胡三省不用元的年号，潘荣在宋亡后则一直居于楼上，“秉节不履元地”。①

面对南宋遗民的攻击与批评之声，除了加强行政与军事的控制之外，元朝统治者并未采取针锋相对的“反驳”或“补救”措施，也并未如后世清朝那样对这些遗民个人采取相应的惩罚措施。个中原因，或许元朝统治者认为自己已做得足够好，比如重用汉族儒士、实行“汉法”、发展农业生产等；或许他们认为根本就不值得，如高居翰所认为的那样：“蒙古人知道郑思肖这批人的意图，但显然认为他们成不了气候。”②忽必烈去世后，他的孙子铁穆耳即位，是为成宗。《元史·成宗本纪》称其为“守成”之君，“成宗承天下混一之后，垂拱而治，可谓善于守成者矣”。也就是说，成宗在各方面政策上均继承了忽必烈的做法。③ 继成宗之后即位的为武宗海山。海山在位的时间虽然只有三年半，但却给元朝带来了深深的政治危机。世祖、成宗两朝，虽然在本质上奉行的是“内蒙外汉”的治国方略，即以蒙古俗为内核、以汉法为外围的方略④，但还是采取了大量的汉法措施并取得了一系列积极效果。但海山即位后，却一反世祖、成宗两朝的做法，弃“汉法”而大力向蒙古旧俗倾斜，如滥

---

① 参见王建美：《朱熹理学与元初的正统论》，《史学史研究》2006年第2期。

② ［美］高居翰：《隔江山色：元代绘画（1279—1368）》，宋伟航等译，生活·读书·新知三联书店2009年版，第8页。

③ 参见［德］傅海波、［英］崔瑞德编：《剑桥中国辽西夏金元史》，史卫民等译，中国社会科学出版社1998年版，第338—339页。

④ 参见李治安：《元代“内蒙外汉”二元政策简论》，《史学集刊》2016年第3期。

赐、滥爵、滥官等。经济上则大量增加税收,而对农业生产却又不甚重视。如至大二年(1309)夏四月,“壬午,诏中都创皇城角楼。中书省臣言:‘今农事正殷,蝗蝝遍野,百姓艰食,乞依前旨罢其役。’帝曰:‘皇城若无角楼,何以壮观!先毕其功,余者缓之。’”①总之,武宗海山一系列措施的实行,使元朝政治陷入深深的危机之中。在世祖、成宗大力实行“汉法”的前提下,都不能获得南方汉人对其“正统性”的认同,武宗复蒙古旧法的措施自更不会获得认同。

元至大四年(1311),海山去世,其弟爱育黎拔力八达即位,是为元仁宗。仁宗一上任,即将海山的主要大臣做了清洗,并将其大多数政策废止,与此同时也开始比较全面地实行“汉法”,如恢复科举考试(1315年)等。这其中的重要一项就是劝农,刊印了苗好谦的《栽桑图说》并将其散至民间,并颁布新令,勉励学校、劝课农桑。② 一系列劝农文的颁发,显示了元仁宗的重农之意。仁宗之所以能实行这些政策,与他深受儒士的影响有直接关系。十几岁起,他开始就学于儒士李孟,后来又任用了赵孟頫等诸多汉儒,还与许多艺术家有交往,因此非常熟悉儒家学说和中国古代历史。同时,他还能够读写汉文和鉴赏中国绘画与书法。③ 正是在此大背景下,《农桑图》被绘制出来并进献给了元仁宗。对此,赵孟頫曾有记载:

---

① 宋濂等:《元史》卷二二《武宗本纪一》,中华书局1976年版,第511页。

② 参见柯劭忞等撰:《新元史》卷六九《食货志二·田制农政》,吉林人民出版社1995年版,第1589—1590页。

③ 参见[德]傅海波、[英]崔瑞德编:《剑桥中国辽西夏金元史》,史卫民等译,中国社会科学出版社1998年版,第347页。

延祐五年四月廿七日，上御嘉禧殿，集贤大学士臣邦宁、大司徒臣源进呈《农桑图》。上披览再三，问作诗者何人？对曰翰林承旨赵孟頫；作图者何人？对曰诸色人将提举臣杨叔谦。上嘉赏久之，人赐文绮一段，绢一段，又命臣孟頫叙其端。臣谨奉明诏……钦惟皇上以至仁之资，躬无为之治，异宝珠玉锦绣之物，不至于前，维以贤士、丰年为上瑞，尝命作《七月图》，以赐东宫。又屡降旨设劝农之官，其于王业之艰难，盖已深知所本矣，何待远引《诗》《书》以裨圣明。此图实臣源建意令臣叔谦因大都风俗，随十有二月，分农桑为廿有四图，因其图像作廿有四诗，正《豳风》因时纪事之义，又俾翰林承旨臣阿怜怗木儿，用畏吾尔文字译于左方，以便御览。①

从赵孟頫的记载可知，《农桑图》是在集贤大学士邦宁、大司徒源的主持下，由诸色匠人杨叔谦绘制的，并由翰林承旨赵孟頫进行题诗。邦宁，即李邦宁，其本为南宋宫廷的一名小太监，宋亡后随瀛国公（端宗赵昰）入元庭，后受元世祖重用，累官至集贤大学士，《元史》有传。大司徒源，不知为何人。杨叔谦，生平事迹不详，只知其为宫廷画家，潘天寿称其善画“田园风俗”②。赵孟頫，本为南宋皇室后裔，于1286年被忽必烈征召入京为官，累官至翰林院承旨，进封魏国公，《元史》亦有传。

---

① 赵孟頫：《松雪斋诗文外集·〈农桑图〉叙奉敕撰》，上海涵芬楼影印元沈伯玉刊本。

② 潘天寿：《中国绘画史》，上海人民美术出版社1983年版，第160页。

笔者推断,《农桑图》可能正是在李邦宁与赵孟頫的建议之下绘制的,二人同为南宋“遗民”,且与南宋皇家关系密切,对楼璹《耕织图》及随后据其所绘之《耕织图》应该都比较熟悉。两人之所以未在世祖、成宗朝建议绘制体系化的耕织图,一方面可能是因为当时两人地位较低,另一方面也可能是因为他们觉得世祖、成宗推行“汉法”的热情与力度还不够。事实上,忽必烈当政期间的政策是逐渐趋向保守的。以对儒士的态度为例,即逐渐由信任与重用转为疏远与压制,到最后更是弃置不用。[①]

元仁宗推崇并奖励《农桑图》创作的目的,在于“借此证明他重视汉族的农耕生活——一种与他自己祖先截然不同的谋生方式”[②]。而其背后的根本目的,则在于扭转海山在位期间造成的不良影响,以凸显元王朝的非“蛮夷”性与正统性。不过需要注意的是,《农桑图》并非如南宋诸耕织图那样是以“江南”为描绘区域的,而是“大都风俗”。之所以如此,很大程度上应该与元统治者对原南宋“故土”的不待见有关,四等人制就是一个典型体现。尤其是东南,也即江南地区,曾是南宋故都所在,因此当地的汉人更受歧视。正如忽必烈强迫汉人书记官用白话书写一样,他认为“采纳文言文意味着文化上对汉人

① 参见申友良:《论忽必烈与儒士关系的转变》,《贵州民族研究》2006 年第 1 期。

② [美]魏玛莎:《蒙元宫廷(1260—1368)之绘画与赞助研究》,[美]李铸晋编:《中国画家与赞助人——中国绘画中的社会及经济因素》,石莉译,天津人民美术出版社 2013 年版,第 34 页。

的屈从"[1],元仁宗可能也有同样的心态——虽然他曾大力推行汉法。另外,从"用畏吾尔文字译于左,以便御览"来看,我们不能过于夸大元仁宗的汉文读写能力。但无论如何,《农桑图》的绘制还是开了一个好头。仁宗的儿子英宗硕德八剌同样对农桑题材感兴趣,他下令绘制《麦蚕图》于寺庙墙壁之上,以供人观瞻,泰定皇帝也曾命人创作了画名相同的作品。[2] 在皇帝的直接与间接支持下,赵孟頫、塔失不花、陈琳等均绘制了《豳风图》,借以传达元代朝廷的重农、劝农、恤农之意。[3]

元朝可以说是中国历史上一个比较特殊的朝代,作为一个由蒙古族建立的统一王朝,在其近百年的统治过程中,并未实现传统史学家们所一再强调的"汉化"或"华化"。之所以如此,与蒙古统治者所实行的蒙汉结合,以"蒙"为核心、以"汉"为外围的治国方略有直接关系。[4] 因此,我们似乎不能过分夸大元代行"汉法"的积极效用。如以广受汉人知识分子欢迎的科举制为例,从 1315 年开科取士,到 1366 年,共进行了 16 次,但仅录取进士 1139 人,数量上还不如宋代一科多。因此,"说

---

① [德]傅海波、[英]崔瑞德编:《剑桥中国辽西夏金元史》,史卫民等译,中国社会科学出版社 1998 年版,第 313 页。

② 参见[美]魏玛莎:《蒙元宫廷(1260—1368)之绘画与赞助研究》,[美]李铸晋编:《中国画家与赞助人——中国绘画中的社会及经济因素》,石莉译,天津人民美术出版社 2013 年版,第 35 页。

③ 参见李杰荣:《元代重农思想与〈豳风图〉的创作》,《农业考古》2015 年第 4 期。

④ 参见李治安:《元代"内蒙外汉"二元政策简论》,《史学集刊》2016 年第 3 期。

句极端的话,元代的科举只是聊胜于无,或者说几等于无而已”①。即使向汉法倾斜的英宗,也曾下诏“敕四宿卫、兴圣宫及诸王部勿用南人”②。而剑桥《元史》的编纂者也提醒我们,不能只单纯地站在中国的角度看元朝,还应站在欧亚“大蒙古国”的角度来看元朝。正是因为需要极力协调好中国内地与草原帝国的关系,元朝统治者才采用了这种蒙汉集合的治国方略。这导致“元朝在中国漫长的政治史上从未成为正常的时期”,以至于“1368 年蒙古人被赶出中国的时候,他们身上仍旧保留着草原民族的基本特征”。③ 耕织图的绘制是重农的体现,重农又是汉法的重要体现,而汉法只是蒙元王朝政治统治政策的外围而已。因此,耕织图的绘制,归根到底只是元朝“内蒙外汉”政策的一个点缀。

三、清朝: 积极主动的自我宣扬

清代是中国古代体系化耕织图创绘的高峰期,出现了多种形式的耕织图,既有宫廷御制的,也有地方自制的;既有描绘耕织的,也有宣扬棉业和蚕桑的;形式上,既有绘画作品,也有石

① 王瑞来:《近世中国:从唐宋变革到宋元变革》,山西教育出版社 2015 年版,第 305 页。

② 宋濂等:《元史》卷二八《英宗本纪二》,中华书局 1976 年版,第 620 页。

③ [德]傅海波、[英]崔瑞德编:《剑桥中国辽西夏金元史》,史卫民等译,中国社会科学出版社 1998 年版,第 421、422 页。

刻、木刻等。[①] 清代之所以会出现形式多样的耕织图,是与帝王的重视及提倡分不开的,尤其是清前中期的康雍乾三朝。而这三朝帝王,之所以提倡、重视耕织图的绘制与刊刻,很大程度上又是与宣扬王朝统治的合法性与正统性直接相关的。“帝国皇权的目的就是为了加强统治并使其合法化……虽然我们过去曾经是游牧民族,但是现在我们同样能够理解汉人的需求,并且已经对国家施行稳定而仁慈的管理。”[②]作为又一个由少数民族建立的全国性政权,清统治者一开始就将“正统性”作为王朝建构的核心问题之一而加以重视,正如杨念群所认为的那样,“正统性”才是理解清朝历史的关键所在。[③] 因此,与元代不同的是,定鼎之初,清代统治者就开始了耕织图的绘制与刊刻。

南宋以后,“严华夷之防”成为正统论的核心思想之一。南宋、元代,由于存在比较激烈的民族矛盾与冲突,自不必说,即使明代,这一观念也仍在知识分子心中根深蒂固地存在着。如明初的方孝孺就说:“正统之名,何所本也? 曰:本于《春秋》……《春秋》之旨虽微,而其大要,不过辨君臣之等,严华夷之分,扶天理,遏人欲而已。”[④]其后如明中叶的丘濬,明末

---

① 参见中国农业博物馆编:《中国古代耕织图》,中国农业出版社1995年版,第77页。

② [美]高居翰:《中国绘画中的政治主题——“中国绘画中的三种选择历史”之一》,杨振国译,《广西艺术学院学报》2005年第4期。

③ 参见杨念群:《诠释“正统性”才是理解清朝历史的关键》,《读书》2015年第12期。

④ 方孝孺:《逊志斋集》卷二《杂著 · 后正统论》,宁波出版社2000年版,第56、57页。

清初的王夫之、黄宗羲、顾炎武等,仍在坚持这一思想。如王夫之说:"天下之大防二:中国、夷狄也,君子、小人也。"①黄宗羲:"中国之与夷狄,内外之辨也。以中国治中国,以夷狄治夷狄,犹人之不可杂之于兽,兽不可杂之于人也","宋至亡于蒙古,千古之痛也。"②1640年,清军攻入北京,随后挥师南下,并于康熙元年(1662)最终消灭了南明永历政权,奄有除台湾外的中国本土之地,于是由"异族"建立的政权又一次占有了中国之地。面对清军的咄咄紧逼,各地人民纷纷掀起了武装抗清斗争,但在清军强大军队的镇压下很快便土崩瓦解。武装抗清失败后,明遗民们开始更多地拿起"文化"的武器展开了对清王朝的攻击,而"夷夏之辨"又成为他们最主要的"武器"之一。

清初,很多人都从"夷夏之辨"的角度对清王朝进行了批判与攻击,比较著名的如吕留良、曾静等。"中华之外,四面皆是夷狄。与中土稍近者,尚有分毫人气,转远转与禽兽无异","华之于夷,乃人与物之分界,为域中第一义","夷狄异类,詈如禽兽",将清廷视为禽兽、夷狄,用文化上的优越感来平衡现实中的政治挫败感。在此基础上,他们又认为"华夷之分,大于君臣之伦","人与夷狄无君臣之分",以此来否认清王朝的正统地位。而对进犯中国的"夷狄",必须要"杀而已矣"。"夷狄侵凌中国,在圣人所必诛而不宥者,只有杀而已矣,砍而已

---

① 王夫之:《船山全书》第10册《读通鉴论》,岳麓书社1988年版,第502页。

② 黄宗羲:《留书·史》,《黄宗羲全集》第11册,浙江古籍出版社1993年版,第12、11页。

矣,更有何说可以宽解得?”①正是基于对故国大明的追思及对清王朝“夷狄”身份的鄙视与愤恨,清初大量明遗民采取了不合作、不认同的态度,一如元朝初年。如王夫之、张履祥等,在清初所写的著作中不用清年号,而改用干支纪年法。陈确更是为不食清粟,求削儒籍、弃诸生。②

面对清初各地人民的武装抗清及不承认、不认同的态度,清初统治者采取了“刚”“柔”相济的统治策略。清政府先是对各地抗清运动进行了武装镇压,很快平定了各地抗清斗争并攻灭了南明政权。抗清斗争虽被很快平定,但各地民众的拼死抵抗也让清初统治者深刻认识到,武力虽可以定天下,却不可以收服人心,尤其是那些作为汉族儒家文化代言人、社会舆论引导者的精英士大夫们。正如康熙所认为的,士人之心,只能以智谋巧取,不可以用武力强夺。③ 清廷不能收服人心,也就无法真正实现天下的长治久安。于是从清太祖努尔哈赤到康熙朝,清初统治者的思想逐渐发生了改变,即由重武尚战转变为标榜理学与教化。④

为收服人心、维护统治、宣扬王朝合法性与正统性,清代康雍乾三朝采取了种种相关措施。清政府对汉人知识分子所秉

---

① 雍正帝:《大义觉迷录》,沈云龙主编:《近代中国史料丛刊》第36辑,(台北)文海出版社1966年版,第80、108、172、174、175页。

② 参见孔定芳:《清初朝廷与明遗民关于“治统”与“道统”合法性的较量》,《江苏社会科学》2009年第2期。

③ 转引自孔定芳:《清初遗民社会:满汉异质文化整合视野下的历史考察》,湖北人民出版社2009年版,第246页。

④ 参见王俊才:《论清初统治思想的演变》,《河北师范大学学报》(社会科学版)1999年第1期。

持的“严夷夏之防”观念(这正是明遗民不认同清王朝的最根本支持理念)进行驳斥与破除,这在雍正六年(1728)曾静鼓动岳钟琪反叛案后,雍正帝亲自撰写的《大义觉迷录》中有深刻体现。雍正认为,“盖从来华夷之说,乃在晋、宋六朝偏安之时,彼此地丑德齐,莫能相尚。是以北人诋南为岛夷,南人指北为索虏。在当日之人,不务修德行仁,而徒事口舌相讥,已为至卑至陋之见”。对于明遗民斥满人为“禽兽”之说,雍正认为,“禽兽之名,盖以居处荒远,语言文字不与中土相通,故谓之夷狄,非生于中国者为人,生于外地者不可为人也”,“《春秋》之书分华夷者,在礼义之有无,不在地之远近”,“中国之人,既有行习类乎夷狄者,然则夷狄之人,岂无行同圣人者乎?”“德在内近者,则大统集于内近;德在外远者,则大统集于外远”,而大清作为有德政、知礼义之王朝,“仰承天命,为中外臣民之主,则所以蒙抚绥爱育者,何得以华夷而有殊视。而中外臣民既共奉我朝以为君,则所以归诚效顺、尽臣民之道者,尤不得以华夷而有异心”。[①] 总括言之,《大义觉迷录》主要包括宣德、正名、示警三个方面的内容,“但最终都归结到夷狄之争上”,“是雍正在面临中原汉族反清势力的进攻时,为维护自己统治合理性的一次全面宣传,借以消除百姓对其统治的敌意”。[②] 乾隆则把攘夷的观念历史化,强调清人虽是金人后裔,但承袭的却是元明正统一脉,通过重构血缘与地缘关系,破除了宋代以来

---

① 雍正帝:《大义觉迷录》,沈云龙主编:《近代中国史料丛刊》第36辑,(台北)文海出版社1966年版,第5—6、155、7、3页。

② 陈文祥:《从〈大义觉迷录〉看雍正的华夷观》,《青海师范大学学报》(哲学社会科学版)2013年第4期。

以种族辨夷夏的正统观。[①] 除理论上的宣传与反驳外,清初统治者还采取了一系列实际措施,以破除民众对自己"夷狄"身份的认定,如举山林隐逸、开博学鸿儒科、开明史馆、祭祀明太祖、开经筵讲习等。当然,清初统治者的政策并不总是"温情脉脉"的,也有其"残酷血腥"的一面,"文字狱"就是一个典型。如仅乾隆四十三年至四十八年(1778—1783)这六年中,就发生文字狱案41起。而文字狱的最终目的,则在于确立大清王朝的正统意识与观念。[②]

农业生产是国家立足的根基,因此重农、劝农亦是清初统治者采取的重要措施之一。如康熙皇帝就曾亲撰《农桑论》,希望"使天下之民咸知贵五谷,尊布帛,服勤戒奢,力田孝悌而又德以道之,教以匡之,礼以一之,乐以和之,将比户可封而跻斯世于仁寿之域"[③]。前已述及,农业是"华夷之辨"的前提与基础所在。在明遗民陈确看来,"农"也是人与禽兽相区别的根本所在,所谓"人之所以异于禽兽者,农焉而已矣"[④]。而在明遗民心目中,满人恰是"罥如禽兽"。因此,对农业的关注亦是宣扬大清王朝正统性的重要举措之一,而这又正契合了清初明遗民的心态与观念。"闯贼"祸起、清兵南下,繁荣富庶、强

---

① 参见杨念群:《何处是"江南":清朝正统观的确立与士林精神世界的变异》,生活·读书·新知三联书店2010年版,第264—269页。

② 参见霍存福:《从文字狱看弘历的思想统治观念》,《吉林大学社会科学学报》1998年第6期。

③ 玄烨:《康熙御制文集》卷一八,(台北)学生书局1966年版,第293页。

④《陈确集·文集》卷一一《古农说》,中华书局1979年版,第268页。

盛一时的大明王朝转瞬间土崩瓦解,那究竟是什么导致了如此结局的呢?对此,清初遗民进行了深刻反思,如认为明代假道学、奢靡之风盛、重文而轻质等。[①] 另外,在他们看来,对“农”的忽视亦是导致明王朝灭亡的重要原因之一。“自古人士,未有读书而不能耕者。唐宋而降,学者崇于浮文,力田之业遂以目之农夫细民之所为,士君子罕顾而问焉。然未至以耕为耻如本朝之甚者也。”[②]为此,在清初明遗民中形成了一种重农、倡农的风气。如陈确认为:“季俗浇伪,胥为禽兽,惟农人勤朴,未失古风,而劳苦十倍于古。”[③]张履祥亦说:“稼穑之艰,学者尤不可不知。食者,生民之原,天下治乱、国家废兴存亡之本也。”[④]正是在这样的社会大背景下,耕织图得到了清初皇帝的大力推崇,并被大量绘制与刊刻。

清代第一套耕织图为康熙《御制耕织图》。康熙二十八年(1689),康熙南巡时有江南士人进呈宋楼璹《耕织图》残本,带回京城后,遂命宫廷画师焦秉贞依图重绘,并于康熙三十八年(1699)刊行。[⑤] 因康熙帝亲撰序文并题诗,故名《御制耕织图》。不过此图虽是据楼图而绘,却并非完全照搬,而是分别有所增减,“村落风景,添加作苦,曲尽其致,深契圣衷,锡赉甚

---

① 参见王汎森:《清初士人的悔罪心态与消极行为——不入城、不赴讲会、不结社》,《晚明清初思想十论》,复旦大学出版社 2004 年版。

② 张履祥:《杨园先生全集》卷二〇《问目·题刘忠宣公遗事》,中华书局 2002 年版,第 587 页。

③ 《陈确集·文集》卷一一《古农说》,中华书局 1979 年版,第 268 页。

④ 张履祥:《杨园先生全集》卷二三《问目·书里士事》,中华书局 2002 年版,第 659 页。

⑤ 参见王潮生:《清代耕织图探考》,《清史研究》1998 年第 1 期。

厚,璇镂板印赐臣工”①。对于绘制此《耕织图》的目的,康熙皇帝在序言中如是说:

> 朕早夜勤毖,研求治理,念生民之本,以衣食为天……爰绘耕织图各二十三幅,朕于每幅制诗一章,以吟咏其勤苦而书之于图。自始事迄终事,农人胼手胝足之劳,蚕女茧丝机杼之瘁,咸备极其情状。复命镂板流传,用以示子孙臣庶,俾知粒食维艰,授衣匪易。书曰:‘惟土物爱,厥心臧’,庶于斯图有所感发焉。且欲令寰宇之内,皆敦崇本业,勤以谋之,俭以积之,衣食丰饶,以共跻于安和富寿之域,斯则朕嘉惠元元之意也夫!②

康熙《御制耕织图》后,“厥后每帝仍之拟绘,朝夕披览,借无忘古帝王重农桑之本意也”③,雍正朝、乾隆朝也曾分别绘制有《耕织图》。雍正朝图由“雍正帝袭旧章命院工绘拟”④,画面、画目与康熙焦秉贞图基本相同,只是排列顺序稍有改动。乾隆《耕织图》是由乾隆命画院据画家蒋溥所呈元程棨《耕织图》摹本而作,不论在画幅、画目还是在画面内容上均与程图

---

① 张庚:《国朝画征录》卷中“焦秉贞 冷枚 沈喻”条,浙江人民美术出版社2011年版,第58页。

② 转引自中国农业博物馆编:《中国古代耕织图》,中国农业出版社1995年版,第200页。

③ 《清雍正耕织图之一(浸种)》,《故宫周刊》第244期,1933年,第455页。

④ 《清雍正耕织图之一(浸种)》,《故宫周刊》第244期,1933年,第455页。

相一致。另外，乾隆还曾令陈枚据康熙《御制耕织图》绘《耕织图》。此外，乾隆朝还曾绘有《棉花图》，详细描绘了棉花种植的基本环节与相关技术要领，乾隆还亲为之题诗，故此图又被称为《御题棉花图》。此后，嘉庆帝也曾补刊乾隆《耕织图》。而一系列图画的绘制与刊刻，主要目的在于彰显清王朝的重农、劝农之意。正如乾隆在为《耕织图》刻石所做题识中说的那样：“皇考御额，所以重农桑而示后世也。昔皇祖题《耕织图》，镂板行世。今得此佳绩合并，且有关重民衣食之本，众将勒之，贞石以示。”①而其背后的最终目的，则在于宣扬王朝的正统性与合法性，从而巩固自己的政权。

与元代不同的是，在清代由皇家资助或受到皇帝推崇的耕织图中，除《棉花图》外，全都是以“江南”为描绘区域的。这其中的原因何在呢？清初耕织图的绘制，基本上都以南宋楼璹《耕织图》为“母本”绘制而成，而楼图的描绘区域恰是“江南”，这是导致清初耕织图以“江南”为描绘区域的原因之一。除此之外，应该还有更深层次的意义在里面。作为宋代以后中国的经济与文化中心，“江南”在帝制统治中具有极为重要的象征意义。作为农业生产与商品经济的发达之地，早在明代，“江南”的概念就已超出纯地理的范围，而被赋予了“经济富庶区域”的含义。② 而作为文化发达之地，“江南”执全国文化之牛耳，那些著书立说、对清王朝进行猛烈抨击的明遗民，就主要位于江南地区。正如清高宗弘历所说的那样：“此等笔墨妄议

① 据中国农业博物馆编的《中国古代耕织图》（第132页）所载拓片整理而成。

② 参见周振鹤：《释江南》，钱伯诚主编：《中华文史论丛》第49辑，上海古籍出版社1992年版。

之事,大率江浙两省居多。"[①]相比之下,华北地区的人们基本上未进行抵抗,广大知识分子与文学之士,也很快就认同并接受了大清王朝的统治。[②] 因此,不论从哪个角度来说,要收服全国,必须收服"江南"。正如钱谦益所说的那样:"夫天下要害必争之地不过数四,中原根本自在江南。长淮汴京,莫非都会,则宜移楚南诸勋重兵,全力以恢荆襄。上扼汉沔,下撼武昌。大江以南,在吾指顾之间。江南既定,财赋渐充,根本已固,然后移荆汴之锋,扫清河朔。"[③]而从"正统性"的角度来说,收服江南人心更是必不可少。因此,与元代统治者对"江南"主要是压制与防范所不同,清初统治者对"江南"抱持的则是一种非常矛盾的心态,既要处处设防,又要时时拉拢。对此,杨念群有非常真切的描述:

> 清人尤其是清初帝王对"江南"往往抱有既恐惧又不信任,既赞叹不已又满怀嫉妒的心态……可以说,凡是在满人眼里最具汉人特征的东西均与"江南"这个地区符号有着密不可分的关联……如何使江南士人真正从心理上

---

① 《高宗纯皇帝实录》卷九六四"乾隆三十九年八月上"条,《清实录》第20册,中华书局1985年版,第1084页。

② 对此,桂涛曾以被誉为清初三大儒之一的孙奇逢为例做了说明,认为经历了明季北方战乱的孙奇逢,自然倾向于将明朝的灭亡视为王朝自身衰亡所致。相反,对至迟于1644年尚处于逸乐之中的江南士人而言,清兵南下才引致了世运的转移。如此,便导致了南北双方对于清朝入主的不同理解。桂涛:《"元初-清初"的历史想象与清初北方士人对清朝入主的认识——以孙奇逢为中心的考察》,《清史研究》2013年第3期。

③ 钱谦益:《钱牧斋致瞿稼轩书》,转引自陈寅恪:《柳如是别传》,生活·读书·新知三联书店2001年版,第1036页。

> 臣服,绝不是简单的区域征服和制度安排的问题……过去是对中原地区的占有具有象征的涵义,而对清朝而言,对中原土地的据有显然已不足以确立其合法性,对江南的情感征服才是真正建立合法性的基石。①

因此,以“江南”地区为耕织图的描绘区域,应该也带有收服江南人心、确定政治正统性的考虑在内。总之,经过清初诸帝的努力,大清王朝的“正统性”逐步被人们所接受与认同,“明遗民”作为一种存在也逐渐退出了历史的舞台。②

四、讨　论

以上我们对中国古代体系化耕织图与王朝正统性构建之间的关系做了大体论述,从中我们可以发现,不论是南宋、蒙元还是清代,耕织图的绘制与刊刻都得到了皇帝与朝廷的褒奖和宣扬,成为他们宣扬自身王朝正统性的一个面向。而耕织图与“正统性”之间之所以能够建立起联系,与南宋以后“华夷之辨”成为正统论建构的核心理念有直接关系,而其背后所根本体现出的又是传统中国以农为本、重农劝农的治国理念。

---

① 杨念群:《何处是“江南”:清朝正统观的确立与士林精神世界的变异》,生活·读书·新知三联书店 2010 年版,第 13—15 页。

② 对这一过程,可参见孔定芳:《清初遗民社会:满汉异质文化整合视野下的历史考察》,湖北人民出版社 2009 年版;杨念群:《何处是“江南”:清朝正统观的确立与士林精神世界的变异》,生活·读书·新知三联书店 2010 年版。

当然,对南宋、元、清三个王朝来说,情况又各有不同。南宋是由“华”(时人意义上的)所建立的王朝,按说本不该有正统性的忧虑,但由于军事衰败、国土促狭而偏安一隅,不论相对于金朝还是元朝而言,南宋都具有多方面的正统性“劣势”,于是只能通过文化与经济上的“优势”来弥补军事与国土面积(“统”)等方面的不足与“劣势”。相比之下,元朝与清朝作为由“夷”(时人意义上的)建立的王朝,在传统儒家文化(由“华”所主导)为基本治国指导思想的情况下,他们总是多少有些文化上的“不自信”。而为了破除这种“不自信”,改变主流观念对他们合法性与正统性的不认同,于是他们相应地采取了绘制与刊刻耕织图等在内的一系列“华”化措施。不过,仅就耕织图的绘制与刊刻所体现的情况而言,元与清亦有不同:清王朝非常积极与主动,建国之初即在帝王的支持下进行了耕织图的绘制与刊刻;元王朝则相对“消极”,一直到王朝统治的中后期才有相应的措施实行。之所以如此,应该与两个王朝不同的治国方略有直接关系:元王朝统治者必须要兼顾作为“本土”的蒙地与作为被征服地区汉地的实况,于是相应采取了“内蒙外汉”的政策;相比之下,清王朝就没有这方面的顾虑,虽然他们也采取了满汉分治的政策,但却是以“汉法”为根本核心的。

至于明代,既没有南宋偏安一隅的忧虑,亦没有元、清王朝“华夷之辨”的顾虑,因此也就没有帝王、中央政府等支持耕织图绘制与刊刻的情况存在。如今已知的、绘制于明代的体系化耕织图主要有三套,即邝璠《便民图纂·耕织图》、宋宗鲁的《耕织图》及仇英《耕织图》。《便民图纂》本质上是一部日用类书,其编纂者邝璠虽做过吴县知县,但此书却并没有获得帝王或中央政府的崇奉与支持。宋宗鲁的《耕织图》刊刻于明英宗天顺六年(1462),宋宗鲁时任江西按察佥事。关于此图,文献记载不多,因此其更详细的情况不得而知,国内至今亦未见其翻刻本[①],然整体来看,此图亦没有帝王或中央政府支持的迹象存在。至于仇英的《耕织图》,明显是个人兴趣之所为。仇英为明代著名的职业画家,据说为满足“市场”所需,他曾临摹过他所能接触到的所有唐宋绘画,以供创作之用。[②] 因此,现存于台北“故宫博物院”的这套《耕织图》,很可能就是他临摹古画的结果。总之,由于明代并没有“华夷之辨”的正统性顾虑,因此也就没有帝王或中央政府支持耕织图绘制与刊刻的情况存在。

耕织图与王朝正统性之间的关系,本质上是一种象征性意义建构。所谓象征,就是具有意义的现象,指向的是与其自身意义完全不同的其他意义[③],它旨在唤起或产生一种与时间、空间、逻辑或象征想象有关联的态度、系列印象或者行为模式[④]。据此,虽耕织图本意表达的是水稻种植与蚕桑、丝织生产,但其背后却能隐喻出王朝的正统性问题,也即与其自身意义完全不同的另一层意义。象征有两个基本构成要素,即“载

---

① 参见王红谊主编:《中国古代耕织图》,红旗出版社 2009 年版,第344 页。

② 参见[美]高居翰:《画家生涯:传统中国画家的生活与工作》,杨宗贤等译,生活·读书·新知三联书店 2012 年版,第 101—102 页。

③ Edward L. Bernays, “The Semantics of Symbols”, in Lyman Bryson Louis Finkelstein R. M. Maciver Richard McKeon (eds.), *Symbols and Values: An Initial Study*, Literary Licensing, LLC, 2011, p. 242.

④ Murray Edelman, *The Symbolic Uses of Politics*, Chicago: University of Illinois Press, 1985, p. 6.

体"与"意义"。载体是象征的表现形式,在此即耕织图;意义则是载体所承载、传达出来的意义,在此即王朝正统性问题。"载体"和"意义"紧密相关、不可分离。没有"载体","意义"就无法存在;没有"意义","载体"就只是一个普通物品或行为,也就不成其为"象征"。当然,"载体"与"意义"都是具有多样性的,两者间的对应关系也并非是唯一的。也就是说,耕织图背后的象征与隐喻意义,并非只有正统性问题,还有诸如重农劝农、勤政爱民、社会教化等象征寓意;正统性也并非只有耕织图才能凸显与表达,其他如国号、服色等也都是彰显正统性的重要元素与手段。另外,载体与意义之间的联系并非是自然而然建立起来的,而是人为建构的结果。而这种联系之所以能被建构起来,又是与一个社会或群体所在的文化脉络、社会情境等紧密相关的。就耕织图与正统性言之,两者之间之所以能建立起象征性联系,本质上与以农为本的治国理念有直接关系。

中国古代耕织图与正统性间的象征性建构与联系,又体现出中国传统政治的一个重要面向,即象征性特色,也是政治象征特色。当然,政治象征特色并非中国所独有,而是在古往今来、世界各地的政治运作中都广泛存在着。从政治运作的角度来说,政治过程可大体分为两个层次,即权力体系与象征体系。权力体系由政治制度、机构、职位及由它们多决定的政治结构组成,如政府、法律、军队等,政治权力渗透其中并为其提供保障;象征体系则由政治信念、价值观和各种象征符号所组成,如国号、服色、礼仪等,并在政府获取合法性方面起着关键性作用。①

① 参见马敏:《政治象征》,中央编译出版社 2012 年版,第 27 页。

在两个层次中,权力体系是"刚性"的,往往会通过直接的权力运作或暴力执行等手段进行政治操控与运作;象征体系则是"柔性"的,主要通过"和风细雨"的手段,潜移默化地发挥影响力。就两者的关系言之,虽然它们都是政治构成的重要组成部分,"象征性"可能是更为根本与主要的面向。"整个帝制中国实际运作的礼乐制度、政治制度及政策过程,实际上都是(以君权为中心)统治合法性信仰的象征系统。"①"中国传统政治论述的特色,在很大程度上,与其说是逻辑的,不如说是仪式的;其表达方式少有逻辑修辞之严谨的'证成',而更多地侧重于情感之调动与控制的'表演'。"②在这一象征体系下,统治者好比是演员,观众则是广大的民众,剧本则是经由历代积淀而成的、被人们所共同认可的政治意识、观念、仪式、符号等。演员表演的目的,在于努力使自己的演出被大众所接受与认可,并进而在此过程中向他们灌输自己的意识与观念。

在传统中国政治运作的过程中,象征体系可能并没有权力体系的作用那样直接与明显,但也确实发挥着重要的作用,权力体系要想真正实现自身,就必须依赖象征体系的运作。"在所有的社会中,政治象征和符号在政府获取合法性方面起着关键性的作用。政治社会化不仅是公众习得政治知识和技能的过程,它更是国家对公众灌输一套既定政治价值和观念,以培养政治忠诚的过程。而这一过程的实现,更多是以对政治象征

---

① 张星久:《象征与合法性:帝制中国的合法化途径与策略》,《学海》2011年第2期。

② 萧延中:《我们生活在一个"真正的真实"的镜像社会之中》,马敏:《政治象征》,中央编译出版社2012年版,"序"第18页。

的作用而达成的。"[①]关于中国传统政治,正如著名华裔学者陈学森(Hok-Lan Chan)所说的那样,"在中国,符号特性,包括正当性权威概念本身……以及与这些概念形影相随的仪式和象征,具有人为设计和精心修饰的倾向……统治者和其支持者通过大量的仪式操作以应对现实的政治需求……这些各种各样的象征,经常因应形势的不断变换、国家政治状况的更迭而得到加强。作为另外的政治手段,历朝历代统治者的即席表演,也为获得他们声称的合法性权威提供认可的支持"[②]。马起华认为,"象征"对"政治"的作用机制,可概括为八个方面,即"引起知觉""隐喻联想""引发认同""产生信仰""激发情绪""形成态度""支配行为""促进沟通"。[③] 也就是说,"象征"之于"政治",主要是通过思想引致的途径发挥作用的,重在通过对集体认同的训导和教化,展现、维持并强化共同体内部的某种意识与观念。

回到南宋、元代、清代耕织图的绘制与刊刻上来,可以发现这就是一种典型的政治象征性行为,因其并非是通过实际的官僚体系运作进行的,而更类似于一种褒奖性、提倡性的仪式行为。其意义的强调,更多是"说教式"的、一切尽在不言中的,而非法律、制度式的硬性话语。其意义的产生,明显是通过马起华所说的"引起知觉""隐喻联想""引发认同""产生信仰"这一模式展开进行的,即通过耕织图像本身及图像绘制这一行为本身,与人们头脑中已有的意识与观念产生共鸣,从而引发

---

① 马敏:《政治象征》,中央编译出版社 2012 年版,第 27 页。

② 转引自马敏:《政治象征》,中央编译出版社 2012 年版,第 20 页。

③ 马起华:《政治行为》,(台北)正中书局 1977 年版,第 165—168 页。

他们的联想与认同。而这种共鸣、联想与认同之所以能够发生,又是与上至帝王、下至普通百姓所共同持有的知识背景、价值理念等紧密相关的,如“以农为本”“华夷之辨”等。对没有这一“知识背景”的人而言,如现代人,耕织图及其创作,仅仅也就只是一种图像的绘制而已。因此,正如吉尔茨所说的那样,象征要想发挥其功用,就必须具有“公示性”(public)的特点,即必须让大家所熟悉与共知。① 当然,前已提及,耕织图绘制与刊刻的象征性意义,并非仅仅只是为了凸显“正统性”这一个面向,而是还有多重意义与价值,如彰显最高统治者重农耕、尚蚕织的统治理念,体现帝王对农业、农民的重视与关心;鞭策、劝诫各级官员重视农业生产、永怀悯农与爱农之心;教化百姓专于本业、勤于耕织;等等。② 另外,作为一种“仪式表演”,其程式与剧本也并不是一成不变的,而是会根据实际情况做出调整。明代之所以未有帝王或中央政府支持的耕织图绘制与刊刻,就因为没有此项“表演”的需要;元朝与清朝的不同,也是二者的表演舞台与面对观众有所不同的缘故。

① 参见王海龙:《导读二:细说吉尔茨》,[美]克利福德·吉尔茨:《地方性知识:阐释人类学论文集》,王海龙、张家瑄译,中央编译出版社2004年版,“导读”第39—40页。

② 参见王加华:《教化与象征:中国古代耕织图意义探释》,《文史哲》2018年第3期。

显与隐：中国古代耕织图的时空表达*

时间与空间是万事万物存在与发展的两个基本维度，但就人类社会而言，与自然科学意义上的时空间概念不同的是，时间与空间并非只是人类行动的外部环境，而亦是社会系统的重要组成部分。其既为人类社会所形塑，又在社会建构过程中发挥着重要作用，并深刻影响着人类的观念与意识。因此，在人类社会的诸多创造物中，都不可避免、或多或少地体现出某种特定类型的时空间观念。而图像作为人类把握有形世界的一个重要方式，自然亦不会例外。从表面来看，图像主要是一种空间性的艺术，这正如阿尔维托·曼古埃尔所说的那样："严格说来，讲故事是时间里的事，图画是空间里的。"①但这并不代表图像就没时间性的表达，只是这一"时间性"并不如"空间性"那样外显，而是隐含在图像的空间表达、情境描画与文字表述中的。在此，空间与时间紧密相交，借由"外显的空间"来表达"隐性的时间"。因此，对图像叙事来说，它的一个显著特点就是空间的时间化。② 所以，尽管图像类型众多、表现形态

---

* 本文原载于《民族艺术》2016年第4期。

① [加]阿尔维托·曼古埃尔：《意像地图——阅读图像中的爱与憎》，薛绚译，云南人民出版社2004年版，第13页。

② 参见龙迪勇：《图像叙事：空间的时间化》，《江西社会科学》2007年第9期。

多样,但在本质上却是相同的,即都有自己的空间性与时间性表达。正如刘斌所说的那样:“事实上,艺术中最本质、最具决定作用,也是最具魅力的因素之一,是对时间、空间的表现。”[①]虽然在实际表现过程中,它们一个是外显的,一个是隐含的。

耕织图,就是以农事耕作与丝棉纺织等为题材的绘画图像,在中国具有非常久远的历史,尤其在南宋以后,更是形成了以楼璹《耕织图》为首创的成体系化的耕织图像。[②] 具体来说,耕织图有广义与狭义之分。广义的耕织图是指所有与“耕”“织”有关的图像资料,如铜器或瓷器上的相关纹样、画像石与墓室壁画中的相关图像等。狭义的耕织图则仅指宋代以来呈系统化的耕织图,如南宋楼璹的《耕织图》、元代程棨的《耕织图》、清康熙的《御制耕织图》等,通过成系列的绘画形式将耕与织的具体环节完整呈现出来,并且配有诗歌等对图画做说明。那么作为中国古代留存下来的、为数不多的农事图像,耕织图中的空间与时间是被如何表达的呢?这正是本文所要探讨的主题。

作为人类文化表达的一种重要方式,图像是艺术学、历史学、人类学、民俗学、图像学等学科的重要研究对象。但在相关研究尤其是人文社会科学领域中,专门针对图像时空进行的探讨却相对不多。在少量相关研究中,刘斌从中西文化比较的视角,对中国与西方绘画中的不同时空表达方式进行了对比分析,认为中国人重时间,西方人更重空间。[③] 龙迪勇从理论分

---

① 刘斌:《图像时空论:中西绘画视觉差异及嬗变现象求解》,山东美术出版社 2006 年版,第 1 页。

② 关于中国古代耕织图概况,参见王潮生:《中国古代耕织图》,中国农业出版社 1995 年版。

③ 参见刘斌:《图像时空论:中西绘画视觉差异及嬗变现象求解》,山东美术出版社 2006 年版,第 16 页。

析的角度,对图像叙事的本质——空间的时间化进行了探讨,"即把空间化、去语境化的图像重新纳入时间的进程之中,以恢复或重建其语境"①。李彦锋对中国传统绘画的时间表现形式"顷间"(即最具包孕性的瞬间时刻)的历史发展进程做了论述,认为原始岩画多为一般性顷间,秦汉绘画为"决定性"顷间,隋唐佛教绘画与宋元之后的文人画则分别与场景性象征和符号性象征顷间相联系。② 程显毅等则对图像的空间关系特征做了描述与分析,认为其可分为相对空间位置信息和绝对空间位置信息两类,前一种关系强调的是目标之间的相对情况,后一种关系强调的是目标之间的距离大小以及方位。③ 具体到中国古代耕织图,虽然从 20 世纪初期起就开始受到中外学者的广泛关注并产生了大量研究成果④,但综而观之,可以发现专门从时空角度对其进行探讨的相关研究却暂付阙如。有

---

① 龙迪勇:《图像叙事:空间的时间化》,《江西社会科学》2007 年第 9 期。

② 参见李彦锋:《中国传统绘画图像叙事的顷间》,《南京艺术学院学报》(美术与设计版)2009 年第 4 期。

③ 参见程显毅等:《图像空间关系特征描述》,《江南大学学报》(自然科学版)2007 年第 6 期。

④ 代表性成果,如[日]渡部武:《〈耕织图〉流传考》,曹幸穗译,《农业考古》1989 年第 1 期;[日]中村久四郎:《耕织图所见的宋代风俗和西洋画的影响》,[日]《史学杂志》第 23 卷第 11 号,1912 年;中国农业博物馆编:《中国古代耕织图》,中国农业出版社 1995 年版;Roslyn Lee Hammers, *Pictures of Tilling and Weaving: Art, Labor, and Technology in Song and Yuan China*, Hong Kong: Hong Kong University Press, 2011;冯力:《图解历史、图示生活、图画艺术——南宋楼璹〈耕织图〉研究》,南京艺术学院硕士学位论文,2012 年;黄瑾:《康熙年间〈御制耕织图〉研究》,浙江理工大学硕士学位论文,2014 年;等等。

鉴于此,本文将在已有相关理论探讨的基础上,重点以南宋以来呈系统化的耕织图为主要探讨对象,结合中国传统时空观,对中国古代耕织图的时空间表达形式略作分析。

一、真实性与扁平化:耕织图的显性空间表达

刘斌认为,将中西相比较,"中国绘画多了一些倾向于时间性传达的诗的情致,而西方绘画则更多了一些倾向于空间性表现的雕塑般的感觉"①。但这只是就中西绘画比较而言的,并不是说中国绘画在时间表达上就是外显的、一览无余的。实际上就表象而言,中国绘画也仍旧是以空间性表达为主的——图像的空间叙事②性质决定了这一点。

虽然图像是一种外显的、空间性的艺术,但就广义的耕织图而言,其并不是一开始就有明显的空间性表达意向的。如河南辉县琉璃阁出土的采桑纹铜壶盖上的"采桑图"(见图1),画面上有两株桑树、七名携带篮子等器具的女子,虽然表达的意思比较明确,即女子在采摘桑叶,但图像的空间性表达却并不明显,图中没有一个具体、清晰的空间性场所存在,只是写意

① 刘斌:《图像时空论:中西绘画视觉差异及嬗变现象求解》,山东美术出版社2006年版,第16页。

② 关于空间性叙事,参见龙迪勇:《空间叙事研究》,生活·读书·新知三联书店2014年版。

性地表达了女子采桑这样的一个劳作场景。①

图1　(战国)《采桑图》②

相比之下,汉魏时期出土的大量画像石、墓室壁画等描写农事劳作场景的图像则有了改观,开始零星出现田埂、田垄、禾堆、树木、房屋等场景,具有具体空间性表达的苗头。但就整体言之,汉魏时期的农事图像,以行为动作的简单描绘为主,在空间表达上仍旧是不明显的。当然,这种空间性的缺乏不单单是当时农事图像所存在的问题,而是早期中国画的共同特点。正如著名中国绘画史家高居翰在谈到中国早期绘画时所说的那样:"这些形象构成图画时,它们就独立并列,并不相互融合在

① 对这一类型图像的题材性质,著名美术考古学家刘敦愿有不同的见解。他认为这类的图像题材虽是采桑,但主题思想却在于表现春游与歌舞,描写青年男女间的情爱。参见刘敦愿:《中国青铜器上的采桑图像》,《文物天地》1990年第5期。

② 中国农业博物馆编:《中国古代耕织图》,中国农业出版社1995年版,第2页。

一起,形象与形象之间,形象周围,都是空白的;空间除了把各个形象分割开来之外,本身并不存在。”①之所以如此,很大程度上应该与当时的绘画技法直接相关,即在风格上以写意而非写实为主。实际上直到唐代,写实的画风才日益盛行起来。②与此画风的转变相适应,唐五代时期具有明显空间性表达的农事图像开始变得越来越多,如甘肃敦煌莫高窟445窟的唐代壁画《耕获图》(见图2)、甘肃安西榆林窟38窟的五代壁画《耕获图》(见图3)等。这些图像虽然仍旧具有一定的写意意味,但远山、田园、树木、房屋等已是清晰可辨,具有了明显的空间性意向。

图2　(唐)《耕获图》③

---

①　[美]高居翰:《中国绘画史》,李渝译,雄狮美术印行,1984年,第15—16页。

②　参见[日]内藤湖南:《中国绘画史》,栾殿武译,中华书局2008年版,第33页。

③　中国农业博物馆编:《中国古代耕织图》,中国农业出版社1995年版,第25页。

图 3 （五代）《耕获图》①

至宋代，随着楼璹《耕织图》（今已不存）的创绘，成体系化的耕织图开始出现。作为历代绝大多数成体系化耕织图的"母图"，南宋楼璹的《耕织图》是楼璹在担任於潜县令时出于对皇帝农务之诏的响应及自己的悯农情怀，在实地调查的基础上据实情绘制而成的。"高宗皇帝，身济大业，绍开中兴，出入兵间，勤劳百为，栉风沐雨，备知民瘼，尤以百姓之心为心，未遑他务，首下务农之诏，躬耕籍田之勤。伯父时为於潜令，万忆民事，慨念农夫蚕妇之作苦，究访始末，为耕织二图。"②因此，楼璹的《耕织图》基本上是对当时、当地实际劳作场景的反映。此后的历代体系化耕织图（棉织图除外）基本上以楼图为基础绘制而成，只是在图幅、画面细节等方面稍有变动。而在绘画

① 中国农业博物馆编：《中国古代耕织图》，中国农业出版社 1995 年版，第 32 页。

② 楼钥：《〈耕织图〉后序》，转引自中国农业博物馆编：《中国古代耕织图》，中国农业出版社 1995 年版，第 192 页。

风格上,体系化耕织图承前代之画风,均具有明显的空间性表达意向。总体言之,中国历代耕织图的具体空间表现主要有两个,即田野与庭院,而这正是与“耕”“织”相对应的,即“耕”主要在田地中进行,而“织”则主要在庭院,也即家庭中进行。

农业生产最主要的生产资料是土地,因此历代耕织图的“耕”图所描绘的基本上是在家庭之外的野外空间。这些图幅主要采用中国传统的散点透视画法(康熙、雍正《耕织图》除外),运用上远下近的示意方法,将山石、树木、农田、道路、作物、劳作的人等要素纳入一个统一的画面中来,营造出一种强烈的空间感与真实感。① 以明代邝璠《便民图纂·耕织图》第10图“收割”(见图4)为例,远处是层层叠叠的小山,往前有枝叶茂密的大树、竹丛、乱石及已收割过的稻田,再往前是大块的田埂,上面长满了杂草,此外还有穿一身长袍、头戴冠帽、手持长柄伞的老者站立其上。最前面则是水稻田,为将田埂与田面进行区分,在两者相交之处又画上了低矮的断崖式堤岸,以便将田面凸显出来。田中是六个正在劳作的农夫,其中三个人挥镰收割,一个人在捡拾稻穗,一个人在捆稻把,一个人在挑稻把。总之,通过山、树、田埂等物的结合并加上人的活动,图像描绘出了一个明显的野外劳作场景与空间。当然,并非所有的耕作环节都是在野外进行的,除去大田劳作外,农具与肥料等生产资料准备、谷物加工等环节则通常并不是在野外而是在庭院、房屋中进行的,对此,耕织图中亦有明确反映。仍以邝璠《耕织图》为例,“牵砻”(见图5)、“舂碓”(见图6)、“上仓”(见图7)、

---

① 参见黄瑾:《康熙年间〈御制耕织图〉研究》,浙江理工大学硕士学位论文,2014年,第22页。

图 4 (明)邝璠《耕织图 · 收割》①

图 5 (明)邝璠《耕织图 · 牵砻》

---

① 中国农业博物馆编:《中国古代耕织图》,中国农业出版社 1995 年版,第 71 页。

图6 (明)邝璠《耕织图·舂碓》

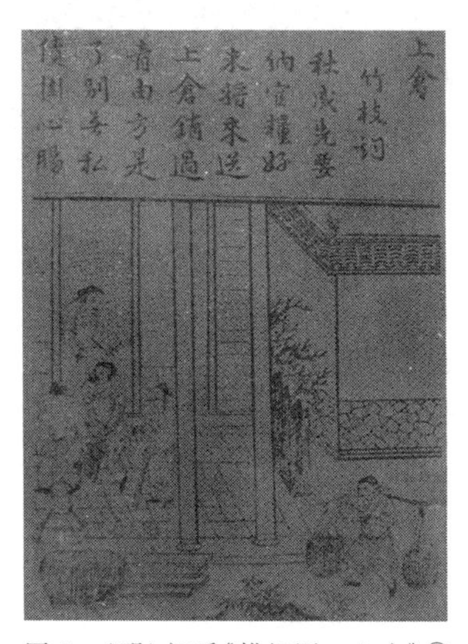

图7 (明)邝璠《耕织图·上仓》①

---

① 图5、图6、图7均出自中国农业博物馆编:《中国古代耕织图》,中国农业出版社1995年版,第72页。

“田家乐”(见图8,即收获后的农家聚饮)的空间场景,从梁柱、墙壁及其装饰、桌椅、屋瓦等的描画,即可明显看出是在房屋内进行的。

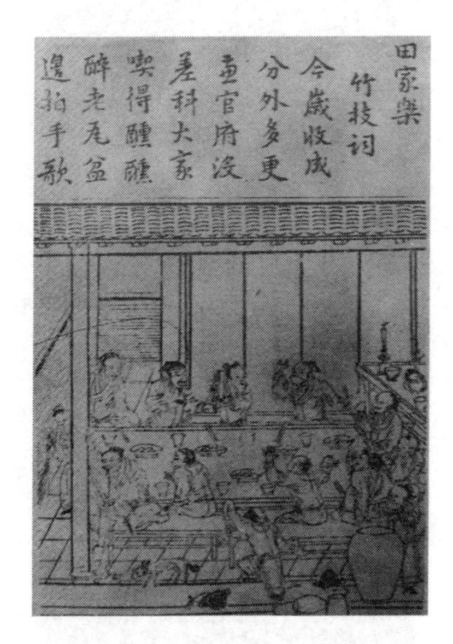

图8　(明)邝璠《耕织图·田家乐》①

与“耕”图所描绘的空间相反,“织”图的空间描绘则以室内为主。在具体表现手法上,画面多运用截景构图,将视平线设立在整个画面的上方,也就是采用较高的视点对画面进行呈现,具有明显的俯视意味。这样做的目的在于可以达到比较完整地展现庭院以及房舍内部的视觉效果,从而营造出一种明显的三维空间画面。以邝璠《耕织图》织图“炙箔”(见图9)为

① 中国农业博物馆编:《中国古代耕织图》,中国农业出版社1995年版,第72页。

图 9　(明)邝璠《耕织图·炙箔》①

例,其选取房屋的一侧来表现人物劳作的场景。廊柱、屋檐及瓦片、台阶、地面砖的描绘表现出一个明显的屋内空间,内有三个正在劳作的女性,另有一孩童趴在桌子上玩耍,画面表现生动而形象。除屋内空间外,还描绘了庭院空间,如假山、芭蕉与栏杆等。只是从这一空间描绘来看,这明显是一个大户人家,而非占民众主体地位的普通小民之家——实际上"小民"才是耕与织的主力军。这一角度则显示出,耕织图中的空间表现又具有示意性、浪漫化的意味在里面。当然,同于农业生产,蚕桑与丝织生产也并非完全是在室内进行的,如桑叶采摘,这在耕织图中也有反映。如邝璠《耕织图》的织图第 4

① 中国农业博物馆编:《中国古代耕织图》,中国农业出版社 1995 年版,第 74 页。

图“采桑”,从高大粗壮的桑树、杂草、竹丛等来看,明显是在野外进行的。

此外,耕织图对空间的描绘还具有明显的性别之分,即野外的田地空间基本由男性占据,而室内空间则基本由女性占据。这一点在历代体系化耕织图的描绘中都极为明显。之所以如此,与中国传统“男主外,女主内”及“男耕女织”的社会分工模式有直接关系。对于这一分工模式,早在《周礼》中就已有具体规定,即把涉及两性的活动空间和工作位置分成“公”“私”“内”“外”几个领域,即“公”与“外”是男性贵族的领地,而“私”与“内”则是妇女的活动空间。由此在一个家庭中,男女具有不同的角色与分工:男子的职分在于种田、做官、经商及对外交往联络等,主要活动空间在家外;女子的职分则是在家内,主“中馈”之事,如做饭、务蚕织等。这种“内”“外”之分,两千多年以来一直是在中国社会中占主导地位的分工模式。当然,这其中也有例外,如康熙《御制耕织图》的耕图“二耘”(见图 10),画面描绘的人物主角是两位妇女,其中一位挑壶担浆,明显表达的是馌饷,即往田间给忙碌耘田的农夫送饭的场景。正如清人王蔼如在《馌饷妇》诗中说的那样:“馌饷妇,朝朝持饷忙奔走。最是今年稂莠多,内外力田十余口,每日三餐妾独供,炊爨烹庖汗盈首。”[①]再比如织图部分第 8 图“上簇”(见图 11),明显是有关男性劳作的画面,而这亦是对真实情景的描画,所谓“自头蚕始生迄二蚕成丝,首尾六十余日,妇女劳

① 道光《塘湾乡九十一图里志·风俗》,中国地方志集成编辑工作委员会编:《中国地方志集成·乡镇志专辑》第 1 辑,上海书店出版社 1992 年版,第 195 页。

图 10 康熙《御制耕织图 · 二耘》①

图 11 康熙《御制耕织图 · 上簇》②

① 中国农业博物馆编:《中国古代耕织图》,中国农业出版社 1995 年版,第 86 页。

② 中国农业博物馆编:《中国古代耕织图》,中国农业出版社 1995 年版,第 91 页。

苦特甚。……男丁惟铺地后及缫丝可以分劳"[①]。

以上是就耕织图的总体空间描绘情况所言的，具体到单幅图像来说，每幅描绘的景象也有明显的空间关系存在。在此，所谓的空间关系，就是指图像所描绘的多个景象之间的相对方向关系或相互的空间位置。[②] 对于绘画中各物象之间的位置关系，中国古人很早就曾加以阐释。如南朝齐谢赫在其著名画论《古画品录》(被誉为"中国现存最古的论画著作"[③])中，提出了绘画"六法"作为评论绘画的规范与标准，其中第五法即为"经营位置"。所谓经营位置，就是绘画表现上的布局章法，即要根据所画物象的结构和格局，在画面上加以组织和布置。此后的一千多年中，谢赫所提出的绘画"六法"成为历代画家、批评家所遵循的法则，对中国传统绘画产生了深刻影响，耕织图自然亦不例外。由于中国绘画的"位置"是"经营"的，是随画家苦心组织和布置的，所以中国画尤其是山水画往往采用散点透视的方法，机动、巧妙地描绘画面景观。[④] 所谓散点透视(中国古代绘画的最主要技法之一)，也称移动视点，就是画家在作画时，观察点并不固定在同一个地方，而是根据需要，移动着立足点进行观察，凡各个立足点上所看到的东西，都可以组织到画面上来，比较典型的有《清明上河图》，不同人物与场景

---

① 程岱葊：《西吴蚕略》卷下《妇功》，《续修四库全书》第 978 册，上海古籍出版社 1995 年版，第 203 页。

② 参见汪彦龙等：《基于对象空间关系的图像检索方法研究》，《计算机技术与发展》2006 年第 1 期。

③ 谢赫：《古画品录》，王伯敏标注，人民美术出版社 1959 年版，第 1 页。

④ 参见谢赫：《古画品录》，王伯敏标注，人民美术出版社 1959 年版，第 6 页。

均可在一幅画中展现出来。[1] 与散点透视相对应的则是焦点透视,是为西方绘画的最主要特点之一。其技法是,画家作画时,只有一个固定的观察点,将所看到的景象按远近等描绘在画面上,其特征是能在平面上创造出一个三维立体空间,因而更为符合人的视觉真实。作为中国传统绘画的最重要技法之一,散点透视的运用对中国传统绘画的空间表现方式产生了直接而深远的影响。

通常来说,空间位置关系可分为两类,即绝对空间位置关系与相对空间位置关系。前一种关系强调各景象之间的距离大小以及方位,后一种关系则强调目标之前的相对情况,如上下左右关系等。[2] 就绘画而言,绝对空间位置关系与相对空间位置关系可大体对应焦点透视与散点透视这两种绘画技法。由于中国古代体系化耕织图主要承中国传统绘画之技法与特点,因此主要运用的是散点透视方法,相应的每幅图像的空间表现也就主要是一种相对空间位置关系。这一空间表现的最大特点是扁平化,即类似于平面展开,基本没有什么纵深可言,始终有一种平面摊开去的趋势,虽然与完全的平面效果并非完全相同。对这一特点,刘斌曾如是说:

---

① 关于中国传统绘画的散点透视运用,可参见李前军:《论"散点透视"在中国传统绘画中的运用》,《社科纵横》2008 年第 8 期;赵洋:《浅析中国画的散点透视》,《盐城工学院学报》(美术与设计版)2010 年第 4 期;等等。当然,也有人对这一提法深表怀疑,参见秦剑:《"散点透视"论质疑》,《西北美术》2008 年第 1 期。

② 参见程显毅等:《图像空间关系特征描述》,《江南大学学报》(自然科学版)2007 年第 6 期。

> 画面中的物象,都是在或左右、或上下的近乎平面式的推移中展开,自由自在,并无西方式的透视规律要求下的制约和秩序可循,即便是你的视线终于可以沿着重重叠叠的山峦或其他画面景物的引导有了一点可以向远处伸展过去的凭借,却马上便会遭遇到平平的、通常保留为空白的纸面的阻挡,使你的视线无法穿越,不得不又反转回来,"一元复始",重新开始前面的过程。如此翻来覆去,视线始终只能在一种近乎平面的时空中徜徉(此处的"近乎",意指画面尚有一定的视觉深度感,并非完全止于二维平面表现),所画物象的远近,也只能说是一种会意、暗示性的,点到为止。……这样,与西画具有大小比例强烈纵深感的画面相比,中国绘画的时空图式只能使我们得到一个前后不怎么分明的,近乎扁平或说"时空合一"的总体印象。①

当然,中国古代耕织图并非全部都是按散点透视法创作而成的,如康熙《御制耕织图》采用的就是焦点透视画法。此图的绘制者焦秉贞为"济宁人,钦天监五官正。工人物,其位置之自近而远,由大及小,不爽毫毛,盖西洋法也"②。也就是说,焦秉贞熟悉西方焦点透视画法,并将这一画法运用到了耕织图的绘制中。紧承康熙《御制耕织图》之后的雍正《耕织图》,完全据康熙御图而来,也采用的是西洋焦点透视画法。与散点透视画法相比,焦点透视的画面空间可以向纵深无限延伸,"使

---

① 刘斌:《图像时空论:中西绘画视觉差异及嬗变现象求解》,山东美术出版社2006年版,第21页。

② 张庚:《国朝画征录》卷中"焦秉贞冷枚沈喻"条,浙江人民美术出版社2011年版,第58页。

画面可以营造出一种符合视觉特点、类似客观真实的时空幻象”,“使我们得到了一种非常具有立体感的、似乎可以走进去的错觉”。[①] 随便翻开任何一幅康熙《御制耕织图》的图幅,这种感觉都会扑面而来。将《御制耕织图》与其他耕织图相比较,这种感觉就会更加强烈。以康熙《御制耕织图》耕图“浸种”(见图 12)与明邝璠《耕织图》耕图“浸种”(见图 13)[②]对比为例,康熙图的田埂位于画面的中上处,曲折延伸至天尽头,并最终虚化重合于地平线之内,块状的农田也随着场景距离的逐步增加而逐渐压缩。树木的描绘也完全符合近大远小的视觉真实,极大地增强了空间的透视感,并且在对树干部分的处理上形成了阴阳面,表现出一种真实的体积感。[③] 相比之下,邝璠图虽然也有用树木、田埂、农田、房屋等来表现明显的空间位置,但纵深与立体感却并不强烈,远处的树与近处的树差别也不明显。总之,与采用焦点透视画法的《御制耕织图》相比较,邝璠《耕织图》凸显了中国古代耕织图扁平化的主流空间表现特点。而这一对比,也间接展现出中国绘画与西方绘画的不同空间表现特点,正如著名美学家、哲学家宗白华先生所说的那样:“中西绘画里一个顶触目的差别,就是画面上的空间表现。”[④]

---

① 刘斌:《图像时空论:中西绘画视觉差异及嬗变现象求解》,山东美术出版社 2006 年版,第 20—21 页。

② 中国农业博物馆编:《中国古代耕织图》,中国农业出版社 1995 年版,第 84、69 页。

③ 参见黄瑾:《康熙年间〈御制耕织图〉研究》,浙江理工大学硕士学位论文,2014 年,第 22 页。

④ 宗白华:《美学散步》,上海人民出版社 1981 年版,第 136 页。

图 12 康熙《御制耕织图 · 浸种》①

图 13 邝璠《耕织图 · 浸种》②

① 中国农业博物馆编:《中国古代耕织图》,中国农业出版社 1995 年版,第 84 页。

② 中国农业博物馆编:《中国古代耕织图》,中国农业出版社 1995 年版,第 69 页。

二、事件性与空间化:耕织图的隐性时间表达

从表面来看,图像主要是一种空间性的艺术,但实际上其也有时间性的表达,虽然并不如空间表现那样明显。那作为图像之一种,中国古代耕织图中的"时间性"①究竟是如何被表达的呢?

场景描绘是耕织图表达时间的最主要方式。体系化耕织图的最大特色,就是将"耕"(水田稻作)与"织"(蚕桑与纺织生产)分解成一个个具体的工作环节,并按先后顺序将劳作场景加以描绘。以作为体系化耕织图"母图"的南宋楼璹《耕织图》为例,耕织合计共45幅图,其中耕图21幅,即浸种、耕、耙耨、耖、碌碡、布秧、淤荫、拔秧、插秧、一耘、二耘、三耘、灌溉、收刈、登场、持穗、簸扬、砻、舂碓、筛、入仓;织图24幅,即浴蚕、下蚕、喂蚕、一眠、二眠、三眠、分箔、采桑、大起、捉绩、上簇、炙箔、下簇、择茧、窖茧、缫丝、蚕蛾、祀谢、络丝、经、纬、织、攀花、剪帛。就每一幅图像而言,虽然只是对某一具体劳作场景的描绘,但也正透露出了其所暗含的时间性。而之所以如此,又与传统农业生产的节律性特点有直接关系。

① 李彦锋认为,时间性在宋元之后的文人绘画图像中逐渐减少甚至消失了,并且这种趋势一直延续到明清以至近代的中国画创作之中。参见李彦锋:《中国传统绘画图像叙事的顷间》,《南京艺术学院学报》(美术与设计版)2009年第4期。但这主要是就水墨山水画而言的,至少就《耕织图》来说,其所蕴含的时间性意味还是非常明显的。

农业生产是人与自然交互作用的活动过程。这其中，气温、降水等自然条件是基础性及最终的决定性因素，各项农事活动必须要遵循自然变化规律，也就是把握好农时，才能保证农业生产的顺利进行，正所谓“不违农时，谷不可胜食也”①。于是，一年之中，受自然节律的支配，农业生产活动从种植到收获也会表现出一定的节律性特点，也即农事节律。由于自然节律具有相对的稳定性特点，于是在农耕技术体系保持大体稳定的情况下，一个地区的农事节律特点也总是会保持大体稳定。也就说，在一个相对较长的时间段内，每年的耕耙、播种与收获等总会在大体相同的时间段内进行。正如流传下来的农谚所说的那样：“谷雨浸谷种，立夏落稻秧”；“清明种棉早，小满种棉迟，谷雨立夏正当时”；“寒露无青稻，霜降一齐倒”。② 蚕桑生产也同样如此，受桑树生长及蚕儿发育的影响，历年之中其各个环节也必须要依照自然节律按部就班地进行。正如江浙地区曾普遍流传的一句农谚所说的那样：“小满动三车。”所谓“三车”，即水车、油车、丝车是也。意思是说，每到小满时节，人们就要开动水车灌田、油车榨油（菜籽油）、丝车缫丝了。因此，对于一个熟悉农业生产的人来说，看到其中的某一幅图像，也就能立刻判断出这一图像所暗含的时间表达了。虽然这一时间表达可能只是一个大体的时间段，而非如现代钟表时间那样是一个确切的

① 万丽华、蓝旭译注：《孟子·梁惠王上》，中华书局 2010 年版，第 4 页。

② 农业出版社编辑部：《中国农谚》，农业出版社 1980 年版，第 23、28、31 页。

时间点。[①] 因此,中国古代耕织图的时间表达主要采用的是一种"事件性"的表现方式,也即"事件中的时间"表达方式。

所谓"事件中的时间",就是以某一个活动或事件的进行来代指某一时间。在此,时间表达被隐含于活动之中,再由各活动的进行来确定大体的时间点。之所以如此,是因为某一时间点(段)总是与某一个活动进程紧密相关,于是久而久之,人们也就把这一活动进程本身当作时间来看待了。比如,我们说"春天是万物生长的季节",那么看到万物生长时自然就会想到春天的到来。在此,就发生顺序来看,我们首先看到的是万物生长,然后才在脑海中浮现出"春天"这一时间概念。因此从时间的角度来说,这里春天与万物生长的逻辑关系被倒置了,也就是说,不是春天导致了万物生长,而是万物生长"产生"了春天。而归根到底,这一时间表达方式又是由传统农业时代那种以自然与农事节律为基准、不追求时间精确性的社会状态相适应的。近代以来,随着工业化的推进,人们的时间安排逐渐由以自然节律为基准转变为以机器运转及钟表时间为基准,于是就出现了由"事件中的时间"向"时间中的事件"的

---

① 事实上,中国传统时间观的一大特点就是模糊性,如人们经常会用"日上三竿""槐花开的时候""生我大儿子的那年"等时间性表达,所以以前经常有西方人批准中国人缺乏时间观念。对此,杨联陞辩护说:"应该记住,在机器时代以前,中国是一个农业国家,没有特殊的需要去注意一分一秒的时间。"(杨联陞:《帝制中国的作息时间表》,《国史探微》,新星出版社2005年版,第59页)因为,"这个确定的时间对于日常生活而言已经够准确的了"([美]明恩溥:《中国人的素质》,林欣译,京华出版社2002年版,第31页)。

转变。[1] 而在体系化耕织图被创制的年代，中国仍处于典型的农业生产状态下，自然节律仍是人们开展农事活动的基本标准，因此是一种典型的"事件中的时间"表达方式。由此，从这个角度来说，虽然图像的空间性要外显于时间性，但就历史发展而言，耕织图的时间性表达却要早于空间性表达。前已述及，早期的耕织图像并没有明显的空间性意识，只是对劳作场景的意向性描绘，但正是这一场景性描绘昭示了事件的发生时间（当然也可以争辩说，通过这一场景描绘也完全可以想象出劳作场景的发生地点）。中国早在商周时期就已形成了以农为本的经济与劳作生活模式，因此如战国采桑纹铜壶图案那样可以起到时间表达的作用是完全可能的。

除以场景描绘、即事件性的方式来表达时间外，耕织图还通过文字性表达来表现时间意象，即通过"诗画结合"的"诗"来加以表达。在中国绘画史上，"诗画结合"或"诗画一体"是一个重要传统。这一传统约在北宋时期产生，此后逐渐成为中国传统绘画的一种基本形式。"画以载形，诗以达志"，"诗"与"画"的结合，弥补了绘画表意功能的缺陷，起到了完善绘画作品与表达功能的作用。[2] 体系化耕织图作为中国传统绘画的一种，亦采用了"诗画结合"这一表现形式，每一幅图都配有相应的诗句以作说明，而这些诗句里往往就有时间性表达。在此以南宋楼璹《耕织图》题诗为例，耕图《拔秧》诗："新秧初出水，渺渺翠毯齐。清晨且拔擢，父子争提携。既沐清满握，再栉根

① 参见王加华：《传统中国乡村民众年度时间生活结构的嬗变——以江南地区为中心的研究》，《中国社会经济史研究》2014 年第 3 期。

② 参见范美霞：《画以载形，诗以达志——诗画结合别解》，《艺术广角》2011 年第 3 期。

无泥。及时趁芒种,散著畦东西。”这描写了芒种时节秧苗已齐,清晨时分,父子下田拔秧并对秧苗进行处理的情景。《插秧》诗:“晨雨麦秋润,午风槐夏凉。溪南与溪北,啸歌插新秧。抛掷不停手,左右无乱行。我将教秧马,代劳民莫忘。”这其中的“晨雨”“麦秋”“午风”“槐夏”,表达出了清晰的时间意象。再比如织图《下蚕》诗:“谷雨无几日,溪山暖风高。华蚕初破壳,落纸细于毛。柔桑摘蝉翼,簌簌才容刀。茅檐纸窗明,未觉眼力劳。”①“谷雨无几日”,说明了下蚕的具体时间段;“茅檐纸窗明,未觉眼力劳”,说明妇女们在整夜从事此项工作。总之,通过对图幅配以诗歌,耕织图进一步明晰了其所隐含的时间性表达。事实上,有一种观点认为,中国传统绘画之所以会形成“诗画一体”的创作风格,就是为了凸显绘画的时间性表达。“中国人不仅在绘画中传达时间性的意象,还用时间性的诗句对画中的物象加以渲染,从这层意义上说,中国人诗画一体的传统,不能不说与中国人侧重于时间性的时空观念有着某种内在的关联。”②

单纯就耕织图而言,可以通过空间场景内的事件描绘来彰显出图像的时间意涵。也就是说,图像的时间性主要是借助于空间性来加以表达的,也即时间的空间化。正如龙迪勇在谈到照片的时间性表达时所说的那样:“瞬间这一极短的、‘丧失了所有时间扩延的东西’,必须通过某种空间性的物质,才能真实地被我们所把握。由于照片把某一时空中的情景单元凝固

① 诗作见中国农业博物馆编:《中国古代耕织图》,中国农业出版社1995年版,第188—189页。

② 刘斌:《图像时空论:中西绘画视觉差异及嬗变现象求解》,山东美术出版社2006年版,第17页。

在图像中，所以我们说它以空间的形式保存了时间，或者说，在图像中，时间已经空间化了"，"因此，我们说，照片这一图像空间包孕着时间（雕塑、绘画等图像空间同样如此），也就是说，其图像的时间性是通过空间性表达出来的"。[①] 但是，若要实现图像的叙事目的，就必须要将空间化的时间重新加以时间化，也就是要反过来将空间再时间化。在图像叙事中，空间时间化的实现主要有两种方式：一是通过图像观看者的"错觉"或"期待视野"而实现观者对图像意义的理解与反应；二是组成图像系列，从而重建图像所描述事件的时间流（形象流）。前者表现为发现或者绘出"最富于孕育性的顷刻"，后者则是让人通过图像系列而感觉到某种内在逻辑、因果关联或时间关系。[②] 很明显，中国古代耕织图就是通过以上两种方式将空间化的时间再时间化的。首先，在一幅图中，绘出"最富于孕育性的顷刻"，即将耕与织最具代表性的劳作场景描绘出来，使图像观看者立刻就能明白其中所表达的意思；其次，将耕与织的主要劳作环节按照时间顺序一一描绘出来，形成一个完整的图像系列，从而让观者直观地体会到各环节间前后相继的时间关系。

由于图像的时间性表达主要是通过空间化来实现的，因此图像的空间表现方式将深刻地影响其时间表达方式。前已述及，中国古代耕织图主要是运用散点透视画法创制而成的，因此在空间表现上呈现出一种明显的扁平化特点，而这对耕织图

---

① 龙迪勇：《图像叙事：空间的时间化》，《江西社会科学》2007年第9期。

② 参见龙迪勇：《图像叙事：空间的时间化》，《江西社会科学》2007年第9期。

的时间表达产生了直接影响。画家绘画时的观察点不在同一个地方,而是“一种灵活多变、随心所欲,并能疾缓自如、可行可驻、无处不到、无所不及的动态式的观看”①,也就是采用的一种“游目式”的观察手法。由于采用的是“游目式”表现手法,因此耕织图在时间表达上就不是一个单纯的“时间点”,而是一个“时间段”。因为就一幅图像来说,无法一眼看上去就能找到一个中心点,而眼睛只能不停歇地上下、左右观看,这样必定表现的就不是一个“时间点”的景象,而只能是一个观看时的“时间段”中的景象。所以,绝大多数中国古代耕织图的空间表现才总是扁平而非立体的。相较之下,由于康熙《御制耕织图》与雍正《耕织图》运用了西洋焦点透视画法,采用的是定点而非游目式观察手法,因此每幅图像表达出来的时间感就是一个“时间点”而非“时间段”。也就是说,图像内所表达的场景就如同现代的照片一样,只能是一个瞬间内所发生的景象。正因为此,康熙《御制耕织图》与雍正《耕织图》看起来才是立体而非扁平的。在此,这种空间与时间相互影响的特点告诉我们,就耕织图(其他图像也同样如此)的时空表达而言,虽然我们为了论述的方便而将其做了一分为二式的分析,但其实两者是紧密结合并相互影响、相互建构的。

以上主要是就单幅图像的时间性表达而言的,而一套耕织图也有其自身的时间性表达在里面。由于耕织图是按时间的先后顺序来描绘耕与织的具体工作环节的,因此将多幅图像结合起来,我们就会有一种明显的连续性时间体验。与焦点透视

① 刘斌:《图像时空论:中西绘画视觉差异及嬗变现象求解》,山东美术出版社2006年版,第24页。

画法绘制而成的单幅图像的“时间点”表达不同，多幅图像的联结就明显是一种“时间段”的表达。但这一“时间段”又与散点透视画法下单幅图像的“时间段”有很大不同，是一种长时段（以“年”为时间周期）的“时间段”，而非极为短暂（可能只有几秒钟）的“时间段”。事实上，仅就表面来看，应该没有多少人能看出某一单幅图像内所暗含的“时间段”。各图像前后相继、连贯而行，这种多幅图像联结而成的时间段序列又特别容易给人一种时间滚滚向前、不可倒流的感觉，也就是一种线性时间感。事实果真如此吗？其实这只是一种错觉。之所以如此，是因为历代体系化耕织图只是对一个年周期内“耕”与“织”连续性场景的描绘，而事实上这些场景是每年都会重复进行的。农业生产的一大特点就是与自然节律相适应的周期性，春耕、夏耘、秋收、冬藏，日复一日，年复一年，农作物的播种、管理与收获总是在周而复始地进行。于是，在农耕技术体系保持大体稳定的情况下，一个地区的历年农事进程也就是大体稳定的，也就是说，同样的农活总会在每年的大体相同时段内进行。事实上，自精耕细作农作制度在秦汉时期最终确立，经过唐宋时期的大发展，中国传统农业技术体系就一直保持着持续的稳定性，尤其是到了明清两代，只在作物品种、耕作制度等方面存有些许变化。正因为此，伊懋可、黄宗智等人才提出了中国“农业技术停滞论”的观点，“并为几乎所有中国学者所接受”。[①] 长此以往，必然就会给人一种时间可以重来的感觉。

---

① 李伯重：《“最低生存水准”与“人口压力”质疑——对明清社会经济史研究中两个基本概念的再思考》，《中国社会经济史研究》1996年第1期。

因此,古代体系化耕织图的时间表达虽然从表面来看是线性的,但实际的时间观却是循环性的。

三、余 论

以上我们对中国古代体系化耕织图中的时空表达分别进行了简要探讨(虽然他们事实上是紧密结合、相互影响的),从中我们可以发现,这两者的表达方式是明显不同的。空间表达是显性的,是仅从视觉表象就很容易感知的,具有真实性与扁平化(康熙《御制耕织图》与雍正《耕织图》除外)等特点。相比之下,时间表达则是隐性的,是隐含在图像叙事之中的,具有事件性与空间化的特点。而之所以呈现出这些特点,首先是由耕织图作为图像本身的特点所决定的,即其主要是一种空间性的艺术,因而空间表达是外显的,时间表达是隐性的,只能通过外显的空间性及其中所描绘的具体场景来表达隐含的时间性,由此使时间表达呈现出事件性与空间化的特点。其次是在一定程度上又与耕织图的具体创作技法有直接关系。一方面,耕织图是据实际耕织场景描绘而成的,因而反映在场景上就具有真实性特点;另一方面,由于主要采用的是中国传统的散点透视画法,因而使图像空间描绘呈现出扁平化的特点。

具体绘画技法固然会对耕织图的时空表达产生一定的影响,但毕竟技法只是外在的东西,那究竟又是什么影响了这一绘制技法呢?背后的文化观念因素,即对时空的认知观念才是关键。与西方相比,中国人在对时与空的认识上更注重时间性,认为时间高于空间,时间统领空间,并且不论儒家还是道家均持有这一观点。[①] 如早在先秦时期，《管子·宙合》中就提出了时空相统一的说法："天地万物之橐，宙合有橐天地。"[②]橐即口袋，就是说天地（即空间）是一个巨大的口袋，里面装满了万事万物；宙[③]又把天地"合"了起来，比天地还大。清初大儒王夫之则说得更为明白："天地之可大，天地之可久也。久以持大，大以成久。若其让天地之大，则终不及天地之久。"[④]也就是说，"久"[⑤]终究要比天地更为重要。这正是为什么中国人在绘画中虽也有明显的空间性表达，但却总是扁平而非立体且充满时间性意味的原因——虽然这一时间性表达是隐性而非显性的。对此，刘斌曾用"O"与"X"作为比喻进行了对比分析。他认为中国传统时空观念就如同"O"：时空合一，包容而又封闭；旋转循环，一元复始，呈现出较强的稳定性与实践性。相比之下，西方时空观则为"X"：时空由分离状态到交叉点交汇聚合而又分离；直线挺进，对立而又开放，呈现出空间性的特色。而这种不同时空观投射到绘画技巧上，就是散点透视法与焦点透视法。因此，正是不同的时空观影响了中西绘画不同的时空表达技法。当然，反过来看，由绘画的不同时空表达方式，我们

---

① 参见刘文英：《中国古代的时空观念》，南开大学出版社2000年版，第33—47页。

② 颜昌峣：《管子校释》卷四《宙合》，岳麓书社1996年版，第102页。

③ 《尸子》云："往古来今曰宙"，即指时间。尸佼：《尸子》，中华书局1991年版，第26页。

④ 王夫之：《周易外传》卷四"既济"，中华书局1977年版，第147页。

⑤ 《墨经·经上》曰："古今旦莫，亦指时间。"雷一东：《墨经校解》，齐鲁书社2006年版，第78页。

也可以透视出其背后的文化观念因素。“通过对图像中不同时空视觉图像传达样式的分析,不仅可以使我们欣赏其不同创造样式中所蕴含着的巨大魅力,同时还可窥见其文化精神及其流变的印迹,这对我们显然具有昭示作用。”①

如若我们进一步追问,又是什么原因导致了人们不同的时空间观念呢?毕竟一种观念不会自我而生,总是与一个社会或族群的经济与社会文化背景,即具体“实在”紧密相关的。因为,“一个人可以浮想联翩,想到太虚幻境,可是那幻境里的金陵十二钗毕竟离不开地上的大观园。完全脱离实在的思想者只能是疯子。日常生活中的思想是这样,作为集中的、提高了思想的哲学也是这样。任何哲学都要以实在为基点,哪怕你的哲学主张四大皆空,这空却不能不从四大说起”②。那导致中国人如此时空观念的具体“实在”是什么呢?笔者认为,这就是以农为本的经济与社会生活模式。这是因为在一定的自然时空与技术条件下,农业生产的最核心要务就是把握农时,如此才能保证农业有成并进而维护稳定而又良好的社会秩序。相比之下,由于一家一户的小农家庭劳作生产模式,农业生产总是在有限的地域范围(通常指村落周边)、有限的几块土地上进行的③,加之诸子均分的家族继承模式、缓慢的土地流转

---

① 刘斌:《图像时空论:中西绘画视觉差异及嬗变现象求解》,山东美术出版社2006年版,第1—16页。

② 王太庆:《柏拉图关于“是”的学说》,《哲学杂志》总第21期,1997年。

③ 如据民国时期,卜凯对中国七省十五处2540个家庭农场的调查,平均每个农场田块为8.5,田块与农户之间的平均距离为0.63千米,最远也只有3.34千米。参见[美]卜凯:《中国农家经济》,张履鸾译,商务印书馆1936年版,第29页。

方式，一个农夫的一生也总是“固定”在有限的几块田地上劳作，因此相比于农时，作为“空间”而非“财产”意义上的土地自然也就不会受到人们的多少重视。与此同时，由于田地无法带走，因此绝大多数传统时代的中国人总是固居一处、安土重迁，日常生活的活动半径也总是很小。如在江南地区，一个基层市镇的服务半径通常为 5—10 千米，较少超过 20 千米。[1] 而这一基层市镇区域，又恰是绝大多数中国人的日常活动空间。[2] 因此，由于活动的空间范围十分有限，人们也就不需要去把握与理解超大的空间范围，自然也就不会对空间投入更多的热情了，由此也就形成了传统中国人更重时间以及以时统空、时空合一的时空观念了。由于以农为本、更注重时间性，传统中国又形成了以农为本的时间生活模式，从而塑造了以循环时间观为主的时间观，旋转循环，一元复始，具有较强的稳定性与实践性，进而对中国传统文化产生了深远影响。[3] 如此，绘画亦自是不可免。出于图像性质（空间性艺术）的原因，在具体的时空表现上，空间更为彰显，而时间是隐含其间的。

---

① 参见李立：《乡村聚落：形态、类型与演变——以江南地区为例》，东南大学出版社 2007 年版，第 40—41 页。

② 参见［美］施坚雅：《中国农村的市场和社会结构》，史建云、徐秀丽译，中国社会科学出版社 1998 年版，第 40—67 页。

③ 参见王加华：《被结构的时间：农事节律与传统中国乡村民众年度时间生活》，上海古籍出版社 2015 年版，第 275—291 页。

处处是江南：中国古代耕织图中的地域意识与观念*

一、引　言

作为一种空间形式，“地域”是具有差异性的。大体言之，这种差异性主要表现在两个方面：一个是自然的，具体如地形地貌、土壤质地、气候环境、植被覆盖等；一个是人文的，具体如经济发展、社会传统、人文艺术、政治制度等。与一个地区的自然地理环境与社会人文景观相适应，针对一个特定的地区或区域，人们通常会产生一定的地域认知与观念意识，如对当下我国各个省份的不同认知及由此产生的刻板地域评价甚或地域歧视等。而作为一种意识与观念，这种关于地域的认知必定是充满主观性、情感性的，这其中最为典型的就是我们每个人所固有的家乡情结。正是这种主观性，会使人们对一地产生不认同甚或是完全负面的评价，如南北朝时期南北方之间的“岛夷”与“索虏”之争。而之所以如此，与不同地域间人们的思想情感、族群认同、经济发展、政治倾向等紧密相关。

不过，虽然因具体情境之不同而产生的地域认知与观念意

---

* 本文原载于《中国历史地理论丛》2019年第3辑。

识是主观的、充满地域性的,但就一个国家或更大的区域范围而言,其下的各个区域在人们的观念中却并非是完全"等同"的,而是总会有那么一两个"区域"备受人们的青睐与称誉,如西汉时期的关中地区、今天的长三角地区等。"江南",作为我国历史上经济最为发达、文化最为繁荣的地区之一,其指称范围虽屡有变动,但唐宋以来尤其是明清时期一直是个令人神往的诗意之地,并由此产生了一种明显的"江南意象"。这一意象可通过很多方面体现出来,如诗歌、绘画、舆图等。正如王明辉所说的那样:"江南,一个令人神往的字眼……在漫长的岁月中,吸引了无数企望的目光自四面八方聚拢来,从舆图的墨色中,从心绪的流动中,从诗词的隽永中,聚拢来。"①基于此,本文就以中国古代的一种特殊图绘形式——耕织图为具体切入点,看其体现出的中国古人关于"江南"的地域意识与观念。事实上,绘画作为一种在一定的地域空间中展开的艺术形式,不可避免地会受到特定地域环境与地域观念意识的影响;反过来,绘画自然亦具有反映地域意识与观念的功用。② 因此,以绘画为切入点展开对民众地域意识与观念问题的分析是完全可行的。

地域意识与观念在我国很早就已产生,如秦汉之前的"山东"与"山西"认知、秦汉之后的南北观念等。对此问题,许多学者从不同角度做了梳理与研究,对不同时期的东西、南北等

---

① 王明辉:《"江南":一个隐喻》,《海南师范大学学报》(社会科学版)2012年第6期。

② 参见郭建平:《中国绘画史的"地域研究"意识——一种研究思路的提出》,《艺术百家》2007年第3期;顾森毅:《中国水彩画的地域现象探析》,《南京艺术学院学报》(美术与设计版)2009年第1期。

地域观念的由来、表现与变迁等问题进行了相关探讨。[①] 具体到本文所要探讨的江南地区,作为唐宋以来经济发达、文化繁荣、令人神往的诗意之地,围绕其所展开的历史研究已成为一门显学,中外学者多有关注,可谓是硕果累累,如汗牛充栋。至于"江南"地域的历史认知与观念意识问题亦是多有探讨,具体如江南区域的历史变迁和江南意象的具体内涵、形塑与流变、表现与影响、江南的政治含义及其对王朝国家政治建构的重要意义与价值等。[②] 不过这些研究主要是从文学、审美、经济或政治等角度展开进行的,而从绘画角度展开的却很少见。[③] 有鉴于此,本文将在已有研究的基础上,以中国古代体

---

① 具体如金发根:《中国中古地域观念之转变》,(台北)兰台出版社2014年版;蓝勇:《中国地域方位话语嬗变与东亚大陆天地生背景》,《江汉论坛》2013年第10期;范璇:《试从唐墓志看唐人地域观念》,《成都师范学院学报》2015年第6期。

② 具体研究,如李伯重:《简论"江南地区"的界定》,《中国社会经济史研究》1991年第1期;徐茂明:《江南的历史内涵与区域变迁》,《史林》2002年第3期;胡晓明:《"江南"再发现——略论中国历史与文学中的"江南认同"》,《华东师范大学学报》(哲学社会科学版)2011年第2期;胡晓明:《论江南认同之四要义》,《华东师范大学学报》(哲学社会科学版)2012年第5期;潘泠:《乐府江南诗中"江南"意象的形塑及其流变》,《江南大学学报》(人文社会科学版)2014年第1期;杨玉蕾:《明清朝鲜文人的江南意象》,《浙江大学学报》(人文社会科学版)2010年第6期;王明辉:《"江南":一个隐喻》,《海南师范大学学报》(社会科学版)2012年第6期;邹逸麟:《谈历史上"江南"地域概念的政治含义》,《浙江学刊》2010年第2期;杨念群:《何处是"江南":清朝正统观的确立与士林精神世界的变异》,生活·读书·新知三联书店2010年版;等等。

③ 当然,也有学者从绘画的角度对江南的文化意识等问题做过相关探讨,如钟朝芳:《元四家绘画作品的江南文化意识》,《文艺争鸣》2010年第20期。

系化耕织图为具体研究对象,对其中所体现出的中国古人对于“江南”的具体认知,及其背后所再现[①]出的创作者思想情感、地域经济与文化发展、重农劝农实践、不同王朝的政治理念与运作等问题略作讨论与分析。关于中国古代耕织图,目前虽已有大量研究成果存在[②],但综而观之,从地域意识与观念角度展开的研究却基本付之阙如。

二、图中江南时时现

耕织图,就是以农事耕作与丝棉纺织等为题材的绘画图

---

① 黄克武认为,对视觉(图像)史料的研究通常有两种观点,即“映现”与“再现”。“映现”的观点认为,图像能忠实地捕捉并记录历史的一瞬间,有助于展现文字史料所无法呈现的过去,即主要将图像资料作为文字资料的补充与辅助来看待;“再现”的观点认为,图像的生产与消费并非中立性的,涉及观看的角度与选择,并认为图像与其说是像镜子那样反映现实,毋宁视之为一种文化产品,注重探讨这一产品是如何被生产、销售与消费的过程,从而解读其背后的文化符码与象征意涵,即将图像本身作为能发声的主体来看待。参见黄克武主编:《画中有话:近代中国的视觉表述与文化构图》,(台北)“中研院”近代史研究所,2003年,“导论”第Ⅳ-Ⅴ页。

② 具体如[日]渡部武:《〈耕织图〉流传考》,曹幸穗译,《农业考古》1989年第1期;[日]中村久四郎:《耕织图所见的宋代风俗和西洋画的影响》,《史学杂志》第23卷第11号,1912年;中国农业博物馆编:《中国古代耕织图》,中国农业出版社1995年版;Roslyn Lee Hammers, *Pictures of Tilling and Weaving: Art, Labor, and Technology in Song and Yuan China*, Hong Kong: Hong Kong University Press, 2011;张家荣:《〈耕织图〉流变》,读库出品,2013年;冯力:《图解历史、图示生活、图画艺术——南宋楼璹〈耕织图〉研究》,南京艺术学院硕士学位论文,2012年;等等。

像。具体来说,其又有广义与狭义之分。广义的耕织图,即指所有与"耕""织"相关的图像资料,其源头目前最早可追溯至战国时期,如河南辉县琉璃阁出土的"采桑纹铜壶"盖上的"采桑图"、四川百花潭出土的"宴乐射猎采桑纹铜壶"上的"采桑图"。这些图像往往只是对某一耕织环节的简单描绘,仍停留在分散表达的阶段,还没有对整体工作流程的系列描画。[①] 狭义的耕织图,则指呈系统化的耕织图,即通过成系列的绘画形式将耕与织的具体环节完整呈现出来,并且配有诗歌等对图画加以说明。据现有之资料记载可知,此类图像最早出现于北宋仁宗宝元年间(1038—1040)。南宋李心传的《建炎以来系年要录》载宋高宗话语说:"朕见令禁中养蚕,庶使知稼穑艰难。祖宗时于延春阁两壁,画农家养蚕织绢甚详。"[②]对此,王应麟云:"祖宗时,于延春阁两壁画农家蚕织甚详,元符间因改山水"[③],"仁宗宝元初,图农家耕织于延春阁"[④]。王潮生认为,延春阁耕织图绘,"是目前所知我国最早出现的系列的《耕织图》"[⑤]。只是此图早已亡逸,亦基本不为后人所知。相比之下,真正"声名显赫"并对后世产生巨大影响的为南宋楼璹《耕

---

① 参见游修龄:《〈中国古代耕织图〉序》,中国农业博物馆编:《中国古代耕织图》,中国农业出版社 1995 年版。

② 李心传:《建炎以来系年要录》卷八七,中华书局 1956 年版,第 1445 页。

③ 王应麟:《玉海》卷七七《礼仪·亲蚕·绍兴宫中蚕》,清光绪九年(1883)浙江书局刊本。

④ 王应麟:《困学纪闻》卷一五《考史》,上海古籍出版社 2015 年版,第 459 页。

⑤ 中国农业博物馆编:《中国古代耕织图》,中国农业出版社 1995 年版,第 33 页。

织图》。虽然此图亦已亡逸，但仍为我国体系化、系列化耕织图的真正开创者。楼图之后，历经宋、元、明、清，各朝又先后创作绘制了几十套体系化的耕织图。但这些图册基本上都是以楼璹《耕织图》为蓝本绘制的，正如清人钱陈群所云：“虽题署不同，其出蓝于璹一也。”[①]本文所云之耕织图主要是就狭义，即体系化耕织图而言的。

在空间表现上，与早期的单一耕织图相比，宋之后出现的体系化耕织图开始具有了明显的空间性表达意向。具体来说，耕织图的空间表现主要有两个，即与“耕”及“织”相对应的田野与庭院。[②]不过这主要是就每幅图片所表现的狭小空间而言的，就耕织图所要表现的更大的区域空间而言，从南宋楼璹《耕织图》起，则基本都以“江南”为具体的坐标描绘区域，而这又在“耕图”的“田野”景观描绘中体现得最为明显。

先看作为我国体系化耕织图真正开创者的南宋楼璹的《耕织图》。此图创作的确切时间，目前学界的认识并不统一，一说在1133—1135年，一说为1145年[③]，但南宋初年的时间段却是可以确定的。而其之所以在南宋初年被创制出来，是多种因素共同促动的结果，比如北宋以后人们对绘画认知的变化、南宋初年风雨飘摇的社会政治形势以及创作者楼璹的个人心

① 钱陈群：《香树斋文集·诗集》卷三《恭跋〈御制题耕作蚕织二图即用程棨书楼璹诗韵〉》，清乾隆刻本。

② 参见王加华：《显与隐：中国古代耕织图的时空表达》，《民族艺术》2016年第3期。

③ 关于学者对楼璹《耕织图》创作时间的不同观点，可参见Roslyn Lee Hammers, *Pictures of Tilling and Weaving: Art, Labor, and Technology in Song and Yuan China*, Hong Kong: Hong Kong University Press, 2011。

性等。[①] 对于此一《耕织图》的创作，楼璹之侄楼钥曰：

> 高宗皇帝身济大业，绍开中兴，出入兵间，勤劳百为，栉风沐雨，备知民瘼，尤以百姓之心为心，未遑它务，下务农之诏，躬耕耤之勤。伯父时为临安於潜令，笃意民事，慨念农夫蚕妇之作苦，究访始末，为耕、织二图。“耕”自浸种以至入仓，凡二十一事。“织”自浴蚕以至剪帛，凡二十四事，事为之图，系以五言诗一章，章八句。农桑之务，曲尽情状。虽四方习俗间有不同，其大略不外于此，见者固已韪之。[②]

据此记述可知，当时身为於潜县县令的楼璹，通过在於潜的实地考察，根据农夫、蚕妇的劳作场景创绘了《耕织图》。从“农桑之务，曲尽情状。虽四方习俗间有不同，其大略不外于此，见者固已韪之”的评价可知，此图比较真实地反映了当时的劳作场景。

於潜县，西汉武帝元封二年（前 109）置。南宋时属临安府，即当时都城的下辖之县，治所即今杭州市临安区於潜镇。按对“江南”的界定与认知（详见下文之论述），於潜属于名副其实的江南区域。但是，与绝大多数人心目中典型的江南平原水乡景观不同的是，於潜为多山少水之地，且直到清末仍以麦类作物种植为主。对此，嘉庆《於潜县志》记载说：“潜为山国，

---

① 参见王加华：《观念、时势与个人心性：南宋楼璹〈耕织图〉的“诞生”》，《中原文化研究》2018 年第 1 期。

② 《楼钥集》卷七四《题跋 · 跋扬州伯父耕织图》，浙江古籍出版社 2010 年版，第 1334 页。

冈峦盘错";"潜在万山中,天目竦峙尊雄,邑踞其麓";"潜邑山多田寡,水行乎两山间。凡濒溪低平之地,皆有田,俗所谓大源田也。外则倚山历级而上,水皆无。其所资灌溉者,浅涧断溜而已。岁雨时,若其收亚于大源,一有旱暵,拱手待槁,所借以为民命者,惟大源田";"杭属九邑之田,惟潜最墝埆,春常患水,夏常患涸";"近溪涧曰畈田,岁收八……邑中之田艺麦者居多"。[①] 不过,楼璹据此所描绘之《耕织图》所呈现的却并非重峦叠嶂、以麦为主的自然与农业景观,而是平整的水田、桑园及水稻种植景观。也就是说,其景观描绘仍是比较典型的"江南化"。

之所以楼璹《耕织图》描绘的仍旧是典型"江南化"景观,与楼璹所依据之田为"濒溪低平之地"的大源田有直接关系。大源田,又名畈田,意即水源充足、以稻为主的平整之田。据说,楼璹所引以为据的为於潜县治十二乡周边的南门畈、横山畈、方元畈、祈祥畈、对石畈、竹亭畈、敖干畈等大畈。[②] 楼璹《耕织图》创作完成后,进呈给高宗皇帝,高宗将其中的"织图"部分命画院画家做了临摹,并由吴皇后做了亲笔题注,即《蚕织图》。今楼之原图已逸,只有吴皇后题注之《蚕织图》尚在,现存于黑龙江省博物馆。不过,由于楼图的临摹本多有存世,如元程棨《耕织图》——不论在画幅还是在画目上均与楼璹《耕织图》完全一致,因此通过程棨《耕织图》就可以看到楼图

---

① 嘉庆《於潜县志》卷一《疆域》、卷四《山川》、卷八《水利》、卷一〇《食货志》。

② 参见郑明曙编著:《於潜之耕织图》,浙江天目书院、亚太国际出版有限公司,2015年,第001页。

的基本原貌。[①] 事实上,我们今天所看到的江南地区非常规整的农田景观,是 20 世纪 50—70 年代统一农田方格化运动的产物,这一运动使传统的江南圩田景观大大改变,即平整化取代了传统的高高低低。[②] 江南传统农田景观约形成于唐代末年,此后经过宋元时期的农田水利开发及作物种植的发展而最终定型。其特色在于高高低低的微地貌、高出田面且被作为道路的高厚圩岸、野草与树木、田地池相错综、稻田与桑林等。这种农田景观受到了文人士大夫的赞美与讴歌,成为凸显"江南美"的重要表现。[③] 而所有这些传统江南农田景观的构成元素与特点,在楼璹《耕织图》中我们都可以发现。也就是说,虽然楼璹所据以描绘耕织图的於潜县并非江南的代表性区域,但其图中所呈现的却是比较典型的传统江南之景观。

楼璹《耕织图》之后,在其影响下,后世又出现了诸多以"耕"与"织"为题材的图绘作品。据目前资料记载可知,仅在南宋时期就至少出现了 8 套与耕织相关的绘画作品,即《蚕织图》(吴皇后题注版)、马远的《丝纶图》与《耕获图》、现存上海博物馆而不知作者为谁的《耕织图》、梁凯《耕织图》、刘松年《耕织图》、汪纲《耕织图》、李嵩《服田图》。此后的元、明、清

---

① 参见中国农业博物馆编:《中国古代耕织图》,中国农业出版社 1995 年版,第 46 页。

② 参见王建革:《19—20 世纪江南田野景观变迁与文化生态》,《民俗研究》2018 年第 2 期。

③ 参见王建革:《唐末江南农田景观的形成》,《史林》2010 年第 4 期;王建革:《宋元时期吴淞江流域圩田区的耕作制与农田景观》,《古今农业》2008 年第 4 期;王建革:《19—20 世纪江南田野景观变迁与文化生态》,《民俗研究》2018 年第 2 期。

时代，亦不断有耕织图被刊刻或创绘出来。比较重要或著名的如元代的程棨《耕织图》、杨叔谦《农桑图》、忽哥赤《耕稼图》；明代的宋宗鲁《耕织图》、邝璠《便民图纂》本《耕织图》、仇英《耕织图》；清代的康熙《御制耕织图》、冷枚《耕织图》、雍正《耕织图》与《耕织图》刻石、陈枚《耕织图》，另外还有《御制棉花图》（乾隆）、《授衣广训》（嘉庆）、光绪木刻《桑织图》与《蚕桑图》、王素（王小某）《耕织图》、何太青《耕织图》等。总之，楼璹《耕织图》之后，目前有确切资料记载的耕织图不下几十幅。这些耕织图有绘本、拓本、木刻、石刻等多种形式，各图的收藏单位以中国、日本、美国等国家与地区最为集中。[①]

据相关文献之记载，或将收藏在各地的《耕织图》与楼璹《耕织图》相对比，我们可以发现，已知的南宋以来创作的各种形式的耕织图，不论在图画内容还是画幅上，绝大部分[②]都与楼图相类同。因为它们要么是据楼图临摹、刊刻或再创作而成，要么是据楼图临摹、创作本的再创作。具体如南宋汪纲《耕织图》："后六十余载（即楼璹创作《耕织图》后六十余年——笔者注），诸孙虑其岁久湮没，欲刻诸石……后二十年，新安汪纲，洊蒙上恩，叨守会稽，始得其图而观之……于是命工重图，以锓诸梓。"[③]元代程棨《耕织图》，更是直接据楼图摹绘

---

① 关于中国古代耕织图的刊刻、收藏等的更详尽情况，参见中国农业博物馆编：《中国古代耕织图》，中国农业出版社 1995 年版；王红谊主编：《中国古代耕织图》，红旗出版社 2009 年版。

② 据笔者所搜集到的 50 余种南宋以来各种版本的体系化耕织图，与楼璹《耕织图》相类同的占 80% 以上。

③ 据王红谊主编的《中国古代耕织图》第 347 页所载日本仿刻宋宗鲁《耕织图》之图片文字。

而成,被认为是最接近楼璹原作的图绘作品。据日本东京大学东洋文化研究所户田研究室所收藏的程棨《耕织图》照片可发现,其画幅、画目与楼图完全一致。[①] 元代忽哥赤《耕稼图》为其任职司农司时于江南访求而来,现存纽约大都会艺术博物馆,从其画面内容可知,其完全是据楼图而来。明代《便民图纂》本《耕织图》则是增删、改动楼图的结果,"宋楼璹旧制《耕织图》,大抵与吴俗少异,其为诗又非愚夫愚妇之所易晓,因更易数事,系以吴歌"[②]。宋宗鲁《耕织图》:"宋公宗鲁《耕织图》一卷,可谓有关于世教者矣。图乃宋参知政事楼钥伯父寿玉所作,每图咏之以诗。历世既久,旧本残缺。宋公重加考订,寿诸梓以传。"[③]康熙《御制耕织图》由宫廷画师焦秉贞绘制而成,其依据则是康熙二十八年(1689)南巡时江南士人进程的南宋楼璹《耕织图》残本。只是康熙图并非完全照搬楼图,而是在内容上稍有增删,如"耕"图部分增加了"初秧""祭神";"织"图部分删去了"下蚕""喂蚕""一眠"三幅,增加了"染色""成衣"二幅。康熙《耕织图》之后,"厥后每帝仍之拟绘,朝夕披览,借无忘古帝王重农桑之本意也"[④]。这也成为清代大部分官作《耕织图》的"母图",如雍正《耕织图》就是据康熙图而来,只是排列顺序稍有改动;乾隆亦曾令陈枚据康熙《御制耕织图》

① 参见中国农业博物馆编:《中国古代耕织图》,中国农业出版社1995年版,第46页。

② 邝璠:《便民图纂》卷一《农务之图》,中华书局1959年版,第1页。

③ 据王红谊主编的《中国古代耕织图》第345页所载日本仿刻宋宗鲁《耕织图》之《耕织图记》图片。

④ 《清雍正耕织图之一(浸种)》,《故宫周刊》1933年第244期,第455页。

绘《耕织图》;嘉庆年间於潜县令何太青所作之《耕织图》,亦是据康熙图而绘。此外,乾隆还曾命画院据画家蒋溥所呈元程棨《耕织图》而作《耕织图》。①

楼璹之后创绘的耕织图,由于绝大部分都是直接或间接地依据楼图而来,而楼图的描绘背景区域为"江南",因此这些耕织图亦是以"江南"为描绘区域的。尤其需要注意的是,时代越往后推,受画面及画法等因素的影响,"江南"景观亦表现得越明显。楼璹《耕织图》及直接据其摹绘而来的程棨《耕织图》,受散点透视画法及主要针对一块稻田或桑园展开方式的影响,我们无法看到相对更大"范围"的场景呈现,因此相对的"江南"特色不是那么非常明显。相比较而言,明清时期创作的耕织图,比如仇英《耕织图》、邝璠《便民图纂·耕织图》及清代诸耕织图,由于描绘场景增大及焦点透视画法(清康熙《御制耕织图》首次采用)的运用,"江南"特色亦是越来越明显。此外,还有一些耕织图虽非据楼图而来,但描绘区域亦是"江南"。如光绪木刻《桑织图》,是由下层官员兼地方士绅以《豳风广义》(作于乾隆年间)为蓝本绘制的,目的在于在关中地区宣传推广此地早已失传的蚕桑养殖与丝织生产。将此图与康熙《御制耕织图》相对照可发现,其地域描绘具有明显的"江南"特色与风格。

当然,并非所有耕织图都是以"江南"为描绘区域的,只是数量相对非常少。概而言之,据现有资料及已知之耕织图,清代乾隆之前,除一个特例外,所有图绘都是直接或间接以楼璹

① 参见王璐:《清代御制耕织图的版本和刊刻探究》,《西北农林科技大学学报》(社会科学版)2013年第2期。

《耕织图》为依据进行创作的,因此也都是以“江南”为具体描绘区域的。这唯一的例外,即元代杨叔谦《农桑图》。对于此图的创作过程,赵孟頫言之曰:

> 延祐五年四月廿七日,上御嘉禧殿,集贤大学士臣邦宁、大司徒臣源进呈《农桑图》。上披览再三,问作诗者何人?对曰翰林承旨臣赵孟頫;作图者何人?对曰诸色人将提举臣杨叔谦……此图实臣源建意令臣叔谦因大都风俗,随十有二月,分农桑为廿有四图,因其图像作廿有四诗,正《豳风》因时纪事之义,又俾翰林承旨臣阿怜怗木儿,用畏吾尔文字译于左方,以便御览。①

由此记述可知,《农桑图》是“因大都风俗”绘制而成的,也就是说,其是以“华北”②而非“江南”为描绘区域的。另外,在具体画目安排上,《农桑图》采用的是“月令式”体例,即“随十有二月”,而非如楼璹《耕织图》那样是按耕织程序进行的。可惜此图在国内外至今尚未发现,只有赵孟頫所作二十四首诗尚存,其中的图绘究竟啥样,我们不得而知。

杨叔谦《农桑图》外,清乾隆以后,以非“江南”区域为描绘

---

① 赵孟頫:《松雪斋诗文外集·〈农桑图〉叙奉敕撰》,上海涵芬楼影印元沈伯玉刊本。

② 华北是我国历史上的另一个重要农业经济区。不过,虽然笔者在此使用了“华北”这一概念,但实际上相比于“江南”这一称呼,“华北”的出现要晚得多。其作为一个区域专门术语出现,是在近代西方在华势力扩大之后,由英语“North China”衍生而来的。参见张利民:《“华北”考》,《史学月刊》2006 年第 4 期。

对象的耕织图开始增多，这其中最为典型的就是棉花图。《棉花图》是楼璹《耕织图》体系外的一种新型耕织图，其最早由清乾隆年间的直隶总督方观承绘制并进呈于皇帝。乾隆三十年(1765)，“高宗南巡，观承迎驾……四月，条举木棉事十六则，绘图以进”①。对方观承之举，乾隆皇帝极为赞赏，并亲为之题诗，所以《棉花图》又名《御题棉花图》。方观承，字遐谷，号问亭，安徽桐城人，曾任直隶总督二十年，“尤勤于民事”②。他十分重视农业生产，认为棉花有“衣被天下之利”，功用不在五谷之下，故主持绘制了《棉花图》并上呈乾隆皇帝。只是如今原图已逸，只有刻石仍存，现藏河北省博物馆。嘉庆十三年(1808)，嘉庆帝命大学士董诰等据乾隆《御题棉花图》编订并在内廷刻版16幅《棉花图》(又名《授衣广训》)，画目及画面内容与乾隆《御题棉花图》基本相同。《棉花图》的绘制与明代以后棉花在人们生活中的作用日益提高直接相关。明代初年朱元璋在全国推广种植棉花后，到明代中叶，已是“地无南北皆宜之，人无贫富皆赖之”③。不过，虽说是“地无南北皆宜之”，但实际上最主要的种植地在北方的河北、山东一带。如在河北，“三辅(直隶)……种棉之地，约居什之二、三。岁恒充羡，输溉四方”④。直隶为我国产棉大省，《棉花图》又是由时任直

---

① 光绪《畿辅通志》卷一八九《宦绩录七·国朝一·方观承》，清光绪十年(1884)刻本。

② 赵尔巽等撰:《清史稿》卷三二四《方观承传》，中华书局1976年版，第10831页。

③ 丘浚:《大学衍义补》卷二二《治国平天下之要四·制国用·贡赋之常》，中州古籍出版社1995年版，第333页。

④ 引自《棉花图》第7图《收贩》所载之文字，具体可参见中国农业博物馆编:《中国古代耕织图》，中国农业出版社1995年版，第122页。

隶总督的方观承负责绘制的,因此可以想见,此图像的描绘区域应是“华北”而非“江南”。《棉花图》外,还有光绪《蚕桑图》,其绘制的目的在于在湖北地区推广蚕桑生产。从具体图绘中层峦叠嶂的高山来看,其描绘区域应该不是“江南”地区。此外,还有1978年在河南省博爱县一户农家墙壁上发现的《耕织图》,此图约创作于光绪八年(1882),具体描绘的是北方旱地种稻与棉花种植①,具有明显的北方特色。

三、只因最美是江南

以上我们对南宋以来我国体系化耕织图中的地域呈现问题做了简要分析,从中可以发现,在目前已知的耕织图中,除极少部分外,都是以“江南”为具体描绘区域的,正可谓“图中江南时时现”。那么我们接下来要追问:为何是“江南”呢?即为什么“江南”会受到如此重视呢?

从直观的角度来看,“江南”之所以会受到历代耕织图创作者或刊刻者的重视,与后世图绘绝大部分以楼璹《耕织图》为蓝本有直接关系。由于楼图以江南为描绘区域,据之而成的其他图绘呈现的自然也就是江南景观了。也就是说,这首先是一个艺术创作的问题。不过,这其中仍有诸多问题需要追问,比如,为何作为后世体系化耕织图开创者的楼璹《耕织图》诞生在“江南”地区?为何楼璹会忽视於潜多山、以麦为主的主

---

① 中国农业博物馆编:《中国古代耕织图》,中国农业出版社1995年版,第169页。

流景观而描绘的是比较典型的“江南”景观呢？假设楼璹《耕织图》诞生在非“江南”以外的其他地区，这一套图册还会受到如此重视而被广泛临摹、刊刻吗？这一点，我们可以和以“华北”为描绘区域的元代杨叔谦《农桑图》及清代《棉花图》作一个比较。为何它们也在受到皇帝重视与褒奖的情况下，仍未被广泛临摹、刊刻呢？不得不说的是，之所以会出现这种差异性，地域因素在其中起了很大的作用。而“江南”之所以会受到如此重视，归根结底是与“江南”在唐宋以后的重要地位与象征隐喻直接相关的。

何处是江南？单就字面意义而言，江南即指长江以南地区。但事实是，历史上“江南”的地域范围一直是变动不居的。总体言之，从春秋到明清时期，江南不论是指称的自然地理范围，还是行政区域，都有一个由大到小、由西向东、由泛指到特指的变化过程，这一过程又是与江南的经济开发、文化发展等紧密相关的。而学术研究中所指称的“江南”，其地域范围究竟为何，许多学者都从不同角度做过探讨与界定，并未有统一的认识：大可包括苏皖南部、浙江全部及江西大部，小则仅为太湖东部平原之一角，中则为苏南、浙北与上海地区。① 但“江南”又不仅仅只是一个地域概念，其还有着更为丰富的内涵。对于中国人来说，江南是一个繁荣富庶、充满诗意、令人向往的美好之地。“江南，一个令人神往的字眼，一个熟悉而又陌生的概念，其意义已经不仅限于地理学科、文学艺术、社会文化或者其他任何一个单独的领域。她是一个中国人心中的渴慕情

① 参见徐茂明：《江南的历史内涵与区域变迁》，《史林》2002年第3期。

结,一个关于梦和美的想象载体,一种温柔蕴藉的文化品格。"[①]由此,国人产生了一种深切的江南意象与江南认同感。[②] 当然,江南认同是长期历史发展的结果,有一个从单纯的地域认同向政治认同、从政治认同向文化认同转变的过程。而江南意象与认同背后的根本推动力,则在于江南经济的日渐富庶与文化的日渐昌盛。正如周振鹤说的那样:"江南不但是一个地域概念——这一概念随着人们地理知识的扩大而变易,而且还有经济意义——代表一个先进的经济区,同时又是一个文化概念——透视出一个文化发达区的(原文为'取得',疑为字误,故改之——笔者注)范围。"[③]除此之外,建基于经济的发达与文化的繁荣,"江南"还具有深刻的政治象征意义,是王朝国家寻求政治认同与统治合法性的重要标志。总之,"江南"不仅仅只是一个地域上的概念,更是一个经济、文化与政治的概念,故杨念群认为"江南"并非是一个具有明确地理界线的实体,而更是一种存在于人们脑海中的观念与意象。[④] 而富庶的经济、繁荣的文化与强烈的政治象征意义,正是导致以"江南"为描绘区域的耕织图被广泛创作、临摹与刊刻的最主要原因。

---

① 王明辉:《"江南":一个隐喻》,《海南师范大学学报》(社会科学版)2012 年第 6 期。

② 参见胡晓明:《论江南认同之四要义》,《华东师范大学学报》(哲学社会科学版)2012 年第 5 期。

③ 周振鹤:《释江南》,《中华文史论丛》第 49 辑,上海古籍出版社 1992 年版,第 147 页。

④ 参见杨念群:《何处是"江南":清朝正统观的确立与士林精神世界的变异》,生活·读书·新知三联书店 2010 年版。

首先，经济的富庶与发达，使“江南”成为重农、劝农的“示范”之地，而耕织图被创作的重要目的之一即在于教化劝农，这促使了以“江南”为描绘区域的耕织图被大量临摹与创作。

虽然江南地区的文明起源与农业出现的时间亦很早，但在很长一段时间内，其经济发展却远落后于北方地区。到秦汉时期，据司马迁《史记·货殖列传》所载，“江南卑湿，丈夫早夭”，“地广人稀”，“火耕而水耨”。为此，北方人多视之为“畏途”。东汉以后，随着北方大量人口的南迁及先进生产技术的传入与传播，经过三国、晋、南朝及隋唐五六百年的发展，江南地区农业经济开始逐渐走向繁荣与兴盛。[①] 据李伯重之研究，唐代中叶以后，江南地区在生产技术、集约化稻作农业、农村副业、农民劳动生产率等方面都取得了长足发展，已赶上并超过中原农业，并自此之后走在了中国各地的最前面。[②] 也就是说，他认为在唐代已实现了经济重心的南移。虽然关于中国经济重心何时开始南移、何时完成南移的问题，学界目前并无统一认识[③]，但唐代中叶之后江南经济已趋繁荣却是不争的事实。“天宝之后，中原释耒，辇越而衣，漕吴而食”[④]，“当今赋出于天

---

① 参见中国农业科学院、南京农业大学中国农业遗产研究室太湖地区农业史研究课题组编著：《太湖地区农业史稿》，农业出版社1990年版，第2—3页。

② 参见李伯重：《唐代江南农业的发展》，农业出版社1990年版。

③ 参见程民生：《关于我国古代经济重心南移的研究与思考》，《殷都学刊》2004年第1期。

④ 吕温：《吕衡州集》卷六《碑铭·故太子少保赠尚书左仆射京兆韦府君神道碑铭》，商务印书馆1935年版，第61页。

下,江南居十九”[1],这就是最好的说明。至宋代,江南农业经济较之唐代又获得了更大的发展,到南宋初期出现了“苏湖熟,天下足”的说法,这足以证实当时江南地区农业经济之发达。[2] 此后历经元、明、清三朝,江南地区经济发展始终居于全国领先地位,成为整个国家的命脉所系。这一点在文献中多有描绘,诸如:“元都于燕,去江南极远,而百司庶府之繁,卫士编民之众,无不仰也给于江南”[3],“韩愈谓‘赋出天下而江南居十九’,以今观之,浙东西又居江南十九,而苏、松、常、嘉、湖五郡,又居两浙十九也”[4],“天下之有吴、会,犹富室之有仓库匮箧也”[5]。

作为中国传统时代最为主要的经济部门,农业是江南经济发达的最主要体现。而在江南发达的农业经济中,稻米种植与蚕桑生产又是最为主要的部类,成为满足人们“食”与“衣”等基本生活要求的象征与代表——虽然明以后棉布越来越成为主要的衣料。由此我们也就可以明白,为何楼璹会以“江南”为描绘区域、以稻作与蚕桑生产为描绘主题来创作《耕织图》了。正如白馥兰所说的那样:“江南的稻作农业在宋代迅速成为高效生产效率的象征符号”,由此“南方的稻田景观被感知

---

① 韩愈:《昌黎先生文集》卷一九《书序·送陆歙州诗序》,宋蜀本。

② 关于宋代江南地区农业与社会经济之发展,可参见[日]斯波义信:《宋代江南经济史研究》,方健、何忠礼译,江苏人民出版社 2012 年版;韩茂莉:《宋代农业地理》,山西古籍出版社 1993 年版。

③ 宋濂等:《元史》卷九三《食货志一·海运》,中华书局 1976 年版,第 2364 页。

④ 丘浚:《大学衍义补》卷二四《治国平天下之要·制国用·经制之义下》,中州古籍出版社 1995 年版,第 368 页。

⑤ 黄宗羲:《明夷待访录·建都》,中华书局 1981 年版,第 20 页。

为一种自然资源、取代了基于粟米的北方农业,变成了象征着产出丰富而且社会和谐的理想景观",而"它们既是经济上的现实,也是政治上的理想"。①

中国自古以农立国,农业是国民经济的最主要部门与民众衣食之源,直接关涉着王朝的稳定与社会的长治久安,因此历史上很早就形成了"农为天下之大本"与"重农劝农"的理念。而"劝农"更是成为中国古代"政府的哲学理念和治理技巧的核心所在","一直是'经世济民'当中需要从政者主动去虑及的问题,同时关涉到仪式因素与实用因素"。② 劝农最好要有"榜样"与"示范",而既为之"榜样",则最好的选择自然是经济最为发达之地了。于是,作为唐代以后我国农业经济最为先进、发达的区域,"江南"地区被选作"示范"之地也就顺理成章了。事实上,早在南宋时期,很多地方官所颁布的劝农文,就是以江南地区为示范的,如陈造在房陵劝农、陈傅良在桂阳军劝农、高斯得在宁国府劝农、黄震在抚州劝农等。兹以黄震在抚州所颁布劝农文为例说明之:

> 每岁二月,朝廷命郡太守劝农于郊,以民生性命在农,国家根本在农,天下事莫重于农,故切切然,以此为第一事。近来反因岁岁讲行,上下习熟,视为文具。今太守是浙间贫士人,生长田里,亲曾种田,备知艰苦。见抚州农民与浙间多有不同,为之惊怪,真诚痛告,实非文具,愿

① [英]白馥兰:《技术、性别、历史:重新审视帝制中国的大转型》,吴秀杰、白岚玲译,江苏人民出版社2017年版,第88、101、71页。

② [英]白馥兰:《技术、性别、历史:重新审视帝制中国的大转型》,吴秀杰、白岚玲译,江苏人民出版社2017年版,第87、216页。

> 尔农今年亦莫作文具看也。浙间无寸土不耕,田垄之上又种桑、种菜。今抚州多有荒野不耕,桑麻、菜蔬之属皆少,不知何故。浙间才无雨便车水,全家大小日夜不歇。去年太守到郊外看水,见百姓有水处亦不车,各人在门前闲坐,甚至到九井祈雨。行大溪边,见溪水拍岸,岸上田皆焦枯坼裂,更无人车水,不知何故。浙间三遍耘田,次第转折,不曾停歇。抚州勤力者耘得一两遍,懒者全不耘。太守曾亲行田间,见苗间野草反多于苗,不知何故。浙间终年备办粪土,春间、夏间常常浇壅。抚州勤力者斫得些少柴草在田,懒者全然不管,不知何故。浙间秋收后便耕田,春二月又再耕,名曰耖田。抚州收稻了田便荒版,去年见五月间方有人耕荒田,尽被荒草抽了地力,不知何故。虽曰千里不同风,抚州不可以浙间为比,毕竟农种以勤为本。①

在文中,黄震从各个方面将江南与抚州做了对比,以江南农业耕作之精细与民众之辛劳为参照,劝导抚州民众勤于农作。虽然黄震在文中用的是“浙间”一词,但从其为两浙东路慈溪人及具体的技术呈现来看,具体所指就是浙西、浙东的“江南”地区。

重农、劝农是传统王朝的重要理念,而耕织图之所以被不断创作出来,其主要目的即在于劝诫与教化劝农——非如传统主流观点那样,认为其主要功用在于推广先进农业生产

---

① (宋)黄震:《黄氏日抄》卷七八《公移·咸淳八年春劝农文》,钦定四库全书本。

技术。[①] 具体来说,这种劝诫与教化又可分为上下两个层面,即对上劝诫皇帝与为政者要重农、爱民,对下则教化民众勤于耕作,从而达到天下安定的目的。正如明人王增祐在为宋宗鲁《耕织图》所作的题记中说的那样:

> 使居上者观之,则知稼穑之艰难,必思节用而不殚其财,时使而不夺其力,清俭寡欲之心油然而生,富贵奢侈之念可以因之而惩创矣。在下者观之,则知农桑为衣食之本,可以裕于身而足于家,必思尽力于所事而不辞其劳,去其放僻邪侈之为而安于仰事俯育之乐矣。民生由是而富庶,财帛由是而蕃阜。使天下皆然,则风俗可厚,礼义可兴,而刑罚可以无用矣。[②]

正是这种劝诫与教化劝农的功用,使楼璹《耕织图》在后世被不断临摹、刊刻与创绘。因此,正是鉴于江南农业经济的发达与强烈"示范"作用,于是以描绘"江南"耕织的图绘作为工具与媒介,来传达教化与劝农理念也就顺理成章了。既然主要目的在于传达一种理念并彰显其象征意义,而非传播实际的农业生产技术,则何必再费功夫去重绘一套图案呢?于是便只

---

① 笔者认为,虽然不能说耕织图就完全没有推广先进生产技术的作用,但其主要功用却不在此,而主要是为了教化劝农。具体参见王加华:《技术传播的"幻象":中国古代耕织图功能再探析》,《中国社会经济史研究》2016年第2期;《教化与象征:中国古代耕织图意义探释》,《文史哲》2018年第3期。

② 据王红谊主编的《中国古代耕织图》第346页所载日本仿刻宋宗鲁《耕织图》之《耕织图记》图片。

需对已有图像重新进行临摹或刊刻就可以了。与此相伴随的,自然是“江南”场景的一次次出现。

其次,江南地区浓厚的文化艺术氛围,使耕织图被大量创作与绘制成为可能,加之创作者心中的江南情怀与意识,促进了“江南”场景的表现与传播。

与江南地区的经济发展逐步走向发达相关联,江南地区的文化发展亦经历了一个渐次走向繁荣与兴盛的过程。具体来说,江南文化发轫于商周以前,成型于春秋战国,至隋唐时期趋于繁荣与兴盛,宋以后走向成熟与稳定,至明清时期形成一个以艺文、图书、兴学、隐读为地域特色的文化型社会。[①] 江南文化的发达表现在诸多方面,如文学、诗歌、戏曲、书法等,而绘画亦是一个重要体现。宋代之前,我国绘画艺术的重心在北方地区。当然,这一时段的江南也并非是绘画的“沙漠”,正如唐人张彦远所评论的那样:“江南地润无尘,人多精艺,三吴之迹,八绝之名,逸少右军,长康散骑,书画之能,其来尚矣。”[②]南宋初年,随着高宗南渡,江南成为全国的政治中心所在地。此后,随着南宋宫廷画院的建立及大量原北宋绘画名家的南渡,江南一跃成为全国的绘画中心。受惠于经济发展与浓厚绘画氛围的影响,江南本土画家亦大量涌现。如赵振宇通过对南宋画家籍贯分布的研究发现,宋室南渡后,南方 11 路中有 4 路画家的人数有所增加,这其中尤为明显的又是两浙路(即“江南”所在

---

① 参见景遐东:《江南文化传统的形成及其主要特征》,《浙江师范大学学报》(社会科学版)2006 年第 4 期;罗时进:《明清江南文化型社会的构成》,《浙江师范大学学报》(社会科学版)2009 年第 5 期。

② 张彦远:《历代名画记》卷二《论画体工用拓写》,浙江人民美术出版社 2011 年版,第 29 页。

地)，约占南宋有籍贯可考画家人数的43.72%。而在两浙路中，又以临安府、平江府(今苏州)、常州府、镇江府、湖州府、嘉兴府占绝对主流，在126名籍贯可考的画家中，出自这六府的为108名，其中临安一府更是达84人。[①] 总之，宋室南渡之后，江南绘画重心的地位就一直确立不移，亦确立了其在此后绘画史上的经典地位。[②]

"江南人"画"江南"事。江南地区绘画艺术的发达与绘画名家的众多——刘松年、马远、梁凯、李嵩、程棨、仇英等一干画家即全为江南人，为耕织图的创绘造就了先天优势条件，进而间接促进了"江南"场景的描绘与传播。至于江南人为何要画江南事，这在一定程度上应该与他们自身作为江南人所具有的那种江南情怀有关。而这种江南情怀，又与他们因经济发达、文化昌盛所生发的自信与地域认同有直接关系。正如文徵明所说的那样："吾吴为东南望郡，而山川之秀，亦惟东南之望。其浑沦磅礴之声，钟而为人，形而为文章、为事业，而发之为物产，盖举天下莫之于京。故天下之言人伦、物产、文章、政业者，必首吾吴；而言山川之秀，亦必以吴为盛。"[③]事实上，江南的地域环境与社会文化意识在画家的笔下也确实多有反映。具体而言，如董源"一片江南"的"真山真水"："董源平淡天真

---

① 参见赵振宇：《南宋画家分布及流迁研究》，《艺术工作》2017年第1期。

② 参见汤哲明：《江左风流——十四至二十世纪江南绘画嬗变的脉络》(上)，《艺术品》2015年第12期；袁平：《论元代太湖流域成为绘画中心的原因》，《郑州大学学报》(哲学社会科学版)2013年第4期。

③ 《文徵明集·补集》卷一九《记震泽钟灵寿崦西徐公》，上海古籍出版社1987年版，第1263页。

多……峰峦出没,云雾显晦,不装巧趣,皆得天真;岚色郁苍,枝干劲挺,咸有生意;溪桥渔浦,洲渚掩映,一片江南也。”①再如,元四家的绘画作品,“江南意识”亦是多有体现。② 不过,这其中有一个需要解决的问题是,为何在江南地区的众多书画名家中曾绘制过耕织图的却又相对不多见呢?这在很大程度上与宋以来对具象艺术的轻视有关。“从苏轼开始至董其昌以至当前的艺术理论,所有关于中国绘画的批评立场都以这一模式为准绳,模拟现实的具象艺术在其中被置于绝对的低等地位。”③而耕织图,作为描绘“真实”耕织场景的图像,自然会被界定为“具象艺术”,被认为是属于“图”而非“画”——只有写意并直抒胸臆的山水等才被认定为“画”。因此,那些有名望的画家尤其是文人画家,都不会画此类的作品。只有职业画家——他们通常被贬称为“画工”,如南宋画院画家与明代的仇英,或者那些不太知名的画家,如程棨④等,才有可能从事此类作品的创作。

最后,发达的经济、昌盛的文化使江南成为彰显政治认同与王朝统治合法性的重要隐喻与象征,于是以“江南”为描绘区域的耕织图,受到了帝王的褒奖与提倡,间或亦被贬抑与排斥。

江南地区的政治地位,在我国历史上有一个由低到高的发

---

① 米芾:《画史》,中华书局 1985 年版,第 15 页。

② 参见钟朝芳:《元四家绘画作品的江南文化意识》,《文艺争鸣》2010 年第 20 期。

③ [英]柯律格:《明代的图像与视觉性》,黄晓娟译,北京大学出版社 2016 年版,第 12 页。

④ 程棨可能并非当时的知名书画家,因元人夏文彦所作绘画史传著作《图绘宝鉴》(约成于 1365 年)中并未有关于程棨的记载。

展变化过程。大体言之，六朝之前，江南是中原王朝心目中的异域地区；六朝时期，江南成为中原之外的另一个政治中心，是南北对峙的象征之地；隋唐以后，江南则一直都是极受王朝重视的统治之地（尤其是明清时期），但又多持一种“戒备”甚或“忌恨”之心态。[①] 而作为南宋都城所在的核心之地，“江南”自然在南宋王朝的政治统治中具有极为重要的象征意义。以“江南”场景为描绘对象的楼璹《耕织图》之所以会受到高宗皇帝的重视，就因其符合了高宗及南宋王朝的多方面政治需要。事实上，除《耕织图》外，高宗还赞助了诸多特定主题的绘画，以作为其巩固皇权与确立王朝正统地位的重要手段。[②] 而在各种“政治需要”中，彰显南宋王朝相对于金王朝的正统性又是一个重要方面。虽然相较于金，南宋没有更广阔的统治区域，没有强大的军事力量，甚至还要向金称臣纳贡，但作为一个由“华夏”建立的国家，南宋却有发达的农业生产，这是金这样一个由“蛮夷”建立的国家所无法比拟的，而农业正是立国之基与满足人们生活的根本保障。[③] 正如高居翰所评论的那样：“对于高宗来说，这些绘画作品都是为了维护其相对于金朝而言的英明的政治统治。金人虽然采取汉人的统治方式，但仍有游牧背景，因而能否承担农民的利益颇可怀疑。高宗在用这些

---

① 参见邹逸麟：《谈历史上“江南”地域概念的政治含义》，《浙江学刊》2010 年第 2 期。

② 参见［美］孟久丽：《作为艺术家和赞助人的宋高宗：王朝中兴》，［美］李铸晋编：《中国画家与赞助人——中国绘画中的社会及经济因素》，石莉译，天津人民美术出版社 2013 年版，第 25—33 页。

③ 参见王加华：《谁是正统：中国古代耕织图政治象征意义探析》，《民俗研究》2018 年第 1 期。

视觉修辞手段时就像是一个政客,农民要求遵守古老、稳定和保守的价值观,同时指控其政敌不理解农民所关心的事情。"①既然要向"敌国"凸显自己农业的发达与重农理念及由此而来的王朝正统性,则以农业最为发达的"江南"之地作为代表也就再合适不过了。

前已述及,地域意识作为一种观念表征,具有强烈的主观性,往往会因立场的不同而产生差异。江南,作为南宋王朝的统治中心与荣耀所在,自然具有崇高之地位。但在元人眼里,同一块江南地区,却具有完全不同的象征与意义。江南作为曾经"敌国"的统治中心所在,同时又对蒙古人"蛮夷"身份与统治合法性不断进行大肆攻击与质疑的地区,于是蒙古统治者对其采取了压制与防范的政策,四等人制即为一个典型体现。这一政策虽然"并没有系统地正式宣布过",但"确实具有法律的效力,一直到一个世纪之后元朝灭亡为止"。② 即使是向汉法明显倾斜的元英宗,也曾专门下诏"敕四宿卫、兴圣宫及诸王部勿用南人"③。事实上,对于汉人之文化,元朝多数皇帝都是持不认同态度的,正如忽必烈所认为的那样,"采纳文言文意味着文化上对汉人的屈从"④。而"江南"又恰是"汉人"文化的最主要代表区域。因此,对"江南"的不认同,正是导致杨叔

---

① [美]高居翰:《中国绘画中的政治主题——"中国绘画中的三种选择历史"之一》,杨振国译,《广西艺术学院学报》2005年第4期。

② [德]傅海波、[英]崔瑞德编:《剑桥中国辽西夏金元史》,史卫民等译,中国社会科学出版社1998年版,第425页。

③ 宋濂等:《元史》卷二八《英宗本纪二》,中华书局1976年版,第620页。

④ [德]傅海波、[英]崔瑞德编:《剑桥中国辽西夏金元史》,史卫民等译,中国社会科学出版社1998年版,第313页。

谦《农桑图》不以“江南”、而以“大都”为描绘区域的最主要原因，相对于南宋之与“江南”，大都才是元王朝的荣耀之地。

作为同样由汉人眼中“蛮夷”所建立的王朝，清王朝对“江南”却采取了完全不同的态度与策略，其既要处处设防，又要时时拉拢，而“拉拢”又是其中的主要面向。[①] 之所以如此，与“江南”对清王朝统治正统性与合法性建构的巨大作用直接相关。正如杨念群所说的那样：“过去是对中原地区的占有具有象征的涵义，而对清朝而言，对中原土地的据有显然已不足以确立其合法性，对江南的情感征服才是真正建立合法性的基石”，因为“凡是在满人眼里最具汉人特征的东西均与‘江南’这个地区符号有着密不可分的关联”，因此“如何使江南士人真正从心理上臣服，绝不是简单的区域征服和制度安排的问题”。[②] 事实上，“‘满清’王朝的权力与统治策略，因为无法规避与汉文化核心地带的博弈互动，因而实际上是经由对‘江南’的定义与再定义、建构与再建构而进行的”[③]。于是，为收服江南士人之心，清初帝王采取了一系列措施，而绘制以“江南”为描绘区域的耕织图就是一个重要体现。这些耕织图的绘制，在于表达清廷对“江南”及“农业发展”的重视，以摆脱江

---

①　在对待“江南”的政策上，元与清之所以有如此大的差别，与两个王朝不同的统治政策有直接关系。元代所奉行的是以“蒙”与“蒙地”为核心、以“汉”为外围的治国方略。参见李治安：《元代“内蒙外汉”二元政策简论》，《史学集刊》2016 年第 3 期。与之相比，清代统治者虽然也采取了满汉分治的政策，但却是以“汉法”为根本治国方略的。

②　杨念群：《何处是“江南”：清朝正统观的确立与士林精神世界的变异》，生活·读书·新知三联书店 2010 年版，第 13、14、15 页。

③　刘拥华：《何处是江南？——〈叫魂〉叙事中的“江南隐喻”》，《史林》2015 年第 1 期。

南士人对其“夷狄”身份的非议与批评,宣扬自己王朝统治的合法性与正统性。这正是清代所绘制与刊刻的耕织图,绝大多数都以“江南”为描绘区域的最主要原因。

四、结 语

以上我们对中国古代耕织图中的地域呈现问题做了相关分析与讨论,从中我们可以发现,除元仁宗时期创作的《农桑图》及清乾隆年间以后创作的《棉花图》等少量耕织图外,绝大多数耕织图都是以“江南”为描绘区域的。之所以如此,有艺术传统的原因——后世绝大多数耕织图都以楼璹《耕织图》为母图绘制而来,但更主要的是“江南”地域因素的影响。首先,作为唐宋以来我国经济最为发达的地区,以水稻种植与蚕桑养殖为基础的发达农业经济,使“江南”成为重农、劝农的示范之地,于是促进了以“江南”为描绘区域的耕织图的大量创作与传播。其次,江南地区浓厚的文化艺术氛围,使耕织图被大量创作与绘制成为可能,加之创作者心目中的江南情怀与意识,“江南人”绘“江南”事,便促进了“江南”场景的表现与传播。最后,发达的经济与繁荣的文化,使“江南”成为彰显政治认同与王朝统治合法性的重要隐喻与象征,于是以“江南”为描绘区域的耕织图,受到诸多帝王的褒奖与提倡——虽然也有帝王对其持贬抑心态。总之,正是“江南”的重要地位与象征隐喻作用,使历代耕织图描绘显现出“处处是江南”的场景特点。

“江南”的重要地位及其在耕织图中的时时呈现,深刻体现出中国古人的地域意识与观念问题。首先,各个地域之间并非是完全均质、等同的,而是有着高下、等级之分。事实上,这一“江南意象”,不仅仅只是对中国本土甚至对朝鲜等周边邻国都产生了重要影响。[①] 当然,一方面,地域的等级及其在帝王、民众心目中的意象并不是与生俱来、固定不变的,而是有一个动态变化的过程。在中国历史发展的早期,居“高位”之区域为中原地区,并且其时的地域观念主要是东西之分。东汉末年,随着南方地区的开发,中国人的南北观念开始出现。[②] 伴随着南北观念的出现,江南的重要性开始日渐凸显,历经三国、东晋至南北朝时期,随着江南地区的日渐开发,江南认同意识开始形成。[③] 另一方面,在不同时代、不同地域,基于不同的判断与评价标准,这种针对不同地域而有不同观念意识的现象都是普遍存在的,正如岳永逸对近代北京内城与外城“上体”与“下体”特征的描述、梁永佳对今天云南大理喜洲基于神灵信仰而产生的地域等级划分的探讨等。[④] 其次,对同一个“地域”,不同的人或群体基于不同的立场,其认知可能是完全不

---

① 参见杨玉蕾:《明清朝鲜文人的江南意象》,《浙江大学学报》(人文社会科学版)2010 年第 6 期。

② 参见金发根:《中国中古地域观念之转变》,(台北)兰台出版社 2014 年版,第 172 页。

③ 参见胡晓明:《“江南”再发现——略论中国历史与文学中的“江南认同”》,《华东师范大学学报》(哲学社会科学版)2011 年第 2 期;潘泠:《乐府江南诗中“江南”意象的形塑及其流变》,《江南大学学报》(人文社会科学版)2014 年第 1 期。

④ 参见岳永逸:《城市生理学与杂吧地的“下体”特征——以近代北京天桥为例》,《老北京杂吧地:天桥的记忆与诠释》,生活·读书·新知三联书店 2011 年版;梁永佳:《地域的等级:一个大理村镇的仪式与文化》,社会科学文献出版社 2005 年版。

同的,如元代统治者对于“江南”的评价与认定。而这一品评背后,实际上反映出来的是不同的政治经济利益与立场。正如美国社会学家卡斯特说的那样:“空间就是社会,空间的形式与过程是由整体社会的动态所塑造的,这其中包括了依据社会结构中的位置而享有其利益的行动者之间相互冲突的价值与粗略所导致的矛盾趋势。”①

针对“江南”地区而产生的地域观念与意识,体现出人类所生存空间(地域本质上是一种空间)的一个重要特点,即社会性,对此我们可称之为空间的社会性。所谓空间的社会性,是相对于空间的自然属性而言的,指空间在原有自然属性的基础上而被赋予了社会含义与属性,从而使空间成为一种社会性的存在。② 与自然或物理属性的空间相比,社会空间凸显的是“社会”与“人”的因素,强调社会与人在空间创造过程中的作用与影响。正如涂尔干所说的那样:“空间本没有左右、上下、南北之分。很显然,所有这些区别都来源于这个事实:即各个地区具有不同的情感价值。既然单一文明中的所有人都以同样的方式来表现空间,那么显而易见的是,这种划分形式及其所依据的情感价值也必然是同样普遍的,这在很大程度上意味

---

① [美]曼纽尔·卡斯特:《网络社会的崛起》,夏铸九、王志弘译,社会科学文献出版社2001年版,第504页。

② 空间的社会性或者说社会空间,是当下西方社会学研究的主流与核心问题之一。关于这一议题及其代表性人物与主要观点等,可参见郑震:《空间:一个社会学的概念》,《社会学研究》2010年第5期;王贵楼:《当代空间性社会理论的主题与路径阐释》,《中国人民大学学报》2015年第4期;等等。

着，它们起源于社会。”[①]因此，“社会空间总是社会的产物”[②]，“空间在其本身也许是原始赐予的，但空间的组织和意义却是社会变化、社会转型和社会经验的产物”[③]。而在空间的社会性属性中，政治性又是其中的一个重要面向，所谓“空间是政治性的、意识形态性的。它是一种完全充斥着意识形态的表现”[④]。所有这些关于空间社会性的讨论，虽然在列斐伏尔、福柯、哈维等空间社会学代表性人物看来，都是伴随着现代性而兴起的、主要是针对当下城市与资本主义社会而言的，但从以上我们对于“江南”观念与意识的讨论中可以发现，其实在传统中国社会中，这种空间的社会性特点亦是同样存在的，如基于不同的情感认知而产生了不同的江南意象、“江南”本身所体现出的政治隐喻与象征等。而这对于我们理解传统时期的地域及地域意识与观念等问题，提供了一种新的视角与方法。

---

① ［法］涂尔干：《宗教生活的基本形式》，渠东、汲喆译，上海人民出版社1999年版，第12页。

② ［法］亨利·列斐伏尔：《空间：社会产物与使用价值》，王志弘译，包亚明主编：《现代性与空间的生产》，上海教育出版社2003年版，第48页。

③ ［美］爱德华·W.苏贾：《后现代地理学：重申批判社会理论中的空间》，王文斌译，商务印书馆2004年版，第121页。

④ ［法］亨利·勒菲弗（列斐伏尔）：《空间与政治》，李春译，上海人民出版社2008年版，第46页。

民俗研究

个人生活史：一种民俗学研究路径的讨论与分析*

一、引言：从“生活史”到“个人生活史”

生活史，即生命个体从孕育、生长、繁殖到死亡的完整生命历程。其最早应该只是一个生物学的概念，英语表述为 Life Cycle，即生命周期或生命历程，被用以指称动物、植物或微生物的生命发展历程，后来才被用于作为高级物种形式的“人”之生命历程及其社会生活的研究中来。① 如今，作为一种研究视角或者说研究路径与方法，“生活史”（Life History）研究已被广泛应用于历史学、社会学、人类学、民族学、民俗学、文学、艺术学、教育学等诸人文社会科学之中。检诸冠以“生活史”（当然，并非所有有关“生活史”讨论的论文或著述在标题中都会有这一字眼）的相关研究，可以发现其基本上围绕两个路数

---

* 本文原载于《民俗研究》2020 年第 2 期。

① 以“生活史”作为关键词于知网进行检索可以发现，1990 年之前，被冠以“生活史”标题的研究，在总数 1210 篇中文与英文期刊论文中，只有 5 篇为非生物学的研究，其中 3 篇讨论了社会生活史或者劳动者生活史（最早的一篇为《资产阶级罪恶的有力见证——丝织女工梁凤生活史》，《学术研究》1965 年第 3 期）。1991 年之后，相关研究才逐步增多。

展开进行。一是对于“××生活”的历史研究,具体如“社会生活史”“日常生活史”“妇女生活史”等。[①] 这一研究路数,更为强调的是研究的内容与主题,具体如饮食、服饰、居住、出行、娱乐、各种风俗习惯等。[②] 就具体学科来说,则主要集中于历史学尤其是社会史研究领域;就历史发展来说,其最初可追溯至19世纪晚期的欧洲,是在对传统政治史、帝王将相史等研究路数的反思基础上展开进行的,强调眼光向下、关注大众日常生活,大体经历了一个从微观史、日常生活史到社会文化史的发展脉络。[③] 二是对于人类群体尤其是单个个体生活经历的论述与分析,更为强调的是主体性问题,意在通过对个体生命过程、经验、感受等的描述与分析,看其是如何受其所处的政治、经济、社会、文化等因素影响与塑造的。这一研究路数,约萌芽于19世纪早期,最初主要被应用于人类学领域;从20世纪20年代起,开始受到人类学、社会学的重视与关注;20世纪90年代以后,更是被广泛推广应用于民族学、教育学、艺术学、文学

---

① 相关研究具体如[法]谢和耐:《蒙元入侵前夜的中国日常生活》,刘东译,江苏人民出版社1998年版;庄华峰主编:《中国社会生活史》,合肥工业大学出版社2003年版;陈东原:《中国妇女生活史》,商务印书馆1937年版;武舟:《中国妓女生活史》,湖南文艺出版社1990年版;[法]菲利浦·阿利埃斯、[法]乔治·杜比主编:《私人生活史:星期天历史学家说历史》,李群等译,北方文艺出版社2013年版。

② 参见彭卫:《略论社会生活史的研究方法》,《云南社会科学》1987年第3期。

③ 参见项义华:《社会生活史研究的学术传统与学科定位》,《浙江学刊》2011年第6期;张立程:《从微观史、日常生活史到社会文化史》,《河北学刊》2017年第2期。

等学科领域。[①] 就以上两个研究路数来说，第二个更契合生物学意义上的“生活史”概念与研究实践。当然，两者只是侧重点不同，并非截然对立，而是互有交叉，毕竟日常生活是基于特定主体的，不能离开一个个生命个体而独立存在；个体生命历程，则必须要通过饮食、服饰、居住、出行等日常行为与活动才能得以实现与彰显。

从主体性的角度来说，生活史研究既可以围绕特定群体展开进行，也可以针对单个个体展开进行。日常生活、社会生活的历史学研究，就本质而言，主要是针对特定时代的特定群体展开进行的——当然也有针对单个个体的“生活史”研究[②]。围绕生命经历展开的生活史研究，既可以针对群体[③]，也可以针对个体，但主要是就个体展开进行的。单个个体的生活史，即个人生活史。个人生活史，即研究者以日记、信件等文字资料或深度访谈、参与观察等实地调查资料为基本依据，将一个生命个体的全部或部分生命历程，以文本形式表现出来的回顾式叙述。这种叙述，可以贯穿这一个体的一生，也可以侧重于

---

① 参见王建民：《非物质文化遗产传承人的生活史研究》，《民俗研究》2014 年第 4 期；李香玲：《国外“生活史”研究述评》，《课程教学研究》2015 年第 2 期。

② 具体如[英]沈艾娣：《梦醒子：一位华北乡居者的人生（1857—1942）》，赵妍杰译，北京大学出版社 2013 年版；冯贤亮：《袁黄与地方社会：晚明江南的士人生活史》，《学术月刊》2017 年第 1 期。

③ 如托马斯与兹纳涅茨基根据日记、信件与访谈等，对 20 世纪初期身处欧美的波兰农民展开研究。这一研究，虽然是基于个体进行的，但最终呈现的却是作为群体的波兰农民。具体参见[美]W. I. 托马斯、[波兰]F. 兹纳涅茨基：《身处欧美的波兰农民：一部移民史经典》，张友云译，译林出版社 2000 年版。

其早期经历或当下生活。[①] 今天，作为一种研究视角与方法，除人类学、民族学、社会学等传统注重个人生活史研究的学科外，个人生活史的研究路数亦被广泛应用于其他诸人文社会科学之中。比如历史学，甚至有学者认为，个人生活史研究开辟了当代中国史研究的新领域、拓展了中国社会史研究的范围，可以使人更好地看到当下中国缓慢而深刻的社会变迁。[②] 比如教育学，个人生活史研究越来越受到重视与关注，成为教师教育研究的一个重要领域。[③] 再比如艺术史学，艺术家的个人生活史研究，正越来越成为中国艺术史研究的一个新生点。[④] 具体到本文所要讨论的民俗学来说，近些年来，越来越多的民俗学人或民俗学话题，开始关注个体视角的描述与讨论，如尹滢关于北京郊区看坟人的研究、朱清蓉关于乡村医生父亲的研究、谢菲关于花瑶挑花传承人 FTM 的研究等。[⑤] 这其中，特别值得注意的是日本学者中野纪和的讨论，他强调了在现代都市

---

① 在此参考借鉴了王建民有关人类学“个人生活史”的定义。参见王建民：《非物质文化遗产传承人的生活史研究》，《民俗研究》2014 年第 4 期。

② 参见戴建兵、张志永：《个人生活史：当代中国史研究的重要增长点》，《河北学刊》2015 年第 1 期。

③ 参见刘洁：《从“生活史”的角度看教师教育》，《教育理论与实践》2006 年第 3 期。

④ 参见刘悦笛：《从“物质文化”到“生活史”：中国艺术史的新生点》，《美术观察》2017 年第 7 期。

⑤ 参见尹滢：《看坟人的历史记忆与民俗生活》，北京师范大学硕士学位论文，2008 年；朱清蓉：《乡村医生 · 父亲——乡村医患关系的变迁》，北京师范大学硕士学位论文，2011 年；谢菲：《非物质文化遗产项目代表性传承人名录保护制度反射性影响研究——基于花瑶挑花传承人 FTM 生活史的调查》，《民族艺术》2015 年第 6 期。

社会状况下民俗学个人生活史研究的价值与意义。他以小仓祇园太鼓为具体案例,探讨了与祭礼相关的人们,是如何将规范与习惯内在化的,进而在此基础上又是如何构建或者说再构建自身并使其外在化的。[①] 不过这些研究基本上都是个案性的讨论,学理性的探讨还明显不足。比如对民俗学来说,个人生活史研究的合法性何在?可行性如何?在具体研究与文本呈现过程中,个人生活史研究应该如何进行具体操作?基于此,本文将在以往有关“生活史”讨论的基础上,重点对民俗学“个人生活史”研究的学理性问题略作讨论与分析。

二、以“民”观“俗”,还“俗”于“民”

民俗学是一门以“民俗”为研究对象与主题的学问。关于何谓“民”、何谓“俗”以及“民”与“俗”的关系问题,曾是民俗学界在很长一段时间内重点关注的话题之一。作为民俗学研究最为基本的理论问题与研究主题,对这些问题的认识与理解,将直接关系到民俗学作为一门学科的基本性质、研究方法与最终价值旨归,因而具有极其重要的方法论意义。

---

① 参见[日]中野纪和:《民俗学研究中个人生活史的课题和意义》,陈晓晞译,王晓葵、何彬编:《现代日本民俗学的理论与方法》,学苑出版社2010年版。中野文章讨论的重点在于一个“俗民”个体是如何生存以及实现“民俗内在化”的,也就是说重在讨论一个“俗民”是如何养成并对其生活产生影响的,这更主要强调的是民俗的“内化”过程。与之相比,本文的最终落脚点在于如何将一个实现了“内化”的俗民个体作为一面“镜子”,来反观其所生活的整体世界。

整体来看，不论在中国民俗学界还是国际民俗学界，对“俗”与“民”的认知都有一个逐步发展的过程。从1846年英国人威廉·汤姆斯提出folklore（“民俗”）这一术语，到此后英国人类学派、欧洲大陆民俗学，从早期中国民俗学研究者杨成志、江绍原，到“中国民俗学之父”钟敬文，再到高丙中，我们对“俗”的认知大体经历了一个从“古俗”到“生活文化”的发展与变化。[①] 今天，至少在中国民俗学界，“民俗”即民众生活文化、日常生活文化的认知，这已得到民俗学界比较一致的认同。而对于何谓“民”，不论是内涵还是外延，对其认知亦有一个逐步发展的过程，大体经历了从本民族到本种族再到全人类、从乡民到市民再到每个人的认知演变，虽然其间有阶级、阶层与地域等的差异性。[②] 近些年来，为使民俗学能够介入当下社会公共话题的讨论、凸显民俗学在当下国家与社会建构过程的作用与意义，高丙中又提出了从“民”到“公民”的结构性转换。[③] 但无论如何发展变化，如下两方面已被今天的民俗学界所认知与承认：一方面，我们每一个人都是“民”，都是生活文化的承载者；另一方面，整体的“民”是由一个个的个体的“民”所组成

---

① 参见高丙中：《中国学者论民俗之“俗”》，《思想战线》1993年第5期。

② 参见高丙中：《关于民俗主体的定义——英美学者不断发展的认识》，《湖北大学学报》（哲学社会科学版）1993年第4期；高丙中：《民俗文化与民俗生活：民俗学的研究对象与学术取向》，中国社会科学出版社1994年版；王娟：《新形势下的新定位——关于民俗学的“民”与“俗”的新思考》，《民俗研究》2002年第1期。

③ 参见户晓辉：《从民到公民：中国民俗学研究“对象”的结构性转换》，《民俗研究》2013年第3期；高丙中等：《民间、人民、公民：民俗学与现代中国的关键范畴》，《西北民族研究》2015年第2期。

的,这就为“个人生活史”研究的开展提供了主体上的合法性。所以,“我们不仅要关心作为民俗主体的整体性的‘民’,还要关注作为民俗主体的个体的‘民’”①。

相较于对“民”与“俗”各自内涵或外延认知的逐步深入与发展,对“民”与“俗”关系的认知则相对比较一致与稳定。大体言之,“民”是“俗”的存在主体,若无“民”也就不会有“俗”;“俗”则是作为主体之“民”的生活文化的体现与组成部分。二者相互依存、紧密结合,既无无“民”之“俗”,也无无“俗”之民。纵然如此,长期以来,对“俗”的关注却远甚于“民”。之所以如此,黄龙光认为,可能与对应于 folklore 的“民俗”这一中文概念的偏正结构有关。“可能是因为从语言显性结构的角度看它是一个偏正结构,其中心语素是‘俗’,而 folk、‘民’则做修饰限定成分,所以民俗学界从一开始就把其研究对象限定在‘俗’(各种具体的民俗事象、现象等),这直接导致了后来的民俗学家们对 folk、‘民’的长期忽视,造成重俗轻民的研究思路和做法。”②好在,“自从高丙中教授发表《民俗文化与民俗生活》以来,民俗学长久以来所信奉的民俗事象研究范式基本上被学界所抛弃了。从此以后,对民众的关注开始逐渐进入了人们的视野”③。也就是说,至少就我国民俗学界来说,20 世纪

---

① 参见黄龙光:《从民与俗谈对民俗主体的关注》,《云南民族大学学报》(哲学社会科学版)2008 年第 4 期。

② 黄龙光:《从民与俗谈对民俗主体的关注》,《云南民族大学学报》(哲学社会科学版)2008 年第 4 期。

③ 邓苗:《民俗事象研究范式的再审视》, 2014 年 3 月 18 日,http://www.chinesefolklore.org.cn/forum/redirect.php? tid = 37174&goto = lastpost#lastpost。

90年代以来,“民”开始受到研究者的关注。不过,在黄龙光看来,即使高丙中的研究范式关注并强调了“民”,但仍远远不够。因为不论中外各家如何突进式、跨越式地界定“民俗”,却都或多或少地强调了作为整体的民俗文化中“俗”的层面和内容,而对生成、操演、享用民俗文化的主体——“民”却仍是关注不够。因此,他主张要进一步加强对民俗主体的关注:“我们所说的关注是一种全方面的关注,不仅在研究中强调民俗主体的位置和内容,而且作为一门历史悠久而与人类命运、人民生活息息相关的现世学科,我们所有的研究最后都要回到关乎民生,关注人性的终极目标上……作为一个有社会责任心的民俗学家,我们应该思考我们的研究究竟能给当地的民俗主体带来什么和改变或不改变什么这些现实的问题。”①

鉴于“民”与“俗”之间不可分割的紧密联系,笔者认为,民俗学研究可大体分为两个路数,即以“俗”观“民”与以“民”带“俗”,并最终实现二者间的有机统一。传统民俗学研究,基本遵循的都是以“俗”为主或以“俗”观“民”的研究路数,即以具体民俗事象为切入点,在对民俗事象描述、探讨的基础上,再关注其背后的俗民主体“民”。这一研究范式,在促进中国民俗学飞速发展的同时,也出现了一些不足之处,其中之一就是“将民俗事象从民俗生活中抽离、剥离开来,造成了民俗文化的破碎、零散及不成体系的研究态势”②。诚然,民俗作为一种生活文化,具有生活性、整体性等特点,各部分之间不可截然分

---

① 黄龙光:《从民与俗谈对民俗主体的关注》,《云南民族大学学报》(哲学社会科学版)2008年第4期。

② 黄龙光:《从民与俗谈对民俗主体的关注》,《云南民族大学学报》(哲学社会科学版)2008年第4期。

立,而是相互影响、相互建构。因此,在俗民大众眼中,其实并没有物质生产民俗、物质生活民俗、社会组织民俗、岁时节日民俗、人生仪礼等的分野,而都是他们社会生活的一部分,都是"过日子"的一种方式与体现。而这种分野,在近些年来轰轰烈烈开展的、以民俗学为主导的非物质文化遗产保护运动中体现得最为明显,即生硬地将保护对象分为民间文学、传统音乐、传统美术、传统舞蹈、传统技艺、传统戏剧、传统医药、曲艺、民俗以及传统体育、游艺与杂技这十个类别,然后再以之去"套"本该自成整体的各种非物质文化遗产事象。实际上,各非物质文化遗产事象往往内涵丰富,很难用一个"类别"的筐来装,如传统戏剧中就有美术、音乐层面的内容,也有信仰、口头传统等多方面的元素。

传统以"俗"为主或以"俗"观"民"的研究范式,具有割裂作为整体生活文化的民俗的不足,那我们如何才能避免这种不足呢?笔者以为,转换研究的视角,以"民"观"俗"或以"民"带"俗",将具有整体性特征的生活文化重新"复归"于"民"之身上,这或是一种可能的解决方法。在具体开展研究的过程中,我们不能仅仅只是以"俗"来观"民",还需要以"民"来观"俗",尤其是通过一些具体鲜活的个体之"民"来观"俗",如此才能更好地理解生活、呈现生活,因为"生活的整体性,离不开生活中的人……只有通过人的行动,才能呈现出生活的整体性,而不是依靠民俗事象的排列组合"①。虽然高丙中、黄龙光等都重视或者强调对"民"的关注,但他们的研究路数在本质上仍是以"俗"观"民"、以民俗事象为切入点展开的。因为他

① 刘铁梁:《感受生活的民俗学》,《民俗研究》2011年第2期。

们所强调的重点，在于研究中不能只关注“俗”，还要关注“民”，即认为事象研究最终要落脚于“民”身上，注重的是民俗学研究的终极关怀问题，而不是真正以“民”为主体与中心展开研究。事实上，作为一种由民众所承载的整体性生活文化，只有将“俗”放到具体的民众身上，才能真正做到还“俗”于“民”，才能做到对民俗主体的真正关照。而个人生活史研究，恰可以将破碎、零散的民俗事象重又聚合于作为主体的“民”身上。也只有将民俗事象重又聚合于每一个俗民个体身上，借助于个人生活史的书写，才能在最大限度上把人们的感受表达出来[①]，如此才能真正实现对作为民俗主体的“民”的终极关怀。因此，由“群体”转向“个人”，或许是未来民俗学发展的一个重要路径。这一点，在急速发展的当下社会可能更有其价值与意义。正如中野纪和所认为的那样，与传统农村社会相比，在当下充满流动性、异质性、多样性和选择性的动态都市社会中，人的个性被更加凸显、个体问题的重要性比集团的重要性有所增加，于是个体就为我们提供了一个观察现代社会的具体视点，由此个体开始受到越来越多的关注。[②] 而对这一研究路

① 参见刘铁梁：《感受生活的民俗学》，《民俗研究》2011年第2期。正因为强调民俗主体的个人感受与表达，刘铁梁教授才特别重视并强调“身体民俗学”“个人叙事”对于民俗学研究的价值与意义。参见刘铁梁：《身体民俗学视角下的个人叙事——以中国春节为例》，《民俗研究》2015年第2期；刘铁梁：《个人叙事与交流式民俗志：关于实践民俗学的一些思考》，《民俗研究》2019年第1期。而“个人生活史”研究，本质上就是对民俗主体“身体感受”与“个人叙事”的强调。

② 参见［日］中野纪和：《民俗学研究中个人生活史的课题和意义》，陈晓晞译，王晓葵、何彬编：《现代日本民俗学的理论与方法》，学苑出版社2010年版。

径的意义问题，施爱东更是有明确论述：

> 许多民俗学者习惯于将田野调查的重点聚焦在群众性节庆形式、程式性仪式表达等外在的、表面的民俗事象，忽视了不同家庭、个体之间习惯性思维的质的差异。当年顾颉刚在檄文式的《圣贤文化与民众文化》演说词中呼吁"打破以贵族为中心的历史，打破以圣贤文化为固定的生活方式的历史，而要揭示全民众的历史"，重点在于"全民众"，因为"民众的数目比圣贤多出了多少"。后来钟敬文又将民间文学限定为"劳动人民的创作"，用"劳动人民"概念替换了"全民众"概念。再后来，非物质文化遗产保护运动兴起，我们的学术焦点又转向了"社区"中的"非物质文化遗产传承人"。虽然研究对象的范畴不断具体化、微观化，但始终是奔着"群体"而去的，并没有真正进入到个体的人（而不是"人类"）的生活世界。民俗学若要避开民族主义和地域本位的雷区，那么，逐渐走向更加微观的家庭调研，走向个体世界的探究，用个体的"人"的丰富性来冲淡"族群""社区"的特异性、差异性，或许是一个有意义的学术选项。①

这正是"个人生活史"研究的合法性所在。

---

① 施爱东：《一个普通学术工作者的个体民俗志》，未刊稿。诚挚感谢施爱东老师先期惠赐大作。

三、作为"镜子"的人

作为民俗学研究的对象主体,"民"可以是每一个人。换句话说,每一个人都是俗民主体,都是活生生的生活文化的承载者。不过,虽然民俗的本质是生活文化,但却并非所有的生活文化都是民俗。首先,"民俗"要有一定的群体规模——单个人的个人化行为与做法不是"民俗";其次,"民俗"还强调要有一定的模式性与稳定性。正如"中国民俗学之父"钟敬文先生所说的那样:"社会民俗现象虽然千差万别,种类繁多,但作为一种人类社会文化现象,它们大都有共同特点。就是这种现象,首先是社会的、集体的,它不介入有意无意的创作。即使有的原来是个人或少数人创立或发起的,但是也必须经过集体的同意和反复履行,才能成为风俗。其次,跟集体性密切相关,这种现象的存在,不是个性的,大都是类型的或模式的。再次,它们在时间上是传承的,在空间上是扩布的,即使是少数新生的民俗,也都具有这种特点。总之……与那些一般文化史上个人的、特定的、一时(或短时)的文化产物和现象有显著的不同。"①

民俗具有群体性、模式性、稳定性等特点,那对民俗研究来说,以单个的人作为研究主体何以可能呢?简单来说,人作为一种社会性"动物"的特点确保了这一点。每个人都是"社会"的一分子,社会由一个个的人所组成,没有个体,也就没有社会

---

① 钟敬文:《新的驿程》,中国民间文艺出版社1987年版,第395页。

的存在。但反过来,社会则是个人存在和发展的基础。作为一种社会化的“动物”,单个个体的人不能离开社会而存在,否则其就不能称为真正的“人”,比如各种狼孩、猪孩等。若要依赖于“社会”而生存,人就必须要遵守各种社会要求与规则,要经历不断的“社会化”过程。所谓社会化,就是指“个人学习知识、技能和规范,取得社会生活的资格,发展自己的社会性的过程”①,“就是人的社会行为的模塑过程”②。当然,一个人的“社会化”过程,并不代表要完全泯灭其个体性与个性化,事实上两者相伴而生,个性化依赖于社会化,社会化是人的个性化的社会化。③ 社会化过程会伴随于人的整个生命历程之中,包括幼年与青少年时期的基本社会化以及成年之后的继续社会化,大体会经历一个从强制到自我控制的过程。④ 因此,就实质言之,一个人的成长与发展,就是适应社会要求而不断社会化的过程。在这一过程中,其会不断受到来自家庭、家族、社区、区域、民族、国家等不同层面文化传统与社会规则的熏陶、影响与塑造,由此使一个人形成特定的人生观、价值观以及话语系统、思想情感、行为模式等。“每一个人,从他诞生的那刻起,他所面临的那些风俗便塑造了他的经验和行为”⑤——这

---

① 费孝通:《社会学概论》,天津人民出版社 1984 年版,第 54 页。

② 周晓虹:《现代社会心理学》,上海人民出版社 1997 年版,第 123 页。

③ 参见刘秀华:《人的个性化与社会化关系的哲学阐释》,《湖北大学学报》(哲学社会科学版)2006 年第 6 期。

④ 参见陆洋:《人的社会化:自我控制的社会生成和心理生成》,《西南民族大学学报》(人文社科版)2017 年第 5 期。

⑤ [美]本尼迪克特:《文化模式》,张燕等译,浙江人民出版社 1987 年版,第 2 页。

正是一个山东人区别于广东人、一个中国人区别于美国人的实质所在。当然,人的社会化过程不单单只是社会对人的影响问题,反过来人也会对社会产生影响,具有双向性特点。但整体来说,尤其是具体到单个个体的社会化过程来说,社会对人的影响是更为主要的面向。而既然社会会对人施加影响与塑造,那也就不可避免地会在每个人身上留下其印迹。由此,反过来,通过每一个个体,也就能一窥其所生存与发展的社会文化传统等诸社会面向——固然会有管中窥豹、以偏概全之嫌。

每个人都是社会的一分子,在日常社会生活中,总会与不同的人发生这样那样的社会关系。每个人都有自己特定的社会角色,具体如儿子、丈夫、父亲、女婿、教师、医生、艺人……不同的社会角色,会分别要求他(她)遵守不同的社会规则、承担不同的社会义务、处理不同的社会关系。总之,人无时无刻不处于社会关系的浸淫、包围之中,所以马克思说:"人的本质不是单个人所固有的抽象物,在其现实性上,它是一切社会关系的总和。"①也就是说,一个个体的首要活动与首要属性,都涉及他与其他个人的关系。而这种"关系",不是无所依存、虚无缥缈的存在,而是依托于人的本源性生存方式并在人的生存活动中展开的生存境遇。② 作为"一切社会关系的总和",出于社会生存的需要,每个人都处于不断地与他人的互动与联系之

---

① 《马克思恩格斯选集》第1卷,人民出版社2012年版,第135页。

② 参见贺来、张欢欢:《"人的本质是一切社会关系的总和"意味着什么》,《学习与探索》2014年第9期。

中,并随之在其周围形成一个社会网络[1]体系——虽然这一网络体系会因个人身份、地位、职业等的不同而有所不同。正如费孝通论述中国人社会关系格局的"差序格局"理论所说的那样:"好像把一块石头丢在水面上所发生的一圈圈推出去的波纹。每个人都是他社会影响所推出去的圈子的中心。被圈子的波纹所推及的就发生联系。每个人在某一个时间某一地点所动用的圈子不一定是相同的。"[2]虽然费孝通的"差序格局"理论是相对于西方社会的团体结构而言的,但抛开整体社会结构与格局不谈,仅从个人交往与社会关系层面来说,不论是西方还是东方,每个人都可以是"波纹的中心",都可以形成自己的社会交往圈子。也就是说,完全可以以一个人为中心与视角,"透视"出与其所交往的其他人,随之再以"其他人"透视出更多的人。而民俗学作为一门研究民众生活的学问,其最终落脚点在于"民"上,更具体一点来说在于"民"与"民"的相互关系上。事实上,各种民俗事象之所以被"发明"与"创造"出来,即在于解决人与自然以及人与人之间的关系。而人与自然的关系,归根到底体现的也是人与人之间的关系,并且也只有落实到人与人的社会生活中来才有其意义。正如马克思说的那样:"人对自然的关系直接就是人对人的关系","只有在社会中,自然界对人来说才是人与人联系的纽带……才是人的现实的生活要素。只有在社会中,人的自然的存在对他来说才是人

---

① 作为一种研究视角与方法,社会网络理论目前被广泛应用于社会学、管理学、经济学等诸社会科学领域之中。关于这一理论的起源、发展及相关研究进展,可参见李梦楠、贾振全:《社会网络理论的发展及研究进展述评》,《中国管理信息化》2014 年第 3 期。

② 费孝通:《乡土中国》,北京出版社 2005 年版,第 32 页。

的合乎人性的存在,并且自然界对他来说才成为人”。①

每个人都是经历过社会化的人,每个人也都是社会关系中的人,因此,通过单个个体,我们就能够“映现”与“透视”出社会的方方面面,也能够“映现”与“透视”出与之相联系的其他民众个体。也就是说,其实每一个人都是一面“镜子”,都可以通过他映现出他所生存的大千世界与芸芸众生。由此,民俗学以“个人”为研究对象与研究主体,以“民”观“俗”,也就具有了可行性——虽然“民俗”是群体性、模式性的。由于每个人都是一面“镜子”,因此至少从理论上来说,每个个体都具有典型性,都可以作为开展个人生活史研究的对象与主体。② 之所以如此,是因为任何一个人的生命历程都是社会化与个性化相结合的过程,人的发展纵然是人的社会化程度不断提高的过程,但也是个性化不断丰富和完善的过程。③ 纵然特定的社会文化会在每个人的身上留下大体相类同的“痕迹”,但却并非完全相同。另外,每个人受自己社会地位、职业身份等的影响,其社会交往圈子也不完全相同。也就是说,每个人都会有自己特定的生命体征、成长经历、思想情感、社会身份地位、社会交

---

① [德]马克思:《1844年经济学哲学手稿》,人民出版社2014年版,第77、79页。

② 王建民认为,“在传承人作为民族志访谈对象的研究中,并不是每个传承人都是合适的重点访谈对象”,只有那些“关键报道人(key informant)”才是合适的对象。参见王建民:《非物质文化遗产传承人的生活史研究》,《民俗研究》2014年第4期。是否“合适”,其实更多的是从操作的容易度与简便度上来说的,而从学理的层面上来说,其实每个传承人都是合适的访谈对象。

③ 参见刘秀华:《人的个性化与社会化关系的哲学阐释》,《湖北大学学报》(哲学社会科学版)2006年第6期。

往关系等——世界上就没有完全相同的两个人,即使同卵双胞胎也是如此。因此,每个人都是“独一无二”的生命体与文化存在,都是具有典型性的。

四、多方位调研与标志性特征的呈现

在近些年的教学与论文指导中,经常会碰到有关个人生活史研究的课程论文,或是以一个下岗工人为研究对象,或是以自己的某个长辈亲人为研究对象等。在一些同学看来,个人生活史研究似乎是一个非常容易上手与操作的研究模式:只要找一个人,做一些深入访谈——有的甚至只有几个小时,然后将访谈内容归纳分类,将被访谈人生活中的一些面向描述出来并呈现给读者就可以了。但事实果真如此吗?这就涉及个人生活史研究的操作性问题了。

个人生活史研究究竟应如何开展呢?茱莉亚(Julia Neson Hagemaster)认为,生活史研究可分为六个步骤,即掌握研究方法、进行研究设计、文献研究、田野调查、确定主题、进行资料分析。[①] 王建民以非物质文化遗产传承人的个人生活史为具体案例,认为在具体研究中,为保证调查的高效,应当选择“关键报道人”作为重点访谈对象;以深度访谈为调查手段,注意访谈问题的变换;强调访谈人与被访谈人间的平等对话,按生活

---

① Julia Neson Hagemaster,“Life History: A Qualitative Method of Research”, *Journal of Advanced Nursing*, 1992 (9),pp. 1122-1128.

轨迹对被访谈人进行提问与访谈;遵循学术伦理。[①] 张素玲则讨论了领导个人生活史研究中的步骤与方法等问题,认为首先要确立研究对象和选择研究问题,然后通过访谈、信件、文献等进行经验和个人经历的搜集,在此基础上进行理论建构和意义诠释,在此过程中要注重访谈中的互动关系、要注重对社会大背景的了解与分析、要注重对访谈资料的质疑和反思、要注重把握故事的关键点、要注重伦理道德问题等。[②] 总之,从不同学科关于个人生活史研究的方法讨论与个案研究来看,确定研究对象、通过田野调查等方式搜集相关资料、分析呈现为其基本步骤——当然这也基本上是所有人文社科研究的通用步骤。

个人生活史研究的开展当然首先需要确定一个对象主体。前已述及,从理论上来说,任何一个个体都具有典型性,都可以以之为对象主体展开个人生活史研究。当然,从实际操作性的角度来说,不同个体肯定会有难易之别。相对而言,那些生活阅历丰富、社会特征明显、对某一技艺传承具有更大作用的个体——也即"关键报道人",往往更具有"代表性"、更容易开展研究。确定对象主体后,接下来便是对资料的搜集。除历史人物主要依赖日记、信件、个人传记等文献资料(相对晚近的,可辅之以一定的实地调查与访谈资料)外,民俗学个人生活史研究则主要依赖田野调查。田野调查是民俗学获取研究资料、开展具体研究的最主要路径与方法。如王建民所论述的那样,开展个人生活史研究,至为关键的是要对研究主体按生活轨迹进

① 参见王建民:《非物质文化遗产传承人的生活史研究》,《民俗研究》2014 年第 4 期。

② 参见张素玲:《领导研究的个人生活史方法探讨》,《中国浦东干部学院学报》2014 年第 2 期。

行深度访谈。[1] 通过此一方式,可对研究主体的大体生活历程、一些具体生活细节、思想情感等有一个大体把握。不过,正如张素玲所提醒我们的那样,一个讲述个人故事的人,其叙述能被看作是他(她)的真实经历吗?[2] 确实,人们对生活历史的回顾往往具有选择性,是基于过往与现实生活需要而主动选择的结果,通常会存在隐瞒、夸大、美化等倾向。另外,访谈人与被访谈人之间的具体关系、熟识程度等也会对讲述人的讲述造成一定的影响。好在民俗研究关注的重点,不单单只是真与假的问题,更为重要的是其背后的观念与心态问题。也就是说,是否说谎、隐瞒相对不重要,真正重要的是为啥要说谎与隐瞒,表面上看来"虚假"的东西,背后所反映的却是社会与观念的"真实"。

深入访谈可以让我们对研究主体的各方面情况有一个具体的了解,但对个人生活史研究来说,仅有深入访谈还远远不够,还要在深度访谈的基础上进行相对比较长时间的参与观察。参与观察法也是被人类学、民俗学、社会学等广泛应用与熟悉的一种研究方法,即深入研究对象的生活中,在实际参与研究对象日常生活的过程中对其进行深入认识与了解。要了解一个人,最好的办法当然就是和他一起生活一段时间,从他的日常言行、社会交往、情感表现、工作开展中加深对他的认识与理解。这样做,一是可以深化访谈人与被访谈人之间的关系,利于访谈与研究的进一步开展——最高境界是被访谈人能

---

① 参见王建民:《非物质文化遗产传承人的生活史研究》,《民俗研究》2014 年第 4 期。

② 参见张素玲:《领导研究的个人生活史方法探讨》,《中国浦东干部学院学报》2014 年第 2 期。

对你熟视无睹；二是可以验证或修正单纯通过深度访谈获得的数据与资料，亦可进一步加深对访谈资料的认识与理解；三是可以有一种代入感，进行“同情之理解”，建立与研究对象的情感认同，在对象主体“感受生活”的基础上，通过研究者对对象主体的“感受”之感受，从而尽量采取一种“主位观”的研究视角。虽然本质来说任何一项个人生活史研究都是“主位”与“客位”合谋与共建的结果，然后在此基础上对研究对象的个人生活史进行理解与呈现。

要加深对一个人的认识与了解，还必须要进行多方位的调研。这种“多方位”，一方面是对被调查人而言的，即尽可能地对被调查人的各方面情况进行认识与了解，诸如家庭背景、受教育状况、婚姻、职业、日常交往、观念信仰等社会生活的各个方面。另一方面，人是社会化的人、是社会关系中的人，因此要加强对一个人的认识与了解，还必须要放到其所具体生存或生活的社会“语境”中做多方位的认识。也就是说，在进行具体的个人生活史研究时，不能只针对研究对象本人进行访谈与观察，还要对其周围社会诸面向以及与之相联系的民众群体或个人进行深入挖掘，通过访谈或文献查阅等方式做多方位的了解与观察。比如，一个村民，要对其具体生活村落的各个方面，如村落历史、经济发展、神灵信仰、家族传统、节日体系、人生仪礼、口头传统等做全面了解。这些面向，可能与某个人的个人生活并没有直接联系，但却是了解与理解个人生活史不可或缺的内容。此外，超越村落的地域历史与文化传统等更大的社会文化背景，也应做适当的了解，因为一个地区的自然地理环境与历史发展、社会文化传统，不可避免地会对生活于此一地域的民众产生潜移默化的影响。此外，一个特殊行业群体所持有的习俗惯制,肯定亦会对行业内的每一个人产生深刻影响。比如,一个手工艺者,除对其所生活的家庭与村落或社区语境等做深入了解外,还要对其所从事行业的技术流程、技艺传承、习俗规制等,以及其所处手工艺群体的工作实践、社会交往、思想情感、日常生活时态等做全面了解。此外,为加深对研究对象的认识与了解。还要对与研究对象发生社会联系的其他个人或群体进行访谈,具体如家人、邻居、朋友、同事、姻亲等,听一听他们口中被研究对象的各方面情况以及他们对其做事、为人等的认知与评价。这样做的目的,一是可以进一步加深对研究对象的认识与了解。二是可进一步验证或修正单纯针对被研究对象所做的深入访谈与参与观察所获得的认知与资料。三是可以尽量避免个人化、以偏概全等带来的问题。毕竟“民俗”是群体性、模式化的,比如一个铁匠晚婚可能是其个人原因所造成的,但若通过广泛了解发现传统铁匠群体都有比较普遍的晚婚现象,这反映出来的就是铁匠这一群体的社会地位与社会评价等问题了。① 四是可实现前述之以“民”观“俗”、在个体与社会之间建立紧密联系、将个体视为一面“镜子”,以“透视”与“映现”社会诸面向的研究旨趣。

对被研究个体的各方面情况做全景式调研后,面对拉拉杂杂的各方面资料与情况,若毫无保留地全方面呈现,必将是一个流水账式的生命历程展示,虽然这样做并非没有价值与意义,但却不符合学术研究要有主题呈现的要求。那么我们该如何做呢?在此,刘铁梁教授的“标志性文化统领式”民俗志理

① 参见杜凯月:《个体实践与生存策略:章丘铁匠个人生活史研究》,《民间文化论坛》2020 年第 5 期。

论与实践或可提供思路与方法借鉴。刘铁梁认为,所谓标志性,一是能反映一个地方的特殊历史进程和贡献;二是体现地方民众的集体性格和气质,具有薪尽火传的生命力;三是深刻联系着地方民众的生活方式和诸多文化现象。[①] 一地有一地之标志性文化,同样一个人也有自己的标志性特征与面向。当然,不论对一地还是一个人来说,"标志性"并非是固定的,而是流动的,因此不同人从不同视角可能会看到并不一样的"标志性"。对一个人来说,职业、性格、身份等都可作为其标志性特点来对待。本质来说,这一"标志性"其实就是切入点与主线,意在通过这一主线将其他面向串联呈现出来。以一位曲艺艺人为例,他的曲艺人身份就是标志性特点之一,而这一身份与职业特点,不可避免地会影响到他的行为习惯、思想认知、社会交往、婚姻生活、经济生活等,因此我们就可以将"曲艺"作为某一个曲艺艺人的标志性特征来进行相关内容的呈现。

社会塑造人,人"映现"社会,个人生活史研究的最终旨趣,并不在于对某一个体生命历程与思想情感单纯地呈现,而是以之为基础呈现其背后的社会存在与整体社会文化。因此在个人生活史研究过程中,在对其标志性特点呈现的过程中,落脚点应该在"社会"上。正如娜塔莉·戴维斯的研究所做的那样,其本质上不是研究马丁·盖尔个人的生活经历,而是要通过他展现其所处时代的社会生活、爱情和司法等多方面画面。[②] 在此我们仍以曲艺艺人为例,一位艺人的学徒经历,可

---

① 参见刘铁梁:《"标志性文化统领式"民俗志的理论与实践》,《北京师范大学学报》(社会科学版)2005年第6期。

② 参见[美]娜塔莉·戴维斯:《马丁·盖尔归来》,刘永华译,北京大学出版社2009年版。

反映出整个曲艺行“教”与“学”的习俗规制,如引、保、代三师规制等;一位艺人的同行婚配行为,实际上反映出的是传统社会艺人身份低下的社会现实,因此更多的只能是同行内部通婚,这也是大量曲艺艺人的祖辈往往也为艺人的原因;一位艺人在当下的被迫转行与收入的低下,实际上反映出当下整个曲艺行业的生态问题。而在所有这些面向的背后,实际上又反映出来的是整体社会观念以及社会变迁等问题。① 由于我们的最终落脚点在于以个人映现社会,因此在具体资料的运用过程中,不是仅仅只用针对个人的访谈与参与观察资料,还要大量运用关于某一个区域、某一行业等方面的资料。

最后,个人生活史研究的开展,必须要求调查者与被调查者之间能够平等对话,尤其是研究者(调查者)不能持有一种“工具”理性②,而是要与他们建立情感认同。只有抱着一种真诚交流的态度,访谈者才愿意去接近访谈对象,愿意倾听他们的话语、感受他们的思想与情感;反过来,受访者也才愿意向访谈者敞开心扉,如此才能得到受访者更多的个人信息。也就是说,田野调查与访谈不单单只是记录和搜集资料的过程,本质上更是一种交流的过程。③ 当然,在具体的论文写作与呈现过

① 参见王加华主编:《中国节日志·胡集书会》,光明日报出版社2014年版。

② 当然,这样说并不代表被研究者就处于完全的弱势地位,正如施爱东在研究中表明的那样,很多时候研究者可能才是田野中的弱者一方。参见施爱东:《学者是田野中的弱势群体》,《民族文学研究》2016年第4期。笔者在十年的国家级非物质文化遗产胡集书会调查与研究过程中,可谓是深深体会到了这一点。

③ 参见刘铁梁:《个人叙事与交流式民俗志:关于实践民俗学的一些思考》,《民俗研究》2019年第1期。

程中，我们又必须要压制自己的情感，力求相对客观地进行呈现——虽然纯粹的客观性永远不可能。① 另外，在个人生活史研究过程中，必须要遵循一定的学术伦理，因为越是与被研究者接触深入，就越会触及并了解被研究者的隐私问题，同时我们的调查与研究也会在不自觉间影响到民众的社会关系与利益格局，因此我们必须要处理好我和“你”“你们”的关系。②那该如何处理好这错综复杂的关系呢？按陈泳超的说法，“无害”即道德，不对访谈人造成伤害应是底线与基准。③

五、结　语

以上，我们从合法性、可行性、操作性三个层面，对“个人生活史”作为一种民俗学研究路径与方法的问题做了简要讨论与分析。从中我们可以发现，对民俗研究来说，由于每一个人都是“民俗”之“民”，都是生活文化的承载者。同时，作为社会化与社会关系中的人，每个人又都是一面“镜子”，可从其身上映现出社会万象与人生百态——这就为民俗学个人生活史研究提供了合法性与可行性。而从操作性的角度来看，我们应该对俗民个体生命历程及其生活“语境”做多方位的深入访

① 这一点对当下的“个人生活史”研究来说可谓尤为必要，因为很多个人生活史研究的具体对象，都是研究者自己的“亲人”，于是如何不受亲情观念的羁绊、相对客观地呈现出来是非常重要的。

② 参见刁统菊：《民俗学学术伦理追问：谁给了我们窥探的权利？——从个人田野研究的困惑谈起》，《民俗研究》2013 年第 6 期。

③ 参见陈泳超：《“无害”即道德》，《民族文学研究》2016 年第 4 期。

谈、参与观察与尽可能做到全面了解,然后以其标志性特征为主线进行呈现,最终在此基础上透视其背后的整体社会生活与文化。这一研究路径与方法,其本质是还"俗"于"民"、以"民"观"俗",强调的是对俗民主体之主体性的关注。这样做,可避免将民俗事象从民俗生活中抽离、剥离开来,从而造成民俗文化的破碎、零散及不成体系。

个人生活史研究,通过对一个人生活历程的呈现,来映现其周边的社会与世界。这一呈现过程,主要是通过个体的"讲述"来实现的,其本质是一种"个人叙事",是对其个体生活经验与过往"历史"的自我呈现。而"从身体民俗学的视角来看,这些个人叙事最能够揭示民俗作为需要亲身体验的生活知识的特质"①,因此对于民俗学研究具有极为重要的意义。由此我们可以推导出,"个人生活史"探讨对于民俗学研究具有极为重要的意义。作为现实社会与生活关系中的人,每个人对自己过往生活经验与历史的叙述,不可避免地会受到"当下"的影响,这是基于过往与当下现实的选择与建构。因此,个人叙事不仅只是对过往事实的罗列,更是通过叙述排列事件并经由赋予事件意义以建构"事实"。② 也就是说,个体在叙事的过程中,也在表达着自己对世界的理解。因此,个人生活史,不只是我们"替"他们写,而是他们自己在"书写"自我。最终在这一理解、建构与话语权表达中,我们就能够对一个个体的思想情感、社会需求等做到真正了解与理解,进而在此基础上透视社

---

① 刘铁梁:《身体民俗学视角下的个人叙事——以中国春节为例》,《民俗研究》2015 年第 2 期。

② 参见[日]门田岳久:《叙述自我——关于民俗学的"自反性"》,中村贵、程亮译,《文化遗产》2017 年第 5 期。

会大众的思想情感与社会需要,从而为当下的社会建设与社会治理提供些许参考与借鉴,或许这就是民俗学能够参与当下社会建设的一个表现面向。

当然,我们强调个人生活是研究,并不是说这一研究路径与方法就是尽善尽美、没有任何瑕疵与不足存在的。比如,个人生活史研究,可能稍不注意就会出现以个体代替群体、以偏概全的问题。因此,我们不能只是关注个体,也要关注群体,处理好个体与群体间的关系。此外,我们强调个人生活史研究以“民”观“俗”的意义,也并不代表应该忽略以“俗”观“民”的研究理路。就两个研究理路来说,不能说一个比另一个更好,只是研究的侧重点不同而已。事实上,两者间是紧密相连、不可分割的。因此,以“俗”观“民”与以“民”观“俗”都不可或缺、不可偏废,只有相互结合,才能促进民俗研究更加全面的发展。

眼光向下:大运河文化研究的一个视角*

运河,即由人工开凿的通航河道。我国开凿运河的历史由来已久,从公元前486年吴王夫差开挖邗沟、连接长江与淮水起,至今已有2500多年的历史。春秋以后,历朝历代多有运河的开凿并重视运河的管理与维护,如秦朝灵渠、汉代漕渠、曹魏白沟、两晋浙东运河等,而这其中最为有名的则是北起今北京、南到今杭州的隋唐大运河及元明清时期的京杭大运河。在2500多年的历史发展中,我国形成了世界上持续时间最久、线路最长及规模最大的运河网。2014年,中国大运河成功入选世界文化遗产名录。这意味着作为“宝贵的遗产”与“流动的文化”,大运河在促进经济社会发展、建构国家形象等方面,仍具有重要功能与价值。① 因此,今天做好大运河文化的保护与传承是极为必要的。中共十八大以来,党中央高度重视大运河文化保护与传承工作。习近平总书记在很多场合对运河文化保护与传承做了重要指示:大运河是祖先留给我们的宝贵遗

---

* 本文原载于《民俗研究》2021年第6期。

① 参见贺云翱:《大运河:宝贵的遗产　流动的文化》,《中国民族报》2021年3月19日;路璐:《大运河文化带建设与中国国家形象建构》,《中国社会科学报》2020年12月4日。

产，是流动的文化，要统筹保护好、传承好、利用好[①]；2019 年 2 月，中办、国办印发《大运河文化保护传承利用规划纲要》；2019 年 12 月，中办、国办又印发《长城、大运河、长征国家文化公园建设方案》。

运河作为我国古代重要的交通运输通道，受到历朝历代中央政府、官员学人的高度重视。就现代学术来说，运河与运河文化也是一个重要的研究话题，相关研究呈日渐增长之势，尤其是 2014 年中国大运河入选世界文化遗产名录之后，大运河及大运河文化更是成为学界关注的热门话题，各种研究成果快速增加、层出不穷。具体研究领域，主要集中于文化、旅游、建筑科学与工程，涉及历史学、社会学、经济学、管理学等诸多学科。[②] 研究的内容，主要集中于如下几个方面：一是大运河历史研究，包括河道变迁、运河工程、河政管理、生态变迁、漕运、仓储等；二是大运河区域社会变迁研究，如商人商帮、运河城镇带的形成、手工业发展、农业结构变化、社会结构变化、人口流动等；三是运河区域的社会文化研究，诸如民风民俗、书院科举、神灵信仰、文化交流等；四是大运河文化遗产及其保护传承研究，重点探讨大运河文化遗产的分类分层、内涵价值、保护与传承方式等。[③] 具体的、有代表性的研究成果，如史念海有关

---

① 参见施雨岑等：《文明之光照亮复兴之路——以习近平同志为核心的党中央关心文化和自然遗产保护工作纪实》，《人民日报》2019 年 6 月 10 日。

② 参见王艳：《从过去流向未来：我国运河文化研究的文献计量分析》，《常州工学院学报》（社科版）2021 年第 1 期。

③ 参见田德新、黄梦园：《水文化与大运河文化研究热点、路径与前沿的知识图谱分析》，《中国名城》2020 年第 2 期；郑孝芬：《中国大运河文化研究综述》，《淮阴工学院学报》2012 年第 6 期。

中国运河的整体性探讨、傅崇兰有关中国运河城市发展史的研究、安作璋有关中国运河文化史的研究、王云有关明清运河区域社会变迁的研究、倪妍有关大运河文化景观遗产的调查与保护研究、江苏凤凰科学技术出版社于2019年推出的《中国运河志》(十卷本)等。[①] 不过,虽然目前有关运河或运河文化的研究层出不穷,但纵观已有之研究,可以发现存在一个比较明显的特点,即绝大多数都秉持一种宏观视野,更为重视的是政治、经济、交通等方面的内容;绝大多数是关于运河城市的研究,更为强调的是"国家"与"上层"视角,而对"民间""民众""生活"等关注不够,虽然在有关运河沿线风俗文化等的相关研究中会有所讨论与涉及。比如在与大运河紧密相关的漕运研究中,"一般多关注航运业的国家制度与行业规范,而容易忽视航运船只的修造,至于运河沿线民众'过日子'的状况,就更是少有关心",因此目前关于运河与运河文化的研究,"尚缺乏一场注重民众日常生活的'眼光向下的革命'"。[②] 有鉴于此,本文即秉持一种"眼光向下"的视角,重点探讨民间、民众、生活对于当下运河文化研究的价值与意义,进而为当前的运河文化带、大运河文化国家公园建设及运河文化保护与传承提供一个新的思路与视角。

---

① 参见史念海:《中国的运河》,陕西人民出版社1988年版;傅崇兰:《中国运河城市发展史》,四川人民出版社1985年版;安作璋主编:《中国运河文化史》,山东教育出版社2006年版;王云:《明清山东运河区域社会变迁》,人民出版社2006年版;倪妍:《大运河文化景观遗产的调查与保护》,中国水利水电出版社2019年版;邹逸麟总主编:《中国运河志》,江苏凤凰科学技术出版社2019年版。

② 张士闪主编:《中国运河志·社会文化卷》,江苏凤凰科学技术出版社2019年版,第7页。

一、大运河文化：运河区域的文化还是与运河相关的文化

要研究大运河文化，要想更好地保护与传承大运河文化，首先得对大运河的文化内涵有一个明确的认知。正如熊海峰所言："推进大运河文化建设，保护是基础，传承是方向，利用是动能；而一切的逻辑起点，是对其文化内涵的深刻认知……只有多层次、全方位、不间断地深化对大运河文化的内涵认知，读懂大运河的文化含义，凝聚发展共识，推进价值共创，才能做好大运河这篇大文章，让古老的大运河向世界亮出'金名片'。"[①]而要深刻理解大运河的文化内涵，更为基础的就是要确定大运河文化的概念与外延，即何谓大运河文化。

那何谓大运河文化？大运河文化是不是一个"筐"，什么都可以往里装？对于这个问题，目前已有诸多论述与界定。如李泉教授认为，"运河文化是运河流经及其所辐射地区的区域文化"，"是中华民族文化大系中的亚文化，它与其他区域文化一样，是由物质、制度、行为及精神多个层面构成的完整的文化体系"。[②] 吴欣认为，"'运河带'是指因大运河流经而形成的空间上的带状区域；而'大运河文化带'，则是指置于运河带状区域之上、在历史进程中积累的，由民众创造、遵循、延续的制

① 熊海峰：《多维度深化大运河文化内涵认知》，《经济日报》2020年6月29日。

② 李泉：《中国运河文化及其特点》，《聊城大学学报》（社会科学版）2008年第4期。

度、技术和社会文化的总和"[①],可具体分为技术层面的运河文化、制度层面的运河文化与社会文化层面的运河文化三个方面。《中国运河志·社会文化卷》的编者,为更好地统筹全书内容,对"社会文化"做了如下界定:"包括'社会'与'文化'两个概念,即运河沿线地区的社会与文化。"[②]与前面表述不同的是,熊海峰则认为,"大运河文化是指依托大运河而产生、发展、流传的物质财富和精神财富的总和"[③]。无须一一列举,整体来看,目前有关大运河文化的认知,占绝对主流的观点是"运河区域的文化",而当下非常流行的"运河文化带"概念就是这一理念的典型体现。[④] 事实上,从大运河文化的发展与分布形态来看,其并非只是呈"带状"分布的(详见下文论述)。

2017—2019年,笔者承担了《中国运河志·社会文化卷》部分章节的撰写工作("运河百业""衣食住行"与"岁时节日"部分)。按《中国运河志》的编写要求,社会文化卷应体现的是与运河紧密相关的社会文化事象。但在具体撰写过程中,笔者最感困难的就是相关记载与资料的匮乏。一方面,社会文化方面的内容本就不是中国古代文献资料记载的重心,相关记载极

---

① 吴欣:《大运河文化的内涵与价值》,《光明日报》2018年2月5日。

② 张士闪主编:《中国运河志·社会文化卷》,江苏凤凰科学技术出版社2019年版,第3页。

③ 熊海峰:《多维度深化大运河文化内涵认知》,《经济日报》2020年6月29日。

④ 虽然吴欣认为"'运河带'不是一个单纯的地域概念,而是一个与运河相关的包含经济、政治、思想、意识等层面交互作用的统合体"(吴欣:《大运河文化的内涵与价值》,《光明日报》2018年2月5日),但这一概念本身首先强调的却是"地域"特色。

为零散与匮乏。另一方面,虽然目前有关运河文化的研究比比皆是,有大量关于农工商业发展、衣食住行、岁时节日等的相关研究,但真正能用的资料却并不多,因为这些研究基本上都是关于"运河区域的文化"而非"与运河相关的文化"的讨论,很难"摘"出有价值的信息与内容。比如,被誉为"迄今为止(截至2012年——笔者注)关于我国大运河历史文化研究领域最为全面详赡的一部著作"[①]的《中国运河文化史》,虽然广泛论及了从运河开凿到经济发展、城市兴起、文化交流、学术文化、民俗民风等方面的内容,但基本上都是以运河沿线区域文化事象为核心展开进行的。

运河区域的文化是不是运河文化?从宽泛的意义上来说,将二者等同似乎没什么问题,但细究之下就会发现可能并不合适。因为"运河区域"的文化,本质上是以"地域"而非"核心文化要素"来界定的。而大运河文化的核心动力要素应是"运河",恰是"运河"决定了大运河文化的内涵与本质。因此,确切来说,大运河文化应是因大运河而生而变的文化。就这个角度而言,熊海峰有关大运河文化的界定相对更为确切与合理,即"依托大运河而产生、发展、流传"的文化。具体来说,笔者认为,大运河文化可分为如下几个方面与层次:

首先是因运河而"生"的文化,即伴随着大运河的开凿及其核心功能发挥而新产生的物质、制度、行为等文化内容。也就是说,这些文化要素直接依托运河而产生,若没有运河的开凿与通航,也就不会(至少在运河流经的区域)产生相应的人

① 郑孝芬:《中国大运河文化研究综述》,《淮阴工学院学报》2012年第6期。

员配备、制度设计与习俗规制等。这其中最为直接的就是与运河维护、管理等相关的习俗规制、人员设置等,比如专为疏浚运河而设置的浅夫,明清时期会通河河段专门负责疏浚泉源和泉道以利济运的泉夫,为保证运河顺利通航而设置的闸坝(如戴村坝、鳌头矶、南旺分水枢纽等)及其相应管理制度,为保证运河两岸民众往来而设置的运河渡口,因运河漕运而产生的通州开漕节等特定节日,因运河疏浚与漕运等而产生的神灵崇拜与祠宇建筑(如请顺风、请伙计、白英老人祠、南旺分水龙王庙等),等等。①

其次是因运河而"变"的文化。这些本是运河沿线等地早已存在的文化现象,但伴随着运河的开凿及航运的兴盛,这些文化现象发生了多个方面的变化。一方面,运河沿线变得更加繁荣与兴旺,比如茶馆、酒楼等饮食服务行业是全国各地都可能存在的行业形态,其最初的产生与运河本没有什么关系。但运河开通以后,伴随着漕运及商贸的发展,为满足南来北往人流的需要,各种茶馆、酒楼等在运河沿线的大小码头如雨后春笋般繁荣发展起来。比如在水陆要冲的济宁,元代时就已是"日中市贸群物聚,红氍碧碗堆如山。商人嗜利暮不散,酒楼歌馆相喧阗"②。同样是在济宁,明清时期茶行林立,茶馆更是星罗棋布。③ 再比如明清时期山东临清的贡砖生产,若没有运

① 具体内容可参见张士闪主编《中国运河志·社会文化卷》(江苏凤凰科学技术出版社2019年版)之相关章节论述。

② 朱德润:《飞虹桥》,山东省济宁市政协文史资料委员会编:《济宁运河诗文集粹》,济宁市新闻出版局,2001年,第9页。

③ 参见冯刚:《济宁运河饮茶风俗》,《春秋》2001年第2期。

河的带动与促进，绝不会有如此大的规模与影响力。[①] 当然，有因运河而兴的文化要素，亦有因运河而衰的现象存在。那些因运河断航或废止而产生的行业衰败等自不必说，有时运河的开通亦会对沿线地区带来一些“不利”影响。如元代以后，在山东、江苏运河沿线一些本来种植水稻的地区，由于需要“收集”水源以保证运河畅通，两岸稻田因无水而变为旱田。另一方面，运河的沟通与交流作用，使某一文化事项扩大了传播范围而声名远播，或受外来文化因素影响而发生了某种程度的变化，或为适应运河环境而发生了新变化。比如因运河而兴的北棉南运、南布北运模式，即“吉贝则泛舟而鬻诸南，布则泛舟而鬻诸北”[②]，即大大促进了棉布在北方各地的推广，在很大程度上改变了南北民众的衣料穿着结构。比如经由运河的稻米北运，大大改变了北方个别地方尤其是京师所在地民众的饮食结构，进而对人们的饮食口味产生了很大影响。[③] 比如济宁玉堂酱菜、德州扒鸡等美食，随着运河上南来北往的人流而声名远播。[④] 再比如大运河的贯通，对沿岸地区的街道布局、民居风

---

① 参见傅崇兰等：《明清临清砖窑考察资料（三）》，未刊稿，临清市地方史志办公室藏，1981年；王云：《明清临清贡砖生产及其社会影响》，《故宫博物院院刊》2006年第6期。

② 徐光启：《农政全书》卷三五《木棉》，岳麓书社2002年版，第565—566页。据《漕运则例纂》记载，由江南地区运往北方的布匹就有浜布、杂色布、水沙布、黄唐布、生白布、杂色布、手巾等。参见杨锡绂：《漕运则例纂》卷一三《粮运期限·过淮签盘》，清乾隆刻本。

③ 参见李文治、江太新：《清代漕运》，中华书局1995年版，第59—71页。

④ 参见王云：《明清山东运河区域社会变迁》，人民出版社2006年版，第200—206页。

格等产生了深刻影响。如在山东汶上南旺镇,明清以来受运河的影响,镇上没有一栋正东正西的房屋,而全都是东北—西南向。之所以如此,与此地运河恰为西北—东南走向直接相关。当地百姓均以运河流向为方向标准,并视之为“正北、正南”。而济宁则出现了如南方吊脚楼那样的房舍,鳞次栉比地立于蜿蜒的运河河畔。①

最后是因受运河连带影响而衍生的文化内容。前述因运河而生而变的文化,主要是就运河沿线区域而言的,因运河而发生的文化现象,则主要是远离运河区域但又受运河漕运等连带影响而产生的行业组织、社会习俗等。比如说江西、湖北等省份的漕运家族。大运河开通的最主要目的在于运输漕粮。明清时期,为保证京师的漕粮供应,朝廷确定了征收漕粮的省份,即所谓的有漕省份,而其中的一些省份却并不属于运河流经之地,比如安徽、江西、湖北、湖南。漕粮运输主要由运官与运军承担,为更好地承担运务,随着人口的繁衍,江西、湖北等运河并不通航的省份形成了诸多漕运家族,比如湖北黄冈的蔡氏与李氏家族、江西庐陵的麻氏家族等。② 再比如明清时期漕船修造所需要的松木、杉木、楠木等木料,“俱派四川、湖广、江西出产处所”③。为保证木料的采备,明成化七年(1471),政府

---

① 参见山东省济宁市政协文史资料委员会编:《济宁运河文化》,中国文史出版社 2000 年版,第 246 页。

② 具体参见徐斌:《明清军役负担与卫军家族的成立——以鄂东地区为中心》,《华中师范大学学报》(人文社会科学版)2009 年第 2 期;衷海燕:《清代江西漕运军户、家族与地方社会——以庐陵麻氏为例》,《地方文化研究》2013 年第 6 期。

③ 席书编次,朱家相增修:《漕船志》卷四《料额》,方志出版社 2006 年版,第 68 页。

于湖北荆州、江西太平等地设抽分厂，“管理竹木等物，每十分抽一份，选中上等按季送清江、卫河提举司造船”[①]。这些远离运河区域的机构与组织设置，很明显是受运河连带影响而产生的，故也应算是大运河文化的组成部分。因此，若将大运河文化仅界定为运河沿线区域的文化明显是不合适的，运河文化也绝不仅仅只是一种“带状”的文化存在。

总之，就核心驱动要素与历史发展实况来说，大运河文化不能简单地等同于大运河沿线区域的文化，而是应运河而生而变而传播的文化。虽然是农耕时代的产物，但大运河文化却与传统农耕文化在内涵上有诸多不同之处。首先，这是一种“流动的文化”，与“安土重迁”的农耕文化有很大不同，大运河上频繁的人员往来是其典型体现；其次，这是一种“商业”特色浓厚的文化，在运河沿线各地存在着繁荣的商业贸易与物流往来，与传统农耕时代“重本轻末”的文化传统有很大不同；最后，这是一种“开放”“包容”“交流”“融合”的文化，经由运河，不同地区间人员往来频繁、文化交流密切，促进了不同地区文化的发展与变化，而并不讲究对传统的恪守。清末以后，随着现代铁路的开通、运河漕运的废止及大量河段的废弃，今天大运河的交通及商贸功能已大大降低，随后附着其上的文化也越来越由与运河相关的文化而变为运河区域的文化，大运河也越来越由一条物质实体的河转变为“文化”的河，是“流动的文化”，“活着的、流动着的人类遗产”。[②] 因此，从今天国家文化

---

①　王圻：《续文献通考》卷二九《征榷考·杂征中·课钞》，明万历三十年（1602）松江府刻本。

②　施雨岑等：《文明之光照亮复兴之路——以习近平同志为核心的党中央关心文化和自然遗产保护工作纪实》，《人民日报》2019年6月10日。

建设的角度来看,“运河文化带”、运河文化即运河沿线区域的文化的说法,有其时代合理性所在。不过,虽然今天大运河的传统功能已不再明显,但其开放、交流、包容的精神文化内涵,理应被我们继承并在今天的国家文化与经济建设中发挥积极作用。因为“大运河既是一条河,更代表了一种制度、一个知识体系和一种生活方式。运河及其流经的线性区域所孕育的文化既是中国传统文化的一部分,也是形塑中国文化的基因之一”①,“它既蕴含丰厚的传统文化遗产,也携带驱动国家‘一直进取’的文化基因”②。

二、大运河文化研究:“眼光向下”的视角

运河开凿的初始目的,主要出于政治、经济或军事方面的考虑——它也确实在这些方面发挥了积极作用,但在后世发展过程中,人们越来越认识到大运河所蕴含的精神价值和文化意义。目前已有的关于运河与运河文化的研究,更多秉持的是一种宏观视野,更为重视的是政治、经济、交通、城市、制度等方面的内容,更为强调的是“国家”与“上层”视角。与这一研究视角相适应,目前有关大运河文化保护与传承的讨论与实践,也多持有的是一种宏观的、国家与上层的视角。不过,运河开凿虽然主要是出于政治、军事、经济等方面的目的,但在长达两千多年的发展

① 吴欣:《大运河文化的内涵与价值》,《光明日报》2018年2月5日。

② 路璐:《大运河文化带建设与中国国家形象建构》,《中国社会科学报》2020年12月4日。

历程中,亦融入并深刻影响了运河沿线及其辐射区域的民众生活。因此,要研究大运河文化,要更好地保护与传承大运河文化,还须秉持一种"眼光向下"的学术视角与实践思路,关注与大运河、大运河文化紧密相关的"民间""民众"与"日常生活"。

所谓"眼光向下",简单来说就是将关注点从国家、精英、重大事件等转向民间、普通民众以及他们的日常生活。[①] "眼光向下",作为一个学术术语,据笔者所见,由赵世瑜在其《眼光向下的革命——中国现代民俗学思想史论(1918—1937)》一书中最先提出与使用。[②] 不过,作为一种研究视角与学术理念,"眼光向下"的提出要早得多,很早之前即已被历史学、民俗学等学科所遵循与践行。如在1902年梁启超的《新史学》以及美国人鲁滨孙(J. H. Robinson)于1912年出版的《新史学》中便已初露端倪,其后经过法国年鉴学派的大力提倡,20世纪中叶以来成为国际史学界的主流研究思想与观念。[③] 今天,"眼光向下"已在中国史学研究领域获得了广泛接受与运

---

① 如赵世瑜以新史学为例,对"眼光向下"做了如下界定:"即从关注精英人物和重大事件,转向注意普通民众的日常生活与文化。"(赵世瑜:《谣谚与新史学——张守常〈中国近世谣谚〉读后》,《历史研究》2002年第5期)

② 参见赵世瑜:《眼光向下的革命——中国现代民俗学思想史论(1918—1937)》,北京师范大学出版社1999年版。不过,作为一种表述方式,"眼光向下"这一词汇早已被很多人所运用,如周恩来总理在1949年5月9日的《关于新民主主义的教育》讲话中就用了这一词语(王进、蔡开松主编:《共和国领袖大辞典·周恩来卷》,成都出版社1993年版,第524页),只是并非作为学术或研究术语来使用的。

③ 参见赵世瑜:《谣谚与新史学——张守常〈中国近世谣谚〉读后》,《历史研究》2002年第5期。

用,比如中国近代史学、当代中国史研究、城市史研究等领域。[①] 就中国民俗学来说,其产生与发展亦与“眼光向下”的思想观念有着极为密切的关联。[②] 另外,“眼光向下”的视角亦为艺术学、博物馆学等学科所借鉴与运用。[③]

作为一种研究理念与视角,“眼光向下”强调的是对民间、民众以及日常生活的关注。除学术研究外,笔者认为,这一理念对今天的传统文化保护与传承亦有极大的借鉴意义。那么,对当前的大运河文化保护与传承来说,为何需要一种“眼光向下”的视角呢?

首先,大运河文化是一种整体性文化,既关涉国家、政治、经济与军事等方面的内容,亦与运河沿线及其所辐射区域的民众生活紧密相关。“运河沿岸的城市及其居民,与运河世代相伴,朝夕相处,密不可分。运河之水融入了人们的日常生活,也荡漾在他们的梦境之中。帆樯林立,桨声欸乃,号子悠扬,这些都成了他们恒久的记忆。对于运河,人们总是怀有一种饮水思

---

① 参见桑兵:《从眼光向下回到历史现场——社会学人类学对近代中国史学的影响》,《中国社会科学》2005年第1期;宋学勤:《当代中国史研究与口述史学》,《史学集刊》2006年第5期;许哲娜、任吉东:《从“眼光向下”到“自下而上”——以口述史学推动城市史研究模式转变》,《人民日报》2015年9月21日。

② 具体参见赵世瑜:《眼光向下的革命——中国现代民俗学思想史论(1918—1937)》,北京师范大学出版社1999年版。

③ 参见张士闪:《眼光向下:新时期中国艺术学的“田野转向”——以艺术民俗学为核心的考察》,《民族艺术》2015年第1期;常梅:《眼光向下:非物质文化遗产保护背景下的博物馆发展思路思考》,《中国民族博览》2018年第7期。

源的感恩情节。”[1]因此，“‘运河’是一种文化符号，更是一种生活方式。大运河开挖、通航所形成的生存环境和生活条件，已经成为一个巨大的生活磁场，不仅漕运群体、商人组织、河工人群等因运河形成了独特的生活方式，而且也造就了运河流经区域社会人群特殊的生存、生活方式，并由此形成了人们不一样的风俗观念”[2]。但“传统上对于运河社会文化的理解，往往止步于历代文人笔下的诗词歌赋，而忽视或忽略了运河沿岸群体与日常生活有关的文化传承”[3]。因此，我们需要一种“眼光向下”的视角，关注与运河相关的普通民众及其日常生活，如此才能做到对大运河以及大运河文化的整体性关照，进而才能更好地保护与传承大运河文化。事实上，只有将大运河文化融入运河沿线民众的生产生活中，才能做到真正的保护与传承。正如《关于实施中华优秀传统文化传承发展工程的意见》所指出的那样：“融入生产生活。注重实践与养成、需求与供给、形式与内容相结合，把中华优秀传统文化内涵更好更多地融入生产生活各方面。”[4]

其次，“眼光向下”，才能认识传统。[5] 前已述及，大运河文

---

① 孙家正：《礼敬与期许》，张士闪主编：《中国运河志·社会文化卷》，江苏凤凰科学技术出版社2019年版，“序一”第2页。

② 吴欣：《大运河文化的内涵与价值》，《光明日报》2018年2月5日。

③ 张士闪主编：《中国运河志·社会文化卷》，江苏凤凰科学技术出版社2019年版，第5页。

④ 中共中央办公厅、国务院办公厅：《关于实施中华优秀传统文化传承发展工程的意见》，2017年1月25日，http://www.gov.cn/zhengce/2017-01/25/content_5163472.htm。

⑤ 参见尹虎彬：《“眼光向下”才能认识传统》，《中国文化报》2009年3月15日。

化作为一种与国家政治及民众生活都紧密相关的文化传统,可大体分为“上”“下”两个层面的内容。“上”层内容,即与国家政治、经济、军事、交通、贡赋、制度等紧密相关的层面,也是长期以来被政府、皇帝与文人士大夫所重点关注的层面,故而留下了相对较多的文献记载,如《漕河图志》《漕运通志》《漕运则例纂》等。“下”层内容,即与运河沿线及其所辐射区域民众生活紧密相关的习俗、惯制与生活方式等,具体如社会生产、衣食住行、村落组织、休闲娱乐、神灵信仰等。这些方面的内容,并不为官方或文人所重视,因此在传统文献中我们很难见到相关记载。但一方面,这些内容是运河文化不可分割的组成部分,今天的我们不能如古人那样漠视之、忽视之。为此,我们只有采取一种眼光向下、深入民间与民众生活的方式,才能对其历史发展与当下现状等有清晰、全面的认识。另一方面,传统文献所记载的、与运河管理及漕运交通等相关的官方制度,其实际“被执行”与“操演”的过程,要远比单纯的文字呈现更丰富多彩;每一项官方制度,也都会对运河沿线民众的生活带来潜移默化的影响。眼光向下,通过日常生活与民众的眼光来反观上层制度,我们才能获得更为全面的认识与了解。

最后,眼光向下,才能凸显对民众主体的关注与认同。传统文化的保护与传承,表面上看是以文化事象为对象主体,但核心要义却是对“人”的强调与关注,因为文化在本质上是人之创造物,没有了人,文化自然也就无法以活态留存下去。因此,大运河文化的保护与传承,核心要义是对运河文化承载者的保护与关注。活跃于运河之上及沿线的广大民众是大运河文化最为重要的承载主体。他们的生产劳作、衣食住行、休闲娱乐、岁时节日、精神信仰、思想情感,无不烙刻着大运河的深深印迹。正是在运河沿线及运河之上广大民众看似平常的"做生活""过日子"的过程中,不知不觉间实现了大运河文化的实践与传承。今天,与传统时代相比,虽然大运河的重要性与作用已大为降低,但"生活方式不会随运河断流而快速消逝……真实而生动地存续于生活场景和基本生活情态中的运河,是最有价值和活力的,它们在日常生活的劳作、交往、消费、娱乐、礼仪等层面得到传承"①。可以说,若没有运河沿线广大民众的广泛参与与合作,大运河文化的保护与传承就无从谈起。因此,大运河文化的保护与传承过程需要一种"眼光向下"的视角,以凸显普通民众的主体性地位,而不能只将视角集中于那些外显的、有名的、具有经济利益与价值的、能提高地方知名度的文化事象及其背后承载主体(如官员、企业家、商人、地方精英、知名非遗传承人等)。与此同时,在强调民众主体地位的同时,必须要坚持文化惠民、文化利民,做到"还河于民",如此才能真正确立大运河文化的人民主体地位。② 而这也是"眼光向下"视角的最核心理念所在,即对"人民"主体性的强调。

当然,在大运河文化保护与传承的过程中,强调"眼光向下",强调对民间、民众与日常生活的关注,并不是否认其他视角的存在与重要性。宏观的政治、经济视角亦同样重要,政府机构、行政官员、企事业单位、专家学者、地方精英等也都是运河文化的重要保护主体与参与者,相关群体也都是"人民"的重要组成部分。大运河文化,作为一种包含多层面、多角度、多

---

① 吴欣:《大运河文化的内涵与价值》,《光明日报》2018 年 2 月 5 日。

② 参见谢波:《坚持大运河文化的人民主体地位》,《钟山风雨》2020 年第 3 期。

主体的文化样态,必须要坚持多层面、多角度、多主体的保护与传承思路。另外,大运河文化的“上”“下”层面间也并非是完全独立、毫无联系的,而是存在紧密的互动关系。“国家大一统进程中的宏观制度设计,构成了运河社会文化的基础,而运河社会文化的丰富多元,又是在国家历史进程的大框架下发生的,二者之间是互动共生的关系。”①因此,“眼光向下”,然后再反过来“以下观上”,也就是通过民众的、生活的文化来反观国家的、上层的文化,会加深对大运河文化的认知与理解,从而有利于其保护与传承。比如,某个运河沿线城市在制定自己的运河保护纲要与方案时,若多了解一下运河文化在地方民众中的生存样态,多关注一下地方百姓的日常生活与心理诉求,多听听普通大众对运河以及运河文化的理解与认知,多倾听一下平头百姓对相关政策的看法与心声,那制定出来的方案肯定会更接地气、更精准、更具实效性。

三、如何眼光向下:观念转变与“深入”民间

在今天大运河文化的保护与传承过程中,秉持“眼光向下”的视角具有多方面的价值与意义。那么如何才能做到“眼光向下”呢?

“眼光向下”的实质在于对“民间”“民众”与“日常生活”

---

① 张士闪主编:《中国运河志 · 社会文化卷》,江苏凤凰科学技术出版社 2019 年版,第 8 页。

的强调与关注。为此,首先要破除的就是对“民间”“民众”“生活”的漠视、轻视心态与做法,真正树立人民群众的主体性地位。在中国古代社会,虽然亦有孟子“民为贵,社稷次之,君为轻”[1]的话语与认知,但在具体的政治实践、社会治理以及文化书写中,“民”“民间”却一直是处于被漠视、质疑和改造的边缘地位,“二十四史非史也,二十四姓之家谱而已”[2],这就是典型体现。具体到大运河,“居于文化高位的传统文人,习惯于以望远镜式的方式眺望运河生活,或一厢情愿地想象成一幅‘天下熙熙,皆为利来;天下攘攘,皆为利往’的市井图景,或心怀偏见将之看作藏污纳垢的江湖社会”[3]。民国时期,随着新文化运动的开展以及风起云涌的民众运动的兴起,“民众”“民间”的地位开始受到人们的日益重视,正如《民俗》周刊“发刊辞”所大声疾呼的那样:“我们要站在民众的立场上来认识民众!……我们要把几千年埋没着的民众艺术,民众信仰,民众习惯,一层一层地发掘出来!我们要打破以圣贤为中心的历史,建设全民众的历史!”[4]1949年10月1日,中华人民共和国成立,正式确立了人民当家做主的社会主义制度,人民的主体地位获得了根本的制度保障。20世纪80年代以后,随着传统文化保护运动尤其是非遗保护运动的兴起与发展,各种“传

---

① 杨伯峻译注:《孟子译注》卷一四《尽心章句下》,中华书局2013年版,第304页。

② 梁启超著,陈书良选编:《梁启超文集·中国史界革命案》,燕山出版社1997年版,第225页。

③ 张士闪主编:《中国运河志·社会文化卷》,江苏凤凰科学技术出版社2019年版,第5页。

④ 《〈民俗〉发刊辞》,《民俗》第1期,1928年3月28日。

统”“民间文化”等被抬到了极高的地位。尽管如此,受历史传统与社会惯性等因素的影响,在今天的传统文化保护方面,人们对“民众”“民间”的认知仍有一些不尽如人意之处。比如,诸多传统文化保护方案主要体现的是政府意志,而对社区、民众等观照不够——这在非遗保护中体现得尤为明显;具体的文化保护工作,主要关注的是那些“著名的”、具有一定经济价值与社会效益的“代表性”文化项目或遗址遗迹,而对那些不著名的或内化于民众日常生活而不知的生活文化,则不予重视或完全视而不见。因此,今天我们仍需要进一步“解放思想”、转变观念,加强对“民间”“民众”与“日常生活”重要性的认知:眼光向下,不是要俯视,而是要平视,甚至要仰视。

观念的转变既是基础,亦是关键点所在,那在具体操作层面上又该如何实现“眼光向下”呢?中国古代有发达的文字记述传统,对于大运河亦有非常多的官方文献与资料记载。但是,一方面,除相关的整体性制度记述外,这些资料相对而言比较集中于江苏、山东等省份,而且绝大多数又与运河沿线的城市相关,这就导致了当前运河及运河文化研究的区域冷热不均现象;另一方面,“已有的官方历史文献,往往只是粗略地概括运河社会文化的宽泛现象,对于文化传承的核心社会群体,如运军、水手、民夫等,却着墨甚少,而运河社会文化的真正要义,存在于运河沿线地区不同社会群体之间的交往互动与文化实践之中。白纸黑字所代表的文字表达传统,仅仅为占运河社会群体人数较少的阶层所推重,是一种特殊的知识形式,而远非社会文化之全部”①。因此,要深入认识民间与民众生活,仅仅

① 张士闪主编:《中国运河志·社会文化卷》,江苏凤凰科学技术出版社 2019 年版,第 6—7 页。

依靠文献资料肯定是不行的。当然,不是说这些资料就毫无价值与意义。一方面,在官方文献中也多少有一些与民众及其日常生活相关的资料记载;另一方面,“上”与“下”是密切关联的,不了解“上”,也就无法真正理解“下”,反之亦然。因此,理解与保护大运河文化就要做到“眼光向下”,首先要对与大运河紧密相关的“大历史”[①]及各种制度规制了然于胸,具体如运河开凿与疏浚、闸坝管理、赋税征收、漕粮运输、漕船夹带、粮船修造等。正是王朝变迁、区域经济发展以及各种官方制度的存在,深刻影响了运河沿线及其辐射区域民众的生产生活与文化创造。

文献资料之外,口头传统是我们“接近”并理解民众的又一种重要方式与途径。自古至今,民众总是以口口相传的形式,不断叙说过去的事件、仪式、人物、技艺、物品、自然景观等。这些口传资料,既与民众的日常生活息息相关,亦深刻反映出民众对待生活、风物、家乡等的情感与认知。在大运河沿线地区,流传着大量与运河紧密相关的行话、谚语、俗语、歌谣、故事、传说、曲艺等。[②]“民间语言不仅自身就是一种民俗,而且

---

① 大历史,“就是那些全局性的历史,比如改朝换代的历史,治乱兴衰的历史,重大事件、重要人物、典章制度的历史等等”(赵世瑜:《小历史与大历史:区域社会史的理念、方法与实践》,生活·读书·新知三联书店2006年版,第10页)。

② 这些口头传统,长期以来主要以口口相传的形式在运河沿线民众中世代流传。今天,大量的运河传说、故事、歌谣等已被搜集、整理与出版,比如被称为“世纪经典”和“文化长城”的“中国民间文学三套集成”(故事集成、歌谣集成、谚语集成)就搜集了大量与运河相关的口传文本。此外,还有诸多专门的运河口头作品集,比如朱秋枫主编:《杭州运河歌谣》,杭州出版社2013年版;汪林、张骥:《大运河的传说》,黄河出版社2009年版;等等。这为我们了解和查阅相关口头传统提供了极大便利。

它还记载和传承着其他民俗事象。”[①]这些口头传统,既是运河文化的重要组成部分,也是对运河生活的生动表达,从“眼光向下”的角度来看,口头传统的价值在于能“真实”反映出运河沿线区域的“社会真实”及广大民众的情感认知。如流传在江苏运河沿线的《贺新船》歌,深刻反映出过往运河商贸的发达:“一趟生意刚做定,数数银子三千整”[②];“有女不嫁弄船郎,一年空守半年房”[③],则反映出过去普通运河船民的漂泊不定与生活困苦;“济宁州,太白楼,城里城外买卖稠。傲子胡同果子巷,想喝辣汤北菜市”,这首饮食歌谣,反映出在运河码头重镇济宁南北名吃汇聚的繁华场景;运河沿线地区有关地方土产、美食、小吃等的传说,比如宿迁“尚茶棚”、嘉善西塘状元糕、苏州稻香村蜜糕等[④],往往与康熙、乾隆南巡拉上关系,体现出地方民众借皇帝“抬高”自己以及对家乡深刻的自豪感与认同感。总之,这些生动、活泼的口头传统,为我们“贴近”并理解民间、民众及他们的社会生活、思想情感提供了鲜活路径与资料来源。

文献与口头传统,尤其是文献,主要是对“过往”的描述与呈现,而对“当下”观照不够。另外,文献与口头传统,更多的是让我们理解并“贴近”民间与民众,却无法真正“深入”民间

---

① 钟敬文主编:《民俗学概论》,上海文艺出版社 1998 年版,第 304 页。

② 《中国民间歌曲集成》全国编辑委员会、《中国民间歌曲集成 · 江苏卷》编辑委员会编:《中国民间歌曲集成 · 江苏卷》,中国 ISBN 中心,1998 年,第 181 页。

③ 何中孚编:《民谣集》,泰东图书局 1924 年版,第 55 页。

④ 相关传说情节,可参见张士闪主编:《中国运河志 · 社会文化卷》,江苏凤凰科学技术出版社 2019 年版,第 793、816—817 页。

与民众生活。若要弥补这两方面之不足,实地田野调查便必不可少:一方面可更好地了解当下,另一方面也可对“过往”做回溯性访谈与调查。田野调查,即进入实地,通过直接观察、访谈、居住体验等方式,获取第一手资料并以此为基础展开研究的过程,其实质是走进“现场”,走向“民间”与“社会”,走进民众“日常生活”。今天,田野调查是一种被人类学、社会学、民俗学、历史学、考古学等诸学科广泛运用的研究方法。而在当下的传统文化保护工作中,“调研”(常用的说法还有“寻访”“考察”等)亦是一种被经常运用的方法。但与人类学、民俗学等学术研究的田野调查不同的是,一方面,寻访、调研主要关注的是那些显性的,具有一定经济价值的、“代表性”文化项目,比如已列入各级名录的非物质文化遗产项目。具体到大运河文化来说,关注的是运河沿线的各种饮食、表演与手工技艺等,以及著名的运河遗迹,如闸坝、河道及会馆等建筑,而对更多的已融入民众生活的、不知名的、不具“代表性”的文化事象则关注不多。另外,对那些外显的、具有“代表性”的文化项目,调研过程中更多关注的是文化项目本身,包括其历史流变、表演形式、传承现状、保护策略、价值意义等,而对其社会存在“语境”及传承人群的社会生活关注不够。同时,对文化项目的调研,更多的是浮光掠影、走马观花式的,短时间内即走访多个项目与地方,关注的是非遗传承人的非遗技艺与实践经验,而对个人生活史、社区语境、地方生活等不做相关了解。这不是真正的“深入”民间与生活,不是真正的“眼光向下”,更多的是一种“俯视”而非“平视”,更非“仰视”。

在传统文化的调研过程中,真正的“眼光向下”,不能是“快餐式的”、只针对文化事象本身的调查,而应该做多方位、多角度的整体性深入调查。具体到大运河文化来说,首先应对大运河对地方社会、民众生活影响的方方面面做深入调研。当然,今天的大运河有1000多公里,要对运河沿线的每一个地方都做深入调查,这不可能,亦没必要。具操作性的办法,是在不同运河河段沿线选择一到两个"代表性"村落。理论上来说,每个村落都具代表性,可以对其村落历史、生产劳作、手工技艺、衣食住行、岁时节日、人生仪礼、神灵信仰、口头传统、运河记忆等做全方位的深入调查,同时搜集相关文献与实物等资料。或者针对某一运河河段,选取有"代表性"的点或民众群体,对相关运河文化与民俗做整体性调查。在这方面,已有一些出色的调研成果,如由嘉兴市文化局等组织的嘉兴船民生活口述实录调查[①];再比如毛巧晖等的《北运河民俗志》,以点带面,结合地域与水域,在通州区内北运河沿途选择了永顺、潞城、西集、漷县、张家湾作为研究对象,梳理文献和古地图中的北运河流域历史与民俗,对"流域""河流"等水域"空间"的民俗事象做了综合调查与研究。[②] 其次,对某一运河文化事象的调研,不能只针对事象本身展开进行,还应对文化事象背后的社会、生活与人(民众)做深入调查。比如运河沿线的表演艺术,具体如杖头木偶戏,除对其"本体性"内容(如音乐、剧目、表演程式等)以及历史发展、技艺传承、当下现状等做调查外,谁在表演、何时表演、组织形态与结构、艺人群体的师承关系与

---

① 嘉兴市文化广电新闻出版局、嘉兴市文学艺术界联合会编著:《运河记忆:嘉兴船民生活口述实录》,上海书店出版社2016年版。

② 参见毛巧晖等:《北运河民俗志》第1卷《基于文献与口述的考察》,中国戏剧出版社2019年版;毛巧晖等:《北运河民俗志》第2卷《图像、文本与口述》,中国戏剧出版社2020年版。

学艺历程、艺人群体与地方民众的互动关系、艺人群体与地方民众对这一艺术形式的理解与看法、此艺术表演对艺人或社区民众的功能意义、其所在区域的文化与娱乐传统等各方面，都需要做深入调查。尤其是针对艺人群体的细致“个人生活史”①调查，更是极为重要与关键，只有这样才有可能“走进”艺人群体的心理世界，“共情式”地理解他们的情感与体验。除艺人外，地方或社区民众对这一艺术形式的理解与认知亦极为重要，因为这些人及其所处的地方社会才是一项艺术形式得以生存的深厚“土壤”与“营养”来源。只有这样的田野，才是有深度的，亦是有温度的。② 了解了这些方面的内容，据此制定出来的文化保护与传承方案才可能是“落地的”、精准的、可行的，才是真正“眼光向下”的。

四、结 语

以上我们对何谓运河文化、运河文化的内涵与实质，以及从“眼光向下”视角对大运河文化研究及其保护与传承的价值意义、具体操作路径等做了简要探讨与分析。从发生学的角度来说，运河文化即因运河而生而变而连带影响的文化，而非运河区域的文化。只是今天随着运河通航与经济功能的逐渐丧失，大运河越来越由一条实体的河转变为文化的河，于是大运

---

① 对于“个人生活史”研究理念与学术意义，参见王加华：《个人生活史：一种民俗学研究路径的讨论与分析》，《民俗研究》2020年第2期。

② 对“有温度的田野”理念，张士闪有详细论述，见其《父亲的花墙：兼论“有温度的田野”》，未刊稿。感谢张士闪教授赐稿学习。

河文化也就越来越等同于运河区域的文化。不论古今,运河及运河文化都具有多方面的价值与意义,保护与传承好大运河文化是一个极具时代感的课题。只是如今相关工作更多的是从宏观、上层等角度展开进行的,缺乏对民间、民众与生活层面的关注。事实上,在历史发展过程中,运河不单单具有政治、经济、交通、军事等方面的功能与表现,亦深深融入运河沿线及其所辐射区域民众生活之中,成为民众的一种重要生活方式。因此,对于大运河文化的研究、保护与传承,应有一种整体性的思路,既关注宏观的、上层的文化内容,亦关注民间的、民众的生活文化内容。为此,我们应该在已有视角的基础上,再秉持一种"眼光向下"的视角,"深入"民间,多了解一点民众的生活,多听听民众的声音。

"文化是一个国家、一个民族的灵魂。"①而文化的内核是价值观念,价值观作为文化影响力的最重要构成要素,深刻影响着社会与人的行为,对于社会发展与人类进步具有极其重要的意义。② 历经两千多年积淀而成的大运河文化,是中华优秀传统文化的重要组成部分,具有"开放""包容""交流""融合"等多方面的价值内涵,契合了当下国家发展大势与世界发展潮流,能为国家建设、社会发展、国际关系建构等提供有益的精神资源。正如习近平总书记所指出的:"中国优秀传统文化的丰富哲学思想、人文精神、教化思想、道德理念等,可以为人们认识和改造世界提供有益启迪,可以为治国理政提供有益启示,

---

① 《习近平谈治国理政》第3卷,外文出版社2020年版,第32页。

② 参见郝立新:《文化建设的价值维度》,《光明日报》2014年2月19日。

也可以为道德建设提供有益启发。"[1]这提醒我们,在当前的大运河文化保护与传承工作中,我们不能只关注那些显性的、能带来实际经济利益的文化资源,即"外价值"层面的内容,还应该加强对"内价值",也即精神层面内容的挖掘、保护与运用。[2]

---

① 习近平:《在纪念孔子诞辰2565周年国际学术研讨会暨国际儒学联合会第五届会员大会开幕式上的讲话》,人民出版社2014年版,第7页。

② 关于文化的"外价值"与"内价值",可参见刘铁梁:《民俗文化的内价值与外价值》,《民俗研究》2011年第4期。在此文中,刘铁梁教授主要是从"主体性"角度对内、外价值进行界定与区分的:内价值,即局内人所认可和在实际生活中实际使用的价值;外价值,即作为局外人的学者、社会活动家、文化产业人士等所持有的观念、评论,或商品化包括所获得的经济效益等。这一界定背后,还隐含着另一层意思,即内价值更强调精神层面,外价值更强调实际效益层面。

被“私有化”的信仰：庙宇承包及其对民间信仰的影响*

——以山东省潍坊市寒亭区禹王台庙为例

20世纪90年代中后期，在中国出现了一个引人注意的现象，即越来越多的庙宇尤其是那些位于旅游景区内的庙宇，被私人承包而成为谋取经济利益的“摇钱树”。这一情形，正如《中国新闻周刊》一篇文章所指出的那样：“承包寺庙，已成为一些旅游景区真实的现象。出资人与寺庙管理者——政府职能部门或村委会——签订合同后，前者拥有规定期限内的寺庙管理经营权，向后者交纳一定的承包费用，再通过香火等收入赚取利润”，“这是一门新的生意，不要技术，不需厂房，打的是庙宇的主意，靠他人的虔诚和信仰攫取暴利”①。事实上，随着“经济利益至上”观念的日益传播与发展，一些处于非旅游景区内的庙宇也出现了被个人承包的现象。如果说处于各级政府机构管理下的庙宇，仍具有“公有”或“集体”所有性质的话，

---

* 本文原载于《文化遗产》2013年第6期，全文转载于人大复印报刊资料《文化研究》2014年第3期。教育部人文社会科学重点研究基地项目“非物质文化遗产与民间信仰”(12JJD780007)阶段性成果。

① 刘子倩：《被承包的“信仰”》，《中国新闻周刊》2012年1月9日。

那么私人承包或个体庙宇的兴建与经营则使庙宇表现出一种"私有化"[①]性质。而随着庙宇被承包及"私有化"的进行，宗教场所变身为经营场所，这不可避免地会对民众的信仰观念与崇信方式产生极大影响。

长期以来，民间信仰一直是我国民众中极为流行的神灵信仰方式，更有人称其为"中国最重要的宗教传统"[②]。由于具有普遍性且与民众生活息息相关，因而民间信仰一直是各相关学科的重要探讨主题，已有学者对此做了相关综述与探讨。[③] 不过综观已有之研究，当前的信仰"私有化"及其对民间信仰本身的影响问题却基本未有专门论述，只在少量研究中稍有涉及。[④] 当然，对于当下这种将庙宇作为观光资源或以经济利益为导向背景下的民间信仰问题，许多学者已从不同角度做过深入分析。如陈纬华以"灵力经济"这一核心概念，对当下台湾民间信仰的一些新现象，如"宗教的市场化"等问题做了相关分析，认为"庙宇经营"已成为当下各庙宇及信徒不得不面对

---

① 本文所谓之"私有化"，主要有两方面的考虑。一是就"所有权"或"占有权"而非"使用权"而言的，即某一信仰点是被何人或何组织所控制与管理的；二是相对于"公有化"或"集体化"而言的，即某一信仰点不是被某政府部门或社区所控制与管理，而是被置于某个人或某个家庭的控制之下。

② 朱海滨：《民间信仰——中国最重要的宗教传统》，《江汉论坛》2009年第3期。

③ 参见吴真：《民间信仰研究三十年》，《民俗研究》2008年第4期；陈勤建、衣晓龙：《当代民间信仰研究的现状和走向思考》，《西北民族研究》2009年第2期；等等。

④ 相关研究如朱月：《天保村的狐信仰》，《文化学刊》2007年第1期。

的问题。[1] 西村真志叶则以京西燕家台张仙港庙为例,探讨了庙宇作为一种观光资源被个人承包后所导致的庙宇归属主体的转移及其境界线变更问题。[2] 不过,这些研究亦未对庙宇承包与经营对当下民间信仰本身的影响问题进行相关分析。有鉴于此,本文将以山东省潍坊市寒亭区禹王台庙为具体个案,以实地田野调查资料为基本依据,对在当前传统文化开发与非物质文化遗产保护大背景下,庙宇"私有化"于民间信仰的影响问题略作探讨。

一、禹王台庙及其"私有化"进程

禹王台,位于山东省潍坊市寒亭区高里镇禹王台村西南侧,东南距寒亭区政府驻地 23.5 公里。整座台由土夯筑而成,可分为上中下三层,现海拔 22.47 米,底径 75 米,总面积约 5000 平方米。[3] 关于此台之来历,当地流传有两种说法:一说为大禹所筑,是当年治水之时查看水情的瞭望台;一说为秦始皇所筑,是当年查看徐福船队的瞭望台。历史上,禹王台曾有

---

① 参见陈纬华:《灵力经济:一个分析民间信仰活动的新视角》,《台湾社会研究季刊》2008 年第 69 期。

② 参见[日]西村真志叶:《那座庙宇是谁的?——作为观光资源的地方文化与民俗学主义》,中山大学中国非物质文化遗产研究中心、中山大学中文系、《文艺研究》编辑部主办"美学与文化生态建设"国际论坛论文集,未刊稿,2010 年 9 月。

③ 参见《禹王台村》,2009 年 2 月 9 日,http://www.wfsq.gov.cn/2009/0209/147.html。

多座庙宇,如禹王庙、老三哥庙、仙姑庙等,而在其中最为地方民众看重并对他们生活产生极大影响的是老三哥庙,即狐仙崇拜。以此台为中心,在当地形成了一个有关狐仙信仰的神圣空间。①

禹王台诸庙的确切始建年代今已不可知。历史上,这些庙宇阅尽沧桑,清末至民国年间香火达于鼎盛。但从 20 世纪 20 年代末开始,各庙相继被毁,此后一直到 20 世纪 90 年代初再未重建。1991 年,为响应与配合山东省旅游局所提出的"千里民俗旅游线"建设,在时任寒亭区委书记王光明的提议下,寒亭区亦提出了"寒亭区千里民俗旅游一日游"发展规划,而禹王台亦被列入这一规划之中。于是,为响应区政府之旅游规划,肖家营乡(时禹王台隶属此乡)开始着手投资复建大禹殿,并于 1992 年建成。在此过程中,又由周边民众自发捐款建起了老三哥庙。庙宇复建之后,随即被置于乡政府管辖之下,并成立了一个由六人组成的禹王台庙管理委员会,在禹王台现场办公。为填补建设所花费用及维持管委会的正常运转,乡政府决定对所有前来烧香祭拜者每人收取两元钱的门票,尤其是每年正月十六庙会期间。而对禹王台庙所在地的禹王台村村民,平日不收取费用,庙会期间则每人发放门票一张。

禹王台庙复建之后,由于声名有限,外地前来旅游之人稀少,这使肖家营乡政府感到难以为继。至 1995 年,乡政府

① 具体可参见王加华:《赐福与降灾:民众生活中的狐仙传说与狐仙信仰——以山东省潍坊市禹王台为中心的探讨》,《民间文化论坛》2012 年第 2 期。

最终决定不再直接经营禹王台,而转为个人承包,也由此开启了禹王台庙的“私有化”进程。经过招标,禹王台村陈汉阳、陈少先、陈邦友三人最终获得承包权,每年承包费为一万六千元。三人承包后,门票由两元涨到三元,但仍旧延续了对禹王台村村民免费的做法。此后三位承包人对禹王台又稍作整修,如铺设庙前路、建设围墙等。1997 年 3 月,又由寒亭区泊子乡蔡家栏子村邵元珠捐资 5 万元重修仙姑庙。在承包的最初几年,禹王台庙一度香火鼎盛、收益颇丰。但到 2000 年,受当时禁庙、拆庙风波的影响,禹王台庙风光不再,加之洞顶坍塌、庙会拥挤,时常有伤人风险,于是从 2002 年起三人不再承包。之后,禹王台又被同村的陈月文所承包,但因收益不理想,承包费被降为每年 1 万元,至于门票则仍旧维持 3 元的标准。此后,禹王台庙一直不温不火,甚或大为萧条,致使台上杂草丛生、四周垃圾遍地,至于庙宇建设更是再未进行。

2009 年 11 月,禹王台庙被来自黑龙江的道士 H 道长所承包,具体承包期限为 20 年,每年承包费有 3 万元,门票也由 3 元提高到 5 元,从此禹王台庙由当地人承包并具体控制的格局被打破。承包禹王庙后,从 2010 年春开始,H 道长按照个人理念对禹王台进行大张旗鼓的改造。在原有庙宇的基础上,又分别修建了五路财神庙、土地庙、神医胡三太爷庙、北斗庙、城隍庙、山神庙、九天玄女庙等,从而使禹王台庙宇的布局发生了极大变化。按照他的规划,今后还要在台上陆续兴建天龙殿、寿星殿、车神庙、路神庙、玉皇殿等庙宇。而之所以要兴建这么多庙宇,按 H 道长的话说,“就是想形成个规模,就像医院一样,有外科、内科、妇科、儿科,一个神仙不能什么都管”,“咱科目全了,到我这里来全都办了,不用去其他地方了"。[①] 总之,虽然从 1995 年起即开始了禹王台庙"私有化"的历程,但真正对禹王台庙宇布局产生重大影响的却是在 2009 年 H 道长承包之后。

二、"私有化"对禹王台传统信仰格局的影响

长期以来,禹王台庙主要是作为一个狐仙信仰的神圣之地而被周边村落民众所崇祀与"享有",人们自发捐资修建庙宇并上香祭拜,任何人都可以不受限制地出入庙宇。但 1992 年之后,随着禹王台庙管委会的成立及其后个人承包的实施,"共有"且无偿、自由"使用"禹王台的局面被打破,想要进入庙宇就得购买门票,这不可避免地会对周边民众的信仰行为方式产生了诸多影响。

一方面,"私有化"进程的推进使围绕祭祀禹王台庙诸神的仪式活动场所逐渐发生改变,即越来越多的人由上台祭拜转变为在家中祭拜。而造成这一格局的最主要原因即为门票的收取。由于禹王台庙被私人承包,除禹王台村之外的村民上台即要收取门票,虽然只有几元钱,但考虑到此地为农村,信众群体又以中老年妇女为主,看似微不足道的门票费用却将很多人挡在了庙门之外。在她们看来,敬神如神在,只要心诚,在哪儿都一样,不一定非要亲自来到仙人面前。正如在谈到为何初

---

① 访谈人:王加华;被访谈人:H 道长;访谈时间:2012 年 12 月 1 日;访谈地点:禹王台庙。

一、十五来的人减少时,一位老年妇女所说的那样:"初一、十五这也来得少了,那五块钱个人觉得是很紧巴,农村哈。咱村不收,临近庄村的人来的要收。本来来得很多来,这来得少了。(笔者问:'关键是五块钱?')唉,对,五块钱啊。五块钱个人觉得是很什么啊。在家里烧是一个样啊,在家里烧烧香,反正老人家一驾云哪里也能去了,哪里他也帮助,东北都信这里的老人家。"①

另一方面,受"私有化"进程之影响,当前禹王台狐仙信仰表现出一种"被工具化"的倾向,即狐仙日益成为H道长宣传其个人神力及神灵信仰体系的"工具",从而大大弱化了原来的主要神灵——狐仙在当地民众中的信仰力度。他充分利用当地民众对狐仙的崇信心理,以狐仙为旗帜,大力宣扬其个人神力与神灵信仰体系。如他对外宣称,之所以要承包禹王台,就完全是狐仙向他请求的结果。

> 来到这儿到了这个台阶,有个大狐狸下来跪地下就磕头,眼里全是泪水。我用这种巫术的语言和它沟通。它说帮帮我们,我们几百年没人管我们,吃也吃不上,喝也喝不上。我说来了能起啥作用,它说你来以后香火肯定旺。完了以后就跟当时庙上那个把门的,他们一些老头都在门口,我说大爷你们这个庙谁包的,那个老头(陈月文)说我包的。我说一年承包多少钱,他说一万块钱,我说咱俩合作行不行,他说行,咱俩合作吧。我说我给你一万块钱,门

---

① 讲述人:ZZY,女,禹王台村村民;访谈人:王加华;时间:2011年5月28日;地点:禹王台庙前街道。

> 票全归你,我就卖点香火钱。我再把里面好好建建。他说我回去跟我儿子商量商量。他儿子不是寒亭的吗,一商量,他儿子不同意。说卖香纸你也不能卖,都得归我。我说我来还得交这个承包费,没有这个收入我怎么办啊,还得养家。我说算了,我就走了,完了这个狐狸撵到这个影壁墙这儿,它就用这个语言告诉我,说不能走,你去找什么样什么样的人。我就到镇政府大门口一看,就跟狐狸描述得那人一样。就找他,就是咱那个镇党委书记×××。他说你二十天以后听信儿,然后过了二十四五天吧,我们都回东北了,他给我打电话说来签合同吧。①

而承包后之所以要进行一系列庙宇建设,最终也是为了能将狐仙信仰发扬光大。不过实际情况却是,大量庙宇的建成,非但没能将狐仙信仰发扬光大,反而有弱化狐仙信仰在当地民众中的影响力度之势。禹王台传统庙宇主要有 3 座,即禹王庙、老三哥庙与仙姑庙。但 2010 年之后,随着诸多新庙宇的陆续兴建,传统庙宇与神灵格局被大大改变。对此,诸多民众尤其是禹王台村村民一开始采取了抵制措施,即不去新建庙宇内祭拜。但随着时间推移,这些神灵还是逐渐被周边民众所接受,这不可避免地会对原先以狐仙信仰为主的信仰格局产生冲击。另外,受 H 道长理念影响,民众对狐仙的看法亦逐步发生改变。在当地民众观念中,老三哥本名林邦彩,世居禹王台,因在家中排行老三而被称为“三哥”。对此,H 道长并不认同,他

---

① 访谈人:王加华;被访谈人:H 道长;时间:2011 年 5 月 27 日;地点:禹王台庙。

认为胡三太爷才是真正的狐仙,是元始天尊的第二个徒弟,而老三哥其实只是一个被狐仙附体的凡人。对此,当地民众虽一开始十分不解并有所抵制,但如今有越来越多的人开始接受这一说法。很多村民认为,H 道长来头大、懂得多,又是正规“科班出身”,因此其说法也就更具权威。有村民在谈到胡三太爷这一称呼时就说:“自打 H 道长来建了这个庙,这才……人家 H 道长掌握的材料很多很多,人家书籍也多。”①

另外,从 2009 年底至今,H 道长的个人“威名”开始在当地被大力宣扬与传播,并大有超过狐仙之势,从而也在一定程度上逐步弱化了民众对狐仙的信仰力度。据 H 道长个人所言,他三岁即于吉林清泉寺出家,至 1995 年因政策影响而还俗,此后便跟随一老太太(“全世界肯定是最厉害的”——H 道长语)到泰国学习了四年“巫术”。1999 年回国,他开始在香港、广州、上海、北京等地为人治病、看风水等,并曾为许多官宦、明星等看过病、算过命,名声日隆。此外,他还多次到美国、日本、韩国、老挝、菲律宾等国为人瞧病、看风水。在此期间,他积累了丰厚资财。后来他得知,其本姓冯,老家为潍坊市寒亭区高里镇西冯村,为此他特到寒亭寻亲。一天,他坐车经过禹王台时忽感头痛难忍,知附近必有神圣之所,遂下与禹王台结下了不解之缘。承包禹王台后,H 道长开始为周边民众排忧解难,如看风水、疗疾等,并总是分文不取、随叫随到。他称自己法术高强,擅长治疗各种奇难怪病,能将彩超都无法看清楚的病灶看得一清二楚,曾将许多被医院“宣判死刑”的病人从死

---

① 访谈人:王加华;被访谈人:CYL,男,禹王台村村民;时间:2011 年 5 月 27 日;地点:禹王台庙。

亡线上拉了回来。另外,他还时常与狐仙沟通,并能“控制”狐仙,为其所用,而对那些“违规”之“狐仙”,还会有相应的惩戒。也就是说,其“法力”已在狐仙之上。于是越来越多的人开始来禹王台寻求其帮助,而不是如传统那样来台上为祈求狐仙保佑。“找我的人,若每天手机开机的话,得二三十个。”[①]就实际情形来看,平日前来禹王台的人,确实有一部分就是冲他而来的。“实际上现在很多人是冲着 H 大师来的,都叫他神医,真就是活神仙,救了这一方人。”[②]

三、庙宇承包人与社区民众关系的改变

禹王台本为周边村落民众自由出入之地,但“私有化”进程却改变了这一局面,于是庙宇承包人自然也就会招致民众的不满。不过相比于第三任承包人 H 道长,前两任承包人虽然也多少受到了非议与批评,却远非那样普遍与强烈。毕竟他们均为本社区之人,也未对禹王台做多少“出格”之事。相比之下,这两个“有利条件”H 道长却均不具备,因此也就成为民众集中攻击的标靶。

首先,H 道长的外地人身份本身就使其成为易受村民攻击的目标。而随着其对禹王台传统庙宇格局的改变,各种批评与不满之声更是扑面而来。“他弄得这些风俗习惯和周围老百

① 访谈人:王加华;被访谈人:H 道长;时间:2012 年 12 月 1 日;地点:禹王台庙。

② 访谈人:王加华;被访谈人:CYL;时间:2011 年 5 月 27 日;地点:禹王台庙。

姓不一样。俺这个台主要是信神啊,他来了之后乱七八糟地建起这些来,村里人就不大认同……那些东西和这个神不一路啊。神是神,道是道啊。”①在所有这些新建庙宇中,尤其为民众所不解并不满的是胡三太爷庙的修建。在当地民众看来,禹王台已有专门供奉狐仙的庙宇——老三哥庙,再建一个胡三太爷庙根本没必要,胡三太爷与老三哥本为同一人,都是狐仙,只是称呼不同而已。因此,这极大影响到了民众对这些新“引进”神灵的信仰力度。“他现在建的庙,有些就是不适应咱当地这个(习惯),就是神话传说也没这个事啊,信仰里不高啊(即‘信仰的人不多’——笔者注)。”②对此,很多信众尤其是禹王台村信众进行了抵制,“早先的时候,就仙姑庙、禹王庙、老三哥庙三口是主要的。一般俺这个庄里,烧香就拿三管子香,就烧烧这三个庙,其他的就不烧了”③。这使村落原有信仰体系与外来信仰之间形成了某种对峙的态势,从而使同一村落社区内部出现了信仰分裂现象。④

另外,在承包初期,H道长与村落民众总是矛盾不断,这也是村民不接受他的重要表现和原因。引致矛盾的原因有很多,一是雨水排放问题。由于当地地势低洼,长期以来,禹王台周围住户一直有将雨水通过围墙墙洞排入禹王台台底空场的习

---

① 访谈人:王加华;被访谈人:CAT,男;时间:2011年5月28日;地点:禹王台村村委会。

② 访谈人:王加华;被访谈人:CBY,男;时间:2011年5月28日;地点:禹王台村村委会。

③ 讲述人:ZZY;访谈人:王加华;时间:2011年5月28日;地点:禹王台庙前街道。

④ 参见李海云:《狐仙:多重互动中信仰传统的村落建构——以鲁中禹王台村为例》,《民族艺术》2012年第2期。

惯。H 道长承包之后，为避免水淹，遂将墙洞全部堵死，以使外水无法进入。二是宅基问题，即欲将禹王台西面和南面民居之房基全部买下，以扩大禹王台庙之规模。这进一步招致了周边居民对他的不满甚或是怨恨。三是功德箱钱款被偷问题。自 1992 年禹王台庙复建并对外开放后，就经常有人翻墙偷拿功德箱内捐款之事发生，直到 H 道长承包之后仍时有发生。对此，H 道长认为这是村民“欺生”，是专门针对他的行为，遂于某天暴打了一个前来偷窃的孩子。四是庙会期间门票发放问题。1992 年之后，每年正月十六庙会期间的传统做法是向禹王台村村民按人头每人发放门票一张。2010 年庙会期间，H 道长却采取了每户发放三张的做法。但各户人口数量不同，因而出现了有的富余、有的不足的现象。于是正月十六当天，一些未拿到票的村民便在午后趁着酒劲来到台上“讨说法”，并与 H 道长发生了言语与肢体冲突。总之，在承包初期，H 道长与村民之间矛盾频发。

当前，之所以会出现诸多庙会承包之现象，赚取经济利益是主要目的。不过，H 道长却认为他承包禹王台的主要目的并非是赚钱，而主要是为了“造福一方”。据他所言，从 2009 年年底接手禹王台到 2012 年年底，他投入庙宇建设的款项共有 500 多万元，而这些钱又全部为他个人积蓄。因此，他并不像前几任承包人一样，是以挣钱为目的。“现在还没见到任何回报，有可能一辈子就都把钱放这儿了，敬神了。咱的门票 5 元钱，这能干啥?”①不过对他的这一说辞，禹王台村民众却有完

① 访谈人：王加华；被访谈人：H 道长；时间：2012 年 12 月 1 日；地点：禹王台庙。

全不同的看法。“他没钱,我没说吗,那些庙净是全部捐的款(这些庙修建所用的款项全部都是由信众捐献的)。……五路财神庙、胡三太爷庙、土地庙,都是他找人建的,钱也不是他出的,全部是捐款。”而所有这些捐款,“他连一半也花不了”。①因此,在禹王台村民看来,H道长在“放长线钓大鱼”,就是为了赚钱。简而言之,在村民眼中,作为外来者的H道长与他们之间其实就是一种简单的“经济往来”关系。

不过,随着时间的推移,H道长与村民之间关系的逐步改善及其逐渐融入社区生活,这种“经济往来”关系色彩逐渐减弱,反之的是“社会交往”关系逐步增强,而这也是由其所引入的神灵及其个人威名与观念被民众逐步接受的重要原因。如今,H道长开始逐步融入地方社会与村落生活,虽说完全融入可能还需要一段时间,但与承包初期的矛盾重重已有很大改善。对外,H道长利用与镇政府的“承包”关系逐步与乡镇及少数区级政府官员建立起联系,同时利用自己“能掐会算”并能治病疗疾的特长逐步与当地许多企业主、书画名家等地方精英建立起紧密且良好的关系。对内,通过对一些村内事务的参与,逐步改善与村民的关系。如出钱帮村里整修道路,雇请多位村民为其工作,免费为村民拔罐治病或看风水,不论谁家有需要均免费出车服务,不论谁家有婚丧嫁娶、寿诞庆贺、高考得中等均随100元的份子钱,等等。2012年年底,H道长又将全家的户口从东北迁到了禹王台村,这使他们至少在法律上成为禹王台村正式村民。因此,村民对他的抵制情绪正在慢慢减弱

① 访谈人:王加华;被访谈人:CAT;时间:2011年5月28日;地点:禹王台村村委会。

甚或消失，新修庙宇与新引进神灵自然也就开始被逐渐接受与认同。而这也成为促使前述信仰格局发生改变的一个重要隐性因素。

四、非遗名录的追求与包装重点的变化

当前，受非遗保护运动热潮之影响，“申遗”已成为上下关注的重要问题之一。但在此过程中，传统民间信仰由于“封建迷信”的定性而在申遗过程中总是遮遮掩掩、欲做还休。虽然有学者呼吁，应该去除民间信仰的污名化，并将其作为非物质文化遗产保护工作的一个核心问题来认真对待①，但并未从整体上改变人们对民间信仰的传统看法。为此，许多民间信仰项目在申遗时不得不改换门面，如以“公祭”“传说”之名进行申报等。申请成功后，由于受到官方和媒体等外力的影响，又往往会变得官方化、商业化，表演色彩大大加重②，从而使传统民间信仰局面发生重大改变。

寒亭为老潍县之地，具有丰厚的传统文化资源，辖境虽只有 300 多平方公里，却有 3 个国家级非遗项目，即杨家埠年画、风筝与柳毅传说。因此在寒亭当地，非遗保护运动深入人心。受此影响，寻求被列入非遗名录也成为当前禹王台庙承包人 H 道长的目标与愿望之一。“我肯定有这个想法，申请这个对咱

---

① 参见高丙中：《作为非物质文化遗产研究课题的民间信仰》，《江西社会科学》2007 年第 3 期。

② 参见王霄冰：《民俗文化的遗产化、本真性和传承主体问题——以浙江衢州“九华立春祭”为中心的考察》，《民俗研究》2012 年第 6 期。

们有好处。对当地影响也好,申请这个非物质文化遗产以后,全国人民都知道,现在只局限在潍坊这儿。”在他看来,只有“几百年”历史的柳毅山都能成为国家级非遗项目,历史更为悠久、文化更为深厚的禹王台自然更有资格进入。“它这个应该直接到省里,因为它年头在那里,将近5000年了。你像柳毅山,才二百多年还是三百多年,人家都申请了。”①

禹王台虽自古为当地一大胜迹,但真正被外界所了解却是近两年的事。2010年6月,受寒亭区政协委托,山东大学民俗学研究所对寒亭区古寒国民间传说及相关民俗文化做了为期4天的田野调查,其中禹王台村即为此次调查的村落之一。2011年5月,在寒亭区政协委托与组织下,山东大学民俗学研究所又对以禹王台为中心的狐仙信仰文化做了专门调查,并在禹王台庙门前悬挂了“山东大学民俗学社会实践基地”的牌子。此后又先后有山东大学、山东艺术学院民俗学专业硕士研究生及留德博士等多次前往调研。与此同时,寒亭区旅游局亦逐步意识到禹王台作为旅游文化资源的价值所在,于是在禹王台庙门前及台上多处贴上了“好客山东”与“休闲汇”的宣传页,将其列为寒亭区重要文化旅游资源。

由于前两次调查均由寒亭区政协负责具体组织与安排,调查人员基本为高校科研工作者,H道长因而充分认识到了自己这块宝地的价值所在。另外,他也充分认识到紧靠政府机构的必要性,因此对寒亭区将禹王台列为重要旅游文化资源而倍感高兴。为此,2012年春,H道长专门对标注禹王台历史文化价

---

① 访谈人:王加华;被访谈人:H道长;时间:2012年12月1日;地点:禹王台庙。

值的相关标识做了整修与装饰。首先，他把山东省人民政府于2009 年 12 月所立的“山东省重点文化保护单位夏禹王台”碑底色做了重新粉刷，并将原先的红字改为金字。其次，重做了“山东大学民俗学社会实践基地”与“好客山东”牌匾，使之更为气派与牢固。最后，他又自作主张在庙门前悬挂了“山东大学民俗学道教文化研究所”牌匾，并在相关牌匾中心部位特意突出了“禹王台庙”几个大字，而在原“社会实践基地”牌匾中是没有此字样的。此外，H 道长认为自己属道教体系，为名门正派，而道教又是被中国共产党与中国政府所承认与尊重的教派，这一点也成为他申请非遗的重要理由之一。“我现在非常看重这一点。现在共产党也主张宣传民间文化，主张宣传道教什么的，我现在也拥护共产党，特别拥护。”①但与此同时，H 道长也充分认识到，禹王台毕竟是一个有关狐仙信仰的中心之地，而狐仙又多少有些“迷信”的因素在里面，因而并不利于非遗申请的进行。为此，他转变思路，开始重点包装与宣传禹王文化，毕竟大禹是中国历史上的圣德贤君，更符合国家主流话语与价值观念宣传。为此，他专门在禹王台周边围墙刷上了“热爱中国共产党，热爱禹王文化”的字样。而禹王台东侧禹王湿地的开发更是为禹王文化的弘扬与开发找到了现实依托。禹王湿地开发是当前寒亭区政府的一个重点项目，其总体定位是“以新农村建设为背景、湿地文化为底蕴、民俗文化为特色、生态文化为时尚、乡村风情体验为亮点，把万亩湿地建设成为集生态教育、湿地观光、特色种植与养殖体验、商务休闲于一体

---

①　访谈人：王加华；被访谈人：H 道长；时间：2012 年 12 月 1 日；地点：禹王台庙。

的精品湿地”①。而禹王文化恰好符合了禹王湿地开发过程中对文化内涵的追求,这被 H 道长认为是充分挖掘与弘扬禹王文化的重要契机,因而也必将有利于禹王台非遗申请的进行。

与此同时,H 道长将禹王台申遗的想法得到了当时寒亭区政协 Z 主任的大力赞成与支持。“他这个地方(禹王台)下一步申请省级非遗绝无问题,甚至冲刺国家级的也有希望。”② Z 主任虽不居高位,但却是近些年来寒亭传统文化资源挖掘与整理过程中的关键人物之一。从年轻时,他即注意对当地传统文化的搜集与整理,后进入政协文史委工作,更是与这方面工作结下了不解之缘。2008 年,“柳毅传书”被列入山东省非物质文化遗产名录,2011 年又入选国家级非遗名录。在这一过程中,Z 主任即发挥了重要作用。为此,2012 年他被确定为柳毅传说的市级文化传承人。由于他一直在从事地方传统文化资源挖掘工作,因而对相关政策及操作套路都相对熟悉,于是答应 H 道长会“帮他问问”。而到 2013 年 1 月中旬,笔者接到 H 道长的电话,说潍坊市已同意将禹王台列入市级非物质文化遗产名录。3 月中旬,笔者电话访谈 H 道长并问及申遗进展情况,他说正在填写非遗项目申请书,并准备邀请“相关专家”做具体论证,看来禹王台被列入潍坊市市级非遗名录已问题不大。若果真如此,必将对禹王台原本以狐仙为主的神灵信仰格局产生更为深刻的影响。

---

① 《潍坊禹王生态湿地》,2011 年 5 月 25 日,http://www.sdncp.com/art/2011/5/25/art_5361_269499.html。

② 访谈人:王加华;被访谈人:Z 主任;时间:2012 年 12 月 1 日;地点:禹王台庙。

五、讨 论

作为一种精神意识活动,宗教信仰并没有“公有化”或“私有化”之说。但相比之下,就某一信仰空间(庙宇)而言,却完全有可能出现被“私有化”的情形,从而使“神圣空间”与附着于此的神灵表现出一种被“私有化”倾向。当然,这里的“私有化”主要是就“所有权”或“占有权”、而非“使用权”角度而言的。因为即使一个庙宇被私人所占有,在使用权上仍然是向公众开放的,不然就无法获得收益,由此使所有权与使用权相分离。而这种所有权与使用权的分离,又会在一定程度上使人人可自由支配,精神层面上的神灵崇拜意识亦出现某种“被私有化”的感觉。诚然,意识层面上信众仍具有崇信这一被私人所“占有”之神灵的自由,这一神灵也仍然被大家所“共享”,但由于神灵所在神圣空间的被私有,于是乎本该自由、自主的信仰似乎也被别人控制了,由此“我们的”信仰变成了“他的”信仰。

就传统中国而言,虽不能完全排除庙宇由某个人所拥有或占有的情况存在,但总体来说像当前这种庙宇“私有化”的情形却可能很是少见。虽然一个庙宇,不管其影响范围之大小,可能会有专门机构或群体予以组织与运作,但却很能说其就归这些机构或群体所拥有。虽然如此,却至少有一点可以肯定,即绝非“私有”。从使用权角度来说,这些庙宇是完全向公众开放的,至少不用像现在这样需要交纳门票钱方可进入。虽然在庙宇修建及庙会期间,信众也会捐纳一定的功德钱或香火钱,但却与门票收取有本质不同。因此,可以说传统时期的庙宇所有权(或占有权)与使用权是大体相一致的,至少不会完全分离。新中国成立以后,随着越来越多的名山大川被收归国有(或集体所有)及随之而来门票的收取,隐身于这些景点之中的庙宇所有权与使用权开始逐步相分离。对此所有权,我们可姑且称之为“国有”或“集体所有”,其本质是“公有”而非“私有”。但20世纪80年代尤其是90年代中后期以后,受“经济利益至上”观念的影响,越来越多庙宇被私人承包而成为谋取经济利益的摇钱树。虽然就当前这些被承包的庙宇而言,其实际所有权其实仍在国家或集体手中,承包者获得的只是经营管理权或短暂的占有权。但如同禹王台庙一样,虽然没有实质性所有权,承包者却具有完全的经营管理权,因此其影响力也是绝对不容小觑的。

有学者指出,当前宗教信仰的一大特点即日益呈现出“私人化”趋势,而与此相伴随的则是宗教领域的市场化。① 在此大背景下,宗教信仰日益成为一种围绕“灵力”而进行的生产、经营与消费活动,即产生了一种“灵力经济”。在此,灵力是商品,民众求神活动是消费,围绕神灵的奉祀行为则是生产,即消费也是生产。而在此过程中,经营者又具有举足轻重的地位与作用,其“经营”策略的高低将直接决定灵力经济的规模与效益。但与此同时,他们又通过“婉饰”(即委婉地掩饰某些东西)以极力掩饰这种灵力经济的经济交换本质,如不让人觉得

---

① 转引自陈纬华:《灵力经济:一个分析民间信仰活动的新视角》,《台湾社会研究季刊》2008年第3期。

庙宇是营利场所、庙方人员的所作所为是为谋取个人私利等。[①] 让我们回到潍坊寒亭禹王台庙，从其“私有化”过程尤其是2009年年底被H道长承包以后来看，就明显表现出一种“灵力经济”的特点。在此，狐仙之神力是为H道长吸引周边民众的“商品”，其一系列行为措施，如积极申请非遗名录等，本质上都是围绕“神力商品”而进行的经营方式与推销手段。而引入新的神灵、建设新的庙宇等，则可理解为对经营规模的扩大。而在此过程中，也同样存在“婉饰”行为，如H道长宣称他承包禹王台庙完全是狐仙“请求”的结果，最终目的也是为了能将狐仙信仰发扬光大，而非谋取经济利益。

在H道长承包并经营禹王台庙的过程中，其与社区民众间关系也经历了一个从被抵触到逐步接受的过程。关于庙宇与社区关系问题，李丁讚与吴介民认为，受现代性之冲击，当前台湾地区庙宇与社区的关系在逐渐变淡，因为越来越多的庙宇因“丁口钱”制度的瓦解而失去了固定信徒与财务基础。[②] 就禹王台庙而言，被承包之后也确实存在一个与社区关系变淡的趋势，如越来越多的人不再上台祭拜、新引进的神灵与新建之庙宇不被村民接受等。不过之所以如此，却主要是由于门票钱的收取与对外来者的抵制等，因而与李、吴二人的论述有所不同。这一现象，其实更类似于西村真志叶所说的因庙宇归属主体转移所引致的民众心理从“我们的”庙宇向“他们的”庙宇的

---

① 陈纬华：《灵力经济：一个分析民间信仰活动的新视角》，《台湾社会研究季刊》2008年第3期。

② 李丁讚、吴介民：《现代性、宗教与巫术：一个地方公庙的治理技术》，《台湾社会研究》2005年第59期。

转变。[①] 但与京西燕家台张仙港庙又有所不同的是,随着 H 道长对社区生活的逐步融入及村民对其抵触情绪的逐步降低,那些新修庙宇亦逐渐被村民所认同与接受,因此禹王台庙在一定程度上又出现了从“他的”庙宇向“我们的”庙宇转变的趋向。不过,虽然出现了这种转变,但不可否认的是,其传统信仰格局却已发生了很大变化。当然,“变”并非禹王台一地之特例,实际上“变”一直是中国民间信仰的一大特色。这种“变”可表现在多个方面,具体如影响的地域范围变化、神职功能的不断扩充与转变、新神灵的不断创造与影响力扩张等。而之所以如此,与中国人神灵信仰中的实用理性有很大关系,即从不会执着于某一神灵信仰,而是秉持“惟灵是信”的原则,哪一个神灵验就信奉谁,一旦失去灵验即转向其他神灵。[②] 由此观之,禹王台庙在当下的变迁也就不足为奇了。但在此仍要强调的一点是,促使禹王台庙发生当代变迁的动力却不同以往。

当然,从 2009 年年底到 2013 年年初,禹王台庙开始“加速变化”的历程还不足四年的时间。虽然已有一些变化发生,但除了庙宇布局的改变分外清晰外,其他方面的变化趋势仍然不是那么明显甚或还仅仅只是一个苗头。至于今后其走向如何,又会发生哪些具体变化,若真正成功申遗后又会对整体信仰格局产生何种影响,还需要我们今后持续不断的关注与了解。另

---

① 参见[日]西村真志叶:《那座庙宇是谁的?——作为观光资源的地方文化与民俗学主义》,中山大学中国非物质文化遗产研究中心、中山大学中文系、《文艺研究编辑部》主办“美学与文化生态建设”国际论坛论文集,未刊稿,2010 年 9 月。

② 参见[美]韩森:《变迁之神:南宋时期的民间信仰》,浙江人民出版社 1999 年版。

外,受每个地方不同的神灵信仰格局及地方传统的影响,这种“私有化”过程具体进入并改造原有庙宇及神灵信仰的模式可能也会有所不同。也就是说,我们在此所述及的禹王台“经营”与“影响”情形可能并不是一种普遍模式。不过,受“经济利益至上”观念的影响,当前的庙宇承包日益成为一个引人注意的现象却是不争的事实,而这也必将对原有信仰格局产生重大影响。因此,这一现象的出现,对当前的民间信仰研究提出了诸多新的问题与思考,需要我们不断加以关注与探讨。

四"化":中国节日的当下发展与变化*

节日是世界各民族所共有的一种社会文化现象。作为中华传统文化的重要组成部分,在长期的历史发展过程中,我国也形成了一套富有特色的传统节日体系。而所谓节日,也就是时间的"截点",是将一年划分为不同段落或阶段的日子,它具有周期性、循环性等特点。一年之中,节日庆典及其相关仪式,有规则地穿插于民众日常生活之中,从而形成一种"非日常"与"日常"交替变换的节奏起伏,以使人在紧张忙碌的工作之余获得身心的愉悦与放松。与此同时,节日还是具有"神圣性"的时间节点,是民众精神信仰、伦理关系、娱乐休闲、审美情趣与物质消费等的集中展现,承载着丰富的精神文化内涵。事实上,正是诸节俗活动本身及其所承载的丰富精神文化内涵,才赋予了作为年度重要时间节点的节日以"神圣性"功能,也由此奠定了其不同于"日常"的"非日常"性。① 就本质而言,我国传统节日体系是农耕文化的产物,因此其适应的主要是传统农耕时代的生产体系、社会交往与民众生活方式。但清

---

* 本文原载于《节日研究》第 15 辑,山东大学出版社 2020 年版。

① 参见王加华:《传统节日的时间节点性与坐标性重建——基于社会时间视角的考察》,《文化遗产》2016 年第 1 期。

末民国以后,尤其是20世纪80年代以来,随着我国工业化进程的迅速推进与经济、社会、文化的急速变迁,以及世界范围内全球化的快速发展,我国的节日文化亦发生了多方面的变化。本文即主要针对这一问题展开,试对当下中国节日文化的现状及其发展趋势等略作描述与分析。①

对于当下节日的发展变化问题,已有很多学者从不同角度做了相关论述与讨论。如张勃对七夕节、重阳节的当下变化及不同节日形式之间的关系建构做了相关讨论②;耿波对洋节盛行及其与中国传统节日体系的关系做了具体描述与分析③;李松、张青仁与王学文,则对当下整体的节日变化问题做了深入讨论,提出了"节日日常化与日常节日化"的观点与命题④。不过,虽然已有诸多相关论述与讨论,但由于当下中国节日文化的发展与变化是一个非常复杂的问题,从不同的角度进行观察

---

① "节日"有广义与狭义之分。广义的节日即生活中值得纪念的重要日子,除我们一般观念中的春节、元宵节、清明节、端午节、中秋节、重阳节、五一劳动节、国庆节、元旦,雪顿节、泼水节等少数民族节日以及圣诞节等西方节日外,庙会、灯会、社火、书会以及现代的电影节、音乐节、文化节、旅游节等也都包含其中。狭义的节日则仅指一般概念上的春节、雪顿节、圣诞节等节日活动,不包括庙会、灯会、社火以及电影节、音乐节等形式。本文所讨论的"节日",是就广义节日而言的。

② 具体参见张勃:《从乞巧节到中国情人节——七夕节的当代重构及意义》,《文化遗产》2014年第1期;张勃、王改凌:《再次命名与传统节日的现代转换——基于重阳节当代变迁的思考》,《西北民族研究》2015年第4期;张勃:《建构时代的中国节日建设》,《民俗研究》2015年第1期。

③ 参见耿波:《洋节现状及其对中国传统节日的影响与对策调查报告》,《艺术百家》2013年第4期。

④ 参见李松、张青仁、王学文:《节日日常化与日常节日化:2015年度中国节日文化发展报告》,张士闪、李松主编:《中国民俗文化发展报告2016》,山东大学出版社2018年版。

与分析,可能就会有不同的认知与理解。基于此,本文将在已有研究与分析的基础上,力图从不同的角度对当下节日文化的发展问题再做观察与分析,即形式与内容的日渐多元化、节日实践的官方参与化、传统节日的遗产化以及节日发展中日渐凸显的消费化倾向等。

一、节日形式与内容的日趋多元

今天,我国节日文化的一大特点就是日趋丰富与多元,不仅节日形式日趋多样,内容也越来越丰富。概而言之,当下的中国节日,主要由三种类型所构成,即传统节日、现代节日纪念日与新兴节日,其中新兴节日又可分为外来节日、新兴民间节日、新兴地方节会、各种文化艺术节以及社区文化节等。①

传统节日,即在我国长期历史发展过程中所形成的节日体系,具体如春节、元宵节、二月二、清明节、端午节、中元节、中秋节、重阳节、腊八节、小年等以汉民族为主体的传统节日,立春、立夏、立秋、冬至等二十四节气,以及古尔邦节、泼水节、雪顿节、藏历新年等少数民族传统节日,另外就是各地以庙会等为代表的传统地方节会。今天,这些传统节日在民众生活中仍具有很大的影响力与号召力,2017 年春运期间累计超过 27 亿人

① 此一分类方式,系参考张勃:《建构时代的中国节日建设》,《民俗研究》2015 年第 1 期。

次的全国旅客发送量就是一个典型体现。[1] 固然如此，但就整体言之，传统节日的日渐衰微与变化却是当下一个不争的事实。如何正确认识与评价传统节日在当下的价值与意义，如何有效发挥传统节日在我们时下社会建设中的积极作用，如何在当下更好地保护与传承我们的传统节日，成为摆在政府、社会与普通大众面前的一个现实问题。

节日纪念日，又可称为"政治性节日"，是指国家为了纪念重大事件、伟人、先烈或彰显某种价值观及对特定人群的关爱与重视等而设置的特定日。在这些特定的日子里，通常都会举行相关的仪式或纪念活动，其主要目的在于铭记历史、教化民众与巩固认同。早在民国时期，中央政府就曾设立过一系列的节日纪念日。[2] 中华人民共和国成立后，中央人民政府亦设定了一系列节日纪念日，如三八妇女节、五一劳动节、五四青年节、六一儿童节、七一建党节、八一建军节、八一五抗战胜利纪念日、九一八纪念日、十一国庆节以及护士节、教师节、记者节等。各节日纪念日，通常都会举行群体性或盛大的纪念活动，尤其是国庆节等具有特殊意义的重大纪念日。由于有政府的支持与参与，节日纪念日的社会参与度与影响力就很容易扩大。除政治诉求外，五一劳动节、十一国庆节等法定假日，亦是普通民众旅游、购物、休闲的重要时日。如 2017 年国庆节假期，适逢中国传统节日中秋节，在短短 8 天假期时间里，国内游

---

① 参见《2017 年春运结束：约 27 亿人次出行 铁路公路是主力》，2017 年 2 月 21 日，http://news.cctv.com/2017/02/21/ARTIPyGVHAo19nxWc6qiKzXZ170221.shtml。

② 参见武野春、阮荣：《民国时期的移风易俗》，《民俗研究》2000 年第 2 期。

客即超过7.05亿人次。①

各新兴节日中,首先是外来节日,即非我国原生、由国外传入的节日,也即我们俗称的“洋节”,具体如情人节、母亲节、父亲节、感恩节、万圣节、圣诞节等。外来节日入华,在古代即已存在,只是这些节日在历史发展的长河中已逐渐被纳入传统中国节日体系中来,如七夕节中就有中亚“哭神儿节”的因素与影子。② 清末,随着沿海开埠与大量外国人涌入中国,圣诞节等“洋节”亦随之在中国“落地生根”,只是影响力还非常有限。20世纪80年代以后,随着改革开放的深入,“洋节”开始在我国呈现迅猛发展之势。对时下越来越火爆的“洋节”,国人忧虑者有之,赞同者亦有之。③ 但不可否认的是,“洋节”确已成为今天我国节日体系的一个重要组成部分,因此我们必须要正视现状,加强引导和管理,处理好中西节日间及其与当下节日体系建设的关系。④ 在诸外来节日中,影响力最大的又非情人节与圣诞节莫属,如今过情人节、圣诞节已越来越成为人们尤其是年轻人的一种时尚与潮流。

新兴民间节日,即近些年来在民众日常生活中兴起的节日,这其中比较具有代表性的是“双十一”(又称“光棍节”)与

---

① 参见《国庆中秋假期国内游客超7亿人次》,2017年10月9日,http://www.gov.cn/xinwen/2017-10/09/content_5230135.htm。

② 参见刘宗迪:《七夕》,生活·读书·新知三联书店2013年版。

③ 具体如谷建:《莫让“洋节”过度消费传统节日》,《雷锋》2018年第2期;翁敏华:《“洋节”可以是我们的新节日》,《文汇报》2009年12月25日。

④ 参见耿波:《洋节现状及其对中国传统节日的影响与对策调查报告》,《艺术百家》2013年第4期。

女生节。“双十一”,即 11 月 11 日,最初只是流行于年轻人中的一种带有调侃性的噱头。因四个阿拉伯数字“1”形似四根光滑的棍子,而光棍即单身的意思,故名“光棍节”。关于其起源,如今比较受认可的说法是源于 20 世纪 90 年代的南京高校,此后通过网络等媒介迅速传播开来,过节人员以青年人为主,主要活动为聚会、交友等。但从 2009 年开始,光棍节开始被商业文化所收编而逐渐变成了“双十一”网购狂欢节。[①] 如今,“双十一”已成为一个备受民众尤其是年轻人青睐的节日。2017 年“双十一”,两大电商平台的成交总额达到 2953 亿元,再创历史新高[②],这充分显示出人们对这一节日的狂热程度。女生节为每年的 3 月 7 日,起源于 20 世纪 80 年代末的山东大学,后扩散到国内各高校,是一个关爱女生、展现高校女生风采的节日,主要流行于高校校园内。如今,女生节的最主要活动就是悬挂各种脑洞大开的横幅,此外还有喊楼、送花、男生跳舞等娱乐活动,深受高校在校生的崇尚与喜欢。如 2017 年 3 月 7 日,在作为最早节日发起方的山东大学校园内,一大早,女生宿舍楼下就挂满了各种浪漫的表白横幅,诸如“不管男女儿比儿,我的心里只有你”“巧笑倩兮,美目盼兮,法院佳人,寤寐思兮”[③]等。

---

① 参见王璐:《11 月 11 日:从文化建构到商业收编——对“光棍节”和“网购狂欢节”的分析》,《青年研究》2014 年第 3 期。

② 参见《2017“双十一”再次刷新纪录 阿里+京东交易额达 2953 亿元》, 2017 年 11 月 12 日, http://sh. eastday. com/m/20171112/u1a13417243. html。

③ 参见《“女生节”来临 山大校园现大批浪漫表白横幅》,2017 年 3 月 8 日, http://www. dzwww. com/shandong/shandongtupian/201703/t20170308_15638539. htm。

新兴地方节会,指最近几十年来兴起的名之曰“文化节”“艺术节”“旅游节”“美食节”“嘉年华”甚或“桃花节”“杏花节”等地方性节会活动。这些节会活动,虽名称各异,但性质相类,其目的都在于依靠各类资源提高地方知名度,以促进地方经济、社会与文化发展,本质上都是“文化搭台、经济唱戏”的结果。这类活动,约兴起于改革开放后的20世纪80年代。如以“文化节”为主题关键词在中国知网“文献”栏进行搜索,可以找到3629条结果(截至2018年9月28日20时)。这些搜索结果,以年度来看,呈逐年上升之势,从1987年的1条逐步上升到2000年的52条、2010年的870条,2011年后有所下降,但数量仍维持在四五百条。虽说这一结果并不代表真实的节会主办情况,但却能反映出这一现象的总体发展趋势。若单从数量上来看,在今天,这种新兴地方性节会,已成为我们节日的最主体存在。据2009年年底的估计,全国各类型的地方节会活动就有8000—10000个。① 而这些节会活动的主题,可谓是无奇不有。

> 桃花节、栗花节、槐花节、梨花节、茶花节、石榴节、核桃节、苹果节、山楂节、葡萄节、花生节、西瓜节、樱桃节、柿子节、柑橘节、白菜节、采摘节、石头节、山药节、鸡蛋节、饮食节、歌舞节……百花千草万物皆有节……不是搅尽历史名人,就是把一个土特产、一种植物、一类动物、一处风景拿出来叫阵。从相关报道来看,各地的节庆活动稀奇古怪、五花八门,举凡吃喝穿戴、花鸟虫鱼、山水人兽,无所不

① 参见《官办节庆,开刀消肿》,《南方周末》2010年7月15日。

> 包。比如荷花节、小枣节、桂花节、啤酒节、西瓜节、葡萄酒节、豆腐节、大葱节、龙舟节、冰雪节、沙雕节、戏水节、裤子节、鱼王节、双胞胎节等。这些节庆活动，一般包括经贸、文化、体育、旅游等活动，有些还包含研讨会、论坛，时间短则一星期，长则将近一个月。①

各种文化艺术节，与上述更多的只是单纯冠之一“文化节”的地方节会不同，这是真正以“文化艺术”作为节日主题的现代新兴节日。这类节日活动，约兴起于20世纪90年代，大规模举办则是2010年以后的事。其举办目的，在于通过文艺表演、传统展演、集中宣传等方式，在丰富民众多样化精神生活需求的同时，向民众宣传、普及党和国家的各项政策，唤起民众在传统文化保护等方面的观念与意识，以促进社会的全面发展与进步。这一类节日，类型多样，如非物质文化遗产节、电影节、音乐节、戏剧节、图书节、体育文化节等，具体如中国成都国际非物质文化遗产节、世界非物质文化遗产节（北京）、北京国际电影节、上海国际艺术节、广州南国书香节、亚洲艺术节、北京国际图书节、乌镇戏剧节等。

社区文化节，即主要在城市社区内、由社区民众组织与参与的社区文化节会活动。近些年来，随着我国城镇化进程的迅速加快，越来越多的人涌入城市居住，城镇越来越成为我国人口的主要居住地。如据智研咨询发布的《2016—2022年中国人口市场深度调查及发展前景预测报告》显示，2015年我国城

① 《百花千草万物皆有节：节越来越多》，2012年7月1日，http://www.xinhuanet.com/politics/2012jrht311/。

镇化人口为7.7亿,城镇化率为56.1%,预计2020年将达到60%。[①] 在城市化过程中,相应产生了大量的城市社区。与传统农村社区民众间关系紧密、以熟人为主的熟人社会模式不同的是,现代城市社区人口虽然居住更为集中,但由于居民背景不同、来源各异,基本是一种陌生人社会生活模式,相互之间来往很少,也没有多少社区共同体意识——这并不利于当下的社会治理与和谐社会建设。为此,加强城市社区居民间的社会联系、强化居民的社区共同体意识,成为当下城市社区建设的重要工作之一。在此大背景下,具有强大人群聚合能力的节日成为一个理想选择。于是从21世纪初开始,全国各地城市都举办了一系列丰富多彩的社区文化节活动,由此社区文化节也成为当下我国节日文化的新常态与重要组成部分之一。

总之,我们今天的节日文化,不论从形式还是内容来看,都在呈日益多元之势。不同种类、不同形式、不同内容的节日可谓是“你方唱罢我登场”,从全国整体来看,基本上每天都会有不同的节日活动在举办与发生。这些节日活动,在一定程度上消弭了传统节日与普通日子间那种“非日常”与“日常”的界限,表现出一种明显的“节日日常化与日常节日化”[②]趋向。

---

① 参见《2017年中国人口总量、城镇人口比重、城镇化率发展趋势预测》,2016年12月14日,http://www.chyxx.com/industry/201612/477303.html。

② 李松、张青仁、王学文:《节日日常化与日常节日化:2015年度中国节日文化发展报告》,张士闪、李松主编:《中国民俗文化发展报告2016》,山东大学出版社2018年版。

二、官方参与的日渐广泛与深入

长期以来,中国的节日基本上一直保持着一种以民众为主、自然发展的态势。所谓自然发展,是“指节日的变化及其功能发挥是自在的,不受人为干预的”[①]。当然,我们说节日保持一种以民众为主的自然发展态势,不是说就绝对没有官方力量的干预或参与其中,如唐代二月初一的中和节,就是在唐德宗授意下由官员设计的一个节日。[②] 但总体言之,民国之前,在节日实践过程中,政府或者说官方参与的力度并不大,节日发展基本按照一种自然状态自在地发展着。1912 年中华民国成立,当时的中华民国政府采取了一系列措施,对传统节日进行了大力整饬,如改变历法与节期,同时参照国外节日又创办了一系列新兴节日,如童子军节(3 月 15 日)、青年节(3 月 29 日)、教师节(9 月 28 日)等。[③] 而如今,官方参与甚或主导已成为节日发展中一个不容忽视的现象与趋势。当然,官方力量并非当下节日建设过程中的唯一主体。对应当前节日形式与内容的日趋多元化,节日建设主体亦呈多元之势,除政府力量外,普通大众、亚文化群体、商业资本、基层社区等,也都是节日

① 张勃:《建构时代的中国节日建设》,《民俗研究》2015 年第 1 期。

② 参见张勃:《从官方建构到民间传统:中和节的故事》,《民俗研究》2008 年第 2 期。

③ 参见武野春、阮荣:《民国时期的移风易俗》,《民俗研究》2000 年第 2 期。

建设的重要力量。[①] 另外,官方参与并非是在所有节日类型中都有明显体现。相比之下,外来节日以及光棍节等现代新兴民间节日则很少有官方力量参与其中。

先看各种新兴地方节会,完全就是政府操办与人为建构的结果。以举办政府机构行政级别的不同,这些新兴的官办地方节庆也就被分为不同的等级,如省级、地市级、县市级,甚至有的乡镇、学校、企业等也会主办各种节庆活动。这些节庆活动,少则一两天,多则一两个月,如2017杭州西博会国际旅游节就从9月23日一直持续到11月30日,前后长达69天。[②] 在具体组织模式上,这些节会往往以某一政府机构为主,再联合各相关政府部门,成立一个某某节组委会,然后具体分工组织,各项活动都有严格的仪式流程,每一个活动或事项都有具体的负责人与责任人。为了营造声势,通常还会举行一个盛大的开幕式,邀请兄弟单位、明星大腕等前来捧场参加,此外可能还会有文艺活动、学术论坛或相关知识讲座等。以2017年江西会昌民俗文化旅游节为例,节会由会昌县委统战部牵头组织,由县文广新局、县教育局、团县委、县道教协会、县义工协会、翠竹祠管委会具体主办。为具体组织活动,他们成立了专门的领导小组,领导小组之下又专设活动办公室及道教活动组、宗教知识讲座活动组、后勤保障组四个工作组,以具体负责各项活动的

① 参见李松、张青仁、王学文:《节日日常化与日常节日化:2015年度中国节日文化发展报告》,张士闪、李松主编:《中国民俗文化发展报告2016》,山东大学出版社2018年版。

② 参见《2017杭州西博会国际旅游节活动方案》,2017年9月20日,http://zj.kankancity.com/html/hangzhou/younaer/2017101613847.html。

协调联络、人员调配、现场指挥及统筹把关等。①

各地方节会的开展,对于提高地方知名度与影响力、促进经济与旅游事业发展、活跃群众文化生活、增强民众认同感与凝聚力等方面起到了诸多积极作用。许多节会由于举办得比较成功而成为重要的地方文化品牌,如青岛国际啤酒节、潍坊风筝节、洛阳牡丹花会、中国吴桥杂技节等。但与此同时,我们不得不承认的是,诸多地方节会活动的举办,并非都能收到积极效果,诸多不好之势头亦随之出现,如节会活动日渐泛滥,许多活动只是昙花一现,大量人力物力与财力被消耗甚或被浪费等。针对地方节会活动的日渐泛滥之势,2010 年 6 月 25 日,中央纪委、监察部、财政部、国务院纠风办联合下发了《关于对党政机关举办庆典、研讨会、论坛活动开展清理摸底的通知》,要求各地区各部门按照"谁主管谁负责"的原则,认真开展清理摸底工作,减少过多过滥的庆典、研讨会、论坛活动。该通知的下发起到了一定的减缓作用,但各地方节会的举办仍呈热闹之势。

各种类型的现代节日纪念日,是国家为了纪念重大事件、伟人、先烈等而设置的特定节日,因此本身即具有国家仪式与庆典的意义,故而政府力量参与其中也就是自然而然的事了。一方面,一些纪念日被设定为国家法定节假日,比如五一劳动节与十一国庆节——这一现代节假日制度已深刻影响到了每一个人。另一方面,在这些特定的节日纪念日里,往往会有官

① 参见《2017 江西会昌民俗文化旅游节系列活动方案》,2017 年 8 月 10 日,http://jx.chinadaily.com.cn/2017-08/10/content_30410361_6.htm。

方出面组织的各种相关活动。20世纪80年代之前,官方通常会进行政治思想宣传与动员活动,而如今由政府组织或主办各种纪念与表彰活动则成为节日庆祝的主要形式之一。如2017年4月27日,庆祝五一国际劳动节暨全国五一劳动奖和全国工人先锋号表彰大会在人民大会堂举行,中共中央政治局委员、中国全国总工会主席李建国出席大会并讲话。[①] 与此同时,各地方政府也举行了一系列庆祝与表彰活动,如在2017年4月28日,山东省庆祝五一国际劳动节暨富民兴鲁劳动奖获得者表彰大会在济南召开,表彰了各行各业涌现出的先进集体和先进个人。[②] 2017年9月30日,为庆祝中华人民共和国成立68周年,国务院特举行了国庆招待会,习近平总书记等党和国家领导人出席。[③] 中国驻外使领馆亦纷纷举办了庆祝中华人民共和国成立68周年招待会。[④]

传统节日主要是在长期历史发展过程中自然发展的结果,很少有官方力量参与其中,直到民国时期这种情形才开始发生

---

① 参见《2017年全国五一劳动奖表彰大会在京举行 李建国出席并讲话》,2017年4月27日,http://www.xinhuanet.com/politics/2017-04/27/c_1120884560.htm。

② 参见刘庆、李侠、宋强:《山东省庆祝“五一”国际劳动节大会召开》,2017年4月28日,http://news.iqilu.com/shandong/yuanchuang/2017/0428/3520632.shtml。

③ 参见《国务院举行国庆招待会 庆祝中华人民共和国成立68周年》,2017年9月30日,http://www.gov.cn/xinwen/2017-09/30/content_5228933.htm。

④ 参见《同贺中国国泰民安 共绘外交美好画卷——我驻外使领馆举办庆祝中华人民共和国成立68周年招待会》,2017年10月2日,http://www.gov.cn/xinwen/2017-10/02/content_5229296.htm。

改变。中华人民共和国成立后,除20世纪六七十年代曾出现的"革命化春节"[①]等节日形式外,总体言之,我国传统节日仍旧保持了一种以自我发展为主的态势。但20世纪80年代尤其是进入21世纪以后,在节日的操办以及展演过程中,开始越来越多地出现官方的身影。具体来说,这主要表现在以下几个方面:首先,节日时间的认定与建构,春节、清明节、端午节、中秋节被定为法定节假日就是一个典型体现。其次,通过举办晚会等形式参与节日的举办与建构,典型的即央视春晚(正式办于1983年)、中秋晚会(始于1991年)以及各地方春晚、中秋晚会等。尤其是央视春晚,虽然近些年来总是被"吐槽"不断,但不得不说的是,其已成为当下中国人春节生活中一个必不可少的组成部分,2014年更是被正式定为国家项目。晚会的举办,除可唤起民众的传统节日意识外,还可凸显家国情怀与观念。最后,参与节日期间相关节俗活动的主办或直接成为整个节日活动的主办主体。如随着当下重阳节节日内涵由登高、祈福向敬老的转变[②],节日期间对老人的官方慰问已成为当下重阳节必不可少的组成部分。若这还只是官方对传统节日习俗的有限参与的话,那近些年来一些传统地方节会活动的主办就完全以官方为主体了。如作为我国传统两大古书会的胡集书会(位于山东省惠民县胡集镇,2006年入选第一批国家级非物

---

① 参见忻平、赵凤欣:《革命化春节:政治视野下的春节习俗变革——以上海为中心的研究》,《中共党史研究》2014年第8期;刘福安:《难忘的"革命化"春节》,《江淮文史》2017年第4期;等等。

② 参见张勃、王改凌:《再次命名与传统节日的现代转换——基于重阳节当代变迁的思考》,《西北民族研究》2015年第4期。

质文化遗产名录),从2008年开始,就完全由胡集镇政府接管主办,每一个节日流程都被置于镇政府的控制之下。[①] 在很大程度上,其已与各地举办的新兴地方节会没有多少本质区别——都是对地方文化资源的一种利用,官方成为绝对的主办主体。

各种新兴文化艺术节,由于需要动员庞大的人力、物力与财力,非普通民众所能自发举办,因此必须要以官方为举办主体。如2017年第六届中国成都国际非物质文化遗产节,即由联合国教科文组织、中华人民共和国文化部、四川省人民政府共同主办,成都市人民政府、四川省文化厅等单位共同承办的。[②] 各地如火如荼的社区文化节,虽然很多是由社区民众自发组织与参与的,但背后也往往有官方力量的组织与支持。比如"幸福鼓楼"2017年社区文化艺术节系列活动,就是由南京市鼓楼区宣传部、鼓楼区文化局主办,由鼓楼区文化馆、湖南路街道、马台街社区具体承办的。[③]

总之,官方参与已成为当下中国节日文化发展过程中一个不可忽视的现象与趋势。官方参与,如法定节假日制度的实施等,对于保护与传承传统节日、繁荣节日文化、促进社会经济发

---

① 参见王加华主编:《中国节日志·胡集书会》,光明日报出版社2014年版。

② 参见《第六届中国成都国际非物质文化遗产节举行》,2017年6月11日,http://www.sc.gov.cn/10462/10464/10797/2017/6/11/10424991.shtml。

③ 参见《"幸福鼓楼"2017社区文化艺术节系列活动》,2017年10月26日,http://www.nanjing.gov.cn/xxgk/qzf/glq/glqrmzfhnlbsc/201710/t20171026_5102997.html。

展、丰富民众生活等均起到了积极作用。[①] 但与此同时,一些因官方参与或主导而出现的问题也不能不引起我们的关注,而这在新兴地方节会中又表现得最为明显,诸如过多过滥、本该作为节日主体的民众成为被动的参与者等。

三、作为"优秀传统文化"与"非物质文化遗产"的传统节日

传统节日是传统中国节日体系的最主体部分,即使在今天,其仍旧是最为民众所关注与认同的节日体系。事实上,一提到"节日"这个词,我们绝大部分人脑海中首先想到的肯定还是以春节等为代表的传统节日。作为民众年度时间生活中的"非日常"时段,传统节日曾在民众生活中扮演着极为重要的角色并深深融入民众生活之中。但20世纪80年代之后,受我国整体社会经济与文化变迁的影响,传统节日开始呈现日渐式微与变化之势。

首先,一些相对不太重要或整体影响力不太大的传统节

---

① 对当下文化保护过程中的政府参与或主导现象,学界基本以"社区参与"为观照点而对其持一种批评的态度。对这一问题,可能要具体问题具体分析,如对那些已没有多少"生存土壤"、正日益远离民众生活需要的非遗项目来说,离开政府的主导作用可能是万万不行的。对这类项目来说,虽然政府主导存在这样那样的问题,不是最为理想的工作方式,但却是一种最为有效的保护方式。参见王加华:《政府主导非遗保护模式意义再探讨——以国家级非物质文化遗产胡集书会为个案的分析》,李松、张士闪主编:《节日研究》第12辑,学苑出版社2017年版。

日,如立春、二月二、腊八节等,正在迅速衰落并日渐退出民众的日常生活。虽然某个节日在个别地方可能仍具有很高的影响力与民众参与度,如山东莱芜的七月十五节(中元节)。[①] 其次,一些相对比较重要的传统节日,如春节、清明节、端午节与中秋节,借助于国家法定节假日政策的实施,仍在民众中维持了极高的热情、认同感与参与度。但与此同时,随着法定节假日政策的实施,人们也越来越将这些时日看作是"假日"而非"节日",更倾向于旅游、购物、休闲等活动,这致使传统节俗活动日益被冷落。即使是中华民族最为重要的传统节日春节,如今也面临着"年味"越来越淡、需要进行"保卫"的境地。[②] 再次,一些传统节日的整体内涵悄然发生改变,由此社会境遇亦出现了相应变化。比如七夕节,其传统节日主题为乞巧,但因其所依托的是牛郎织女的故事,今天的乞巧节正日益向中国情人节转变,爱情主题越来越得到宣扬与彰显。[③] 虽然有人出面呼吁,认为七夕节不是"中国情人节"[④],但这并没有阻止七夕节节日内涵在当下的演变。再比如重阳节,其传统主题在于登

---

① 在山东莱芜,七月十五的重要性与神圣程度堪比春节,其间会如同春节一样举行隆重的请家堂祭祖仪式。参见刁统菊等:《节日里的宗族——山东莱芜七月十五请家堂仪式考察》,《民俗研究》2010 年第 4 期。固然如此,这一节日在今天亦出现了衰落之势。2018 年,山东大学民俗学研究所团队在七月十五期间于莱芜的调查发现,许多村庄已不再举行请家堂仪式,不论参与人群还是隆重程度都已大大降低。

② 参见高有鹏:《保卫春节与守护民族传统文化》,《中国艺术报》2007 年 2 月 16 日。

③ 参见张勃:《从乞巧节到中国情人节——七夕节的当代重构及意义》,《文化遗产》2014 年第 1 期。

④ 参见李培、曾妍:《七夕节不是"中国情人节"》,《南方日报》2010 年 8 月 17 日。

高、祈福,但今天正日益向尊老、敬老转变。[①] 最后是传统庙会等地方节会,受政策形势及整体社会发展的影响,在总体衰落的大趋势下,近些年来少数节会以“新兴”地方节会的形式重又“复兴”。如胡集书会,20世纪90年代一度面临消失的境地,但在2006年入选第一批国家级非物质文化遗产名录后,在胡集镇政府的主办下又再次走向了“复兴”。[②]

与此同时,一方面,随着传统文化在当下的日渐消逝及因此而兴的传统文化保护运动的日益高涨,作为传统文化重要表现形式与载体的传统节日开始受到广泛关注;另一方面,随着当今时代全球化的日益推进及改革开放后我国对外交往程度的日益加深,“越是民族的,越是世界的”,传统节日之于中华民族文化与身份建构的重要性亦日益凸显出来。在此背景下,传统节日越来越被认定为一种“传统”,一种能体现中华民族文化特色的优良传统。2017年1月25日,中共中央办公厅、国务院办公厅联合印发了《关于实施中华优秀传统文化传承发展工程的意见》(以下简称《意见》),其中对如何实施中华传统节日的保护与传承工作即多有涉及,如“深入开展‘我们的节日’主题活动,实施中国传统节日振兴工程,丰富春节、元宵、清明、端午、七夕、中秋、重阳等传统节日文化内涵,形成新的节日习俗。加强对传统历法、节气、生肖和饮食、医药等的研究阐释、活态利用”,“鼓励港澳台艺术家参与国家在海外举办的感知中国、中国文化年(节)、欢乐

① 参见张勃、王改凌:《再次命名与传统节日的现代转换——基于重阳节当代变迁的思考》,《西北民族研究》2015年第4期。

② 参见王加华主编:《中国节日志·胡集书会》,光明日报出版社2014年版。

春节等品牌活动,增强国家认同、民族认同、文化认同”,“加强对外文化交流合作……支持中华医药、中华烹饪、中华武术、中华典籍、中国文物、中国园林、中国节日等中华传统文化代表性项目走出去”。虽然《意见》重点关注的是如何传承与发展中华优秀传统文化,但笔者首先注意到的是其中对何谓中华优秀传统文化的界定问题。这也是第一次以正式中央文件的形式,对中国传统节日是一种“传统”、一种“优秀传统”所做的明确认定。

传统节日的形成,是一个民族或国家长期历史文化积淀的结果,蕴含着一个民族的集体意识与文化底色。而传统节日之所以被认定是一种中华民族的“优秀文化传统”,不仅因为其是传统时代民众生活的重要组成部分、发挥过多层面的积极效用,更因其所蕴含的价值内涵对今天社会所具有的巨大意义与作用。2005 年 6 月 17 日,中宣部、中央文明办、教育部、民政部、文化部五部委联合下发了《关于运用传统节日弘扬民族文化的优秀传统的意见》。该意见指出:“中国传统节日,凝结着中华民族的民族精神和民族情感,承载着中华民族的文化血脉和思想精华,是维系国家统一、民族团结和社会和谐的重要精神纽带,是建设社会主义先进文化的宝贵资源。”“大力弘扬民族文化的优秀传统,对于推动形成团结互助、融洽相处的人际关系和平等友爱、温馨和谐的社会环境,对于进一步增强中华民族的凝聚力和认同感、推进祖国统一和民族振兴,对于不断发展壮大中华文化、维护国家文化利益和文化安全,具有十分重要的意义。”今天,这一认知越来越得到广泛认同与讨论。诸如,传统节日可为构建社会主义核心价值观提供可借鉴的思想资源,是推进大学生思想政治教育的有效载体①;传统节日是滋养中国人精神的文化土壤,在思想熏陶、文化教育以及价值观的形成方面具有不可替代的作用②;传统节日是滋养文化自信的沃土③;传统节日在促进民族认同方面具有独特的作用,弘扬传统节日,有利于民族意识的提升④;等等。

中华传统节日具有多方面的价值与意义,因此我们必须要让其"活在当下"⑤。但不可否认的是,受多种因素之影响,传统节日在当下的传承与发展也确实遇到了一系列问题。于是,在今天非物质文化遗产保护运动的大背景下,传统节日也成了一种亟须保护的"非物质文化遗产"。2006 年 5 月 20 日,国务院公布了第一批 518 项国家级非物质文化遗产名录,在 70 个民俗类项目中,大部分为传统节日,包括春节、清明节、端午节、七夕节、中秋节、重阳节等 7 个以汉民族为主体的传统节日,京族哈节、傣族泼水节、锡伯族西迁节、彝族火把节等 26 个少数民族传统节日,农历二十四节气亦入选。此外,还有马街书会、胡集书会、秦淮灯会、厂甸庙会、小榄菊花会等十几个传统地

---

① 参见李满营等:《传统节日在社会主义核心价值观建设中的作用》,《共产党员》2017 年第 24 期;胡培培:《传统节日何以成为思政教育的大舞台》,《人民论坛》2017 年第 34 期。

② 参见张志勇:《传统节日:滋养中国人精神的文化土壤》,《中国艺术报》2017 年 4 月 21 日。

③ 参见郭立场:《传统节日是滋养文化自信的沃土》,《中国教育报》2017 年 6 月 1 日。

④ 参见石书臣:《中国传统节日的民族认同功能》,《中国德育》2017 年第 2 期;高惠娟:《弘扬祖国传统节日　加强民族意识提升》,《学周刊》2017 年第 6 期。

⑤ 《让传统节日活在当下》,《光明日报》2018 年 8 月 18 日。

方节会。在此后公布的第二批(2008 年 6 月 14 日)、第三批(2011 年 6 月 10 日)、第四批(2014 年 7 月 16 日)国家级非物质文化遗产名录中,又先后有元宵节、畲族三月三、中元节、中和节、土家年、彝族年、望果节等 20 多个汉民族传统节日、少数民族节日及地方节会等入选。此外,还有大量节日入选省级、市级、县级非遗名录,此不赘述。2009 与 2016 年,端午节与二十四节气又分别被列入联合国教科文组织人类非物质文化遗产代表作名录,亦即我们俗称的"世界级非物质文化遗产"①。

按照《中华人民共和国非物质文化遗产法》的规定,非物质文化遗产是指各族人民世代相传并视为其文化遗产组成部分的各种传统文化表现形式,以及与传统文化表现形式相关的实物和场所。但在一般理解中,凡入选非遗的便是"濒危的"、需要"保护"的,这也是当下非物质文化遗产保护运动的要义所在。因此,传统节日被列入各级非物质文化遗产名录,主要目的即在于对其进行更好的保护、传承与发展。为此,政府与社会各界采取了诸如设置法定节假日、举办展览等一系列相关措施,而这正是近些年来政府日益参与到传统节日运作中来的重要原因之一。

最近几年,围绕传统节日进行的相关保护活动中最"热闹"的非二十四节气莫属。虽然二十四节气早在 2006 年就入选了首批国家级非物质文化遗产名录,但保护热潮的真正掀起

---

① "世界级非物质文化遗产"的说法其实是不确切的,因联合国教科文组织的人类非物质文化遗产代表作名录并没有级别之分。但受我国非遗保护四级分类与保护体系的影响,凡入选教科文组织人类非物质文化遗产代表名录的项目,在绝大多数人的心目中也便是"世界级"了。

却是2016年11月30日入选联合国教科文组织人类非物质文化遗产代表作名录之后,我们在一定程度上将2017年称为二十四节气的“保护元年”也不为过。为更好地保护与传承二十四节气,同时也为了更好地履约,从中央到地方、从政府到学界,均举行了一系列相关活动。中华人民共和国中央人民政府门户网站、教育部中国大学生在线网站、中国农业博物馆官方网站等都专辟了二十四节气专栏,对各个节气做了专门介绍。[①] 我国申报联合国教科文组织人类非物质文化遗产代表作名录的10个代表性传承社区所在地,即浙江衢州柯城和杭州拱墅、遂昌、三门,河南内乡、登封,贵州石阡,湖南安仁、花垣,广西天等,都在相应节气日时举行了隆重的庆典活动。如2017年2月3日,由中国农业博物馆、中国民俗学会主办,中共浙江省衢州市柯城区委、衢州市柯城区人民政府承办的九华立春祭在柯城区九华乡妙源村梧桐祖殿隆重举行。[②] 除此之外,江苏周庄、甘肃西河、福建连城等地,也都举行了诸如鞭春牛等节气习俗活动。在展览方面,中国农业博物馆作为二十四节气全国非遗项目的申报保护单位,于2017年8月7日专门举行了《人与自然相处的智慧——二十四节气专题展》。此外,浙江宁波、浙江省图书馆、北京北海公园、浙江衢州等也都举行了与二十四节气相关的展览活动,第九届浙江·中国非遗

---

① 参见《中国政府网带你感知一年二十四节气》,http://www.gov.cn/zhuanti/2016jieqi/index.htm;《二十四节气》,http://www.univs.cn/class/special/jieqi/;《二十四节气》,http://www.ciae.com.cn/list/zh/solar.html。

② 参见《世界非遗“九华立春祭”在浙江衢州举行》,2017年2月7日,http://society.people.com.cn/n1/2017/0207/c1008-29063699.html。

博览会也特别突出了二十四节气这一主题。在学术研究方面,先后成立了中国民俗学会二十四节气研究中心、九华立春文化研究中心、三门冬至文化研究中心等机构。中国农业博物馆与中国民俗学会以及相关社区,联合召开“二十四节气”及其扩展项目的学术研讨会、学术交流会和论坛 10 多次,具体如“首届立春文化保护传承研讨会”(浙江衢州柯城,2017 年 2 月 3 日)、“二十四节气”保护传承学术研讨会(安徽淮南,2017 年 3 月 28—30 日)。此外,各地二十四节气进校园、二十四节气主题日等活动也时有开展。如 2017 年 5 月 4 日,南京农业大学农学院就举行了“以时间之书——二十四节气”为主题的五四主题团日活动;3 月 23 日,中国农业博物馆组织的“二十四节气”展览走进北京密云北庄中学开展巡展活动。

总之,就当下的中国传统节日而言,可谓是挑战与机遇并存。一方面,受多种因素的影响,传统节日正面临着日渐式微的困境;另一方面,传统节日“中华优秀传统文化”性质的认定及非物质文化遗产保护运动的开展,又为传统节日在当下的存续与发展提供了一个良好机遇。但总体言之,是挑战更大于机遇,如何真正重建民众对传统节日的内心认同与主体参与性、如何保持传统节日在当下的良好传承与发展并发挥其积极效用,仍旧是任重而道远的时代命题。

四、作为“被消费品”的节日

节日具有天然的促进消费的功能,自古亦然。作为不同于平日的“非日常”日子,节日期间人们通常会一改平日“省吃俭用”“节衣缩食”的做法，进行一系列的“大肆”消费活动。诸如大吃大喝，饱尝口福；精心打扮，穿戴时髦；逸乐安身，休闲居住；潇洒行旅，赏心悦目；眷眷相思，欢欢团聚；礼尚往来，厚重馈赠；尽情玩乐，超凡享受；祭祀神祖，消灾祈福。[①] 在节日消费的刺激之下，到明清时期，在经济富庶的江南地区，节日消费品市场已初步形成，节日经济现象初露端倪，并在一定程度上拉动了日常消费品与节日消费品的生产和供应。[②] 虽然如此，受传统时期生产方式、经济发展、交通运输、时间制度等因素的影响，节日消费与节日经济不论在地域范围还是整体规模上都不大，节日的“消费”特色相对并不明显。

20 世纪 90 年代尤其是进入 21 世纪后，随着我们整体社会经济的发展，与传统节日呈现日渐式微态势不同的是，节日的“消费”特色日渐明显，节日经济现象日趋兴盛。而之所以如此，是由多种因素共同促成的。首先，如上所述，节日本身就有促进消费的功能，这是基础所在。其次，现代经济发展与节假日制度的实施，使人们变得越来越“有钱”与“有闲”，由此使节日期间的“疯狂”娱乐与消费成为可能。最后，现代工业生产方式使人们的劳作时间变得日益均质，不再有如传统时代那样的忙闲交替时间节奏，只能利用工作之余的节假日进行各种休闲娱乐与消费活动，虽然“明知景区堵”，也只能“硬往堵处行”。正因为如此，如今越来越多的人主张打破集中统一的休

---

① 参见沈端民：《中国古代的节日消费》，《财经理论与实践》2000 年第 5 期。

② 参见宋立中：《论明清江南节日消费及其经济文化意义》，《苏州大学学报》（哲学社会科学版）2006 年第 5 期。

假模式,施行弹性休假制度。① 而在节日消费与节日经济日趋兴盛的过程中,大众传媒又起到了非常重要的推动作用:利用连篇累牍地对节日主题(如圣诞节就该狂欢与激情)与消费类议题(如“大减价”“让利”等)的报道,通过“替代”与“建构”两种方式对节日意义进行再生产,在不知不觉中实现了对节日“消费”主题的凸显。②

今天,节日消费与节日经济的兴盛主要表现在两个方面,即购物与休闲。首先,“买、买、买”已成为人们过节的一个重要方式,而各类商家也充分利用这一契机进行各种打折促销与宣传活动,如七夕节时的“不一样的礼物,送给不一样的你”“浪漫七夕节,情侣大优惠”等宣传口号,极大地刺激了人们的购物热情。其次,娱乐休闲,尤其是外出旅游成为当下节日的一大特色,小长假进行郊区或短距离的自驾游,国庆、春节长假则进行长距离的国内、国际游。总之,如今各类节日都已成为人们购物、休闲与各类商家及企业营销的高涨期,尤其是国庆、春节黄金周以及“双十一”、情人节、七夕等节日。至于近些年“风起云涌”的各类新兴地方节会,作为“文化搭台、经济唱戏”的产物,活动举办的一大目的就是提高地方知名度、促进地方经济发展,而活动举办期间的游客往来、产品销售等,更是会带来直接的经济收益。

节日消费市场火爆,在此我们仅以 2017 年的几组相关节

---

① 参见张西流:《不妨施行弹性休假制度》,《陕西日报》2014 年 3 月 10 日;罗芳:《基于旅游活动的我国现行休假制度的调整》,《忻州师范学院学报》2018 年第 2 期。

② 参见卞冬磊:《从仪式到消费:大众传媒与节日意义之生产》,《国际新闻界》2009 年第 7 期。

日数据为例以作说明。2017 年春节,从 1 月 27 日到 2 月 2 日的黄金周,全国零售和餐饮企业共实现销售收入 8400 亿元。[①] 在旅游市场方面,据国家旅游局发布的统计数字显示,国内旅游市场共接待 3.44 亿人次,实现旅游收入 4233 亿元,其中 15 个省份的旅游总收入均超过百亿元,广东更是以 366.4 亿元位列榜首。出境游人次超过 600 万,涉及全球 85 个国家和地区、1254 个目的地城市,出境花费达 1000 亿元,这使中国春节成为全球黄金周。[②] 十一国庆与中秋节 8 天假期,7.05 亿人次的国内游,创造旅游收入 5836 亿元;出境游超 600 万人次,涉及全球 88 个国家和地区、1155 个城市;8 天的零售和餐饮销售额达 1.5 万亿元,使 2017 国庆和中秋黄金周成为名副其实的"超级黄金周"。[③] 2017 年情人节,据携程网发布的《2017 情人节旅游消费报告》显示,情人节两人旅游消费平均超过 6000 元,其中 55%选择出境游,平均花费超过 1.2 万元,"旅游婚礼"游客量同比增长 300%以上;玫瑰价格大幅度上升,北京、深圳、济南等地单支价格普遍达到数十元,进口玫瑰更是会到 40 至 100 元;华天、东方宾馆等酒店股票一度涨停,由此出现了"情

---

① 参见《春节黄金周火热消费凸显中国经济潜力》,《人民日报》(海外版)2017 年 2 月 4 日。

② 参见刘丽:《火爆!中国春节将成全球黄金周》,《经济参考报》2017 年 1 月 26 日;李文:《中国游客春节境外花费将达千亿元》,《中国工商时报》2017 年 2 月 10 日;《2017 春节各省份旅游收入排行榜出炉 15 省收入超百亿》,2017 年 2 月 5 日,http://jingji.cctv.com/2017/02/05/ARTIueuDmy3hluXM5O5gHiQp170205.shtml。

③ 参见《7.05 亿人次出游零售和餐饮销售 1.5 万亿元——"超级黄金周"消费盘点》,2017 年 10 月 8 日,http://www.gov.cn/xinwen/2017-10/08/content_5230129.htm。

人节概念股”这一名词。[①] 七夕亦是浪漫经济火爆,玫瑰价格大幅上涨、销量大增,仅某一外卖平台的鲜花订单量即高达20万,比平时增长了数千倍;餐厅订单量比平日增长了36%,主题餐厅日订单增长55%;电影票房上涨75%,且以两人观影为主,是单人看电影的8倍之多。[②] “双十一”期间,两大电商平台的成交额再创新高。11月11日零点刚过,开场不到一分钟,有些品牌店铺就几乎同时实现销售破亿元。短短24个小时,成交额就达到了2953亿元[③],成为名副其实的购物狂欢节,这将当下节日的“消费”特性体现得淋漓尽致。

节日经济与节日消费热潮,对于促进整体国民经济及地方社会经济发展具有多方面的积极作用。1999年,国务院之所以修订《全国年节及纪念日放假办法》,对节假日放假制度进行改革,很大程度上就是为了扩大内需、刺激国内经济发展。从实际来看,很多节日也确实对地方经济发展起到了很大助力,如辽宁鞍山梨花节,就对拉动消费、促进旅游及相关第三产业发展、稳定就业、推动经济结构优化等起到了积极作用。[④]

---

① 参见鄢光哲:《情人节旅游消费“虐狗大数据”》,《中国青年报》2017年2月16日;王阳等:《情人节花比肉贵 国产玫瑰假扮“进口”热销》,《经济参考报》2017年2月17日;钟恬:《华天酒店一度涨停 情人节又“浪漫一把”?》,《证券时报》2017年2月14日。

② 参见陈婉:《七夕带火“浪漫经济”》,《环境经济》2017年第18期。

③ 参见《2017“双十一”再次刷新纪录 阿里+京东交易额达2953亿元》,2017年11月12日,http://sh.eastday.com/m/20171112/u1a13417243.html。

④ 参见李慧:《一个现代节日发明的经济意义——以辽宁省鞍山市千山梨花节为例》,《科技创新导报》2012年第25期。

正因为此,当今越来越多的人呼吁恢复五一黄金周。[①] 而从节日传承与发展的角度来说,商业化大大提高了民众在节日中的参与度,因此一定程度上有利于节日的传承。故有学者认为,在如今的全球化和现代化趋势下,节日文化与消费文化的结合,是让传统节日焕发新的生机的一个重要途径,能让节日在消费中实现节日与消费的双赢。[②]

不过,我们也必须要注意的是,节日消费的兴盛在促进经济发展和民众节日认同感与参与度的同时,也对节日产生了一定程度的影响与冲击。首先是过节方式的变化,这也是比较外显的一个层面。传统时期,除赶庙会等地方性节日活动外,家中过节是最主要的方式,活动区域通常只限于村落社区或本乡本土,活动范围有限,群体规模也相对不大。如今,受现代时间制度、生产方式与劳作模式[③]等因素的影响,"节日"越来越趋同于"假日",成为人们外出旅游、购物休闲的重要契机——这也成为当下人们过节的最重要方式之一。尤其是外出旅游,使大量民众不再如传统时期那样集中于家庭所在之地,而往往会跨越几百几千公里,地域活动范围大为扩大。与此同时,大量

---

① 如陈斌:《应恢复被消失的旅游购物热点五一黄金周》,《中国青年报》2015年9月17日;彭李科等:《基于全球化经济视角的恢复"五一"黄金周可行性探究》,《中国市场》2018年第17期;等等。

② 参见胡晓红:《传统节日:从民俗文化走向消费文化》,《中共杭州市委党校学报》2008年第5期。

③ 关于劳作模式对人们生产、生活等的影响,可参见刘铁梁:《劳作模式于村落认同——以北京房山农村为例》,《民俗研究》2013年第3期;蔡磊:《村落劳作模式:生产民俗研究的新视域》,《学海》2014年第4期;李向振:《劳作模式:民俗学关注村落生活的新视角》,《民俗研究》2018年第1期。

的外出人群又会在短时间内在某个地方聚集起庞大的“过节”人群,动辄上万甚或几十万人,每逢清明、端午、中秋、国庆等节假日,高速拥堵与各旅游景点的游客爆满就是典型体现。如2017年中秋、国庆双假期,九寨沟不得不限制人群规模,额济纳旗汽车根本开不动,丽江一床难求,张家界人流“团团转”,北京故宫三大殿难见地面,鼓浪屿一公里路程步行要花费数小时。①

娱乐化、休闲化等节日消费趋势的日益增强,还对节日产生了更为深层次的影响与冲击,即节日内涵与主题的变化。以传统节日为例,其不仅仅只是民众年度时间生活中的“节点”,还是具有“神圣性”②的时间节点,人们会在节日时进行诸多“神圣性”的活动。每个中国传统节日都有相应的代表性习俗活动,如春节的送旧迎新、迎神拜祖、亲友团聚、拜年贺正,清明节的扫墓祭祖、春游踏青,端午节的吃粽子、龙舟竞渡、避毒驱邪、祭拜屈原,中秋节的吃月饼、祭月拜月与家人团聚等。而在这些活动背后,反映出来的又是传统中国人对自然时序、神灵信仰、先贤崇祀、祖先崇拜、亲情伦理、聚合团圆、家庭和睦、社会团结等的追求与尊崇,而这才是中国传统节日的最核心内涵。这些节日内涵与主题的存在,是使节日成为中华优秀传统文化的重要载体并在今天的社会文化建设中仍有积极作用的原因所在。正如中宣部等五部委在《关于运用传统节日弘扬

---

① 参见《2017十一国内十大拥挤景区有哪些》,2018年9月12日,http://www.mafengwo.cn/travel-news/218763.html?_t_t_t=0.8569360072724521。

② 在此,“神圣”不单是从神灵崇拜的角度而言的,而是形容崇高、尊贵、庄严与不可亵渎,表达的是人们对某事物、现象或行为的重视与尊崇之情。

民族文化的优秀传统的意见》中所说的那样:“传统节日,是中华民族文化的优秀传统的重要载体。要紧紧围绕节日主题,突出传统节日的文化内涵,充分展现和传承中华民族文化的优秀传统。在我国众多的传统节日中,春节、清明节、端午节、中秋节和重阳节最具广泛性和代表性,是我国最重要的民族传统节日。春节期间,要突出辞旧迎新、祝福团圆平安、兴旺发达的主题,营造家庭和睦、安定团结、欢乐祥和的喜庆氛围。清明节期间,要突出纪念先人、缅怀先烈的主题,引导人们正确认识和理解中华民族优良传统和革命传统,慎终追远,珍惜幸福生活。端午节期间,要突出人与自然和谐共处的主题,利用群众性文化娱乐、体育健身和科普宣传活动,增强人们的爱国情感,提高人们的科学意识。中秋节期间,要突出团结、团圆、庆丰收的主题,努力营造民族团结、国家统一、社会和谐、家庭幸福的节日氛围。重阳节期间,要突出敬老孝亲的主题,大力弘扬尊老敬老的传统美德。”

如今,节日发展中消费性的日渐兴盛与娱乐至上观念的日益增强,正在使节日的原有内涵日渐消弭,其中的一个重要表现就是诸多“神圣性”的节日习俗不再被践行与遵从,随之附着于其上的精神内涵也就不复存在了。于是,法定节假日越来越由“节日”变为“假日”。对很多人而言,清明、端午、中秋只是多了9天假期而已,而对这些传统节日有何节俗与精神文化内涵则并不关注——购物、旅游等才是他们所真正关注的。也就是说,当下传统节日的“神圣性”与精神文化内涵被大家忽视了。对传统节日的传承来说,这才是最致命的。如文军就认为,今天之所以“年味”越来越淡了,其中的一个重要原因就是无孔不入的消费主义意识形态,使春节年俗在很大程度上演化成为“购物狂欢节”。[1] 传统节日外,其他节日亦面临着同样的问题。如外来节日母亲节,如今正越来越变成一个“送礼”的节日,各种打着“庆祝母亲节”的商业活动蓬勃发展,成为商业活动的最佳推销日。[2] 再比如现代节日纪念日三八妇女节,受消费主义的影响,今天被越来越冠之以“女神节”“女王节”等名号,诸多商家不断借势促销,使妇女节日益变为一个“消费节”。[3] 至于各种新兴地方节会,消费与经济基本上更是其唯一关注的主题了。

总之,今天随着整体社会形势的变迁,节日的消费性特征得到了日益凸显,节日越来越成为商家推销各类物品与服务的最佳契机。与之相伴随,节日原有的内涵与主题被借用与挪用,成为商家宣传、销售的招牌与幌子,这使得今天节日的“神圣性”特性被日益消弭,不可避免地出现了一种“异化”趋势。于是,节日本身也成了一种“被消费品”。

五、结 语

以上,我们对中国节日文化当下发展与变化的几个面向做

---

① 参见文军:《春节年俗变化的社会学反思》,2017 年 2 月 23 日,http://ex.cssn.cn/sf/bwsf_sh/201702/t20170223_3427877.shtml。

② 参见邬维芸:《消费主义式的节日文化——以母亲节为例》,《美与时代》(城市版)2017 年第 2 期。

③ 参见江德斌:《“妇女节”变“女神节”是消费时代的嬗变》,《证券时报》2017 年 3 月 9 日;华智超:《不能消费“妇女节”》,《长江日报》2018 年 3 月 8 日。

了简单描述与讨论。从中我们可以发现,受多种因素的影响,当下的中国节日文化确实正处于一个急速变化的时期。首先,节日的内容、形式日渐多元化,在传统节日之外,现代节日纪念日、外来节日、新兴民间节日、各种文化艺术节与社区文化节等,都成为当下节日文化的重要组成部分。其次,在节日主体日渐多元的同时,官方或者说政府日益成为节日建构的重要力量,并相应对当下的节日传承与发展产生了不可忽视的影响。再次,一方面,传统节日正在日渐式微,但另一方面,"中华传统优秀文化"的性质认定与非物质文化遗产保护运动的兴起,亦为传统节日的保护与传承提供了良好契机。最后,消费特性的日益凸显,是当下节日的一个重要面向,并进而对整体节日文化产生了影响与冲击。大体言之,对这四个面向的变化,我们可以用多元化、官方化、遗产化与消费化(商业化)来加以概括。当然,我们在此强调这四个面向的变化,并不是说这就是当下中国节日文化变化的全部所在。正如前文所述,从不同角度加以观察,我们可能就会发现不同的变化现状与趋势。另外,这四个面向之间也并非是孤立存在、毫无联系的,实际上,它们是紧密相关与纠合的,或者在一定程度上来说是互为因果的。例如,正是出于对传统节日的保护与对地方经济利益的追求等原因,官方日益介入当下节日文化的建构过程。

中国节日文化的当下发展与变化,是多种因素共同作用的结果,其中由农耕文化向工业化、信息化的转变是最为主要的时代背景与动因。对于这些发展与变化,不同论者从不同角度会有完全不同的认识与评价,赞同者有之,忧虑与反对者亦有之。其中,赞同者多强调经济利益层面,而反对者则多从精神传统、民族文化(如外来节日对传统节日的冲击)、民众主体的角度来加以评判。细分之下,我们可以发现,批评者与赞同者其实是站在不同的价值层面进行评价的。刘铁梁教授认为,对于一般民俗文化的价值,可以从“内价值”与“外价值”两个方面来理解。“内价值是指民俗文化在其存在的社会与历史的时空中所发生的作用,也就是局内的民众所认可和在生活中实际使用的价值。外价值是指作为局外人的学者、社会活动价、文化产业认识等附加给这些文化的观念、评论,或者商品化包装所获得的经济效益等价值。”①大体言之,“内价值”更为强调俗民的主体性与民俗文化的精神层面内涵,“外价值”更为强调“外在性”与实际经济利益层面。具体到当下节日文化的不同评判而言,赞同者更为强调的是“外价值”层面,而批评者则更为强调“内价值”层面。笔者以为,“内价值”是节日的基础与内核,“外价值”是节日的外在表现,是以“内价值”尤其是精神层面内涵为凭借与依托的。处理好节日文化所承载的“内价值”与“外价值”的关系,对于如何在当下更好地传承与发展我们的节日文化,具有非常重要的价值与意义,需要国家、社会与俗民大众的多方关注、思考与参与。

① 刘铁梁:《民俗文化的内价值与外价值》,《民俗研究》2011 年第 4 期。

作为人群聚合与社会交往方式的节日*

——兼论节日对当下基层社会建构与治理的价值意义

节日是世界各民族所共有的一种社会文化现象。在长期的历史发展过程中,我国也形成了一套极富民族特色的传统节日体系。而所谓节日,也就是时间的“截点”,是年度周期中具有标志性和特殊意义的日子,具有周期性、循环性等特点。一年之中,节日庆典及其相关仪式,有规则地穿插于民众日常生活之中,从而形成一种“非日常”与“日常”交替变换的节奏起伏,以使人在紧张忙碌的工作之余获得身心的愉悦与放松。与此同时,节日还是具有“神圣性”的时间节点,是民众精神信仰、伦理关系、娱乐休闲、审美情趣与物质消费等的集中展现,承载着丰富的精神文化内涵。事实上,正是诸节俗活动本身及其所承载的丰富精神文化内涵,才赋予了作为年度重要时间节点的节日以“神圣性”,也由此奠定了其不同于“日常”的“非日常”性。① 正因为节日含有丰富的精神文化内涵,因此“传统节

---

* 本文原载于《东南学术》2020 年第 2 期。

① 参见王加华:《传统节日的时间节点性与坐标性重建——基于社会时间视角的考察》,《文化遗产》2016 年第 1 期。

日是一宗重大的民族文化遗产”[1]。故而，对今天而言，保持传统节日的良好传承与发展仍具有极为重要的价值与意义。

作为一种“非日常”的日子，节日之所以能承载并具有丰富的精神文化内涵，归根到底还在于过节的“人”——没有人便没有节日。人们之所以“创造”节日，除标记时间、娱乐休闲、祭拜神灵、表达情感等目的外，还在于创造一个人与人之间交流、交往的媒介与平台。故相较于平日，人们在节日期间的聚合与社会交往频率总是会大大增加。故而，就性质而言，节日又不仅仅只是一种时间制度或充满丰富内涵的社会文化现象，也是一种重要的人群聚合与社会交往方式，并具有明显的“公共性”特征。这便使节日具有了参与基层社会建构与治理的积极作用与意义。

作为“一宗重大的民族文化遗产”，传统节日研究一直受到历史学、民俗学、人类学等诸学科的广泛关注，对中国诸传统节日的形成与流变、习俗与惯制、文化与内涵、价值与意义、传承与保护等问题做了深入探讨，相关研究可谓俯首皆是，无须一一列举。尤其是近些年来，随着传统节日的日益淡化与式微，如何更好地保护、传承与利用传统节日，更是成为一个热门话题，相关研究更是不胜枚举。[2] 不过，综观已有之研究，虽然

---

① 萧放：《传统节日：一宗重大的民族文化遗产》，《北京师范大学学报》（社会科学版）2005 年第 5 期。

② 兹举数例，如萧放：《中国传统节日资源的开掘与利用》，《西北民族研究》2009 年第 2 期；郝晓静：《全球化背景下中国传统节日文化的保护和发展》，《青海师范大学学报》（哲学社会科学版）2010 年第 4 期；张士闪等：《中国传统节日的传承现状与发展策略——以鲁中寒亭地区为核心个案》，《山东社会科学》2012 年第 1 期；等等。

对节日仪式活动、参与群体等多有论述,但从“社会交往”层面展开探讨的却相对不多。已有之少量研究,更多关注于少数民族传统节日的交际交往功能,如张秋东对贵州反排村苗年社会交往功能的讨论、吴良平等对新疆石河子市六宫村回族古尔邦节期间的族际互动与交往网络的探讨等。[①] 但是,社会交往功能实际上是所有节日[②]所共有的特性,不单单是少数民族节日如此。有鉴于此,本文将在已有研究的基础上,对节日所具有的人群聚合、社会交往功能以及在这一过程中所表现出的“公共性”特征进行重点论述,进而在此基础上对节日之于当下基层社会建构与治理的价值意义略作分析与讨论。

一、节日的“群体性”与“神圣性”特征

节日,本质上是一种由“人”所创造并践行的社会文化活动。而人,作为一种社会化的“动物”,具有群集、交往的本能

---

① 参见张秋东:《从社会交往角度看苗年——以贵州反排村为例》,西南民族大学硕士学位论文,2010年;吴良平等:《节日互动与民族关系调控研究——以新疆石河子市六宫村回族古尔邦节族际交往网络为例》,《西南边疆民族研究》2015年第1期。

② “节日”有广义与狭义之分。广义的节日即生活中值得纪念的重要日子,除我们一般观念中的春节、元宵节、清明节、端午节、中秋节、重阳节、五一劳动节、国庆节、元旦,雪顿节、泼水节等少数民族节日以及圣诞节等西方节日外,庙会、灯会、社火、书会以及现代的电影节、音乐节、文化节、旅游节等也都包含其中。狭义的节日则仅指一般概念上的春节、雪顿节、圣诞节等节日活动,不包括庙会、灯会、社火以及电影节、音乐节等形式。本文所讨论的“节日”,是就广义节日而言的。

需求,故无时无刻不处于社会关系的浸淫、包围之中,所以马克思说:"人的本质不是单个人所固有的抽象物,在其现实性上,它是一切社会关系的总和。"[①]作为"一切社会关系的总和",出于社会生存的需要,每个人都处于不断与他人的互动与联系之中,并随之在其周围形成一个社会网络体系。而节日,作为年度周期中具有标志性和特殊意义的日子,恰为人群聚合与社会交往提供了一个良好契机。

节日之所以能为人群聚合与社会交往提供一个良好契机,首先在于节日的时间制度安排,即总是处于一年之中相对闲暇的日子,从而为人们群集并开展密集社会交往活动提供了可能。传统中国以农为本,农业不仅是国民经济的最主要部门与民众衣食之源,还深刻影响着民众社会生活的方方面面。一年之中,受自然节律的影响,农业生产也会表现出一定的节律性特征,即呈现出明显的农忙、农闲相交替的节奏。与之相适应,乡村社会生活也会表现出一定的节奏性,从年初到年末,各种活动各有其时。[②] 节日,作为社会活动之一种,亦表现出强烈的节奏性特征,即在节期安排上总是处于农事活动的空闲期内。这一特点在我国社会早期表现得分外明显,只是后世随着节庆体系的日渐完善与发展,这种一致性才渐有偏离。[③] 不过,固然如此,这种分布态势却并未发生根本改变。以唐宋以

---

① [德]马克思:《关于费尔巴哈的提纲》,《马克思恩格斯选集》第1卷,人民出版社 2012 年版,第 135 页。

② 参见王加华:《被结构的时间:农事节律与传统中国乡村民众年度时间生活》,上海古籍出版社 2015 年版。

③ 参见刘宗迪:《从节气到节日——从历法史的角度看中国节日系统的形成和变迁》,《江西社会科学》2006 年第 1 期。

后我国最为重要的经济区江南地区为例，在传统节日的节期选择上就表现出农闲多、农忙少的明显特征。[①] 至于各种庙会、社火等，亦基本都处于农闲期内。如在吴江："佛会，是乡间迎神赛会中的一种，尤其在盛区四乡，每于田事告终之际，差不多没有一村不举行的。"[②]在桐乡乌镇："烧香市宛如我国北方的庙会。从清明起到谷雨止，要闹上半个月。所有娱乐班子是闹过练市含山香市之后才转到乌镇来的。'谷雨两边蚕'，谷雨是收蚕季节，烧香市时正是农闲时，组织起来热闹一番，是文化生活上的一种巧妙安排。"[③]当然，随着工业化、信息化的迅速发展与农业生产重要性的日渐降低，绝大多数民众的生活安排开始逐渐脱离农忙、农闲的时间节奏而日益表现出一种均质化特征。因此单纯从时间层面来说，节期安排与"空闲"时间正日益相脱离，但好在国家与地区法定节假日制度[④]的实施又保证了这一点，这使人们（虽然不是每一个人）仍有大量空闲时间参与到各种节日活动中来。

节日通常总是处于空闲期内，这为人们群集并参加各种节日活动提供了可能，从而也保证了节日的"群体性"特征。所

---

① 参见王加华：《农事节律与传统节俗：以江南地区为中心的探讨》，童芍素主编：《"嘉兴端午论坛"论文集》，浙江人民出版社 2010 年版。

② 春蚕：《农村素描之五：佛会》，《吴江日报》1932 年 11 月 4 日。

③ 徐家堤：《乌镇掌故》，上海社会科学院出版社 2003 年版，第 142 页。

④ 国家法定节假日制度已为人们所熟知。除此之外，很多地方政府还设定了本地区的法定节假日，如广西壮族自治区与云南文山州就分别将"壮族三月三"设为本地区的法定节日，分别放假 2 天与 3 天。参见罗树杰：《"壮族三月三"：促进各民族交往交流交融的大平台》，《中国民族报》2016 年 4 月 29 日。

谓节日的“群体性”特征，就是指各种节日活动的开展，必须是以群体而非个体为基础展开进行的，“任何节庆活动都必须是由至少两个以上的社会成员共同参加才能成立”①。这种“群体性”，具体来说又可表现为两个方面。第一个方面的表现是某个家庭、家族、社区或区域性的某次具体节俗活动，总是由多个个体共同参与进行的。小到一个家庭内部的节俗活动，比如除夕之夜的全家围坐、中秋之夜的团圆饭、清明时节的上坟祭扫等，人群规模从数人到十几人不等。中到家族、村落与跨村落层面的习俗活动，如大年初一的聚会拜节，春节、清明、中元节的敬宗祭祖，元宵节的舞龙舞狮与灯会展演，清明节的游春踏青，端午节的赛龙舟，等等。参与人数可从十几人到几十人不等，加上现场观众等在内，多者更是有成百上千人。如清明踏青，“人如织，夕阳在山，犹闻笑语”②。至于各种庙会、灯会、书会等区域性地方节俗活动，地域影响范围往往达几十甚至几百华里，更是能在短时间内聚集起成千上万的人流，形成“一国之人皆若狂”③的盛大局面。如清末上海龙华四月初八（浴佛节）庙会，“四月初角人尚闲，游踪如海复如山。不知客舫来多少，停遍龙塘水一湾”④。入选第一批国家级非物质文化遗

---

① 王霄冰：《节日：一种特殊的公共文化空间》，《河南社会科学》2007年第4期。

② 民国《乡志类稿》卷六《风俗》。《中国地方志集成》编委会：《中国地方志集成·乡镇志专辑》第8册，江苏古籍出版社、上海书店、巴蜀书社1992年版，第181页。

③ 《礼记》卷七《杂记下》，陈澔注，金晓东校点，上海古籍出版社2016年版，第494页。

④ 金凤虞：《浴佛会竹枝词》，顾炳权编著：《上海历代竹枝词》，上海书店出版社2001年版，第477页。

产名录的山东省惠民县胡集镇胡集书会，在如今正月十二“正日子”这一天，聚集的听众往往可达10万人。[①]

节日“群体性”特征的第二个表现，与节日作为一种传统习俗所具有的性质有关。习俗，也即民俗，是指“一个国家或民族中广大民众所创造、享用和传承的生活文化”[②]。而民俗文化，“作为一种人类社会文化现象，它们大都有共同特点。就是这种现象，首先是社会的、集体的，它不介入有意无意的创作。即使有的原来是个人或少数人创立或发起的，但是也必须经过集体的同意和反复履行，才能成为风俗。其次，跟集体性密切相关，这种现象的存在，不是个性的，大都是类型的或模式的”[③]。作为一种集体性、模式化的社会现象，“民俗”对浸淫于其中的俗民大众具有某种“强制性”的规范与控制作用。在习俗化过程中，“民俗”会对俗民个体潜移默化地施加影响，促使俗民在生活实践中恪守其约束，形成一种自然而然的控制力，一旦违背，就会在心理与精神上产生巨大的压力。[④] 而节日，作为习俗活动之一种，本身就具有群体性、模式性的特征，并会

---

① 参见刘仕超：《胡集书会800年传承曲艺盛景　十万群众享文化盛宴》，2013年2月22日，http://www.dzwww.com/shandong/sdnews/201302/t20130222_8049037.htm。

② 钟敬文主编：《民俗学概论》，上海文艺出版社1998年版，第3页。

③ 钟敬文主编：《新的驿程》，中国民间文艺出版社1987年版，第395页。

④ 参见乌丙安：《民俗学原理》，辽宁教育出版社2001年版，第138页。以笔者为例，若春节不回老家过，内心就会产生一种内疚与不安之感。这种心理的产生，一方面来自对陪伴父母、亲朋团聚的期待，另一方面则来自族人、邻里等“连过年都不回家”的舆论品评。这种舆论品评正是“民俗”发挥其社会控制力的重要方式与手段。

对每个节日传承主体产生一种过节的“强制性”约束力。每个节日(充满了地域差异性),都有其特定的习俗活动与规约惯制,要求其所有社会成员都必须遵守与践行,并将每个个体的节日活动安排纳入群体性框架中去。“节日的时间是公共的时间,‘小我’(个体的我)必须服从‘大我’(社会的我)。”①由此,节日也在一个更高的层面上成为一种“群体性”活动:一个地区甚至一个国家的绝大多数人,会共享相同的节日文化心理,并在大体相同的时间段内进行大体相同的节日习俗活动。

节日的“强制性”约束力及民众由此在心理上产生的“必须”过节的观念认知,正是节日成为“神圣性”时间节点的又一个重要体现。这种“神圣性”,不单单是因为人们会在节日期间举行诸如送旧迎新、迎神拜祖等“神圣性”的活动,还在于人们对节日及其习俗本身的认同、重视与尊崇之情,“每逢佳节倍思亲”就是这种心理的典型体现。以春节为例,之所以会出现规模庞大的“春运”大军,就与这种必须要“回家过年”的心理认知有着直接关系。而节日具有的“群体性”“强制性”与“神圣性”等特征,正是其区别于假日的最核心内涵。作为一种社会全体成员共同参与的文化实践活动,节日时间不是私人时间,节日期间每个个体的活动都必须要考虑“公共性”面向,必须要“随大流”地进行相关节俗活动。相比之下,假日作为一种可由个人自由支配的剩余劳动时间,主要是个体性的,可由个体自由支配而无须考虑其他大众主体之行为与安排。②

---

① 王霄冰:《节日:一种特殊的公共文化空间》,《河南社会科学》2007年第4期。

② 参见李松:《节日的四重味道》,《光明日报》2019年2月2日。

今天，随着传统节日的日渐式微与国家法定节假日制度的施行，许多“节日”有向“假日”转变的趋势，也由此使得传统节日所具有的“群体性”“神圣性”特征出现了某种被消解的趋向。

二、节日中的人际互动与社会交往

作为一种社会化的“动物”，每个人都不是单独存在的，都必须要与他人进行交往。正是依赖于人与人之间的交往，社会才得以产生与不断发展，“现存制度只不过是个人之间迄今所存在的交往的产物”①。因此，不论从个人生存还是社会发展的角度来看，人与人之间的交往都是必不可少的。而节日，作为一种“群体性”的社会文化活动，在其具体开展过程中，大量的人参与进来，由此为人们开展各种社会交往活动及建立心理认同提供了重要契机。与平日相比，节日期间，人们会有更多的闲暇时间，加之会有各种各样受惯制约束而“必须”参与的群体性习俗活动，于是不论在交往频率还是交往范围上都会大大增加。如据吴良平等人对新疆石河子市六宫村回族古尔邦节族际交往网络的调查发现，节日期间的平均族际交往规模为4.38人，其中6人以上者占50%；在互动频率上，几乎每天聊天的占50.7%；所交往成员，涵盖朋友、同事、邻居与同村人、领导及老板、老乡、表兄妹及其配偶等。总之，通过调查发现，节日确实起到了促进交往的作用，增加了民族间表达友好关系与

① 《马克思恩格斯选集》第3卷，人民出版社1960年版，第79页。

情意的机会,拓展了民族间交往的空间与平台。[①]

节日期间所进行的社会交往活动,从群体规模与交往范围来看,存在一个从家庭到社区、再到区域甚或跨区域的扩展过程;其具体开展,则是依托丰富多彩的节日习俗活动进行的;其背后心理,既有对情感交流的本能需要,也有习俗规约本身的"强制力"要求,还有建构与维持社会关系的实际需要。节日既是社会的,也是家庭的。就中国传统节日而言,大多是以家庭为主的内聚性节日。[②] 因此,节日期间的人际交往首先体现在家庭各成员之间,相对也更为注重的是家庭成员间的团聚、交流与协作,"团圆"也由此成为我国传统节日的一个重要内涵,这其中最具代表性的就是春节与中秋。此时,即使身处远方的人也纷纷回到家中,老幼、兄弟、子侄齐聚,一起参与祖先祭祀等节俗活动,一起准备节日饮食并吃团圆饭,谈谈地里的收成、工作的境况、孩子的成长、家庭的趣事,或者一起玩玩扑克、打打麻将、看看晚会。其他一些节日,如冬至、中元节等,也都是重要的家人聚合的日子。比如在江浙等地,素有"冬至大如年"之说,是日,家家户户都会聚集一堂并祭祀祖先。再比如在山东省济南市莱芜区,"七月十五"(中元节)是一年之中仅次于新年的重要节日。这天,儿子们都聚集于父母家中(若父母亡故,则一般聚集于长兄之家),举行迎家堂、拜祖先、送家堂等仪式活动,晚上则一起围坐聚饮。忙忙碌碌、说说笑笑

① 参见吴良平等:《节日互动与民族关系调控研究——以新疆石河子市六宫村回族古尔邦节族际交往网络为例》,《西南边疆民族研究》2015年第1期。

② 参见萧放:《中国传统节日资源的开掘与利用》,《西北民族研究》2009年第2期。

间，人伦亲情得到了强化，家规家风获得了传承。

除家庭之外，家族则是节日期间人际交往的另一个重要场域与平台。受父系血缘制建构的影响，中国人有着浓厚的家族意识与观念。为了维持这种意识与观念，我们进行了一系列物质与行为层面的建构，诸如修家谱、建祠堂、拜祖先等。在这其中，节日即是突显与强化家族意识的重要契机，其中最主要的方式就是共同祭祖与相互间的节日拜贺。这一点，在新年期间表现得最为明显，其他如清明节、中元节、冬至等节日，往往也会有隆重的祖先祭祀仪式与人情往来活动。翻阅古代文献，相关记载可谓比比皆是。兹举一例，在浙江鄞县，“元日先夕，泛扫室堂及庭。五鼓而兴，设香烛，男女礼服拜上下神祇，陈果饵、酒馔以祀其先，序拜尊长。男子则出拜宗族、亲戚、邻里，谓之‘贺岁’。各家具酒食以相延款”。“冬至，各家具香烛礼神祇。巨族有宗祠者，洁牲醴祀其先，用乐演剧”。[①] 而为了突显家族组织与观念，祖先祭祀、聚会拜节等往往要采取集体行动的方式。如在山东潍坊寒亭禹王台村，拜年时一个家族的子孙都要集体行动，即使人再多也不能分开。[②] 当然，节日具有强烈的地域性特征，即使同一节日在不同地区也往往会有不同的习俗表现。相较之下，宗祠聚拜更多地发生于我国南方地区，北方地区由于祠堂等物化的宗族建构形式相对不太发达，因此更为注重的是族人间的拜贺往来。

家庭、家族是我国传统节日的依托核心，大量节日期间的

---

① 光绪《鄞县志·岁时民俗》，丁世良、赵放主编：《中国地方志民俗资料汇编（华东卷）》，书目文献出版社1995年版，第766页。

② 参见王加华、吴美云：《禹王台村》，山东大学出版社2017年版，第88页。

社会交往活动发生于此一范围内。与此同时，在超越家庭、家族的村落社区、跨村落社区的更大地域范围内，在不同的节日期间也存在着频繁的人际互动与往来。首先是村落邻里间。俗话说“远亲不如近邻”，节日期间，邻里间往往会进行频繁的社会互动，如串门拜贺、馈送食品、相互帮扶、相聚饮酒等，所谓“乡里交拜履新，互相请客，名曰吃年茶”①。而在村落社区或超越村落社区的范围内，交往方式也是多种多样的。比如“走亲戚”，这是新年、中秋等节日时非常重要的习俗活动。如在山东惠民胡集村，过年期间，从大年初二开始一直到初五，人们最主要的社会活动就是走亲戚。其中，初二是走姥姥家的日子，初三是走岳父家的日子，初四、初五则是走姑家、姨家的日子。走亲戚的时间顺序和亲属关系的亲疏程度紧密相关，并且这种先后顺序一般不能被打乱。八月十五中秋节之前几天，亲友之间也会携月饼等礼物相互串门走动。再比如参加戏曲演出、舞龙舞狮、玩社火、划龙舟等集体性节日活动。这些活动，很多都是由村落社区组织进行，往往有严密的组织与分工。比如划龙舟，十几个人同坐一条船，有划桨的，有敲锣打鼓的，有指挥的，等等；玩社火，道具准备、现场演出等，也都需要多人进行有效的分工与协作。至于各种庙会、灯会、书会等节日，则会把一个更大地域范围内的民众聚集在一起，通过逛庙会、听大戏、赏花灯等方式强化人与人之间的情感认同与联系——虽然绝大多数参与之人不会发生直接的互动与联系。与此同时，逛庙会、听大戏活动本身，还会起到密切家庭关系、加强亲朋往来

① 光绪《惠民县志》卷一六《风土志·民俗》，清光绪二十五年(1899)柳堂校补刻本。

的作用。因为在这些节日场合中,往往都是一家人一起出动,并且还能为分处不同村落的亲戚往来提供良好的契机。如同样是在山东省惠民县胡集村,以往在每年正月十二胡集书会与九月十五真武庙会期间,胡集村几乎家家户户都会有亲戚来访,很多人家也会主动请外村的亲戚前来,尤其是已出嫁的女儿们。由于所来客人实在太多,为了做饭招待,很多胡集村村民自己反而无法参与到书会与庙会活动中去。①

总之,在各个节日中,可以说是无时无刻不充满着人与人之间的互动与交流。就目的而言,这种互动与交流,更多的是出于一种精神层面的需求,主要在于加强伦理亲情与情感认同,不过多涉及权力、经济等方面的考量——虽然不是说绝对没有。不过,今天随着生产、生活方式的急速变化,我们的节日体系及过节方式亦发生了越来越多的变化。与传统农耕时代相比,很多传统节日正在变得日渐没落与式微,"年味越来越淡了"就是一个真切体现,随之附着于节日之上的诸如舞龙舞狮、社火等集体性节俗活动也失去了依托。与此同时,随着我们工作、生活节奏与轨迹的变化,越来越多的人因为工作等方面的原因而无法在节日期间与家人团聚;节日期间,人与人交流的方式也正在发生巨大改变,越来越由传统的面对面交流变成通过短信、电话、视频等方式交流;受亲属文化堕距、城乡二元结构以及礼俗观念等因素的影响,在节日期间的亲属交往上,很多年轻人更是出现了逃避、伪装与应付等现象。② 而受

① 参见王加华:《胡集村》,山东大学出版社 2017 年版,第 50、114—117 页。

② 参见郑杭、方青:《节日背景下当代青年的亲属关系研究》,《青年探索》2019 年第 1 期。

商业化等因素的冲击,节日越来越成为一种“被消费品”,成为各种商业活动的最佳推销日,由此使传统节日的“神圣性”内核日益被消减——这正是造成今天年味越来越淡的一个重要原因。[①] 同时,一方面,随着“节日”向“假日”的转变,节日的“个人性”日益突出,休闲购物、外出旅游日益成为今天人们过节的一种重要方式,而不再如传统那样以“家”与“家乡”为过节的核心之地。但另一方面,也恰因为工作与生活方式的变化,节日尤其是春节正越来越成为一年之中家庭成员团聚交流的最重要契机。正如有受访者说的那样:“我在离家比较远的地方工作,大部分亲戚只能在过年见到一次,像我的外公外婆。其实包括我的父母,一年也就两次和他们团聚,春节一次,国庆一次。”[②]这反而更突显了节日在当下家庭人际交往中的重要性。事实上,受当下时间制度与工作节奏的影响,节日尤其是法定节假日正日益成为大多数民众走亲访友、家庭团聚的最主要时机,就连结婚这种人生大事也越来越多地被安排于节日期间举办。至于外出旅游等过节方式,在有些学者看来,对于人际关系的建构也并非毫无意义,而是在传统的血缘、地缘、业缘等社会关系之外,建立起一种游缘关系,并反过来促进了中国整体社会关系的优化。[③]

---

① 参见文军:《春节年俗变化的社会学反思》,2017 年 2 月 23 日,http://ex.cssn.cn/sf/bwsf_sh/201702/t20170223_3427877.shtml。

② 郑杭、方青:《节日背景下当代青年的亲属关系研究》,《青年探索》2019 年第 1 期。

③ 参见于凤贵:《游缘建构与当代中国社会关系的优化》,《民俗研究》2014 年第 3 期。

三、节日“公共性”与当下基层社会建构与治理

节日为人群聚合及开展各种社会交往活动提供了重要契机,表面上看来这是一件再平常不过的事,但对社会建构与共同体意识培育来说,却有着极为重要的功能与意义。这一社会功能与意义的发挥,又与节日本身所具有的“公共性”价值直接相关,故有学者将节日称为一种“特殊的公共文化空间”:作为民众日常生活中的一种非日常状态,节日带有集体“着魔”的特征。其以公共时间和空间为基础,所追求与创造的,是集体的文化认同、公共的价值观与和谐的社会环境。①

何谓“公共性”? 谭安奎认为,公共性,顾名思义指的是“公共”的性质、性格与属性、特性等,是与私人性、个人性、私密性等概念相对而言的,强调的是某种事物与公众、共同体(集体)相关联的一些性质,具有公有、公开、公益、公享等多方面的意义。② 不过,作为一个被广泛应用的概念工具,“公共性”其实并没有完全统一的内涵与界定,而是在不同的语境之下会有不同的理解与运用。具体到本文来说,“公共性”主要强调的是公共参与性及在此基础上所实现的群体性认同。具体来说,节日的“公共性”主要体现在以下四个方面:首先,节

---

① 参见王霄冰:《节日:一种特殊的公共文化空间》,《河南社会科学》2007年第4期。

② 参见谭安奎编:《公共性二十讲》,天津人民出版社2008年,“编者序”第1页。

日是一种全社会参与的社会文化实践,每个人都是节日的参与者;其次,节日是一系列公共文化事项的组合,所有个人活动,都必须要在群体框架与习俗规制所规定的范围内展开进行;再次,节日的运行与组织,以公共文化服务为主要特征,节日活动的组织者,更多的是出于公益等层面的考虑,而与经济利益无关;最后,节日是群体文化记忆共享与群体性文化身份认同的重要载体,能够在个体、家庭、家族、村落社区、跨村落的区域间,建立起一种文化与心理认同机制。[①] 就以上四个层面来说,前三个方面是表现与手段,而其最终目的则在于建立民众间的文化与心理认同机制。

那节日究竟是如何建立起民众间的文化与心理认同机制的呢? 节日期间,面对面的人群聚合与社会交流是其最基础、也最根本的动力所在。人与人之间建立情感联系的基础与依托有很多种,比如血缘、地缘、业缘等。就传统中国来说,血缘与地缘是两种最为基本也最为主要的形式。但就本质来说,血缘、地缘等只是人与人之间建立关系的纽带与基础。有了这一纽带与基础,人与人之间的关系能否真正建立起来,关键还在于作为主体的人相互之间是否有定期或不定期的互动与交流。即使关系再亲密的人,若相互之间长期没有联系与交流,也会变得生分与疏远,尤其是建基于地缘与业缘基础上的人际关系。事实上,即使是至亲的兄弟姐妹、父母子女间,若长时间没有互动与交往,也会出现类似的问题,很多完全由爷爷奶奶看大的孩子往往与自己的父母在关系上相对疏离便是一个明证。中国传统节日之所以大多是以家庭为主的内聚性节日,应该与

① 参见李松:《节日的四重味道》,《光明日报》2019 年 2 月 2 日。

此直接相关。故而,共同的血缘或地缘只是建立关系的基础与前提,若不“走动”,联系也就不会真正建立起来。在这方面,现代城市社区就是一个典型例证。虽然大家居住在相同的小区,具有地缘上的巨大优势,但由于相互间缺乏必要的互动与联系,因此关系总是十分疏离,即使对门的邻居往往彼此间也不清楚姓甚名谁。因此,通俗一点来说,所谓的认同性机制其实就是“亲密感”的建立,而没有交流与互动,亲密感也就不会建立起来。对此,“親”这一个字的字形可谓表现得淋漓尽致,即“亲”必须要“見”。《说文解字》载:“親,至也。”段玉裁注曰:“《至部》曰:‘到者,至也。’到其地曰至,情意恳到曰至。”①也就是说,要“到其地”才能“情意恳”,“情意恳”才能“親”,这其中“到其地”(“见”)是基础与关键。所谓“见”,也就是“到其地”进行面对面互动与交流。

节日,通过将人们聚集起来并进行频繁的面对面活动与交流,从而加强了人们的亲密感,建立起民众间的相互心理认同,增强了身处其中广大民众的“共同体”意识。所谓“共同体”,在滕尼斯看来,就是以血缘、感情和伦理团结等为纽带,建立在自然情感一致性基础上的、紧密联系、排他性的社会联系或共同生活方式。共同体的类型,主要是在自然基础之上的群体(家庭、宗族)、小的与历史形成的联合体(村庄、城市)以及思想的联合体(友谊、师徒关系等)里实现的,相关人员的本能中意、对习惯制约的适应或者共同记忆是共同体得以实现的基础所在。血缘共同体(亲属)、地缘共同体(邻里)与精神共同体

---

① 段玉裁:《说文解字注》,上海古籍出版社1981年版,第734页。

(信仰、友谊等)是其基本形式。[1] 而传统节日的开展,就是以血缘(家庭、家族)为基础,进而扩展到地缘(邻里、村庄、区域)、思想联合体(友谊、业缘群体)等范围的。广大的节日参与者,正是以血缘、地缘等为基础与纽带,依托共同的家庭、家族、区域节日文化"记忆",通过彼此间的交流与互动,自然而然地建立起相互间的认同感。与此同时,在一个更高的层面上,基于长期形成的节日习俗规约本身的"强制力"要求,所有个人的活动,都必须要在群体框架与习俗规制所规定的范围内展开进行,使"小我"服从"大我",虽然没有建基于家庭、家族、社区上的联系那样紧密,但由此在超越家庭、家族、村落社区的更大地域范围内建立起一种心理上的认同与联系,使节日成为一个地区甚或国家的共享符号。如在山东济南莱芜区,"七月十五"(中元节)就被成功建构为一个地域认同的符号,"莱芜人都过七月十五""过七月十五的都是莱芜人"的说辞就是最明显的体现——这也是笔者在此地多年田野调查中感受最深刻的话语之一。春节,作为我国传统最隆重、盛大的节日,更是被成功建构为中华民族认同的一个重要符号,被认为具有凝聚中华民族的伟大作用。[2]

20 世纪 80 年代以后,随着我国工业化、信息化、数字化进程的飞速推进,我们的国家与社会发生了翻天覆地的变化。与之相伴随,基层社会结构与民众生活方式也发生了很大改变。这其中更多的是令人振奋与欣喜的现象,但随之也出现了一些

---

① 参见[德]费迪南·滕尼斯:《共同体与社会:纯粹社会学的基本概念》,林荣远译,商务印书馆 1999 年版。

② 参见赵书等:《春节:凝聚中华民族的节日》,《中国民族》2007 年第 2 期。

不尽如人意之处。比如,在人与人之间的关系与交往模式上出现了越来越疏离化的倾向,城市、农村皆如此。一方面,今天随着城市化进程的快速推进,越来越多的人涌入城市居住①,城镇越来越成为我国人口的主要居住地。在这一过程中,相应产生了大量的城市社区。与传统农村社区民众间关系紧密、以熟人为主的熟人社会模式不同的是,现代城市社区虽然居住更为集中,但由于居民背景不同、来源各异,基本是一种陌生人型的社会生活模式,相互之间来往很少,也没有多少社区共同体意识,而这显然不利于城市基层社会治理与和谐社会建设。另一方面,随着工业化、城市化、信息化的快速发展与农业生产的日益式微,传统村落社区亦发生了巨大变化并出现了越来越多的问题,其中一个重要方面便是"公共性"的被消解。传统农耕文化蕴涵的道德价值理念受严重冲击,乡村共同体意识被削弱,由此导致村落凝聚力涣散、村民相互间的认同感大大下降。② 这使得当下的乡村基层社会建构与治理亦面临了一系列的问题。

当下城市与乡村基层社区人与人之间关系越来越疏离,进而导致基层社会治理面临诸多的难题,我们应采取何种有

---

① 如据智研咨询发布的《2016—2022 年中国人口市场深度调查及发展前景预测报告》显示,2015 年,我国城镇化人口为 7.7 亿,城镇化率为 56.1%,预计 2020 年将达到 60%。参见《2017 年中国人口总量、城镇人口比重、城镇化率发展趋势预测》,2016 年 12 月 14 日,http://www.chyxx.com/industry/201612/477303.html。

② 参见姜德波、鹏程:《城市化进程中的乡村衰落现象:成因及治理》,《南京审计大学学报》2018 年第 1 期;严火其、刘畅:《乡村文化振兴:基层软治理与公共性建构的契合逻辑》,《河南师范大学学报》(哲学社会科学版)2019 年第 2 期。

效解决措施呢？复兴或重塑社区“公共性”，加强社区居民间的社会联系，强化社区居民的共同体意识，应是一种有效的解决之道。而节日，作为一种人群聚合与社会交往的重要方式，具有独特的凝聚人心、增强认同感的功能与意义，理应在当下的人际关系搭建过程中发挥其积极作用。正如“我们的节日 · 南京”工作坊首席专家季中扬所说的那样：“社会分工、互联网技术、虚拟空间、宅文化等因素加剧了人与人之间的隔绝，但人们在内心深处需要聚集。传统节日是一种惯性的聚集，内在的、习俗的力量可以打破人际隔膜。”[①]虽然在实际的基层社会建构过程中，节日并不能如特定的政治、经济政策与法令那样发生直接作用并产生立竿见影的效果，但作为一种柔性的文化与心理方式，它却可以做到“润物细无声”，通过对人的心灵与精神的影响与塑造，从而间接发生其作用。所谓“人心齐，泰山移”，人心凝聚了，队伍也就好带了，各种政策措施等也就易于实施了，进而助力于基层社会的组织、建构与治理。

具有强大的人群聚合与社会交往功能的节日，是解决当下人与人之间管理疏离的一个理想选择。而正是注意到节日所具有的强大聚合功能，为解决城市社区人际关系淡漠、认同感不强的问题，从 21 世纪初开始，我国各地城市都举办了一系列丰富多彩的社区文化节活动。这些社区文化节，通过举办诸如“趣味竞赛互动游戏”、放映“露天电影”、主办“文艺晚会”、提供“便民服务”和“公益活动”等形式，有效拉近了社区居民关

---

① 陈洁：《传统节日如何在 5G 时代生长》，《新华日报》2019 年 12 月 27 日。

系、增强了社区居民认同感。比如,2019 年 6 月 28 日,“我和我的祖国”主题文艺晚会在长沙市开福区鹅羊山社区举行。作为鹅羊山社区文化节的开篇之作,本次主题晚会是在社区组织下,由社区党员干部、草根艺术团和居民一起创作、排演的,不仅为社区居民提供了一个展现自我的舞台,更重要的是拉进了社区居民间的距离,增强了社区认同感。① 在乡村基层社区亦同样如此。传统时代,节日在加强村落认同感方面发挥了积极作用,今天仍有其作用发挥的巨大空间,诸多村庄的节日实践也充分证明了这一点。如在山东济南章丘的三德范,一个被分为 4 个行政村、11 条街巷、20 多个姓氏、常住人口超过 6000 人的大村,通过一年一度、以街巷为组织单元的扮玩活动,成功建立起一种具有共同体意识的“公共性”观念与机制,弥合了村落社会中的各种矛盾、强化了村落认同感。② 在贵州台江反排村,苗年期间的“牛打架”与“跳芦笙”等习俗活动,强化了民众社会交往、促进了村民相互间的心理认同;在新疆石河子六宫村,古尔邦节成为不同民族间交往的良好平台,促进了良好民族关系的建立。③

总之,不论过去还是当下,不论城市还是乡村,节日都有动员民众、凝聚人心,增强群体、社区、地域甚至国家认同感的积

---

① 参见《长沙鹅羊山社区:人人享受 全民参与 社区文化节好热闹》,2019 年 6 月 29 日,http://hssq.voc.com/cn/content-3789-22.html。

② 参见朱振华:《扮玩:鲁中三德范村的年节生活》,齐鲁书社 2019 年版。

③ 参见张秋东:《从社会交往角度看苗年——以贵州反排村为例》,西南民族大学硕士学位论文,2010 年;吴良平等:《节日互动与民族关系调控研究——以新疆石河子市六宫村回族古尔邦节族际交往网络为例》,《西南边疆民族研究》2015 年第 1 期。

极价值与作用,从而有利于基层社会的整合、建构与治理。而这一功用与价值,亦被党中央所深刻认同。正如中央五部委在《关于运用传统节日弘扬民族文化的优秀传统的意见》中所指出的那样:中国传统节日,凝结着中华民族的民族精神和民族情感,承载着中华民族的文化血脉和思想精华,是维系国家统一、民族团结和社会和谐的重要精神纽带。大力弘扬民族文化的优良传统,对于推动形成团结互助、融洽相处的人际关系和平等友爱、温馨和谐的社会环境,对于进一步增强中华民族的凝聚力和认同感、推进祖国统一和民族振兴,对于不断发展壮大中华文化、维护国家文化利益和文化安全,具有重要意义。①

四、结　语

以上,我们对传统节日的人群聚合与社会交往特性及其对当下基层社会建构与治理的价值意义做了简要论述,从中我们可以发现,节日绝不仅仅只是一种时间制度与充满丰富内涵的社会文化现象,也是一种重要的人群聚合与社会交往方式,表现出了明显的“公共性”特征,具有动员民众、凝聚人心,加强亲情与友情,增强群体、社区与地域认同感的积极价值与作用,是家庭、家族、社区、地域认同的重要体现与载体。今天,随着社会的飞速发展与变化,不论城市还是农村,人与人之间的关

① 参见《五部委关于〈关于运用传统节日弘扬民族文化的优秀传统的意见〉》,《人民政协报》2015 年 8 月 24 日。

系变得日益疏离,如何加强民众间的社会联系、强化民众的社区共同体意识,成为当下基层社会建构与治理的一个重要考量与面向。在此大背景下,具有强大人群聚合与“公共性”特征的节日或许是一种理想选择。

节日文化是一种民俗文化。民俗文化的价值,可以从“内价值”与“外价值”两个方面来理解。“内价值是指民俗文化在其存在的社会与历史的时空中所发生的作用,也就是局内的民众所认可和在生活中实际使用的价值。外价值是指作为局外人的学者、社会活动家、文化产业人士等附加给这些文化的观念、评论,或者商品化包装所获得的经济效益等价值。”①大体言之,“内价值”更强调俗民的主体性与民俗文化的精神层面内涵,“外价值”更强调“外在性”与实际经济利益层面。传统节日对当下基层社会建构与治理效用的发挥,就是“内价值”发挥的一种典型体现。这也提醒我们,在今后的节日文化建设中,不能只强调其对于带动消费、促进经济发展的功用(“外价值”),还应该发挥其对于国家与社会建设在精神层面的深层次价值与功能(“外价值”)。

节日文化是一种民俗文化,亦是中华优秀传统文化的重要组成部分。习近平总书记在很多场合阐发并强调了中华优秀传统文化在当下国家建设中的重要作用。他指出,中华优秀传统文化是“中华民族的基因”“民族文化的血脉”和“中华民族的精神命脉”,能有力增强民族自信心、民族自豪感和民族凝聚力,为治国理政、实现中华民族伟大复兴注入强大精神力量,

---

① 刘铁梁:《民俗文化的内价值与外价值》,《民俗研究》2011 年第4 期。

彰显中华民族的“文化自信”。[1] 因此,发挥传统节日在当下基层社会建构与治理过程中的积极作用,是有其价值与必要性所在的。

① 参见薛庆超:《习近平与中华优秀传统文化》,2017 年 12 月 21 日,http://theory.people.com.cn/n1/2017/1221/c40531-29721761-3.html。

传统节日的节点性与坐标性重建*

——基于社会时间视角的考察

传统节日是中华传统文化的重要组成部分,在长期的历史发展过程中,我国形成了一套富有特色的传统节日体系。作为民众年度时间生活中的重要节点,节日在传统民众社会生活中发挥着极为重要的作用,是民众精神信仰、伦理关系、娱乐休闲、审美情趣与物质消费的集中展现,具有丰富的历史文化内涵,因此"传统节日是一宗重大的民族文化遗产"①。故而,对今天而言,保持传统节日的良好传承与发展仍具有极为重要的价值与意义,因为"节日是一个在当下唤起过去然后回到当下的过程,节日的设置通常反映了民族国家在当下叙说过去的立场"②。但今天一个不可回避的重要事实是传统节日的日渐没落与式微,如作为中华民族最重要的传统节日春节的"年味越来越淡了",就是对这一现象的真切体现。那么,在今天的社会大形势下,我们又该如何维持传统节日的良好传承与发

---

* 本文原载于《文化遗产》2016 年第 1 期。

① 萧放:《传统节日:一宗重大的民族文化遗产》,《北京师范大学学报》(社会科学版)2005 年第 5 期。

② 龚浩群:《民族国家的历史事件——简析当代泰国的节日体系》,《开放时代》2005 年第 3 期。

展呢？

作为“一宗重大的民族文化遗产”，传统节日研究一直受到历史学、民俗学、人类学等诸学科的广泛关注，对中国诸传统节日的形成与流变、习俗与惯制、文化与内涵、价值与意义、传承与保护等问题做了深入探讨，相关研究可谓俯拾皆是，无须一一列举。尤其是近些年来，随着传统节日的日益淡化与式微，如何对传统节日进行更好的保护、传承与利用，更是成为一个热门话题，相关研究亦是不胜枚举。[①] 不过纵观已有之研究可以发现，从社会时间视角展开分析的却并不多见，虽然很多研究都提及了法定节假日制度对传统节日传承的重要意义。[②] 基于此，本文将在已有研究的基础上，借鉴时间社会学的相关概念与理论，从社会时间的视角，对如何在今天更好地保护与传承中华民族传统节日谈一点个人看法。

---

① 兹举数例，如萧放：《中国传统节日资源的开掘与利用》，《西北民族研究》2009 年第 2 期；郝晓静：《全球化背景下中国传统节日文化的保护和发展》，《青海师范大学学报》（哲学社会科学版）2010 年第 4 期；张士闪等：《中国传统节日的传承现状与发展策略——以鲁中寒亭地区为核心个案》，《山东社会科学》2012 年第 1 期；等等。

② 当然，节日本质上毕竟是一种时间制度，因此从“时间”视角对节日进行分析的研究也并不鲜见。如户晓辉就从时间体系对比的角度，对传统节日时间与现代时间体系的特征及冲突根源做了简要分析，论述了节日时间在现代性时间中的艰难处境以及现代性时间本身的危机，参见户晓辉：《中国传统节日与现代性的时间观》，《安徽大学学报》（哲学社会科学版）2010 年第 3 期；廖维也对节日的本质属性——时间性做了相关探讨，认为节日时间具有“充满性”“重复性”“未来性”等特征，参见廖维：《节日时间特性探微》，《民间文化论坛》2011 年第 5 期。

一、作为年度时间生活重要节点与时间坐标的传统节日

节日本质上是一种人为创造的社会性时间。所谓社会时间，即“整体社会现象运动集中与发散的时间，不管这种整体社会现象是总体性的、群体的还是微观社会的以及它们是否被表达在社会结构之中。整体社会现象既产生社会时间又是社会时间的产物”①。简单来说，社会时间就是由社会所建构的时间，其是社会生活的产物，又通过诸社会活动来对自身加以表达。② “整体社会现象”包罗万象，由一系列纷繁复杂的社会活动所构成，如经济的、政治的、文化的等。由于不同民族、不同时代具有不同的物质生产方式与社会实践活动，因此社会时间的建构与表达也会有所不同。正如爱德华·汤普森所说的那样：“时间标志法取决于不同的工作条件及其与‘自然’节奏的关系。”③而作为社会时间之一种，节日的建构也是与一个地区或民族的经济结构、社会传统、政治制度等紧密相关的，具有地域性、民族性等特点。

历史上，中国一直是一个以农为本的国家，农业是国民经

① [法]乔治·古尔维奇：《社会时间的频谱》，朱红文等译，北京师范大学出版社 2010 年版，第 26 页。

② 关于“社会时间”的相关概念与理论，参见[英]约翰·哈萨德编：《时间社会学》，朱红文、李捷译，北京师范大学出版社 2009 年版。

③ [英]爱德华·汤普森：《共有的习惯》，沈汉、王加丰译，上海人民出版社 2002 年版，第 387 页。

济命脉与民众最主要的衣食之源。对广大乡村民众而言,农业生产还是他们一年之中最为主要的活动,并直接影响着他们的日常生活节奏。正如美国人金氏所言:"(中国)农民就是一个勤劳的生物学家,他们总是努力根据农时安排自己的时间。"① 一年之中,受自然节律的影响,农业生产活动从种植到收获也会表现出一定的节律性特征,也即农事节律。与此相适应,乡村社会生活也会表现出一定的节奏性,从年初到年末,各种活动各有其时。农业生产活动有涨有落,于是乡村社会生活诸活动也必然会随之起起落落,一年四季各有其时,各种活动也就会巧妙配合而又有序地分布于时间与空间之中。② 而在农业是为最主要经济部门与乡村民众是最主要国民主体的情势下,整个国家或社会的时间生活安排亦必然表现出一种强烈的"以农为本"特色(当然牧区、渔猎区等例外)。

中国传统节日作为农耕文明的产物,在其被创造与建构的过程中自然不可避免地会受到农事节奏的影响。从节日发生学的角度来说,农事周期是节日时间体系形成的基础,即节日的最初形成是由农业生产进程而决定的,正如《说文解字》所言:"年,谷熟也。"因此在我国成形历法产生之前,农耕周期也就是庆典(庆典即节日)周期,而作为确定农时时间标准的节气也就是节日。③ 也就是说,最初节日时间的排定与相关庆典

---

① [美]富兰克林·H.金:《四千年农夫——中国、朝鲜和日本的永续农业》,程存旺、王嫣译,东方出版社2011年版,第7页。

② 参见王加华:《被结构的时间:农事节律与传统中国乡村民众年度时间生活——以江南地区为中心的研究》,上海古籍出版社2015年版。

③ 参见刘宗迪:《从节气到节日——从历法史的角度看中国节日系统的形成和变迁》,《江西社会科学》2006年第1期。

周期的进行,是与农事周期完全一致的。一直到中古之前,节气还是祭祀日与民众社会生活的时间点,于是岁时节日也大多依傍着这些节气而产生。[①] 从时间的角度来说,这种紧密相连的最重要表现,就是节日的时间安排总是处于农事活动的空闲期内。一方面,祈求或庆祝农业之丰收,正所谓"春祈"而"秋报",这也是中国古代节日排列在季节上总是重春秋、轻夏冬[②]的最主要原因;另一方面,又可使人在紧张忙碌的工作之余获得身心的愉悦与放松。但中古以后,随着传统节庆体系的逐步完善与发展,其自然属性不断削弱,人文色彩不断增强,于是节日庆典与农事周期在时间的一致性上开始逐渐发生偏离,由此形成了独立于节气系统或者说农耕周期的节日系统。虽然如此,节日系统与农事周期仍具有一定的相关性,比如在节期的选择上总是农闲多、农忙少,在节俗活动上重农闲、轻农忙,一些代表性节俗活动甚至会因农忙而移于其他时期举行。[③]

虽然节日以农事周期为基础而产生,但作为一种时间制度,节日在民众年度时间生活过程中仍发挥着极为重要的节点作用。"节日"之"节",其本意为竹节,后引申为动物骨骼的连

---

① 参见萧放:《天时与人时——民众时间意识探源》,《湖北大学学报》(哲学社会科学版)2004年第5期。

② 参见刘晓峰:《论中国古代岁时节日体系的内在节奏特征》,《河南社会科学》2007年第6期。

③ 参见王加华:《农事节律与传统节俗——以江南地区为中心的探讨》,童芍素主编:《我们的节日——中国民俗文化当代传承浙江论坛(嘉兴)论文选》,浙江人民出版社2010年版。如在浙江德清,端午节划龙舟习俗就因农忙而"移于清明"[民国《德清县志》卷二《风俗》,民国二十年(1931)排印本];苏州木渎,"或以夏至代端节,则农家因蚕忙,未及插田故也"[《木渎小志》卷五《风俗》,利苏印书社民国十七年(1928)铅印本]。

接之处。而将“节”与“日”相连,就是将一年中的时日分为不同的段落或阶段,所谓节日也就是时间的“截点”,具有周期性、循环性等特点。因此,节日是传统民众年度时间生活中的重要“节点”。一年之中,节日庆典及其相关仪式,有规则地穿插于民众日常生活之中,从而形成一种“非日常”与“日常”交替变换的节奏起伏。这一节奏起伏,可使人在紧张忙碌的工作之余获得身心的放松与愉悦。正如王尔敏所言:“每过一段勤苦辛劳之时域,前面即遇一个欢娱苏解之节日,解放身心,调节紧张。如此循环往复,在人民记忆中留存节庆之余味,忘却工作之辛苦。”①

但节日又不仅仅只是民众年度时间生活的“节点”,还是具有“神圣性”②的时间节点,承载着丰富的精神文化内涵。首先,节日反映出中国古人对天地自然的顺应与时序关系。正如张祥龙所认为的那样,“节”对中国古人来说不是外在的、偶然的,而是天、地、人本身的存在方式和运行节奏,是万物与人和谐相处的方式。③ 其次,这种神圣性还表现为人们会在节日时进行诸多“神圣性”的活动。每个中国传统节日都有相应的代表性习俗活动,如春节的送旧迎新、迎神拜祖、亲友团聚、拜年贺正,清明节的扫墓祭祖、春游踏青,端午节的吃粽子、龙舟竞

① 王尔敏:《明清时代庶民文化生活》,岳麓书社 2002 年版,第 28 页。

② 在此,“神圣”不单是从神灵崇拜的角度而言的,而是形容崇高、尊贵、庄严与不可亵渎,表达的是人们对某事物、现象或行为的重视与尊崇之情。

③ 参见张祥龙:《节日现象学刍议》,《中国现象学与哲学评论》特辑,上海世纪出版集团 2003 年版,第 17—18 页。

渡、避毒驱邪、祭拜屈原,中秋节的吃月饼、祭月拜月与家人团聚等。而这些活动背后,反映出来的又是传统中国人对自然时序、神灵信仰、先贤崇祀、祖先崇拜、亲情伦理、聚合团圆、家庭和睦、社会团结等的追求与尊崇,而这才是中国传统节日的最核心内涵。从社会时间的角度来说,其重要特征之一就是用其他社会现象作为参照点来表达某一社会现象的变化或运动。比如,“第二次世界大战结束后不久”“某某进入办公室的时候”,即在事件与作为时间的参照系之间建立起一种附加的意义关系。因此,正是这些节俗活动本身及其所承载的精神文化内涵,才赋予了作为年度重要时间节点的节日在时间上的“神圣性”,也由此奠定了其不同于“日常”的“非日常”性。

此外,节日不仅仅只是传统中国民众年度时间生活的神圣性节点,同时也是他们年度时间生活的重要时间坐标。比如,节日是人们进行迎神祭祖、走亲访友等活动的重要时刻,一到某个节日,人们自然就会想到去进行某项活动,如清明扫墓、端午吃粽子或划龙舟等。再比如,在传统时代,一些节日是清算账目的重要时日,比如端午、新年①等。如在浙江嘉兴,“(端午)购鱼肉请蚕忙、田忙之帮工者,至邀亲朋聚餐,但乡下人最怕端午节之降临,盖所有账款都在这一天收讨”,所以乡下人

---

① 在此之所以称“新年”而非“春节”,是因为“春节”是辛亥革命以后才出现的新称呼。传统中国新年第一天被称为“元旦”,但辛亥革命以后,中华民国政府决定在全国推行阳历,于是把阳历1月1日称为“元旦”,而把阴历正月初一改称为“春节”,因立春节气通常在其前后一段时间内。

都称此节为“可怕的端午”①。至于新年则更是如此。旧时商业往来、租税交付等,通常在年底必须要结清欠账,因此对欠债的人来说,过年就如同过关,所以新年又被称为“年关”。另外,虽然传统节日是以农事周期为基础而产生的,但反过来节日本身又可以起到农事活动时间表的作用。人们可以根据不同的节日进行不同的农业生产劳动,再在农忙后的一定时间内进行休整与娱乐。②

二、经济结构变迁与传统节日时间节点及坐标功能的式微

建构社会时间的“整体社会现象”包罗万象,这其中经济结构与经济活动又具有举足轻重的地位,会对一个社会的时间建构方式产生重要影响。因此,在不同的经济结构与生产方式下,人们的时间生活方式也是不同的。具体到传统中国社会,长期以农为主的经济生产方式塑造了乡村民众以农为本的年度时间生活结构与相应的时间观念。但近代以来,随着新式工业发展与整体社会文化变迁,在时间结构上开始出现了由“以

---

① 冯紫岗:《嘉兴县农村调查》,国立浙江大学、嘉兴县政府印行,1936 年,第 25 页。

② 参见宋兆麟、李露露:《中国古代节日文化》,文物出版社 1991 年版,第 2 页。当然,在节气与节日系统相分离后,于农事活动过程中发挥时间表作用的主要是节气,而非节日。对此,可参见王加华:《节气、物候、农谚与老农:近代江南地区农事活动的运行机制》,《古今农业》2005 年第 2 期。

农为本”向“以工为主”的转变，继而新的时间体制，如钟表时间、阳历纪时体制等逐渐渗入乡村民众生活之中。而在传统中国，我们实行的却是与农业生产活动紧密相关的阴阳合历历法体制（俗称“阴历”“夏历”“农历”等）。①

与传统农业生产条件下人们主要依赖自然节律展开生活不同的是，工业生产主要依赖于各种机械装置，由此时间不再是自然律动的象征，而是机器单调重复动作的象征。由于机械的高速转动与操作要求必须有精确的时间标准，于是，钟表开始大行其道，对机器转动的遵从也相应转变为对时钟机械的遵从。于是，时钟成为“技术世界的组织者、维持者和控制者；它不是诸多机器中的一种机器，而是使一切机器成为可能的机器——一切机器都与效率有关，而效率必得由钟表来标度”②。因此，在农业与工业生产状态下，人们确定时间的标准是不同的，由此导致了两者不用的时间生活模式与要求。对此马克吉曾做过精辟说明：

> 农业的常规又是由自然的活动的节奏和周期，由因为阳光、湿度和降雨的分布不同而出现的农业季节更替以及土壤恢复和植物生长的生态周期所支配的。不是动物的发情期或者比如牧羊人中小孩出生的时间，而是树叶的萌芽和凋谢，谷雨和水果的成熟，降雪和下雨，成为农耕民族计算时间的手段。

---

① 参见王加华：《传统中国乡村民众年度时间生活结构的嬗变——以江南地区为中心的探讨》，《中国社会经济史研究》2014年第3期。

② 吴国盛：《时间的观念》，中国社会科学出版社1996年版，第124、105页。

> 城市工业社会的社会和经济节奏远为不同。在工业社会中,职业的规则,日复一日,与自然现象没有什么关系了;它在很大程度上是由机器体系的速度所支配的,而机器体系的节奏并不遵循生活的节拍。劳动被按区域大量而精细地分布在空间和时间之中,这是工业主义的特征。劳动的这种分布要求根据预先确定的时间间隔来对活动进行一种小心翼翼的协调,而且会把机器时间(mechanical time)的越来越细的限制强加给人们,而机器时间是以分分秒秒来计算,也是以分秒来区分的,与生命活动的正常的节奏没有什么关系。与预定时间的哪怕最小的延迟或偏差,也会使运输和技术体系失常,会导致全面的误会,甚至事故和灾难。另一方面,人们的休息和劳动,闲暇和社会交往,不是由人作为有机体的冲动和需要的节律,而是随着时间不断向前推进由机器时间的节奏来支配的。①

而这种时间制度与结构的改变,不可避免地会对传统节日的传承产生重要影响。虽然是一种人为创造,但传统节日时间根本上是以自然节律为基础的,具有多样性、异质性、循环性等特征。而现代工业时间,由于是以机器运转与时钟运行而非自然律动为基础的,因而具有的是线性、均质性特征。正如户晓辉所认为的,节日时间表现出异质性、周期性、具体性、可逆性等特征,是一种神圣的和神话的时间,多半指向过去;现代时间

---

① [印]雷德哈卡马·马克吉:《时间、技术和社会》,[英]约翰·哈萨德编:《时间社会学》,朱红文、李捷译,北京师范大学出版社2009年版,第36页。

观则具有同质性、直线性、抽象性和不可逆性等特征，指向未来，是一种生产使用价值的社会必要时间和机械钟表时间。[①]因此，传统节日时间与现代工业时间是两种性质完全不同的时间体系，这直接导致了传统节日在当下时间节点作用的逐步弱化。比如，对今天绝大多数已熟悉了现代时间体制的城市人而言，很多节日尤其那些非法定节假日的传统节日，在他们的时间生活中已基本不再具备什么影响力，很多人甚至已意识不到这些传统节日的存在；或意识到了某天是某个节日，但至多也只是在脑海中浮现一下而已，而不会去细想这一节日具有何种习俗活动与文化内涵。

另外，与工业推进的步伐相适应，今天我们的历法制度总体而言是以阳历占主导地位的，而相比之下传统节日却是以阴历作为时间标准的。于是身处现代时间体制下的人们，尤其是城市群体，往往更熟悉阳历，也更重视阳历，而对阴历却很少关注[②]，于是自然也就不会关注到以阴历为时间标准的传统节日了。尤其是考虑到传统节日在阴历中的日期是固定的，而在阳历中的日期却是历年变动不居，有时甚至会相差十几天的时间，这种“不确定性”必然会消减习惯用阳历纪时的人对传统节日的关注与认同。虽然今天的挂历、月份牌上仍会印有阴历日期，但人们尤其是年青一代在纪时、查日子时越来越依赖于

---

① 参见户晓辉：《中国传统节日与现代性的时间观》，《安徽大学学报》（哲学社会科学版）2010年第3期。

② 唯一的例外是春节时期，也只有在春节时，人们对阴历的使用与热情才会高涨起来。比如在安排活动、计算上班日期时总会以大年初几为标准，沿街店铺等也通常会在门店卷帘门上贴有“初几开始营业”的字样等。

钟表、手机、网络等,这导致挂历、月份牌的应用也越来越少。因此,从社会时间的角度来看,正是由于时间体制的不同才导致了今天传统节日的日渐式微与衰落,这也是相比于城市地区,农村地区传统节日相对更受重视、"传统"的味道也更为浓厚的原因。因农村地区以农业生产为主,仍会遵循自然的律动,在历法体系上也仍旧以阴历为主,因此节日的时间节点与坐标作用仍比较明显。但可以预期的是,随着今天农业地位的逐步弱化及城镇化的推进与越来越多的农村人口涌入城市与工业部门工作,传统节日的"传统味道"与节点作用在农村地区也必然会呈减弱之势。

另外,今天传统节日节点与坐标作用的逐步丧失,还与节日作为一种社会时间"神圣性"的丧失有直接关系,而这种"神圣性"的丧失又与相应节俗的没落直接相关。传统节日之所以能长久传承,根本原因在于其精神文化内涵的世代传承,而文化内涵的传承又是以节俗活动为直接载体的。虽然作为外在表现,某一节俗活动的改变可能并不会导致作为节日之根本的文化内涵的消失,但今天传统节俗活动已不单单为是否改变以及如何改变的问题,而是能否继续存在下去的问题。"皮之不存,毛将焉附。"外在表现不存在了,内涵自然也就消失了,于是"神圣性"也就不存在了。

节俗活动可大体分为两类,即物质的与行为的(仪式的),而不论哪一方面的改变或消失都会对节日传承造成直接影响。比如,作为中秋节重要标志的"月饼",以前只在中秋节时才能买到与吃到,其自然也就是特别的、让人期盼的。但今天,随着生产加工技术与商品流通网络的发达以及人们生活水平的日益提高,月饼已不再是一种特定时间的特定食品,而是只要想吃就随时都可买到,对很多人而言,在中秋节时反而很少吃月饼了。于是作为中秋节重要物化标志的月饼“标志”地位的丧失,自然也就会消减中秋节在人们心目中的节点性与坐标性定位。同样,这一点在春节上也表现得非常明显。以前物质生活水平较低,往往过年时才有新衣服穿、好东西吃,于是人们(尤其是小孩子)对过年就格外期盼。但现在生活水平好了,“天天都像过年”,于是“年”作为一种“神圣性”时间节点的意义也就大大降低了。仪式消失所带来的影响也同样如此。今天人们的活动范围日益增大,不再只局限于本乡本土。同时,为了与飞速运转的机器步伐相适应,今天人们的生活节奏也变得越来越快。但一个悖论或者说讽刺的现象是,虽然今天的人们发明了一系列“节约”时间的技术与器具,但与“日出而作,日落而息”的传统农业社会相比,人们的时间生活却不是越来越轻松,而是越来越紧张了,于是许多活动就被或主动或被动地“忽略”掉了。比如清明扫墓祭祖、中秋家人团聚等,很多人就因工作紧张或回家的路途遥远等无法进行。与此同时,随着与“土地”的日益分离,人们的“根”也消失了,一些节俗活动,如扫墓祭祖,也没地方进行了。这自然也会消解原本作为“神圣性”存在的传统节日。

三、传统节日时间节点性与坐标性的重建

从时间的角度而言,传统节日之所以能在传统时代具有极高的认知与接受度,与节日在民众年度时间生活中的节点性与坐标性功能有直接关系。那么在传统节日日渐式微的今天,我

们能否重建其在民众生活中的节点性与坐标性功能呢?

先来看必要性与可能性的问题,即是否有必要重建、还能否被重建的问题。作为"一宗重大的民族文化遗产",传统节日承载着丰富的精神文化内涵,是中华优秀传统文化的重要体现,是加强民族认同的重要方式,因此保持传统节日在今天的良好传承与发展仍具有重大的社会与文化意义。这一点是毋庸置疑的,也是被大家所普遍认同的。相比之下,可能性的问题则存在诸多不同的声音,如王明美就认为,春节的淡化是不以人的意志为转移的必然趋势,我们应该顺应这种发展趋势。① 事实上,在一段时间内,笔者也曾持有相同的观点,认为"天要下雨,娘要嫁人,随它去吧"。毕竟传统节日是农业文明的产物,是与以农为本、比邻而居、安土重迁的社会大环境相适应的,而今天社会环境已发生了极大的变化,传统节日似乎已越来越不适应时代潮流与社会发展需要了。但反过来看,首先,社会发展毕竟是延续性的,并非断裂基础上的完全重建。今天的中国是昨天中国的延续,虽然社会背景发生了极大变迁,但作为"根"的文化传统却并没有发生根本改变——改变的只是外在形式。其次,从节日传承的角度来看,只要根本内核存在,只要在适应新的社会环境的条件下对外在形式加以改造,节日也就能继续延续下去;在中华传统文化大框架内,甚至节日的文化内涵也可以发生改变,比较典型的是重阳节,其主题原本为登高、佩茱萸、饮菊酒所表现出的避祸消灾、祈福求寿,今天则在祈寿的基础上结合中

① 参见王明美:《淡化:全球化背景下的中国传统节日走势——以春节为例》,《江西社会科学》2004 年第 11 期。

国传统孝道伦理而发展出尊老、敬老、爱老、助老的节日内涵与主题。最后,从社会时间的视角来看,虽然当下线性、均质性的钟表时间大行其道,但其也必须与人类生活相结合,才能彰显鲜活生动的社会意义,所以海德格尔才会断然说:"没有人便没有时间。"[①]也就是说,社会时间的本质在于社会建构,也即人的建构,因此我们完全可能通过一系列政策的实施来重建传统节日的节点性功能。

既然传统节日时间节点性与坐标性功能的重建有其必要性与可能性,那问题就接踵而至,即该如何重建?

在今天重建传统节日如传统时代的那种节点性与坐标性功能,首先就要重新凸显传统节日时间在民众年度时间生活中的位置与重要性。对此,法定节假日的实施是一个重要途径。正是为了重新唤起民众对传统节日在日常生活中的认知与认同,同时受韩国江陵端午祭成功申请为世界非遗的影响,2007年12月24日,温家宝总理签发了中华人民共和国第513号国务院令,即《国务院关于修改〈全国年节及纪念日放假办法〉的决定》,规定从2008年起将清明、端午、中秋定为法定节日。加上原有的春节,今天我们共有四个传统节日成为国家法定节假日。从实际情况来看,法定节假日的实施确实极大提高了民众对清明、端午、中秋的热情、认同感与参与度,有效推动了民族传统文化的传承,并体现出广泛而深刻的文化意义。[②] 因此,在面临传统节日日渐式微的今天,虽然传统节日时间与现代时

① [德]海德格尔:《存在与时间》,陈嘉映、王庆节译,生活·读书·新知三联书店2006年版,第24页。

② 参见余悦:《传统节日成为法定假日的文化意义与未来发展》,《江西社会科学》2008年第2期。

间体系有很大的不同，但“作为时间的管理者，现代民族国家在日历中以立法的形式为中国传统节日预留合法的表现空间和表达方式，也许不失为一种折中的办法或权宜之计”[①]。正是预想到或实际看到了法定假日政策对保护与传承传统节日的巨大效应，才有人呼吁应将更多的传统节日列为法定节假日，如重阳节。[②]

在长期的历史发展过程中，我国形成了一系列富有特色的传统节日，基本在每个阴历月份都有节日存在。同时，我国地域辽阔，经济文化多样，往往同一节日在不同地区会有不同的认知与接受程度，在具体节俗上也有差异性。另外，许多地区还有当地所独有的地方性节日。如在山东荣成，谷雨时节“百鱼上岸”，为祈求出海平安、渔获丰收，人们便在谷雨这天举行隆重而盛大的祭祀海神仪式，由此形成了深为当地民众重视的谷雨节，其隆重程度相比于春节是有过之而无不及。[③] 另在山东莱芜、新泰等地，“七月十五”的隆重与神圣程度亦堪比春节。[④] 因此，虽然法定节假日政策的实施确实促进了传统节日的传承与发展，但不是每个传统节日都有可能被立为法定

---

① 户晓辉：《中国传统节日与现代性的时间观》，《安徽大学学报》（哲学社会科学版）2010 年第 3 期。

② 参见杨琳：《重阳节应列为法定节日》，《文化学刊》2008 年第 1 期；陈伟然：《关于把重阳节列为中国法定节日的思考》，《长沙民政职业技术学院学报》2010 年第 4 期。

③ 参见谢宇芳等：《谷雨节：渔家狂欢节》，2005 年 4 月 24 日，http://www.whnews.cn/mlweihai/2005-04/24/content_287534.htm。

④ 关于山东莱芜“七月十五”的相关研究，参见刁统菊等：《节日里的宗族——山东莱芜七月十五请家堂仪式考察》，《民俗研究》2010 年第 4 期。

节假日。同时,法定节假日“一刀切”式的放假时间安排,也有可能与某个地区的传统节俗不相一致。比如在上海周边地区,清明节往往会延续十几天的时间,但清明法定假期却只有三天,而这必然会影响诸多习俗活动的进行。因此,在坚持目前已有的全国性法定节假日制度的前提下,还可在各地区实行弹性节假日制度①,即允许各地根据本地节日的具体特点,适当增量节日放假时间,以使人们能更好地享受与传承传统节日。②

传统节日以阴历为历法依托,现在我们实行的历法制度却主要是阳历,这也在一定程度上导致了人们与传统节日的日渐疏离。因此我们应该加强对传统节日阴历日期的强调,而不仅仅只是用阳历日期来加以标定。但是,今天阳历取代阴历是大势所趋,阴历正与大多数民众的生活渐行渐远。基于此,笔者在此提出一个大胆或者说“疯狂”的设想,即我们能否以阳历

---

① 今天我国台湾地区就实行的是弹性放假制度,只是并非地区弹性,而是年度与行业弹性。每年相关机构会根据下一年的具体情况规定具体放假日期,凡是节日日期逢周二、周四的即实行弹性放假,但需在前一周的周六补班、补课。如按规定,中秋节放假 1 天,但若恰巧是在周二或周四,则放假时间就调整为 4 天(含周六、周日在内。按其相关规定,任何假日不得挤占周末时间)。具体如 2016 年中秋节,由于正逢周四,就是十五、十六、十七、十八连放 4 天,而 2015 年中秋节(周日)则为 3 天(十四、十五、十六)。只是该放假安排仅适用于政府行政机关公务人员,公营事业机构人员比照办理,军人、学校、民企人员等则各自按照各主管机关的具体规定执行。也就是说,不同行业人员的具体放假安排也是不同的。诚挚感谢台湾大学中国文学系台湾文学研究所洪淑苓教授惠赐相关资料。

② 参见张士闪等:《中国传统节日的传承现状与发展策略——以鲁中寒亭地区为核心个案》,《山东社会科学》2012 年第 1 期。

的固定日期来标定我们的传统节日呢？比如就将端午定在阳历五月五日、重阳就定在阳历九月九日等。当然这并非没有先例，如在今天的日本，端午、七夕、重阳等，就都是用阳历日期来标定的，虽然在明治之前它们也都是依托于传统阴历的。另外，这在我国也并非没有先例。1927年南京国民政府成立后，在积极推行阳历、废止阴历的过程中，就同时进行了改革阴历节日的行动，认为阴历废止后，传统的阴历节日也应该废止，而应以阳历来重新规定节日，民间则以新规定来休息与娱乐。具体措施有：元旦、上元、端阳、中元、重阳、腊八等节日皆改为与阳历日期相对应，不再与阴历日期挂钩；一些不太重要的节日，如七夕则被废除。[①] 虽然这一行动最终以失败而告终，但却为我们今天提供了一个思路。而之所以失败，与当时的中国仍旧以农为本、阳历在全国的影响力不大有很大关系。但今天的中国已发生了很大变化，农业已让位于工业，阴历亦已让位于阳历，因此在一定程度上已具备了适宜的社会条件。毕竟精神文化内涵才是节日传承的核心，只要内核犹在，外在形式是可以根据实际社会环境加以适当改变的。当然，节期本身就是传统节日的重要组成部分，节期改变了，节日的内涵可能也就改变了。典型的是中秋节，其讲求的是月圆，而阳历八月十五却不一定能满足此条件。这也提醒我们，在节日日期的"挪移"上，不能如民国时期那样完全"一刀切"。

今天，法定节假日政策的实施确实在很大程度上唤醒了民众的传统节日意识，但仅有法定节假日制度还远远不够。随着当下人们物质生活水平的日益提高与生活节奏的日益加快，娱

① 参见阮荣：《民国时期的各种节日》，《民国春秋》1995年第5期。

乐、休闲成为民众生活的重要追求，这其中最典型的就是旅游热潮的兴起。其不仅使人们在传统血缘、地缘、业缘等关系的基础上增加了一种游缘关系，还对当前中国的社会关系优化产生了重要影响。[①] 于是在这一社会大背景下，今天的法定节假日越来越由传统的“节日”变为了“假日”。对很多人而言，清明、端午、中秋只是多了9天假期而已，而对这些传统节日有何节俗与精神文化内涵则并不关注——购物、旅游等才他们所真正关注的，媒体对于各地景区蜂拥人群的报道就是对这一现象的最好注脚。也就是说，当下传统节日的“神圣性”与精神文化内涵被大家忽视了。对节日传承来说，这才是最致命的。因此，在法定节假日的政策前提下，还必须要重建传统节日的“神圣性”，这应该是传统节日在当下如何保持良好传承与发展的核心所在。

但节日“神圣性”究竟该如何重建？这是笔者最为困惑的问题，毕竟指出问题容易，能真正提出具体可行的切实措施难。事实上，当前有关节日传承与保护的相关探讨还基本上都是停留在“提出问题”层面上的。在此，笔者亦不能“免俗”，只能“纸上谈兵”，提点个人看法与所谓的建议。首先，要设法提高民众对传统节日的认同感与参与度，这是重建节日时间“神圣性”的基础所在。诸如，通过主流新闻媒体对传统节日进行“铺天盖地”的宣传，以增强民众对传统节日内容与文化内涵的了解与理解；加强对青少年的传统节日教育，增强他们对中

---

① 参见于风贵：《游缘建构与当代中国社会关系的优化》，《民俗研究》2014年第3期。

国传统节日的认知与认同①;在城市社区中加强对传统节日物质、仪式等的展演;等等。其次,要加强传统节日自身建设,这是重建传统节日“神圣性”的关键所在。具体而言,可从三个方面展开,即重建物质传统、复兴节日仪式与习俗活动、重视传统节日精神核心的宣传与建设。② 对此,我国台南与日本仙台有关七夕节的当下传承可以说为我们提供了两个生动案例,即政府、民间组织与地方民众的相互配合与合作,使作为传统节日的七夕节在现代城市社会中仍旧保持了持久活力与良好传承。③ 而在以上过程中,必须要充分发挥各级政府的政策与行政引导作用及各民间组织与社团的组织与活动力量。虽然当前对政府参与公共文化与传统复兴建设有诸多批评的声音,但不可否认的是,没有政府的力量却是万万不行的,所以关键是政府如何定位的问题,即究竟是决策者还是引导与保障者。

---

① 笔者认为,这一点是非常有必要的。相比于传统节日,今天的青少年更为接受与认同的是各种“洋节”,因此必须要加强他们对传统节日的认知教育。在具体过程中,可采取一种“在地化”的教育策略,即每个地区具体结合本地的具体节日资源展开,而不是停留在整个中华民族传统节日体系的层面上,这样才能接地气,真正增强他们对传统节日的体验、理解与认同。

② 参见萧放:《传统节日的复兴与重建之路》,《河南社会科学》2010年第2期。

③ 参见洪淑苓:《城市、创意与传统节日文化——台南、仙台七夕活动的观察与比较》,“城市化进程中节庆文化的变迁与发展”学术研讨会论文,北京,2015年10月20—22日。修订稿刊于《文化遗产》2016年第1期。

四、结 语

时间与空间是人类社会发展的两个基本维度,它们看似平淡无奇、无足轻重,但却具有极为重要的社会文化意义。而作为时空的产物,人既生活于时空之中,又深受时空的强烈塑造与影响。因此,从时空角度展开社会问题分析,或许能给我们提供诸多新的视野与认识。因为,"时空问题不仅对于理解宏观社会过程和社会制度有重要的理论和方法论意义,而且也是个体和群体日常社会行为的重要分析工具。日常生活中的位置、场所、先后、次序等,就是很有趣味的空间和时间问题,其中往往包含着复杂的权利关系和社会文化意义"①。

以上我们从社会时间的视角,对传统时代及当下节日的传承与发展状况进行了简要分析。从中我们可以发现,作为与自然及农事节律紧密相关的一种社会时间制度,节日曾在传统时代民众社会生活中发挥了极为重要的作用,是民众年度时间生活的重要时间节点与坐标,且体现出强烈的"神圣性"。但近代以来,由于经济与社会环境的大变迁,传统节日的功用与传承发生了很大改变,变得日渐式微。因此,两相对比,要想在当下更好地维持与传承作为重大民族文化遗产的传统节日,就需要重建这一节日体系在当下社会的节点、坐标与神圣性特征。

---

① 景天魁、朱红文:《时空社会学译丛》"总序",[英]约翰·哈萨德编:《时间社会学》,朱红文、李捷译,北京师范大学出版社 2009 年版。

只是这必将是一项困难而又长期的社会文化工程,需要结合当下的社会现实环境与总体政策要求,经由政府、各社会与民间团体、普通民众等多方面力量的相互协作与配合,才能最终实现这一伟大目标。

节点性与生活化：作为民俗系统的二十四节气*

——二十四节气保护与传承的一个视角

2016年11月30日，我国的二十四节气被正式列入联合国教科文组织人类非物质文化遗产代表作名录，成为继昆曲、中国古琴艺术、书法、剪纸等之后的第39项跻身"世界级非遗"①的项目。② 在多元保护主体、相关学界、新闻媒体等为此欢欣鼓舞之时，一个更为现实的问题亦随着名录的入选而摆在了人们面前，即我们应该如何在当下更好地去保护与传承这一人类优秀非物质文化遗产项目呢？按联合国教科文组织《保护非物质文化遗产公约》的宗旨和《中华人民共和国非物质文化遗产法》的要求，遗产代表作名录的入选，不仅仅只是一种"荣

---

* 本文原载于《文化遗产》2017年第2期。

① "世界级非遗"的说法其实是不确切的，因联合国教科文组织的人类非物质文化遗产代表作名录并没有级别之分。但受我国非遗保护四级分类与保护体系的影响，凡入选教科文组织人类非物质文化遗产代表名录的项目，在绝大多数人的心目中便是"世界级"了。

② 参见《盘点：中国目前有多少个世界级非遗》，2016年12月1日，http://china.chinadaily.com.cn/2016-12/01/content_27539562。

誉”，而更是一种责任与义务。

作为一种源于农耕时代的人类非物质文化遗产，二十四节气在今天的存续与传承确实遇到了一定的问题，如何因应今天的社会形势，提出切实可行的保护与传承措施，成为一个亟待解决的现实问题。而要对二十四节气加以保护与传承，首先需要解决的是其性质界定问题，即究竟何为二十四节气、其根本性质为何？对于二十四节气，我们传统上基本将其界定为一种历法体系或者说时间制度，但实际上二十四节气绝不仅仅只是一种时间制度，而更是一种包含有丰富民俗事象的民俗系统，并在传统中国人的日常生产、生活中发挥了极为重要的作用。认识到这一点，对于我们今天如何更好地去保护与传承二十四节气，将具有极为重要的意义。

一、实用性、节点性与生活化：二十四节气的传统意义与价值

二十四节气最早起源于我国黄河流域，是人们长期对天文、气象、物候等进行观察、探索并总结的结果，是我国古代劳动人民独创的文化遗产，已有非常久远的历史。中国古人在长期的生活实践中逐步认识到，一年之中，太阳投射到地面上的日影长度总是呈现一定的规律性变化，于是人们便利用日影的长度变化来判断时间与季节，也即《吕氏春秋·察今》所言的“审堂下之阴，而知日月之行，阴阳之变”。以此知识为基础，至迟到西周时期，人们测定了冬至、夏至、春分、秋分这最初的四个节气。到春秋中叶，随着土圭的应用及人们测量技术的日

益提高,又确立了立春、立夏、立秋、立冬四个节气。而到战国时期,完整的二十四节气已基本形成,到秦汉时期更是臻于完善,形成我们今天完整的二十四节气系统。①

作为一种人们通过观察太阳周年运动而形成的时间知识体系,二十四节气是一种标准的阳历历法系统。但是,在中国传统历法体系中,二十四节气并非是一种独立的历法制度,而只是我国传统占主导地位的阴阳合历历法制度(俗称"阴历""农历""夏历"等)的组成部分之一。中国古人之所以要采用阴阳合历的历法制度,根本目的在于兼顾农业生产与日常社会生活的顺利开展。一方面,农作物生长与太阳的周年回归运动有关,因此依据太阳制定历法便于安排农时,由此形成传统历法的阳历成分,节气制度便是重要体现;另一方面,月亮是夜空中最明亮的星体,具有周期性的朔望变化,因此用月相变化来纪日既醒目又方便,由此形成传统历法的阴历成分。具体而言,以"阴"作为日常社会生活开展的主要时间标准,如婚嫁、祭祀、节庆活动等;以二十四节气("阳")作为农事活动的主要时间标准。也就是说,在整个中国传统阴阳合历历法制度中,二十四节气其实并不占主导地位,而其这可能是造成大部分中国人误认为二十四节气为阴历属性的最主要原因。

不过,虽然二十四节气系统并非完全独立的历法系统,在传统阴阳合历历法制度中也不占主导地位,但其在传统中国人的社会生产与生活中仍旧发挥了极其重要的作用。

首先,二十四节气具有极为重要的实际应用与指导价值,

① 参见沈志忠:《二十四节气形成年代考》,《东南文化》2001年第1期。

即农业生产活动的时间指针,这也是二十四节气在传统时代最基础、最基本的功能与价值。传统中国一直是一个以农为本的国度,农业生产一直是国民经济的最主要部门与民众衣食生活的最主要来源,因此上至皇帝下至平民百姓,都对农业生产极为重视。农业生产由一系列工作环节所组成,如耕地、播种、灌溉、施肥、收获等。一年之中,从农作的播种到收获,各工作环节必须要顺应农时而依次展开。而所谓农时,通俗来讲,也就是进行农事活动的恰到好处的时节。只有把握好了农时,才能获得农业的丰收,有吃不完的粮食,所谓"不违农时,谷不可胜食也"①。于是,"不违农时"、符合"时宜"也就成为农业生产最基本的要求之一。那么,农时应该如何去具体把握呢?答案就是二十四节气。由于二十四节气是据太阳周年回归运动而来的,因此能比较准确地反映气候的冷暖变化、降水多寡与季节变化等情况,而农业生产的进行恰是与冷暖变化等紧密相关的,所以以之为农业生产的时间指针是完全可行的,正如农谚所云:"种田无定例,全靠看节气。"但是,二十四节气全部加起来也只有四十八个字,因此要发挥其农事指导作用,还必须结合其他形式作为载体才能发挥作用,这其中最主要的就是农谚。从土壤耕作到播种再到收获,可以说几乎每一个工作环节都有相关的农谚与之相对应,如华北地区广泛流传的小麦种植农谚:"白露早,寒露迟,秋分种麦正当时。"当然,农谚不会自动创造与流传,还需要有经验的老农在其中具体发挥主导

① 《孟子》卷一《梁惠王上》,崇文书局 2015 年版,第 6 页。

作用。①

其次,二十四节气亦是传统时代民众日常社会生活的重要时间节点,而这一点又是由农业社会的本性所决定的。一年之中,受自然节律的影响,农业生产活动从种植到收获也会表现出一定的节律性特征,即农事节律。与此相适应,乡村社会生活也会表现出一定的节奏性,从年初到年末,各种活动各有其时。农业生产活动有涨有落,于是乡村社会生活诸活动也必然会随之起起落落,一年四季各有其时,各种活动也就会巧妙配合而又有序地分布于时间与空间之中。② 对此,美国人金氏曾说道:"(中国)农民就是一个勤劳的生物学家,他们总是努力根据农时安排自己的时间。"③而作为农事活动的基本时间指针,二十四节气也就成为民众年度时间生活的重要节点与时间坐标,由此在一定程度上亦成为民众日常社会生活的时间指针。这一点在传统的月令性农书中即体现得非常明显。月令,即根据年度自然节律变化的行事记录,曾经是中国社会早期各阶层均须遵守的律令,反映了当时民众尤其是社会上层的时间观念与王政思想,并具有多方面的实际意义与价值,是为一种时间政令、王官之时,具有强烈的规范与指导意义。④ 在其中

---

① 参见王加华:《节气、物候、农谚与老农:近代江南地区农事活动的运行机制》,《古今农业》2005年第2期。

② 对此,可参见王加华:《被结构的时间:农事节律与传统中国乡村民众年度时间生活——以江南地区为中心的研究》,上海古籍出版社2015年版。

③ [美]富兰克林·H.金:《四千年农夫——中国、朝鲜和日本的永续农业》,程存旺、王嫣译,东方出版社2011年版,第7页。

④ 参见萧放:《〈月令〉记述与王官之时》,《宝鸡文理学院学报》(社会科学版)2001年第4期。

提及各月活动时,通常总会说到节气,然后是对应之农事活动,再然后是其他各项活动,从《礼记·月令》《淮南子·时则训》《四民月令》等,到明末清初的《补农书》,这一传统一直延续下来。正是认识到二十四节气在指导农业生产与民众日常生活时的方便性,很多人主张以节气历法系统来取代阴阳合历历法系统,这其中最著名的要算宋代博物学家沈括了,他曾以节气为标准制定了十二气历。[1] 事实上,一直到20世纪90年代,仍有人在做这方面的呼吁。[2]

最后,二十四节气不仅仅只是一种时间制度,还具有异常丰富的民俗内涵,是民众多彩生活的重要体现与组成部分。一是节气与节日具有紧密的联系。在远古的观象授时时代,农事周期就是庆典周期,节气也就是节日,只是后来由于阴阳合历历法制度的创立与推行,节气与节日才发生了分离。[3] 虽然如此,节气与节日也并非变得毫无关系,而是仍然保持了千丝万缕的联系。一些原本在节气日举行的活动,被挪移到了某个节日举行,如秋分祭月之于中秋节[4];一些节气仍旧作为节日保留了下来,如"四立"与"二至";有的在后世发展为极其重要的

① 参见沈括:《梦溪笔谈·补笔谈》卷二《象数·十二气历》,中华书局2016年版,第660页。

② 参见边福昌:《关于改革现行农历为节气历的探讨》,《河南大学学报》(自然科学版)1992年第1期。

③ 参见刘宗迪:《从节气到节日:从历法史的角度看中国节日系统的形成和变迁》,《江西社会科学》2006年第2期。

④ 参见萧放:《中秋节的历史流传、变化及当代意义》,《民间文化论坛》2004年第5期。

传统节日，比如清明，中唐时期作为一个独立节日逐步兴起①，现今是与春节、端午、中秋并称的四大传统节日之一。二是几乎每个节气都有丰富多彩的节气习俗活动。总体来说，这些习俗活动可概况为如下几个方面：奉祀神灵，以应天时；崇宗敬祖，维护亲情；除凶祛恶，以求平安；休闲娱乐，放松心情。再者，基本上每个节气也都有特殊的饮食习俗，比较著名的如"冬至饺子夏至面"、立春咬春与尝春等。② 另外，遵循传统"天人合一，顺应四时"的理念，以二十四节气为中心，亦形成了丰富的养生习俗，如立春补肝、立夏补水、立秋滋阴润燥、立冬补阴等，以求通过养精神、调饮食、练形体等途径达到强身益寿的目的。③ 总之，围绕着二十四节气中的主要节点，形成了众多与信仰、禁忌、仪式、礼仪、娱乐、饮食、养生等相关的民俗活动。④ 三是围绕二十四节气，产生了数量众多的民间故事、传说以及诗词歌赋等，集中表达了人们的思想情感与精神寄托。⑤

总之，通过以上之论述我们可以发现，二十四节气绝不仅仅只是一种时间制度，而是具有极为丰富的民俗内涵，牵涉到

---

① 参见张勃：《唐代节日研究》，中国社会科学出版社 2013 年版，第 132—148 页。

② 参见王加华：《二十四节气：光阴的习俗与故事》，光明日报出版社 2015 年版，第 84—135 页。

③ 参见刘婷婷：《二十四节气养生》，中原农民出版社 2008 年版。

④ 参见萧放：《二十四节气与民俗》，《装饰》2015 年第 4 期。

⑤ 对此，可参见高倩艺编著：《二十四节气民俗》，中国社会出版社 2010 年版；王加华：《二十四节气：光阴的习俗与故事》，光明日报出版社 2015 年版；王景科主编：《中国二十四节气诗词鉴赏》，山东友谊出版社 1998 年版；等等。

人们社会生活的方方面面并深深融入其中,因此将其称为"民俗体系"或者说"民俗系统"①应该更为合适。而作为一种民俗系统,二十四节气之所以能在民众日常社会生活中普及与流行开来,与其具有实际的价值与意义有直接关系。概而言之,我们可以将其概括为实用性、节点性与生活化等几个方面。反过来,正是因为具有实际的功用,二十四节气才融入民众生活之中,并发展成为一种"民俗系统"。二者相互建构,共同促进了二十四节气民俗系统的生成。

二、介入生活:二十四节气保护与传承的有效途径

就民俗传承的内容言之,我们可大体将其分为两个层面:一是民俗事象的实践传承,即与民众现实生活相联系,通过"活生生"的话语、行为及心理等进行传承,也即当下非遗保护

---

① 乌丙安先生曾从民俗构成的角度对"民俗系统"的概念做了相关论述与说明。他认为,民俗现象从民俗质、民俗素、民俗链到民俗系列,逐级向上,最终构成为民俗系统。在此,民俗系统即对包罗万象之民俗现象最高层面的概括与系统性分类(乌丙安:《民俗学原理》,辽宁教育出版社2001年版,第13—32页)。郑杰文亦曾对"民俗系统"做过相关论述,他认为作为民俗要素的精神和物质文化现象的存在形态及其间的有机联系,以及它们的发生、发展、流传、演变的历史过程,即构成为一个民族的特定民俗系统(郑杰文:《论民俗系统的二重性结构》,《民俗研究》1991年第4期)。本文的"民俗系统"概念,更类似于郑杰文先生之概念,即在二十四节气的产生、发展与流变过程中,所形成的口头、行为、心理等多个层面的习俗形态及其有机联系。

中所提倡的“活态传承”;二是单纯的知识传承,可通过博物馆、书籍等途径进行。在这种情况下,传承的不一定是现实生活中所实际践行的知识系统,就如同我们今天通过古籍而了解到的现已不存的古代知识一样。对二十四节气而言,据联合国教科文组织《保护非物质文化遗产公约》的宗旨,肯定强调的是活态之保护与传承。而要进行活态的保护与传承,就必须使其能真正与民众生活相结合并发挥其实际价值与意义。传统时代,二十四节气之所以能逐渐发展成为一个庞杂的民俗系统,就是因其与民众生活的深入与紧密结合。基于此,介入当下民众之社会生活,应该是今后二十四节气保护与传承的最根本、最有效途径。正如乌丙安先生在谈及传统工艺保护时所说的那样,让传统工艺“无孔不入”地走进现代生活才是振兴之道。①

问题在于,如何才能使二十四节气介入当下民众之社会生活而实现活态化传承呢?这又有多大的可行性呢?利好消息在于,正如安德明所指出的那样,同许多处于濒危状态的非物质文化遗产项目不同,二十四节气仍然在当下的民众社会生活中发挥着鲜活的作用。② 确实,如冬至吃饺子的习俗,各地多有所谓“冬至不端饺子碗,冻掉耳朵没人管”的俗谚,至少在笔者的家乡山东一带,每届冬至,基本家家吃饺子,各商场超市也总是早早即开始饺子的宣传与销售。这为二十四节气的活态

---

① 参见张浙默:《乌丙安:让传统工艺“无孔不入”地走进现代生活才是振兴之道》,2016 年 12 月 15 日,http://www.chinesefolklore.org.cn/web/index.php?NewsID=15326。

② 参见谢颖:《“新的驿程”刚刚开始——中国民俗学会“二十四节气保护工作专家座谈会”综述》,2017 年 1 月 18 日,http://www.chinesefolklore.org.cn/web/index.php?NewsID=15508。

传承提供了现实的社会基础。当然,也有观点——或许是更为流行的观点认为,二十四节气是传统农耕时代的产物,其主要作用在于指导农业生产,而当下我们正在经历急速的社会变迁,正逐渐由农耕社会向工业与信息化社会转变,因此二十四节气已不再适应今天的社会需要;即使当下的二十四节气仍有一定的"用武之地",但随着将来社会的进一步变革,其也将日渐过时而失去效用。

诚然,二十四节气是传统农耕时代的产物,其最初的主要作用在于指导农业生产的进行。而今天,随着社会的急速变迁,各方面已发生了极大变化。一方面,在整个社会生产体系中,农业生产的重要性已大大降低——虽然其仍是基础性生产部门。从清末民国时期开始,尤其是20世纪80年代的改革开放之后,工业生产日益取代农业生产而成为最主要的生产部门。与传统农业生产不同的是,工业生产的进行不以自然节律的律动为基础展开进行,而主要依靠各种机械装置单调重复的动作。正如马克吉所言:"农业的常规又是由自然的活动的节奏和周期,由因为阳光、湿度和降雨的分布不同而出现的农业季节更替以及土壤恢复和植物生长的生态周期所支配的……城市工业社会的社会和经济节奏远为不同。在工业社会中,职业的规则,日复一日,与自然现象没有什么关系了;它在很大程度上是由机器体系的速度所支配的,而机器体系的节奏并不遵循生活的节拍。"①在这种情况下,作为自然节奏律动性体现的

① [印]雷德哈卡马·马克吉:《时间、技术和社会》,[英]约翰·哈萨德编:《时间社会学》,朱红文、李捷译,北京师范大学出版社2009年版,第36页。

二十四节气自然也就不再适用了。另一方面,就现代农业生产来说,由于气象预报等现代科技手段的运用,人们对自然律动的把握亦日渐精确,可不必再完全依赖传统的二十四节气。同时,随着大棚、无土栽培、新的作物品种培育等现代农业技术的运用,反季节农业生产亦日益流行。这亦使得传统二十四节气日益失去其指导性功用。

虽然当下二十四节气农事指导作用的日益降低确实是不争的事实,但是,如前所述,二十四节气不单单只是种时间制度,更是一种民俗系统,其意义不只是为农业生产的进行提供时间指导,还与民众之社会生活紧密相连。因此,虽然今天二十四节气的农事指导作用降低了,但我们仍可以继续发挥其对民众社会生活的价值与意义。作为一种民俗系统,二十四节气是人为创造的产物,而民俗系统"是一个矛盾运动的动态过程,那么它必然处在永恒的发展和不断更新中,非理性结构因素的消亡、合理性结构要素的流传、新鲜血液的不断增加,构成了民俗系统的稳固性与可塑性共存的特色"①。历史上,在二十四节气的产生、发展与流变过程中,其内涵一直在因应社会形势的发展变化而日益变化与发展。因此在今天的社会形势下,我们仍然可以对其进行进一步的"再创造",即"淡化"其对农业生产的指导作用,而强调其与民众社会生活的关系面向,让其充分介入现代民众的社会生活,即充分发挥二十四节气在民众仪式生活、休闲娱乐、饮食养生等方面的功用与价值。当然,这样说并不意味着二十四节气对今天的农业生产已没有任

---

①　郑杰文:《论民俗系统的二重性结构》,《民俗研究》1991 年第 4 期。

何指导意义了,实际上在广大农村地区,二十四节气仍是有其现实意义的。①

传统时代,二十四节气是民众年度时间生活的重要节点。虽然与节日有所不同,节气却也是民众日常生活中“非日常”的日子,且包含有丰富的仪式、娱乐、饮食等相关习俗,故而在一定程度上我们完全可以将其作为节日来看待。因此,在今天的社会生活中,要增强人们对二十四节气的认知与认同感,就要对其“节点性”与“非日常性”特别加以强调。但是,仅仅强调“节点性”远远不够,还要强调节气的“神圣性”一面,即对每个节气所包含的仪式活动及其背后的精神文化内涵加以强调,而这应该是二十四节气在当下如何保持良好传承与发展的核心所在。② 因为只有这样,才能真正唤起民众对二十四节气的认同感。二十四节气的精神文化内涵,首先在于其所体现出的人与自然的和谐关系。对于今天的人们来说,这一点尤其具有现实意义。今天由于工业化的日益推进及对机器运作节奏的遵从,我们与自然日渐疏离,于是我们开始日益漠视甚至忽视“自然因素”对我们人类社会发展的价值与意义——日渐严重的雾霾问题本质上就是我们漠视自然的结果。因此,“这就是为什么我们需要在生活中加入像二十四节气这样的时间框架。现代人生活在钢筋水泥的森林中,漠视自然已经太久了,而要

---

① 参见陈丹:《二十四节气在现代农业中应用须注意的问题》,《广西气象》2001 年第 2 期。

② 笔者曾以节日为例,对节日在当下社会中的节点性与神圣性重建做了相关论述。具体参见王加华:《传统节日的时间节点性与坐标性重建——基于社会时间视角的考察》,《文化遗产》2016 年第 1 期。

了解自然，二十四节气作为一个时间尺度是必不可少的”[①]。其次，二十四节气的精神内涵，还在于其与民众社会生活紧密结合中所体现出的崇宗敬祖、维护亲情以及除凶祛恶、以求平安等重要意义。因此，从更高的层面来说，作为民俗系统的二十四节气亦是中国传统文化的重要组成部分与重要载体，体现着中国人的天人关系、伦理孝道等多文化的文化内涵。从这个角度来说，今天二十四节气被列入联合国教科文组织人类非物质文化遗产代表作名录，以及我们加强对二十四节气在当下的保护与传承，就不仅仅只是在传承一种文化遗产，还在于让我们重新唤起对传统文化的认知，进而提升我们的民族自豪感，增强我们的民族认同，同时也是世界认识中国的一个标志。[②]

二十四节气的保护与传承具有极为重要的意义与价值，而保护与传承的最佳途径则是让其“无孔不入”地介入现代民众的社会生活。但问题在于，如何才能实现无孔不入地介入呢？要做到这一点，仅靠二十四节气的自然发展或者相关保护主体的努力是远远不够的，还必须要有新闻媒体、学校教育、国家政策等方面的强力辅助与支持。首先，要加强二十四节气的知识传承，这是开展实践传承的前提与基础。今天，越来越多的年轻人，即使那些生活在乡村地区的年轻人，对二十四节气基本上都是陌生的。在此境况下，要求他们在心理上认同并主动实践二十四节气习俗是完全不可能的。因此，必须要加强对年轻

---

① 刘魁立：《中国人的时间制度——值得骄傲的二十四节气》，2016年12月12日，http://www.rmzxb.com.cn/c/2016-12-12/1209211.shtml。

② 参见刘魁立：《中国人的时间制度——值得骄傲的二十四节气》，2016年12月12日，http://www.rmzxb.com.cn/c/2016-12-12/1209211.shtml。

人二十四节气知识的普及与推广,而这其中最有效的办法就是为中小学生编写二十四节气知识读本,加强相关知识与文化内涵的普及与教育。这其中可将二十四节气与学生的实际学习生活相结合,制定校园生活的二十四节气,以使他们对二十四节气有直观的理解与把握。如立春,“一年之计在于春”,传统是农民准备春耕的时节,而对广大在校中小学生来说,此时通常正值寒假,也正是需要为接下来的学期生活做好准备的时候。① 其他诸如开设专题讲座、举办相关展览等,也是进行二十四节气知识传承的重要方式。其次,在知识传承的基础上,加强人们对二十四节气习俗活动实践传承的引导。如每到一个节气,就通过广播、电视、网络等现代传媒手段,对该节气的起源发展、历史流变、文化内涵、仪式活动、饮食习俗、娱乐活动、养生实践等进行“铺天盖地”的广泛宣传,在实现民众对二十四节气节日内容和文化内涵充分了解与理解的基础上,通过潜移默化的影响力,民众在自觉与不自觉之间开始践行相关节气习俗活动,并使之成为自己生活的一部分。若有可能,或可通过国家立法的形式,将某些节气定为法定的庆祝日,就如同今天日本所做的那样。② 另外,各行各业也可以结合自身特点,制定自己的二十四节气时间表,在实际工作与生活中践行二十四节气。如国网厦门供电公司,就根据国网公司部署,结合自身实际制定了“二十四节气表”,并层层推广应用至部门、

---

① 参见王加华:《二十四节气:光阴的习俗与故事》,光明日报出版社 2015 年版,第 59—61 页。

② 据浙江农林大学毕雪飞副教授于 2016 年 12 月 20 日在中国社科院举行的“二十四节气保护工作专家座谈会”上的谈话而知。

班组、个人,发挥了积极成效。①

当然,在对二十四节气进行生活化保护与传承过程中,有两个维度必须要充分注意。一是二十四节气的异质性差异,虽然我们要加强对作为民俗系统的二十四节气的整体保护,但也必须要充分认识到,对民众的生活来说,并非每一个节气都是同质的,也即并非都是具有同样意义的。一些节气,如"四立""二至"等,由于产生较早且与民众生活关系紧密,因此习俗活动、文化内涵等也就更为丰富,至于清明更是发展为中国传统四大节日之一;一些节气,如小暑、大暑、小雪、大雪、小寒、大寒等,其文化内涵与习俗活动相对而言就不那么丰富②,通常只是强调其于人的养生意义,如大暑进补、大寒进补等。因此,在具体的生活化保护与传承过程中,就不能一味地强求对每个节气都"一视同仁"地进行保护,虽然从观念上来说每个节气都是值得重视的。二是二十四节气的地域性差异,即对不同地区而言,同一个节气的意义可能是不一样的。如冬至,虽然在广大地区都有很大的影响力,但在江浙一带却尤其重要,素有"冬至大如年"之说,此日人们会祭祖、全家团圆,并包馄饨、蒸年糕等,其情景就如同除夕守岁。再比如谷雨节气,在山东荣成等沿海地区就备受重视。此时"百鱼上岸",为祈求出海平安、渔获丰收,人们便在谷雨这天举行隆重而盛大的祭祀海神仪式,由此形成了深为当地民众重视的谷雨节,其隆重程度相

---

① 参见吴兆磊:《浅谈"二十四节气表"在基层班组的文化实践》,《中外企业家》2015年第28期。

② 之所以如此,可能与这些节气通常处于农闲期有直接关系。农闲时期,人们没有多少农活可做,于是节气的农事指导意义也就不那么明显,由此导致了文化意义与习俗活动的薄弱。

比于春节是有过之而无不及。[①] 因此,对二十四节气的保护与传承,不能采取“一刀切”的方式展开进行,而要结合各地实际,针对不同的节气采取不同的措施。

三、小　结

以上我们主要对二十四节气在传统时代的价值与意义及其在当下的保护与传承问题做了简要论述。从中我们可以发现,对传统中国社会的民众来说,二十四节气绝不是如我们一般意义上所理解的那样,只单纯是一种历法体系或者说时间制度,而更是一种包含有丰富民俗事象的民俗系统,具有实用性、节点性与生活化等几个方面的特点。二十四节气之所以被创造出来、广泛流布且内涵日益丰富,与其深深融入传统民众的生产生活之中具有直接关系。基于此,要想在当下更好地保护与传承二十四节气,使其如传统时代那样充分介入现代民众的社会生活应该是一种最佳途径。与传统相比,随着我国由农业社会向工业社会的转变,今天的社会已发生了巨大变化,由此二十四节气所赖以存在的社会环境亦发生了极大变化,这直接导致了其在传统时代的基础性功用,即作为农业生产时间指针的作用日益降低。但作为一种人为创造的民俗系统,二十四节气的意义是表现在多方面的。因此,我们应该以一种发展的观点来认识并对待其在今天的传承与发展问题,即我们可以对其

① 参见谢宇芳等:《谷雨节:渔家狂欢节》,2005 年 4 月 24 日,http://www.whnews.cn/mlweihai/2005-04/24/content_287534.htm。

做进一步的“再创造”,“淡化”其对农业生产的指导作用,而强调其与民众社会生活的关系面向,充分发挥二十四节气在今天民众的日常生活、休闲娱乐、饮食养生以及民族认同、生态文明建设等方面的功用与价值。当然,要做到这一点,还必须充分依靠新闻媒体、学校教育、国家政策等方面的强力辅助与支持,如此才有可能使其“无孔不入”地介入现代民众的社会生活。另外,在具体进行保护与传承的过程中,不能“一刀切”,而要充分观照二十四节气的内部差异及地域差异等问题,分别采取不同的保护与传承措施。

“你”怎么看:胡集书会保护与传承的艺人视角*

近些年来,随着中国整体社会经济与文化的急速变迁,诸多源于农耕时代的文化传统正面临着快速的衰微与流逝。与此同时,随着全球化的迅速推进及中国对自身文化自觉性的逐步提高,作为本土文化的中国传统文化亦开始受到人们的重视。在此大背景下,如何更好地保护与传承我们的传统文化,成为一个广受关注的社会话题与学术讨论问题,当下轰轰烈烈的非物质文化遗产保护运动就是对此的直接反映。而针对保护与传承问题,政府、学者及社会各界纷纷提出了自己的对策与建议,打开网络与电视,翻开报纸与杂志,相关讨论可谓比比皆是,在此无须赘言。但只要我们稍加注意即可发现,在所有的这些讨论之中,作为传统文化承载者与传承主体的民间艺人、手工艺者等却是“失声”的。也就是说,这些讨论基本上都是从作为讲话稿、新闻报道、学术论文等“制作者”的“我”的角度展开进行的,而作为报道、文章中“被描述者”的“他”却“被隐藏”了。但是,要想真正保护与传承传统文化,离开了“他”的眼光与诉求又是万万不行的,毕竟他们才是真正的传承主体,因此

* 本文原载于《民族艺术》2017 年第 3 期。

我们有必要加强对“他”的意见与建议的收集与重视。在此，借用电视连续剧《神探狄仁杰》中一句被广为传播的台词，即“元芳，你怎么看?”，我们也想真诚地问一句，“老师[①]，你怎么看?”下面，我们即以国家级非物质文化遗产胡集书会为例，对这一问题及其背后所体现的相关问题做一简要分析。

胡集书会，又称“胡集灯节书会”，位于山东省惠民县胡集镇，至少已有几百年的历史，是中国现存两大传统古书会之一，2006 年被列入首批国家级非物质文化遗产名录。历史上，胡集书会曾经非常兴盛，但 20 世纪 90 年代之后，随着曲艺市场的日渐式微，胡集书会亦日渐衰落，甚至一度到了濒临消亡的境地。好在 2007 年之后胡集镇地方政府采取了“政府买单，送书下乡”的政策，胡集书会才又重新走上了“正轨”。在此过程中，如何更好地保护与传承胡集书会亦成为一个颇受关注的话题，地方政府、文化工作者、高校研究者等纷纷开出了自己的“药方”，诸如应该加强政府主导作用、加大宣传力度、努力培养新人、加强数字化开发等。[②] 但无一例外的是，这些研究全

---

① “老师”一词，这里借用的是山东济南地方方言，是一种对人的尊称，有请教别人的意思。据说，这一称呼源自孔子“三人行必有我师”之语。

② 相关探讨，如张献青等：《星月流响　天地留言——对首批国家非物质文化遗产山东胡集书会的思考》，《社会科学论坛》2006 年 11 月(下)；代福梅：《如何进一步开发惠民县胡集灯节书会》，《全国商情(经济理论研究)》2008 年第 7 期；姚吉成：《胡集书会的生存困境及其文化再生》，《中国石油大学胜利学院学报》2014 年第 4 期；龙玉霞：《关于胶州秧歌、胡集书会现状及发展的若干思考》，《戏剧丛刊》2014 年第 2 期；郝沛然：《音乐与养家糊口——山东省胡集书会研究》，华中师范大学硕士学位论文，2009 年；王艳龙：《在非遗保护下的胡集书会景观设计研究》，陕西科技大学硕士学位论文，2014 年；等等。

都是从作为论述主体的“我”的角度展开进行的,而并未涉及作为胡集书会两大参与主体之一的说书人(另一个主体是听书人)的意见或建议。有鉴于此,本文将以说书艺人作为表达主体,倾听他们有关胡集书会保护与传承的相关建议,并对这些建议背后所反映出的问题作相关探讨,进而在此基础上对学术研究中的主位观问题略作讨论与分析。

一、“胡集书会征求意见调查表”

2016年2月17至24日(正月初十至十七)书会期间,惠民县胡集镇“中国·胡集灯节书会筹委会”向参会艺人(主要是被分配下村的艺人[①])发放了一张名为“胡集书会征求意见调查表”的调查表,具体内容如下:

胡集书会征求意见调查表

为使国家级非物质文化遗产——胡集书会得以保护与传承,请您认真填写宝贵的意见,谢谢合作!

1. 姓名　　　年龄　　　　电话

2. 您以前有没有参加过胡集书会?这是第几次参加?明年您还参加吗?

3. 您觉得本届胡集书会举办得怎么样?

---

① 以是否下村表演为标准,今天胡集书会的参会艺人可大体分为两类。一类仅参加正月十一的“胡集书会擂台赛”与正月十二上午的展示性演出;一类除参加上述表演活动外,还会按照“政府买单,送书下乡”的政策,被分配到相关村落进行四天的说书表演。

A. 越来越好　　B. 情况一般　C. 逐渐变差

4. 您对胡集书会的发展前景有什么看法？

A. 前景很乐观　B. 前景堪忧　C. 发展道路还很长

5. 您对今后胡集书会的传承保护方面的意见与建议。

(1) ________________________________

(2) ________________________________

(3) ________________________________

6. 请提出您对下一步举办胡集书会的意见和建议。

这张调查表的目的，在于更好地保护与传承胡集书会而向作为参会主体的说书艺人征求意见与建议。至于其最初动议，则由胡集镇老文化站站长 HTL① 所提出。HTL，1957 年生，胡集镇胡家集村（镇政府驻地）人，21 岁即成为当时胡集人民公社文化站站长，从此与胡集书会结下了不解之缘。尤其是 2007 年之后，随着"群众听书，政府买单"与"政府买单，送书下乡"政策的施行，HTL 更是成为胡集书会的实际组织者与管理者，诸如联系与邀请艺人、评定艺人等级与书价、分配与安排艺人下村等，都由其负责承担，其可以说是当下整个胡集书会运作过程中最不可或缺的人物，也是艺人心目中最有"权势"的人物。而之所以提出这一动议，用 HTL 的话说：

咱这个书会啊，过去就是这么个样。咱征求艺人的意

① 为保护个人的隐私，特对正文中所出现的人名做匿名化处理。特此说明。

> 见,我想看看他们究竟有啥想法或合理化的建议。对咱书会发展,好的咱就采纳,不好的咱可以不采纳,就是这么个意思。所以我就和镇里提出了这么个想法……咱不断改进,才能发展啊。结合他们的实际,再听听官方的意见。因为这个书会啊,我这么想啊,“铁打的衙门流水的官”,他们都是流水的,只有我走不了,我得为长远考虑考虑。我今年收这些资料,他们的演出资料,我都收集起来了,反正是为以后打下些基础。①

从这段话语可以看出,HTL 真正将书会看作了自己的“事业”,真正想将自己家乡的这一“传统”保存并传承下去。而从更本质的角度来说,这一想法的提出又与近些年来胡集书会的式微与由民办转官办有直接的关系。历史上,胡集书会曾经非常的兴盛。据民国二十三年(1934)修纂的《续修惠民县志》(稿本)卷十《产业志》所载,当时正月十五请书的总花费约为1200 元,统计范围“按三分之一村计”。当时全县共有 1000 多个村庄,则计元宵节请书的村子有 300 多个,平均每村花费 3 到 4 元,高于一个农工一月的收入。② 巨大的市场需求吸引了山东、河北、内蒙古、天津等地的大量说书艺人前来参加胡集书会。若以一村请一档(通常为 2—3 人),民国时期 300 多个村庄请书就要 300 多档艺人才能满足需求。而据老艺人讲,当时来胡集说书的艺人就有四五百档。新中国成立以后,胡集书会

---

① 被访谈人:HTL;访谈人:王加华;访谈时间:2016 年 10 月 12 日晚;访谈方式:电话访谈。

② 参见张玉:《民间艺人、书会传承与乡民社会——胡集书会调查与研究》,山东大学硕士学位论文,2008 年,第 10 页。

的盛况虽较之以前有所下降,但 20 世纪 50 年代初,前来赶会的艺人仍有三百档左右。[①] 在此过程中,胡集书会一直按照历史上所形成的惯习自发地组织运行,由德高望重的老艺人与地方民众根据约定俗成的规章进行组织与运转,如摆场亮书、考察雇书、支付定金、拿抵押物等[②],并没有任何官方力量参与其中。

"文化大革命"时期,受当时政治形势的影响,胡集书会陷入衰落的境地,不论参会艺人还是请书村落都大大减少。"文化大革命"结束之后,胡集书会开始出现逐步复兴的势头。在此过程中,政府亦开始逐步介入进来,如修建曲艺厅(1985 年)、邀请国内演艺明星前来助兴、来宾接待、宣传报道等。至 1987 年,书会达到了复兴后的最高潮,前来卖书的民间艺人有 170 多档。但 20 世纪 90 年代以后,随着民众文化娱乐生活的日渐丰富,原本热闹红火的胡集书会又开始日益走向衰落与式微。1994 年书会前来参加的仅有 13 档艺人,2004 年最少,只有 5 档十几人。与此同时,请书村落也逐步减少。以 2004 年为例,只有两个村请书,一个是"地主"胡家集,另一个是魏集镇姚家。[③] 2006 年胡集书会被列入首批国家级非物质文化遗产名录,为更好地保护与传承这一优秀文化遗产,HTL 提议并经镇党委政府研究后决定,2007 年的书会采取了"群众听书,

---

① 参见杨子玉:《一个历史悠久的灯节书会》,政协惠民县委员会文史资料组编:《惠民县文史资料》第 2 辑,1982 年,第 191 页。

② 对这些习俗,可参见王加华主编:《中国节日志 · 胡集书会》,光明日报出版社 2014 年版。

③ 参见韩克顺:《胡集书会》,中国文联出版社 2010 年版,第 169—176 页。

政府买单”的政策,即鼓励村落请书,请书费用由镇政府统一报销。但由于艺人漫天要价,村落则一口应承,致使花费极大,于是2008年又采取了由镇政府统一定价并分配艺人下村的办法,即“政府买单,送书下乡”。此后几年,鉴于前来的艺人越来越多且水平参差不齐,而相比之下安排下村的艺人数量有限,于是从2012年开始,胡集镇政府又严格采取了只有由镇政府邀请前来的艺人才会给予安排下村的举措,即凡未接到胡集镇政府邀请而自发前来的艺人一概不予以接待——虽然之前就有“政府邀请”的行为,但却并未严格执行。2014年,胡集镇政府又举办了“第一届(2014)中国·胡集灯节书会擂台赛”,让参会艺人上台表演,然后再评出一、二、三等奖。2015、2016两年又连续举办了第二届、第三届。

虽然20世纪80年代胡集镇政府即参与到胡集书会相关工作中来,但还只是有限度地“外围”参与,并未深入民间艺人与雇书村落交易环节中来,仍主要靠传统惯习进行运作。2007年之后,一系列举措的施行,则使胡集书会完全处于政府的掌控之下,传统书会民间艺人与村落之间的请书、雇书关系被打破,变成了纯粹的表演与接待关系。这相应导致了许多胡集书会传统惯习的改变,如村落考察选择艺人的传统环节消失;传统书会交定金、拿取抵押物的习俗消失;书会涉及村落范围大为萎缩,只局限在胡集镇一镇之内,周边其他乡镇村落被排斥在外;艺人来源上,受政府邀请而来的艺人日渐增多并成为绝对主体;等等。总之,“政府买单,送书下乡”政策的实行,使胡集书会在传统的听书人与说书人两大参与主体外,又增加了一个参与主体,即胡集镇政府,并成为占绝对主导地位的参与主体,由此亦催生出HTL这样一个“权势”人物。

从2007年开始，随着政府的日渐介入，胡集书会重又走上了“繁荣”之路。2010年以后，每年前来参加胡集书会的艺人均维持在五六十档、一百五六十人左右。从听书者的角度来看，2010年以后，每年都会有四五十个村庄被安排艺人入村表演。不过，虽然政府力量的介入保证并维持了书会的“繁荣”进行，但这种形势究竟能维持多久、今后的路究竟该如何走、如何才能将胡集书会更加长久地保护与传承下去，一系列的问题始终萦绕在胡集镇政府尤其是HTL的面前。为此，每隔一两年，胡集镇政府就会采取一些新的举措，如2014年以后擂台赛的举办。正是在此大背景下，HTL想到了作为参会主体之一的民间艺人，并制作出了“胡集书会征求意见调查表”。

二、“一点小小的意见”

对胡集镇政府的“胡集书会征求意见调查表”，许多参会艺人做出了回应，并于正月十七上午领取说书报酬时将其交给了胡集书会组委会。2016年，在被安排下村表演的近70位艺人当中，有24位填写并上交了意见调查表。正如河北蠡县西河大鼓艺人LYR所写的那样：“为下次办好书会，我提一点小小的意见。”下面即主要根据意见调查表中的第5、6两个问题，对艺人的意见与建议做简要描述与分析。

对当前胡集书会“政府买单，送书下乡”的举措表示认同与肯定，认为应该继续坚持下去。如山东平原木板大鼓艺人MSH说：“请领导想一切办法把这个书会永远办下去，政府买单要永久坚持。”山东庆云鲁北大鼓艺人WSB也说：“我要求领导,想尽一切方式,把书会办下去,政府买单要坚持永久下去。”“政府主导”是当下中国非物质文化遗产保护的最主要操作模式。近些年来,越来越多的学者基于“社区参与”这一非物质文化遗产国际法保护的基本理念①,对当下的“政府主导”模式提出了批评与反思。② 但对这一模式,可能具体问题要做具体分析。就胡集书会而言,若没有政府的主导保护,应该业已消亡。今天由于演出市场的不景气,大量原本以说书为主业的民间艺人,基本已没有多少“演出”的机会;由于赋闲在家,很多艺人也失去了“稳定”收入。③ 因此,对艺人来说,继续存在下去的胡集书会,一方面,至少使他们又有了一个表演并与同行交流的机会;另一方面,虽然报酬相对“微薄”④,但多少也是一份现金收入,对那些年龄大、无事可做的艺人来说更是如此。故而,对于当下的“政府买单,送书下乡”政策,艺人们虽也有诸多不满之处且处境“被动”(下详),但整体来说却是真心拥护的。

加大对年轻艺人的培养,希望能有更多年轻艺人参与到胡集书会中来。这一点可以说是艺人所提意见中最为普遍与集

---

① 参见周超:《社区参与:非物质文化遗产国际法保护的基本理念》,《河南社会科学》2011 年第 2 期。

② 参见晏周琴:《政府主导下甘青“花儿”当前面临的主要传承困境及保护问题》,《西北民族研究》2015 年第 3 期。

③ 参见王加华:《当下民间说书艺人的生存困境及其应对策略——以胡集书会艺人为中心的探讨》,《文化遗产》2012 年第 4 期。

④ 以 20 世纪 80 年代为例,一档艺人参加胡集书会的报酬,通常在 200 元左右,高的更是有 400 多元,而当时一个大学毕业生的月工资才 40 元左右。相比之下,2016 年书会,一档艺人的报酬为 2600—3000 元,还不如今天大学毕业生一个月的工资高。

中的一条。如河北磁县河南坠子艺人LJM说:“传承人少了,要发扬下去,抓紧教传承人。”山东无棣鲁北大鼓艺人ZYA说:“传承保护加大力度,希望更多的年轻人加入胡集。”这说明艺人们已充分意识到当前胡集书会传承过程中所面临的一大问题,即年轻艺人越来越少了。诚然,2007年之后,虽然在政府的扶持之下,胡集书会重又走向“复兴”,每年均会有一百多位艺人前来参加,但在年龄构成上,却以50岁以上的老艺人占绝对主导地位。① 虽然也有一些30岁左右的年轻人,但要么是作为临时搭档的艺人子女,要么是受邀而来、单纯为活跃气氛的相声演员等,本质上并非是胡集书会传承发展所能依赖的真正“艺人”。因为艺人子女基本都有本职工作,参加书会只是“玩票”;相声等曲艺形式,受自身艺术风格限制,无法支撑书会期间四天五晚的演出。而作为胡集书会最重要的参与主体之一,若没有年轻的“说书人”参与进来,随着老艺人的故去,胡集书会也必将走向消亡。但在当下曲艺市场不景气、说书已无法作为“糊口”手段的背景下,培养传承人又谈何容易呢?“学的话就是十七八的小孩,专职地学才会好。可现在十七八的小孩一天能挣七八十、百十块钱,谁学?学这个上哪里吃饭哩?”②

说书人与听书人是胡集书会的两大传承主体,二者缺一不可。20世纪90年代之后,随着娱乐形式的多元化,人们对听书越来越没兴趣。当下的胡集书会,虽是“政府买单”、免费

---

① 参见王加华:《当下民间说书艺人的生存困境及其应对策略——以胡集书会艺人为中心的探讨》,《文化遗产》2012年第4期。

② 被访谈人:LHR,男,1947年生,山东阳信毛竹板书艺人;访谈人:王加华;时间:2010年2月25日上午;地点:山东省惠民县胡集镇书会路。

"送书下乡",但民众的听书热情却依旧低落,有二十多人在场听书已属不错,且基本均为六七十岁的老年人,与以往满村空巷、老少毕集、动辄几百人的场景已完全无法相比。因此,只单纯培养说书人是远远不够的,还需要加强民众尤其是青少年群体对胡集书会的认同感及对其听书热情的培养。个别艺人意识到了这一问题,提出了诸如"对青少年多讲胡集书会历史的名人名家"(河北保定西河大鼓艺人 SXR)、"对胡集青少年多宣传胡集书会的历史"(河北保定西河大鼓艺人 ZYJ)等建议。事实上,为加强对青少年曲艺意识的培养,胡集镇党委政府也确实采取了相关措施,即开展"曲艺进校园"活动。2016 年暑假期间,政府专门邀请专业教师在镇中心小学免费为爱好曲艺的小学生进行了为其半月的集中培训,同时举办了为期半月的"消夏书场"。10 月 13 日开始,又于每周四下午对小学生进行培训。[①] 这一政策的出台是否与艺人的建议直接相关,我们不得而知。但今天曲艺之所以没了市场,与其表演形式、内容等无法适应与满足人们尤其是青少年群体的娱乐需求有直接关系。因此只单纯举行"曲艺进校园"活动恐怕是远远不够的,若要真正吸引青少年群体的注意,还应对曲艺本身进行改革与创新。[②] 对此,河北唐山乐亭大鼓艺人 JYX 就提出:"以演员提高演艺水平为基础,在继承的基础上充分发挥自身条件特长","以节目创新为准绳,创作群众真正喜欢的利国利民的好作品、新作品","开创曲艺形式多元化、完美化。在挖掘整

---

① 参见《胡集镇:曲艺进校园正式开班》,2016 年 11 月 24 日,http://www.huji.gov.cn/hjzzf/5/6/161013053128666832.html。

② 参见方晓斌、虞亦生:《曲艺的根本出路在于自身的改革》,《观察与思考》2012 年第 3 期。

理当地曲艺曲种的同时，形成真正的曲艺书会，不能过于单一或曲种倾斜”。可惜，能意识到这一问题的艺人并不多。

历史上，胡集所属的惠民县及其周边的阳信、沾化、庆云、无棣、商河、平原与河北沧州等县市，一直是胡集书会参会艺人的最主要来源地，很多艺人（如沾化艺人 LZX、阳信艺人 LHB 等）从十几岁就参加书会，前后已延续了四五十年之久，对书会都有极深的感情。但 2007 年尤其是 2012 年之后，由于艺人“邀请”制度越来越严格，大量“本地”艺人因“技艺水平低”被拒之于书会大门之外，而来自河北保定、廊坊、唐山等非传统主流来源地的艺人则大量增加，并成为今天胡集书会最主要的艺人群体。① 对于这一现象，诸多“本地”艺人提出了自己的意见与建议，如沾化县渤海大鼓艺人 LZX 就认为，“本地艺人太少”；山东阳信艺人 WCZ 也提出，“希望本地区更多的艺人参加”。相比“本地”艺人，由于“外地”艺人基本上都是被“邀请”而非自发、主动前来的，因此他们在心态上难免会有些许的“优越”之感；由于过去基本没有参加胡集书会的经历，他们对胡集书会也没有多少认同感与亲近感，因此对书会的说书价格、奖项评定及所表演村落的接待水平等产生了诸多牢骚与不满。这在征求意见表中即有反映，如河北蠡县艺人 LLM 对下一步胡集书会的意见与建议是“提高艺人们的生活水平”；保定艺人 TLX 写道：“精兵减正，提高我们生活水平，提高工资代俞”②；

① 以 2016 年胡集书会为例，在被安排下村的 70 位非专业艺人中，只有 20 位为“本地”艺人，其余 50 位均为河北艺人。

② 在艺人所填写的“胡集书会征求意见调查表”中，存在大量的错别字，比如此处的“提高工资代俞”，应为“提高工资待遇”。这也从侧面反映出，很多艺人的文化程度可能并不高。

河北文安艺人 CSX 亦强调:“精兵减正,要提高演员的生活水平、工资”。对此,诸多“本地”艺人表达了自己的不满。如平原艺人 MSH 就写道:“多方要求演员要遵守纪律,到村注意事项,不能在村挑吃拣喝,落下不良影响”,“每年办书会选拔演员要多方面衡量,不能光看艺术,也要看他的人品素质怎么样。要多方面观察演员下村的演出情况,说书时间长短、群众满意度和群众的意见,要多说书,不要求生活好孬,不搞浪费”,“要让演员多学习,提高人品质”。这些意见与建议,反映出“本地”与“外地”艺人对胡集书会的不同心态与情感意识。这一点提醒我们,在当下非物质文化遗产保护的众多参与主体中,不仅政府、学者、民众间的利益诉求可能是不同的,同一群体内部也可能有“分化”的现象存在。而当下的非物质文化遗产保护政策,则有可能会进一步加强这种“分化”,如李向振所注意到的非物质文化遗产传承人认定制度对传承人群体所造成的“分化”。①

对胡集书会的具体组织与运作,不少艺人也提出了自己的意见与建议。如保定艺人 SXR 提出,要“反馈上年群众影响”;“让各村领导深入赛场,把同等书目说唱对比”;“按各村群众作息时间演出,时间要长些,才能深入听众耳中”。保定艺人 ZYJ 亦提出,“对下届演员选择提前通知,让他们多演唱一些德孝廉的内容”;“指定长篇书目,八场书的内容,每场时间尽量长,至少三个小时”;“为听众创造书场环境,取暖很重要”。这

---

① 参见李向振:《“非遗”传承人认定与集体性乡民艺术的保护——以冀南 GY 村“捉黄鬼”活动为个案》,《贵州大学学报》(艺术版)2015 年第 2 期。

些意见,可以说都来源于艺人的切身体验。比如表演场次方面,传统胡集书会为每天上下午及晚上各一场,每场三个小时。2008 年之后,改为了每天两场,每场两个小时左右,这招致了众多老年书迷的不满。再比如取暖问题,书会期间正值冬季(正月十一至十七),说书场地又一般设在村委会院内或干脆就在大街上,因此总是倍感严寒——笔者对此深有所感,这也是人们不愿前来听书的因素之一。对 2014 年始举办的胡集书会擂台赛——这是当前胡集书会诸多矛盾与争议的焦点所在①,诸多艺人也是各抒己见。如河北雄县西河大鼓艺人 XYQ 认为:"擂台赛要连白带唱 20 分钟,多者 30 分钟。左右高低要平分。为盼为盼。"蠡县艺人 LYR 认为:"凡参加胡集书会的人员,擂台赛可以,但不该打分,分高低都有意见。"平原艺人 MSH 与庆云艺人 WSB 则强调了赛场记录问题:"每年在擂台赛时间里,要严格要求,遵守纪律,不能随便提前退场或不入场";"要多方严格要求,演员要遵守纪律。"其他一些意见,LZX 提出,应该建立书会博物馆,提供各路艺人的档案;阳信艺人 LHB 认为应加强老艺人之间的聚会与交流;LZX、WCZ 等艺人认为,对中国曲艺家协会会员、各省曲艺家协会会员,书会应当予以照顾、优先安排;等等。

---

① 擂台赛时,每位艺人上台表演一个十来分钟的小段,然后由评委打分,评出一、二、三等奖若干名。对此,艺人多有不满,如认为评委都是外行、打分不公平、只表演小段无法体现真实水平等,尤其是打分与评奖问题,更是诸多矛盾的核心所在。

三、“提不到点子上”与“人在屋檐下”

对于艺人们所提出的各项意见与建议,作为当下书会主导方的胡集镇政府又是如何看的呢?对此,作为书会实际组织者与管理者的HTL作如是评价:“他们,咱说实话,他们大部分都提不到点子上来啊!”①

那为何HTL认为艺人的意见与建议大部分都没提到点子上呢?据老站长的意思,主要有以下几个方面的原因。首先,很多意见是从艺人自身角度而非书会运作角度提出的,如要求提高接待水平与说书价格、加强老艺人之间的聚会与交流等。其次,艺人所提的一些意见与建议,如大力收学生以加强对年轻艺人的培养、对说书曲目与内容进行改革创新等,并不是胡集书会或者胡集镇政府所能解决的问题。再次,很多意见并无新意,如认为要加大宣传力度,提高胡集书会影响力等。最后,很多艺人只是说了些套话,如有的艺人说:“胡集书会是国家首批非物质文化遗产,已有几百年的历史,应该加强保护和传承”(山东滨州东路大鼓艺人ZJS);有的则全是恭维与赞扬的话,如一位艺人(河北保定西河大鼓艺人LXH)在“传承保护方面的意见与建议”条下写道:“1. 一团正气、宏图大展;2. 就平胡集镇领导废寝忘食、不次(辞)劳苦的精神,胡集书会也能世代长传;3. 我说一声,胡镇长、闫镇长各

① 被访谈人:HTL;访谈人:王加华;访谈时间:2016年10月12日晚;访谈方式:电话访谈。

位领导,你心苦拉。”[①]也就是说,这些所谓的“意见”与“建议”,实际上啥也没说。

从上述HTL站长的评价中我们可以看出,镇政府与艺人实际上是站在完全不同的立场上来看问题的。就镇政府来说,他们更为关心的是作为地方传统与文化品牌的国家级非物质文化遗产的存续问题;就艺人来说,他们更为关心的则是自己及曲艺行的生存与发展问题。历史上,由于曲艺市场的兴旺发达,胡集书会亦是繁荣兴旺,只是作为一种“民间传统”,其并未受到政府或社会上层的关注。但20世纪80年代之后,一方面随着中国社会的急速变迁,包括胡集书会在内的诸多文化传统正在日益流逝;另一方面,随着全球化的迅速推进及中国自身文化自觉性的逐步提高,“传统”亦开始受到人们的关注与重视。尤其是非物质文化遗产保护运动开启以后,更是掀起了一股轰轰烈烈的传统的“复兴”或“发明”运动。在这一运动中,人们不仅关注传统本身,更致力于“传统”以外的东西,如经济资本、社会资本及自我文化的符号认同等。在此,传统日益成为提高地方知名度、促进地方社会经济发展的重要工具与手段。[②] 正是在此大背景下,胡集镇政府出台了“政府买单,送书下乡”的政策。对胡集镇政府来说,目标其实非常明确与具体,即只要有艺人前来——不管你来自哪里、年老年少,只要有“热热闹闹”的曲艺表演——不管是何种曲目、村落是否愿意

---

① 在艺人所填写的“胡集书会征求意见调查表”中,存在大量的错别字。比如此处的“不次劳苦的精神”,应为“不辞劳苦的精神”;“你心苦拉”,应为“你辛苦啦”;等等。

② 参见陈映婕、张虎生:《非物质文化遗产保护下的“传统”或“传统主义”——以两个七夕个案为例》,《民族艺术》2008年第4期。

接受被分配到本村的艺人①、民众是否爱听与愿意听,只要作为地方文化品牌的胡集书会能一直延续下去就是胜利。而对广大艺人来说,过去说书虽属"下九流",但至少也是一门能养家糊口的技艺。② 胡集书会虽为他们提供了挣大钱、扬名立万、技艺交流、开阔眼界及处理内部事务的契机③,但却并非是他们演艺事业的全部。一年之中的绝大部分时间,他们主要是在特定的区域、按照特定的游走路线(俗称"踩地")走街串巷、赶集卖场。因此,虽然很多艺人都对胡集书会有极深的感情,在今天曲艺市场日渐式微的大环境下,他们在潜意识中更为关注的必然是曾使他们安身立命的曲艺行业及自身的生存问题。尤其是对那些"外地"艺人来说,他们本就对胡集书会没有多少情感与认同,自然也就更为强调自身之利益。

不过,虽然镇政府与艺人的立场完全不同,却不代表他们的立意是完全相左或针锋相对的。实际上,他们只是各自强调了一体两面的不同层面而已。俗话说:"大河无水小河干。"从根本上来说,胡集书会要想更好地生存与发展,就离不开曲艺行业的健康发展。今天的胡集书会之所以日渐式微、"苟延残喘",归根到底是由曲艺行的衰微造成的。因此,从这个角度

---

① 今天的胡集书会,主要采取由镇政府安排入村的办法。胡集镇辖区内较大的村落,无论愿意与否,都会被安排一档艺人进村表演。虽是政府买单,但艺人在村内的吃住却仍由村落负担,加之民众听书热情不高,因此现在村落接待被安排到本村的艺人越来越有种完成上级部门"任务"的意思。

② 参见郝沛然:《音乐与养家糊口——山东省胡集书会研究》,华中师范大学硕士学位论文,2009年,第38—62页。

③ 对此,可参见王加华主编:《中国节日志·胡集书会》,光明日报出版社2014年版,第208—221页。

来看,艺人所提出的诸如加强对年轻艺人的培养、改革创新曲目等建议,在今天的曲艺市场行情下,可操作性虽不一定高,却是根本性的、提到了“点子上”的建议。而艺人参与胡集书会的目的虽然多样,但“挣大钱”却是最主要的,因此在今天市场经济占主体地位的社会大背景下,一些艺人提出提高演出报酬也是无可厚非、可以理解的。毕竟,如今胡集书会的说书报酬不论是纵向的历史比较,还是今天横向的行业间比较,都不能算是“丰厚”的。发展和权利是非物质文化遗产保护的两大原则,在确保非物质文化遗产项目传承与发展的同时,也必须要确保维护人权和发展公民的社会文化权利。① 因此,不能只着眼于书会本身的发展,也应关注艺人自身的生存与发展权。报酬提高了,艺人参会的积极性必然也会提高,这必将有利于胡集书会的保护与传承。另外,据笔者看来,艺人所提的其他一些意见,其实也是很“到点子上”的。比如,应该提高本地艺人的比重,毕竟胡集书会的存在与发展首先要以“本地”艺人为基本支撑;听书场地要增加取暖设备、要多倾听并反馈听众影响等,实际上是提醒政府要关注胡集书会另一个参与主体——听书人的意见与感受。

反过来,艺人又是如何看待征求意见这件事的呢?为此,笔者访谈了十几位熟悉的艺人。一些艺人认为,“我觉得这是

---

① 参见刘永明:《权利与发展:非物质文化遗产保护的原则》(上),《西南民族大学学报》(人文社会科学版)2006年第1期;刘永明:《权利与发展:非物质文化遗产保护的原则》(下),《西南民族大学学报》(人文社会科学版)2006年第2期。

好事,说明我们越来越受重视了"①。但也有艺人表达了自己的疑虑之情,即"觉得此事有蹊跷"。如河北保定某 W 姓艺人就认为胡集镇政府是别有动机,是为了进一步加强对艺人的管控。而针对调查表中所涉及的各问题,笔者亦与各位艺人做了相关探讨。据已填写的调查表可知,对于"您觉得本届胡集书会举办得怎么样"这个问题,艺人基本都做出了"积极性"的回答。除一位艺人未予回答、一位艺人表示"情况一般"外,其他艺人均表示"越来越好"。"您对胡集书会的发展前景有什么看法",所有艺人均表示"前景很乐观""发展道路还很长"。但问题在于,他们内心真的是这样认为的吗?至少从笔者的访谈来看,大部分被访谈的艺人并不这样认为,即并没有觉得"越来越好",甚至有的艺人认为是"瞎搞",越来越没有了"老样子"。而"瞎搞"的一个突出表现就是曲艺擂台赛的举办,认为不公平、不透明,很多奖项是提前就定好了的;评委都是外行,根本不懂说书唱曲;只看演员的年龄、相貌,不看技艺高低;得奖的很多都没有真才实学,只会唱小段,不会说大书;等等。有的认为镇领导过于强势、不近人情,胡站长也是"忘了老弟兄";书价定得太随意,有的高,有的低,不能一视同仁;一切都得按照镇政府的安排来,艺人没有了自主空间;村长、村书记对说书根本不上心,只是凑合、应付。总之,话匣子一打开,各种牢骚、不满便喷涌而来。而对胡集书会的前景与未来,据笔者以往的访谈可知,艺人们也并非都是持乐观态度的。"你看看现在这些说书的,有几个年轻的?我们没了后,谁来赶会,书会

① 被访谈人:BYH,男,1949 年生,惠民县胡集镇山东木板大鼓艺人;访谈人:王加华;访谈时间:2016 年 10 月 14 日;访谈方式:电话访谈。

还能撑下去吗?”[①]邹平文化馆的山东木板大鼓“艺人”QQT更是直言不讳地说:“我告诉你,我不是糟践这些老艺人啊。现在的胡集书会就是鲁北地区曲艺的一种回光返照,你说现在这些老艺人还有几个带徒弟的,下去十年二十年谁还来胡集唱,现在没有新生力量,后面谁来挑大梁。胡集书会现在的国家政策是好的,但是还是会消亡。”[②]那么对于这些不满、牢骚与看法,为何不在征求意见表里写出来呢?对此,一位河北廊坊艺人的回答可谓是一针见血:“我敢吗?上面可有我的名字和电话呢!……这个人在屋檐下,不得不低头啊!”

一句“人在屋檐下,不得不低头”,可谓真实道出了当下中国非物质文化遗产保护过程中传承人的境遇问题。“政府主导,社会参与,明确职责,形成合力”是中国非物质文化遗产保护的基本原则,在这一原则指导之下,中国的非物质文化遗产保护工作既取得了系列成效,也出现了诸多问题[③],问题之一即作为非遗传承主体的普通民众的“失声”与地位“被动”。受“政府主导”,当下非物质文化遗产保护诸项工作基本上都是在基于政府意愿、在政府设计的思路下展开进行的,于是诸传承主体只能按照既定框架、被动地参与到非物质文化遗产保护

---

① 被访谈人:LZX,男,1942年生,沾化县古城镇渤海大鼓艺人;访谈人:王加华;访谈时间:2015年3月1日;访谈地点:山东省惠民县胡集镇书会路。

② 被访谈人:QQT,男,1979年生,邹平县文化馆工作人员;访谈人:张旭、张玉、艾晓飞;时间:2010年2月24日下午;地点:山东省惠民县胡集镇海林旅店。

③ 参见周志勇:《论政府主导下的非物质文化遗产保护》,湖南大学硕士学位论文,2007年,第26—31页。

与传承工作中来,而无法(至少不能完全)发挥自己的能动性,一切只能唯政府马首是瞻,自己的真实想法无以表达,甚或是不敢表达。

具体到胡集书会来说,从2007年至今,在胡集镇政府的操办之下,书会展演的每一个环节都完全处于政府控制之下。艺人正月初十报到、十一参加曲艺擂台赛、十二进行摆场演出、十二下午按照镇政府安排到村落进行表演、十七上午到镇政府领取说书报酬,这完全依照政府的安排来,其中艺人自己所能把握的只有所说曲目了。若违反了相关规定,则就会受到相应的“惩罚”。如2008年书会,阳信某王姓艺人未遵从胡集镇政府安排,私自以更高的价钱与胡集镇之外的一个村子达成了表演协议。HTL得知后非常生气,说以后绝不再安排她了。此艺人得知后,担心以后自己无法在胡集书会上混下去,便一个劲儿地赔不是,并最终服从了HTL的安排。2009年书会,此王姓艺人便未参加,后找人从中说合,2010年才重又参会。而对那些表演时间达不到政府规定或群众反映表演不好的艺人,镇政府则会通过降低说书报酬的形式以示惩戒。总之,一系列规章制度的实施,使艺人亦处于胡集镇政府的控制之下,而这背后的逻辑其实也很简单,即我给了钱,你就得听我的。在这一背景下,艺人自然不敢将自己的不满与真实想法表达出来,因为他们不想失去宝贵的参会资格,失去可能是一年之中能真正敞开了说书并获得一笔“不菲”收入的机会。虽然来自河北唐山等地的艺人有某些“优越”之感,经常对笔者说他们在当地多么有名、来胡集表演耽误了多少在当地的演出等,但实际上他们也是极度看重胡集书会的表演机会的,毕竟书价再加上来回路费,还是一笔不小收入的。征求意见表中大量提及HTL及胡集镇领导的赞扬与恭维话语,很大程度上应该就是这种心理作用的结果。

当然,必须要承认的是,政府主导也有其积极的一面。在这一指导模式下,中国的非物质文化遗产保护也确实取得了系列成绩,使诸多如胡集书会一样濒临“死亡”的传统文化重又走向“复兴”。但问题的关键在于政府应该如何定位,不能既是保护工作的推动者,又是保护工作的执行者与监督者,不能既是裁判员又是运动员,而应充分厘清自身角色,应该有收有放,切实履行指导、监管、服务的责任。[①] 具体到胡集书会这种以曲艺表演为主题的非遗项目来说,政府应该做外在的推手,而并非扶手,其首要的工作,应是保护非物质文化遗产项目赖以生存的环境,保护非物质文化的载体——人本身。[②] 作为书会传承的核心主体之一,虽然艺人们的意见可能在立场上是与政府完全不同的,但却也是为书会的传承与发展着想的,而传承发展恰是对非物质文化遗产的最好保护。[③] 因此,对诸非物质文化遗产项目中传承人的意见与建议,不论看起来是多么“提不到点子上”的,都应该尊重与听取,毕竟他们才是非物质文化遗产项目传承与发展的真正主体。

---

① 参见王学文:《我国非物质文化遗产保护的“四种倾向”及对策分析》,《民俗研究》2010 年第 4 期。

② 参见刘红娟:《推手而不是扶手——传统戏剧类非遗保护中政府、专家的角色探讨》,《戏剧文学》2010 年第 8 期。

③ 参见冯光钰:《传承发展是对非物质文化遗产——中国传统音乐的最好保护》,《音乐研究》2006 年第 1 期。

四、结　语

以上我们以“胡集书会征求意见调查表”为基本依据，对这一调查表的缘起、艺人的意见与建议、官方与艺人对这件事的各自看法等问题做了相关分析，并以此透视了当下非物质文化遗产保护的相关问题。从中我们可以发现，虽然他们的立场是与政府完全不同的，他们的意见与建议也被认为是“提不到点子上”的，但实际情况却并非如此。一方面，很多问题实际上是提到了点子上的。这些意见基本来自他们的切身体验，是政府及其工作人员无法想象得到的。另一方面，虽然他们看似更为强调自身的利益，但却也是为胡集书会的保护与传承着想的。传承人是非物质文化遗产保护的核心载体。[①] 因此，作为胡集书会的真正参与主体之一，胡集书会要想在今后维持下去或获得更好的传承与发展，政府必须要转变观念，必须要充分关照艺人群体的利益与诉求，多听取他们的意见与建议。

不过，我们也必须注意到，受当前整体非物质文化遗产保护模式的影响，艺人意见与建议的表达又是不充分、遮遮掩掩甚或说是“虚假”的。在不了解实际情形的情况下，若单纯以意见表中的话语表述为依据，我们或许就会得出胡集书会确实越来越好、艺人对政府感恩戴德的结论，但实际情况却并非如此。基于此，我们便禁不住去追问这样一个问题，即主位视角

---

① 参见许林田：《传承人：非物质文化遗产保护的核心载体》，《浙江工艺美术》2006年第4期。

的论述是可信的吗？我们应该如何去认识与分析主位性话语呢？主位视角或者说主位观是人类学、社会学、民俗学、民族学等学科所深以为重的研究视角与方法，其基本思想是尽可能地让当事人来讲话，是一种“从内部看文化或问题”的研究。[①] 让当事人说话，以当事人的眼光来看问题，一定程度上确实可以让我们更接近“真相”——虽然事实上“真相”可能并不存在，但让处于客位的研究者能更为深入地感受与理解民众生活。[②] 任何言说与文本创造都是充满语境性的，若忽视了具体存在语境，也就难以真正找到其背后的叙事结构和内在脉络。[③] 因此，单纯的言说或文本描述很可能是不“真实”的。当然，究竟何谓“真实”，是需要从不同层面来加以理解的。简单来说，有话语的“真实”，又有话语背后的事实“真实”。而相比于话语的真实，话语背后的事实真实更为重要。也就是说，问题的关键不在于说了什么，而在于为什么要这样说。就胡集书会意见征求表而言，其中的某些话语（如认为书会“越来越好”）可能是不真实的，但其背后所反映的社会事实却是真实的，即政府的强势主导与艺人的被动与弱势。这一点，对于我们理解今天非物质文化遗产保护的实况具有极为重要的意义。不过，言说背后的社会真实，仅靠主位视角往往是无法查知的，还必须要

① 参见[美]帕梯·J.皮尔托、[美]格丽特尔·H.皮尔托：《人类学中的主位和客位研究法》，胡燕子译，《民族译丛》1991年第4期；陈向明：《质的研究中的“局内人”与“局外人”》，《社会学研究》1997年第6期；岳天明：《浅谈民族学中的主位研究和客位研究》，《中央民族大学学报》（哲学社会科学版）2005年第2期；等等。

② 参见刘铁梁：《感受生活的民俗学》，《民俗研究》2011年第2期。

③ 参见张士闪：《乡民艺术民族志书写中主体意识的现代转变》，《思想战线》2011年第2期。

有研究者的客位介入,结合言说的具体语境来加以洞察与分析。因此任何一项人文社会科学的研究,仅强调“主位”“局内”或“客位”“局外”都是不合适的,只有两相结合,才会更加接近所谓的“真实”。

戏剧对义和团运动的影响*

义和团运动的起源问题一直是义和团研究中的一个重要方面，迄今为止诸多前辈学人已有大量研究成果问世，程歗先生对此有专篇文章予以概述①。在此研究中，大部分学者都把重点放在义和团的组织源流上，着重论述义和团与白莲教、乡团或传统民间习武组织的渊源。美国学者周锡瑞则独辟路径，结合当时华北地方的社会政治、经济特点，强调了民间文化在义和团起源过程中所起的重要作用。② 在诸民间文化要素中，周锡瑞又多次提到了戏剧对义和团运动的重大影响。此外，同为美国学者的柯文也谈到了戏剧在义和团运动过程中的重要性。③ 虽然我们不能过分夸大戏剧在义和团起源中的重要作用，但义和团运动在许多方面打着戏剧的烙印却是不争的事实。迄今为止，这一问题虽已有人论及，但还未见到专门性的

---

* 本文原载于《清史研究》2005年第3期。

① 参见程歗：《义和团起源研究的回顾与随想》，《清史研究》2002年第2期。

② 参见[美]周锡瑞：《义和团运动的起源》，张俊义、王栋译，江苏人民出版社1998年版。

③ 参见[美]柯文：《历史三调：作为事件、经历和神话的义和团》，杜继东译，江苏人民出版社2000年版。

探讨,为此,本文力图在前辈学人的基础上,对这一问题进行较为全面的论述。

一

戏剧对义和团运动的影响表现在许多方面,作为制度文化中最为外观层面的服饰就是其中之一。张伟然先生研究太平天国时期太平军的服饰与戏剧之间的关系,认为他们在服饰上主要是模仿戏剧舞台上演员的道具。① 同样,义和团也是如此。总体来说,义和团团员的服饰在运动的前后阶段(以进入京、津为分界线)有所不同,但不论前后都以红色最为普遍,尤其在前期,间有黄色(运动后期还有所谓的黑团,穿黑色服装)。在未进入京津以前,各地义和团团员的服饰是不尽相同的:"刻下津邑聚集拳匪甚多……因非出自一处,故装束各不相同,有在小褂外着一红色兜肚者。有年已三四十岁,而各缠一红辫顶者。尚有一某处匪首,身着黄绸大褂。"当进入京津并得到清廷的财政支持后,义和团的服饰开始趋向一致:"乾门者色尚黄,头包黄布,以花布为里,腰束黄带,左右足胫亦各系指许阔黄带一。坎门者色尚红,头包红布,腰束红带,左右足胫亦各系指许阔红带一。"②这活脱脱就是戏剧舞台上武生之

---

① 参见张伟然:《太平天国仪服文化及其与戏剧赛会的关系》,《复旦学报》(社科版),1996年第3期。

② [日]佐原笃介、沤隐:《拳事杂记》,中国史学会主编:《中国近代史资料丛刊·义和团》第1册,上海人民出版社1957年版,第270页。

打扮，对此，时人曾有言："一如剧中之武生。"[1]还有的义和团团员则更是直接模仿戏剧舞台上的某个人物，如"小结束，戴英雄帽，如剧台所扮黄天霸者"[2]。

服饰外，再看义和团的神主。义和团所请的神，主要是一些古代的英雄人物或拥有法术的神灵。根据当时人的记载，义和团所请的神主要有孙悟空、猪八戒、沙僧（《西游记》），哪吒、托塔李天王、二郎神、姜子牙、杨戬（《封神榜》），关公、张飞、赵云、诸葛亮、黄忠、马超、周仓（《三国演义》），尉迟敬德、秦琼（《隋唐演义》），岳飞、岳云（《说岳全传》），黄天霸（《施公案》），黄三太（《彭公案》），张果老、吕洞宾、汉钟离、铁拐李（《八仙过海》），武松、林冲、鲁智深（《水浒传》），展昭、白玉堂（《七侠五义》）。当然，义和团所请神灵远不止这些，在此不一一列举，但不管怎样，他们绝大部分都是诸小说戏剧中的人物。

服饰、神主都是静态的，至于动态方面，如话语、行为，我们同样可以在义和团团员身上发现戏剧表演的影子。先看话语，义和团团员的语言在很多情况下就是模仿戏剧里的科白。对此时人亦有记载："语音似戏场道白。"[3]相比之下，下面这条材料则更为详细生动："左座一人，忽面目抽掣，欠伸起立，曰：'吾乃汉钟离大仙是也，不知县太爷驾到，未能远迎，面前恕罪。'语甫竟，右座一人，亦如法起立，曰：'吾乃吕洞宾是也。'

---

① 柴萼：《庚辛纪事》，《中国近代史资料丛刊·义和团》第1册，上海人民出版社1957年版，第307页。

② 支碧湖：《续义和拳源流考》，《中国近代史资料丛刊·义和团》第3册，上海人民出版社1957年版，第445页。

③ 刘孟扬：《天津拳匪变乱纪事》，《中国近代史资料丛刊·义和团》第2册，上海人民出版社1957年版，第8页。

左者即向之拱揖,曰:‘师兄驾到,有失远迎,恕罪。’右者亦拱手曰:‘候驾来迟,恕罪请坐。’左者复曰:‘师兄在此,哪有小仙座位。’右者曰:‘同是仙家一脉,不得过谦。’左者曰:‘如此一旁坐下。’装腔弄态,全是戏场科白。”①

言语外,义和团在行为动作上也多模仿戏剧舞台表演。首先是在平时活动中,如报名号时“以次序报,如舞台演戏状”,走路时“拐仙并摇兀作跛势,仙姑则扭捏为妇人态”,审问县官时有人则“扬眉怒目,当庭作跨马势,手张一黄缎三角旗,作火焰边,旗上书‘圣旨’二字,右手持竿,左手搴旗角,如戏剧中马后旗弁”②。除平时活动外,降神附体仪式也多与戏剧表演有关。按照韦勒的看法,降神附体仪式本身就能产生很好的戏剧效果。③ 义和团团员在降神附体后,常能很漂亮地完成一些武术套路,这在很大程度上就是一种表演,可以使旁观者大开眼界,获得愉悦的感受。此时,义和团团员舞刀弄棒的动作与民间戏剧中的武术表演本质上没有多大区别:“作拳势,往来舞蹈。或持竹竿、秫秸、木梃等物,长者以当长枪、大戟,短者以当双剑、单刀,各分门路,支撑冲突,势极凶悍,几于勇不可当。”④

服饰、神主、话语或行为动作等都是表面的,人们通过眼看、耳听可以很容易得知。除此之外,还有一点则是通过表面

① 吴永:《庚子西狩丛谈》,《中国近代史资料丛刊·义和团》第3册,上海人民出版社1957年版,第389页。

② 吴永:《庚子西狩丛谈》,《中国近代史资料丛刊·义和团》第3册,上海人民出版社1957年版,第387—388页。

③ 转引自[美]柯文:《历史三调:作为事件、经历和神话的义和团》,杜继东译,江苏人民出版社2000年版,第91页。

④ [日]佐原笃介、沤隐:《拳事杂记》,《中国近代史资料丛刊·义和团》第1册,上海人民出版社1957年版,第239页。

所不能直接发现的,那就是戏剧与义和团运动的爆发也有一定的关系,对此周锡瑞等很多人都有所提及。其实这一点早就有人注意到了,如陈独秀就曾明确把戏剧作为义和团运动爆发的“第四种原因”。“儒、释、道三教合一的中国戏,乃是造成义和拳的第四种原因。……义和拳所请的神,多半是戏中‘大把子’‘大脸’的好汉,若关羽、张飞、赵云、孙悟空、黄三太、黄天霸等是也。津、京、奉戏剧特盛,所以义和拳格外容易流传。”①

一方面,演剧可以把大量人集合在一起,义和团可以借此宣扬自己的主张,并加强各组织间的联系,从而促进运动的发展。如大刀会就曾利用演剧的机会,把四面八方的人们吸引而来,从而为各村大刀会之间的联系提供了理想的机会。② 正因为如此,官府有时会采取扣留戏班、禁止演戏的措施来阻止义和团的发展。如河北新城知县谢某闻“拳民甚众,现欲演戏”,由于“惧滋事”,而请定兴知县“扣戏班,勿令赴新”。③

另一方面,演剧可以为义和团运动的发展营造一种社会氛围。据前所知,义和团所请神的主要依据是戏剧小说。这些神灵,或者是武艺高超,如关公、赵云等;或者是法术高强,如孙悟空、哪吒等。通过戏剧,这些伟大人物都给普通民众留下了深刻印象,并使之对他们产生钦佩、羡慕之情。于是,当遇到无法

① 陈独秀:《克林德碑》,《新青年》1918年第5卷第5期。

② 刘清目、吴元汉、张起合的口述,见路遥主编:《山东义和团调查资料选编》,齐鲁书社1980年版,第9、10、12页。在此遵从周锡瑞先生的观点,即鲁西南大刀会、直鲁边界的义和拳以及鲁西北神拳都是义和团的重要组成部分。

③ 艾声:《拳匪纪略》,《中国近代史资料丛刊·义和团》第1册,上海人民出版社1957年版,第443—444页。

解决的困难时,民众自然希望能够借助这些伟大人物的力量,以抵御困难。同时,在这种戏剧分外流行的社会环境之下,当某些人宣称获得神力的时候,他们又很容易得到其他普通民众的信任与追随。义和团运动之所以能够迅速发展,就与人们普遍相信义和团神乎其神的宣传与行为有关,而谣言流布又加强了人们的这种信任感。

义和团与伟大人物相联系的纽带是降神附体。降神附体在华北有很悠久的历史传统,普通民众都十分熟悉。义和团在降神附体时,需要先念咒语。咒语有多种,如一咒云:"天灵灵,地灵灵,奉旨祖师来显灵,一请唐僧猪八戒,二请沙僧孙悟空,三请二郎来显圣,四请马超黄汉升,五请济颠我佛祖,六请江湖柳树精,七请飞标黄三太,八请前朝冷于冰,九请华佗来治病,十请托塔天王、金吒、木吒、哪吒三太子,率领天上十万神兵。"①咒语念毕之后,神灵便降临,被降神者也就拥有了超人的威力。而若欲退之时,则"向南三揖,口称老师傅请回",于是"即复如常",拳法也尽忘,与被降神时判若两人。②

刀枪不入是降神附体后所获得的最大功效。对义和团团众来说,他们遇到的最大危险莫过于西方人的火器。义和团便宣扬降神附体可以使人刀枪不入,能有效对付西人之火器,并在大庭广众之下进行演示,"随意举利刃自刺,至于刃曲锋折,而肤肉迄无少损",这必然给人心理上以强烈的震撼,都"惊以

① 罗惇曧:《拳变馀闻》,上海书店1982年版,第26页。

② [日]佐原笃介、沤隐:《拳事杂记》,《中国近代史资料丛刊·义和团》第1册,上海人民出版社1957年版,第239页。

为神”。[①] 而对于那些降神附体的神灵，普通民众虽然“平时将信将疑”，但只要“一遇可以附会之端，登时确信以为实”。[②] 基于此，这种种“神迹”定然会使普通民众在心理上得到极大的鼓舞，认为有了这些伟大人物的佑护，真的能够做到刀枪不入。正如有人曾以蔑视的口气所言：“义和团既无组织，更无训练，惟能以神怪之说，祛愚人恐惧之心而鼓其勇气耳。”[③]于是，在西方国家步步进逼、武器又十分先进的情况下，人们终于找到了一种能够对付他们的有效办法。“乡人以为得此异术可以不惧外洋，由是肆无忌惮。”[④]于是义和团运动也就在华北迅速蔓延开来，“始则一二处秘密学习，继则遍及村庄，纷纷设场，忽而杨戬下山，忽而大圣附体，握拳顿足，原同儿戏；而乡民无知，又以仇教之故，恨敌之心，皆视为得记，举国若狂”[⑤]。正是在乡村戏剧铺垫好的社会背景下，义和团运动由涓涓细流发展成滚滚洪流。

---

① 吴永：《庚子西狩丛谈》，《中国近代史资料丛刊 · 义和团》第3册，上海人民出版社1957年版，第374页。

② 《论义和拳与新旧两党之相关》，《中国近代史资料丛刊 · 义和团》第4册，上海人民出版社1957年版，第180页。

③ 陈捷撰述，何炳松校阅：《义和团运动史》，河南人民出版社2016年版，第18页。

④ 《齐东县志 · 艺文志》，山东省历史学会编：《山东近代史资料》第3分册，山东人民出版社1961年版，第319页。

⑤ 《茌平县志 · 义和拳之变》，山东省历史学会编：《山东近代史资料》第3分册，山东人民出版社1961年版，第323页。

二

戏剧为什么会对义和团运动产生如此大的影响呢？为此，我们不得不考察当时义和团运动所处的那种社会大环境。在广袤的中国大地上，戏剧可以说是无时无地不在，而就义和团运动爆发的主要地区——山东与河北来说，又都是戏剧分外发达的地区。据潘光旦先生的统计，以省为单位计算伶人的数量，河北总是第一，山东总是第五。[1] 据新中国成立后的资料统计，仅分布在山东省各地的戏剧剧种就有 34 种之多。相比较而言，鲁西地区较山东其他地区剧种又更为繁多，而这里正是义和团运动的最初发源地。[2] 戏剧，通过自身无比的魅力把广大民众吸引到他的周围，又悄然把巨大的影响力施加到人们身上，更何况有些义和团的领导人本身就是经常登台的演剧者。[3]

戏剧可以说是近代以前我国人民最主要的娱乐方式。它语言朴实，通俗易懂，且贴近生活，因而具有巨大的吸引力。尤其是对广大普通民众来说，由于长年累月的辛勤劳作，平时少

---

① 参见潘光旦：《中国伶人血缘之研究》，上海书店 1991 年版，第 87 页。另，江苏第二，安徽第三，湖北第四，其余各省则不足道。

② 参见《中国地方戏剧集成（山东省卷）》，中国戏剧出版社 1960 年版，第 2 页。

③ 如京城义和团首领韩八，“喜登场演剧”，见［日］佐原笃介、沤隐：《拳事杂记》，《中国近代史资料丛刊·义和团》第 1 册，上海人民出版社 1957 年版，第 238 页。

有闲暇,也没有什么休闲娱乐的方式,因而只要有看戏的机会,他们总是会欣喜若狂、心驰神往。因此,美国传教士明恩溥曾说:"戏剧可以说是中国独一无二的公共娱乐;戏剧之于中国人,好比运动之于英国人,或斗牛之于西班牙人。"①可以说,在中国大地上,不论是大中小城镇,还是偏僻的乡村,几乎是只要有人居住的地方,就会有戏剧的演出。除演出地域范围极其广阔外,就戏剧上演的场合来说也是众多,迎神赛会要唱戏,丧葬聚饮要唱戏,祭祀祖先要唱戏,节日喜庆要唱戏。总之,不论是喜是忧,都会有戏剧的演出。

戏剧的素材多种多样,但比较说来,中国传统戏剧的素材主要有三大类:一是历史题材,二是神仙鬼怪,三是才子佳人。相比较而言,三者之中更容易让人们津津乐道的是历史题材与神仙鬼怪,而这正是义和团所请的神主主要是历史人物或神仙鬼怪的原因。可以说,中国历史上的重大事件、重要人物,很少没有不被戏剧所采用的。在所有的历史题材中,三国故事又占有极大的比重。历史上三国时期的重大历史事件,如黄巾起义、赤壁之战等都被搬上了戏剧舞台;这段时间的政治斗争和军事斗争中的风云人物也都一个个登上戏剧舞台,尤其是那红脸的关羽、粗爽的张飞、浑身是胆的赵云、足智多谋的诸葛亮、武艺高超的马超等人,更是为广大人民群众所熟悉与喜爱。除三国故事外,有关水泊梁山、杨家将等题材的戏剧,或通过舞台,或通过说书人之口,也频频在舞台上上演。而就义和团运动首先爆发的鲁西地区而言,流行的戏剧剧种的内容更是都以历史题材的武戏为主,艺术表现风格上粗犷、豪迈。如山东梆

① 潘光旦:《中国伶人血缘之研究》,上海书店1991年版,第87页。

子，大多是反抗强暴势力、勇于斗争的武戏题材，最著名的是“四大征”，即《穆桂英征东》《秦英征西》《姚刚征南》《雷振海征北》[①]。除历史题材外，神仙鬼怪也是中国戏剧的重要素材来源之一。在这其中，又以两部传统神怪小说《西游记》和《封神榜》最为重要。

在戏剧分外流行的情况下，其必然会对身处其中的广大民众产生深刻的影响。首先，一般人都会唱上几句，如齐如山（河北高阳人）在其回忆录中曾说：“吾乡有两句话说，有几个村子，狗叫唤都有高腔味儿。”[②]其次，戏剧可起到教育的功能，传播和普及历史知识。普通劳苦大众由于没有多少受教育的机会，因而也就对历史知之甚少，而他们正可以通过戏剧舞台演出来弥补这方面的不足。这一点，正如鲁迅先生在《马上支日记》中说过的：“我们国民的学问，大多数却实在靠着小说，甚至于还靠着从小说编出来的戏文。虽是崇奉关岳的大人先生们，倘问他们心目中这两位‘武圣’的仪表，怕总不免是细着眼睛的红脸大汉和五绺长须的白面书生，或者还穿着绣金的缎甲，脊梁上还插着四张尖角旗。”[③]最后，也许是最重要的一点，戏剧会对人的行为、语言、生活方式甚至思想意识产生深刻的影响。长期熏陶的结果，是使广大普通民众头脑中储存了丰富的戏剧因子。人们在待人接物、言谈交际时，往往在不经意间去模仿戏剧舞台上演员的话语、行为动作。此外，戏剧舞台上那些英雄人物的忠肝义胆、英勇无畏及高强本领，也都能给观

① 参见李赵璧、纪根垠主编：《山东地方戏曲剧种史料汇编》，山东人民出版社1983年版。

② 《齐如山回忆录》，宝文堂书店1989年版，第83页。

③ 鲁迅：《华盖集续编》，人民文学出版社1973年版，第124页。

众留下深刻印象,并进而使他们在内心深处产生深厚的崇拜之情。正如麦高温所言:"(历史剧)不仅能够教育那些对历史大事件一无所知的人们,又能够保持一种让世人对那些在历史上举足轻重的民族英雄崇敬有加的社会风气。"[①]而对于那些神灵,他们超人的本领则更是为广大人民所羡慕。

因而,处于这种社会背景之下,义和团运动会在许多方面受到戏剧的影响也就不足为怪了。正如民初人罗惇曧所言:"北人思想,多源于戏剧,北剧最重神权,每日必演一剧,《封神传》《西游记》,为最有力者也。故拳匪神坛,所奉梨山圣母孙悟空等,皆剧汇总常见者。愚民迷信神拳,演此劫运。盖酝酿百年以来矣。"[②]

三

戏剧对义和团运动产生了深刻的影响,之所以会如此,就是因为它可以营造出一种浓厚的社会氛围,从而为人们各方面的行为提供一种"叙述背景"。[③] 这种"背景",可以在很多人的头脑中产生"集体无意识"。也许你并没有意识到这种影响力量的存在,但却总是会在不知不觉中去按照本已形成的模式去进行。即使有时通过法令的力量去禁止某种风气的蔓延,但

---

① [英]麦高温:《中国人生活的明与暗》,朱涛、倪静译,时事出版社1998年版,第222页。

② 罗惇曧:《庚子国变记》,上海书店1982年版,第14页。

③ [美]周锡瑞:《义和团运动的起源》,张俊义、王栋译,江苏人民出版社1998年版,第378页。

你还是要在不知不觉中去遵循这种风气。就如同在太平天国起义中，虽然“天朝”通过了诸多法令禁止戏剧、迎神赛会的举行，但他们却还是在服饰或诸多仪式上不自觉地去模仿戏剧或迎神赛会。①

在义和团运动的发起过程中，作为华北民间文化重要组成部分的戏剧提供了这种叙述背景。通过戏剧的形式，历史上的英雄人物或神通广大的神灵被人们所熟悉。通过降神附体仪式，一个被广大华北人民所熟悉的传统，普通人也可以拥有这些伟大人物的力量。当拳民被某个神附体后，他们所表现出来的行为就与他们在戏台上所看到的人物的行为是一样的，如各个拳手总是使用其附体神仙所使用的武器，受猪八戒附体的人甚至会用自己的鼻子拱来拱去。② 通过降神附体并模仿这些神灵的行为，义和团团员认为自己也就获得了神力。

当义和团团员举着大旗，身着彩服，走在大街上时，就如同在上演一出大戏。观众在看到这种景象时也会如同看戏时那样表现出一种热闹兴奋的情感。这种场景，必然会创造出一种效应，在此我们借用爱德华·汤普森的说法，即产生一种“戏台效应”③。年轻人往往对这种热闹场面最感兴趣，所以义和团的参加者主要是年轻人也就不足为奇了。即使他们不相信

① 参见张伟然：《太平天国仪服文化及其与戏剧赛会的关系》，《复旦学报》（社会科学版）1996 年第 3 期。

② 转引自［美］周锡瑞：《义和团运动的起源》，张俊义、王栋译，江苏人民出版社 1998 年版，第 258 页。

③ 爱德华·汤普森：《贵族与平民》，《共有的习惯》，沈汉、王加丰译，上海人民出版社 2002 年版。当然，在汤普森先生那里，“戏台效应”这一词主要是指显示一种贵族对平民的象征性“霸权”。

真有所谓的刀枪不入之说，单是这种热闹的场面就足以把他们拉入义和团的阵营中去了。或许，一开始，他们只是因为热闹而加入义和团中，“在诸儿辈不过一时嬉戏，争奇斗捷，力欲见好，社首呼之东则东，呼之西则西，浑浑噩噩，一无所知”①。但是，按照古斯塔夫·勒庞的观点，一旦一个个体加入某个群体中，个人的“个性”就会被压制，他就会情愿让群体的精神代替自己的精神，而在那种群情激昂气氛中的个人，又会很容易在自己的头脑中产生一种强烈的人多势众的感觉。② 因而，在这种情形下，即使是一个懦弱之人，也会突然觉着自己变得强大起来，从而觉得没有什么可以畏惧，“由是肆无忌惮”。

中国并非是一个严格意义上的宗教国家，因此严肃的宗教与并不严肃的戏剧完全可以结合起来。一方面，戏剧中充满了被神化的历史人物；另一方面，戏剧又为集体性宗教活动提供了一个重要的机会。在中国许多地方，迎神赛会活动十分普遍，这通常在庙神的生日那天举行，在此过程中的戏剧演出又是必不可少的环节，事实上许多人只是为了看戏才来参加庙会的。届时神像被人们从庙宇中抬出，与村社的人们一起欣赏戏剧。宗教如此重要的功能采取了戏剧的形式，所以宗教形式便从严格限定的宗教行为转变为“社会剧”的形式。这种形式十分灵活，具有“革新潜力甚或是革命性”。演员通过表演给观众带来欢乐，他比那些专门的宗教司仪拥有更多的“个性和创造性自由”。当义和团将其宗教形式采取戏剧表演时，也就同

---

①　柳堂：《宰惠纪略》，《中国近代史资料丛刊·义和团》第1册，上海人民出版社1957年版，第401页。

②　参见［法］古斯塔夫·勒庞：《乌合之众》，冯克利译，中央编译出版社2004年版。

时获得了这种“创造性潜力”。在此过程中,“旧思想、旧神仙和旧价值全被赋予了激进的新潜力”,于是,“为建立一个没有基督徒和西方传教士的自由世界,义和团将世界作为舞台,上演了一出他们自己创造的社会活剧”。①

在戏剧提供的这种“叙述背景”下,义和团运动在初期获得了飞速的发展。但是,利用戏剧舞台上的所谓神灵以增强自身战斗力的方式是不理性的,而是一种封建蒙昧主义的表现。② 一开始,人们踊跃加入义和团,义和团运动迅速发展,也确实有一些人真的相信义和团所谓的“刀枪不入”,即使面临死亡威胁也不退缩。山东东昌知府擒获一义和团团员,问他是否真有刀枪不入之事,他回答有,进而知府又问他能否当面一试,他仍说可以,结果被砍了头。③ 但是,随着运动的发展,尤其是真的去面对西方国家的枪炮时,义和团的劣势便显现出来,大量的义和团团民死在枪口之下。为维持人心,他们编造了种种借口来搪塞:“团每战必败,或问故?团曰:每战辄见洋人队中,有赤身妇人立于阵前,致法术为其所破。”④或曰已死之团众“爱财,曾抢藏人物,故致死”⑤。到了后来,有些义和团

---

① [美]周锡瑞:《义和团运动的起源》,张俊义、王栋译,江苏人民出版社1998年版,第379页。

② 参见王致中:《封建蒙昧主义与义和团运动》,义和团运动研究会编:《义和团运动史论文选》,中华书局1984年版。

③ 参见[日]佐原笃介、沤隐:《拳事杂记》,《中国近代史资料丛刊·义和团》第1册,上海人民出版社1957年版,第241页。

④ 佚名:《天津一月记》,《中国近代史资料丛刊·义和团》第2册,上海人民出版社1957年版,第153页。

⑤ 袁昶:《乱中日记残稿》,《中国近代史资料丛刊·义和团》第1册,上海人民出版社1957年版,第346页。

团员更是有意避战,“裕(禄)日促张(德成)出督战,张皆以时未至辞。强之,不得已,始一行,然亦惟率众出东门,绕北门入,极不敢越城东南一步也”[①]。此种情形下,久而久之,义和团必然失去民心,许多人也就纷纷退团。“皂头(曾充大师兄)唯唯旁立,自言团已散。因问之,曰:‘初练,百人往攻西什库教堂,一次而伤四十余人。嗣后,乃知不易。’”[②]于是,义和团初起时如烈火燎原,散时又如冰消瓦解,就不难理解了。

总之,戏剧为义和团运动产生了多方面的影响。首先,使义和团团员在服饰、神主、话语、行为上处处显示出戏剧的痕迹。其次,起到了舆论宣传的作用,使义和团运动为广大普通民众所接受,并奠定了良好的社会基础,在一定程度上促进了义和团运动的迅速发展。这充分显示出一个地区社会风俗文化的巨大影响力。当然,义和团运动的爆发是多种因素综合作用的结果。当时的各种社会因素,如西方国家的步步进逼、洋教的传播与教民的横行、天气干旱等,在戏剧创造的这种社会叙述背景下相互交织,最终导致了义和团运动的爆发。

---

① 汤殿三:《天津拳祸遗闻》,《中国近代史资料丛刊·义和团》第2册,上海人民出版社1957年版,第69页。

② 《高枬日记》,中华书局1978年版,第166页。

“土”义变迁考*

> 乃行，过五鹿，乞食于野人。野人举块以与之。公子怒，将鞭之。子犯曰：‘天赐也。民以土服，又何求焉！天事必象，十有二年，必获此土。二三子志之。岁在寿星及鹑尾，其有此土乎！天以命矣，复于寿星，必获诸侯。天之道也，由是始之。有此，其以戊申乎！所以申土也。’再拜稽首，受而载之。

这是《国语·晋语》所载“重耳拜土”的故事。重耳的态度之所以会发生重大的改变，与“土”在传统中国社会中所具有的深刻意义有极大关系。传统中国是一个以农为本的国家，土地是最为基本的生产资料，拥有了土地，也就等于拥有了衣食之源与固国之本。另外，“土”又有国土、疆土之义，因此有了“土”，也就代表着拥有了国之疆土。所以重耳才会由最初的恼怒转变为随后的虔拜，只是他所真正叩拜的并非“野人”而是“泥土”。当然，这里展现出的只是“土”的部分含义，实际上“土”在中国具有非常丰富的意涵，且从古至今，与不同的社会历史情境相适应，“土”的含义也屡有变迁。总体而言，从远古

---

* 本文原载于《民族艺术》2014年第3期。

到当下,"土"义的变迁可大体分为三个时段。近代之前,由作为物质的"土壤""田地"向"国土""乡土""地方性"等的文化转变;近代以来,随着中国国门洞开及西方现代"洋"技术及观念等的传入,"土"又表现出一种"愚昧"与"落后"之义;进入20世纪末期,随着非遗保护及对传统的日益重视,"土"作为"传统的""自然的"等代名词而又日益受到关注与重视。本文的主旨,即在于对这一变迁过程略作描述。

对于"土"的意义问题,目前学界已有一些相关研究成果。一是从乡土文化角度展开的分析,重点论述传统中国社会何以会产生一种"以土为本"的理念及浓厚的乡土习俗等。[①] 一是从语义学角度,对"土"的具体含义及其背后的意义拓展机制等做相关描述与分析。[②] 不过纵观已有之研究可以发现,它们基本上都是针对某个历史时期进行分析的,因而缺乏一种长时段的"变迁"研究视角。虽然也有个别研究涉及"土"义的传统与当代变化问题,但更多的只是从语义学角度展开的简单描述,而没有对这种变化背后的社会历史情境问题做具体分析。基于此,本文将在已有研究的基础上,对从远古到当下"土"义的具体变迁及其背后的社会影响因素问题做一大体勾勒。

---

① 具体如张弘:《中国传统社会"土"文化纵观》,《中共济南市委党校学报》2003年第4期;燕楠:《中国乡村社会文化中的"土"——读费孝通〈乡土中国〉》,《美与时代》(上)2014年第2期;李国恩:《安土重迁:中国人稳定性的传统社会心理》,《济南大学学报》(社会科学版)2000年第4期;等等。

② 具体如邬义钧:《"洋"和"土"的辩证法》,《政治与经济》1959年第6期;唐玉环:《论社会变迁中"土""洋"的词义变化》,《现代语文》2009年第1期;贾冬梅、蓝纯:《五行之土行背后的概念隐喻和借代》,《当代外语研究》2013年第1期;等等。

一、从具象到抽象：“土”义的传统生发与演变

对于“土”的含义，《现代汉语词典》有如下几种解释：土壤、泥土；土地；本地的、地方性的；我国民间沿用的生产技术和有关的设备、产品、人员等（区别于“洋”）；不合潮流、不开通；未熬制的鸦片；姓。[①] 这几个解释，可以说基本代表了21世纪之前“土”的基本含义。当然，这几层意思，并不是同时产生的，而是有一个历史发展的过程，并且就实际社会情境而言，“土”的含义也要具体、复杂得多。

土壤、泥土应为“土”的最原初意义。按现代土壤学的说法，泥土即沉积于地面上的泥沙混合物，“包括颗粒大小不同的矿物质颗粒及无定形的有机质颗粒”[②]。这一点在甲骨文中即有所体现。“土”的甲骨文字形为“[illegible]”，为一象形字，即地平线“—”上高耸的立墩“0”，“¦\”则为指示符号，表示溅泥灰尘，字面意思即为耸立在地面上的泥墩。于是以“泥土、土壤”之义为本原，“土”的意涵开始在一系列概念隐喻与借代的作用下，不断向自然界、人以及人类社会生发与拓展。总体言之，主要表现为以下几个方面，即土地、土制品、土的特征、一定的地域、测量土地及具有土的特征的事物与现象、一定地域内的

① 中国社会科学院语言研究所词典编辑室编：《现代汉语词典》，商务印书馆1998年版，第1277页。

② 关连珠主编：《普通土壤学》，中国农业大学出版社2007年版，第4页。

事物、现象与人、土地神、五行之一等。[1]

由“土”之本义所生发的第一层意思是土地、田地，正如《尔雅》所言：“土，田也。”对此，郝懿行义疏：“土为田之大名，田为已耕之土。”[2]而之所以如此，应该与农业的发展有极大关系，毕竟作物只能种植于泥土之中，故《说文解字》云：“土，地之吐生物者也。”《周易·离卦》亦云：“百谷草木丽乎土。”费孝通先生也说：“土字的基本意义是指泥土。乡下人离不了泥土，因为在乡下住，种地是最普通的谋生办法。”[3]种地是最基本的谋生方法，因此农业便成为人们的基本生业，故“土”又有“事业”之义。正如《康熙字典》所言：“又业也。《皇极经世》：‘独夫以百亩为土，大夫以百里为土，诸侯以四境为土，天子以九州为土，仲尼以万世为土。’”农业生产需要土地，而为便于生产的实施，就需要对农业用地做相应的规划，如西周时期的井田制。一般以百亩为一个耕作单位，称为一田，纵横相连的九田合为一井，中间则有遂、沟等排灌系统与径、畛等道路系统。[4] 而要对土地做如此精细的规划，则首先需要对土地进行测量，于是“土”又有了动词之义，即“测量土地”，并在后来进一步引申到国土等的测量与界定上。如《周礼·地官·大司徒》所云：“凡建邦国，以土圭土其地，而制其域。”《周礼·考工

---

① 参见贾冬梅、蓝纯：《五行之土行背后的概念隐喻和借代》，《当代外语研究》2013 年第 1 期。

② 郝懿行著，吴庆峰等点校：《尔雅义疏》，齐鲁书社 2010 年版，第 3061 页。

③ 费孝通：《乡土中国》，北京出版社 2004 年版，第 1 页。

④ 参见赵冈、陈钟毅：《中国土地制度史》之第一章，新星出版社 2006 年版。

记·玉人》:“土圭尺有五寸,以致日,以土地。”郑玄注曰:“土,犹度也。”《穀梁传·僖公四年》亦曰:“不土其地,不分其民,明正也。”

土地是农业发展的最基本生产资料。“农业和游牧或工业不同,它是直接取资于土地的。游牧的人可以逐水草而居,飘忽无定;做工业的人可以择地而居,迁移无碍;而种地的人却搬不动地,长在土里的庄稼行动不得,侍候庄稼的老农也因之像是半身插入了土里”,因此,“直接靠农业来谋生的人是黏着在土地上的”。[①] 也正因为此,才形成了传统中国人安土重迁的稳定社会心理。[②] 安土重迁、固处一地,人们世代定居并依赖于祖辈所传承之土地,很少发生大的迁移与流动,因此“土”又有了作为动词的“居住”及名词的“居处”“家乡”“出生地”等含义。如《诗经·大雅·绵》:“民之初生,自土沮漆。”《后汉书·班超传》:“超自以久绝域,年老思土。”另外,与每个地方的土质、气候环境等相适应,农业生产总是具有强烈的地方性色彩。而就传统农业社区而言,由于人口流动少,加之自给自足的农业经济结构,整个乡土社会具有了强烈的地方性色彩。“我想我们很可以说,乡土社会的生活是富于地方性的。地方性是指他们活动范围有地域上的限制。在区域间接触少,生活隔离,各自保持着孤立的社会圈子。”[③]因此“土”又有了“地方”“地区”之义,也即一定范围内的土地,如“某土之守某官,

---

① 费孝通:《乡土中国》,北京出版社 2004 年版,第 2 页。

② 参见李国恩:《安土重迁:中国人稳定性的传统社会心理》,《济南大学学报》(社会科学版)2000 年第 4 期。

③ 费孝通:《乡土中国》,北京出版社 2004 年版,第 6 页。

使使者进于天子”[1];“汉武帝时,通博南山道,渡兰仓津,土地绝远,行者苦之”[2]。而由“土地”“地方”“地区”,“土”又生发出“国土”“疆土”之义。如《国语·吴语》:“凡吴土地人民,越既有之矣,孤何以视于天下。”《孟子·梁惠王上》:“然则王之所大欲可知已,欲辟土地,朝秦楚,莅中国而抚四夷也。”之所以如此,一方面,国土、疆土总是由一定的地方或地域所组成的,而在中国历史的早期,“国家”众多且每个“国”所占据的地理范围也都很狭小,所谓“万邦时代”“百里之国”[3],因此一“国”也就相当于一个“地方”。另一方面,在以农为本的经济形态下,土地又是一个国家赖以立足之根本,因此“土”也就成为国土、疆土的代称,所以子犯才将野人赠土视为重耳将获天下的吉兆。再进一步,由“地区”“地方”“国土”等,“土”又衍生出“地方的”“本地的”“本国的”等含义。如《后汉书·窦融传》:“累世在河西,知其土俗。”《左传·成公九年》:“乐操土风,不忘旧也。”此处之“土俗”“土风”,即为地方风俗、当地风俗之意。其他诸如土兵、土帮、土货、土音、土语、土话、土产、土人、土特产、土戏、土著等词汇,“土”均有当地、地方之义。不过需要注意的是,虽然在古代中国社会中,作为地方性的“土”与作为主流、大传统的“雅”相比,已有“不高雅”“粗糙”之意,如晋范宁《文书教》“土纸不可以做文书,皆令用藤角纸”之语。但总体而言,“土人”“土俗”之“土”,还没有近代以后那种与

---

① 韩愈:《昌黎先生文集》卷一《感二鸟赋》,宋蜀本。

② 郦道元著,陈桥驿校证:《水经注校证》,中华书局2007年版,第826页。

③ 参见安介生:《中国古史的“万邦时代”——兼论先秦时期国家与民族发展的渊源与地理格局》,《复旦学报》(社会科学版)2003年第3期。

"洋"相对的明显的落后、愚昧之义,而更多保有的是"地方性的"含义。

在长期的农业生产及日常生活实践中,土成为人们最熟悉的物质之一,于是就产生了以"土"去描述其他事物的做法,比如用以描述某物之颜色。师旷《禽经》曰:"鸾,瑞鸟,一曰鸡趣。首翼赤曰丹凤,青曰羽翔,白曰化翼,元曰阴翥,黄曰土符。"对此,张华注曰:"别五采而为名也。"此处之"土",即为黄色之意。故《周礼·考工记》云:"土以黄,其象方。"中国早期文明的主要发祥地在北方尤其是黄土高原地区,因此以"土"指代黄色也就顺理成章了,故而在五行之中,"土"所代表的是黄色。另外,"土"在古代汉语中还可指代土星。对此,《说文解字》云:"又星名,一曰镇星。"此外"土"还可指代未经熬制的鸦片,即烟土,"土来金去芙蓉膏,丝轻帛贱羽毛布"[①]。而此两种指代之所以能够成立,很大程度上亦与土所代表的颜色有关。因古代中国人观测到的土星呈黄色,所以就以"土"名之;而未经熬制的鸦片,不论在外观还是颜色上亦与土相似,故亦以"土"称之。[②] 除颜色外,土还可指代由土构成的物品,如《礼记·郊特牲·蜡辞》:"土反其宅,水归其壑。"此处之"土",即堤防之意,对此孔颖达曾疏曰:"土即坊也。反,归也。宅,安也。土归其安,则得不崩。"[③]再比如"土木",可指代建筑工程,如葛洪《抱朴子·诘鲍》:"起土木于凌霄,构丹绿于棼橑。"

---

① 张际亮:《思伯子堂诗集》卷一六《送云麓观察督粮粤东》,清刻本。

② 参见贾冬梅、蓝纯:《五行之土行背后的概念隐喻和借代》,《当代外语研究》2013年第1期。

③ 阮元校刻:《十三经注疏·礼记正义》,中华书局2009年版,第3150页。

土又可指五行之“土”，即构成世界的五种基本要素之一，对此《康熙字典》记曰：“土，五行之一。”五行思想是中国传统思想的重要组成部分，对中国社会各面相均产生过极为深刻的影响。那为何本义为土壤的“土”会成为五行之一呢？这很大程度上应该与“土”是人们最为熟悉的物质之一有极大关系。关于五行学说的起源，历来众说纷纭，莫衷一是，诸如“五材说”“五方说”“五星说”等，其中“五材说”又是最被认可的一种观点。按此学说，金、木、水、火、土本为古代人类生活的五种基本物品，后被抽象为构成世界的五种基本元素，因此是以五材为主要因素而唯心化的结果。[①] 而“土”之所以为古代中国人最熟悉的五种物质之一，应该与农业生产的进行有极大关系，毕竟土地是农业生产的最基本要素。事实上，有一种观点认为，五行学说本就是农业生产的产物，即金、木、水、火、土本是中国上古定居农业时代的五大生产要素，而其中的相生相克关系则是对当时农业社会中重要生产过程和方法的反映与总结。[②] 此外，“土”还可指古代八音之一。《周礼·春官·大师》：“皆播之以八音：金、石、土、革、丝、木、匏、竹。”八音，初指古代八种制造乐器的材料，后泛指音乐。之所以以“土”名之，也应与土为民众最易得与最熟悉的物质材料有关。

土是农业生产的最基本生产要素，是民众与国家的安身立命之本，因此自古以来中国人对土地都极为珍重与爱惜，由此

① 参见杨向奎：《五行说的起源及其演变》，《文史哲》1955 年第 11 期。

② 参见赵洪武：《论五行学说的技术性起源》，《自然辩证法研究》2009 年第 2 期。

形成了传统中国“惜土、养土、敬土”的精耕细作传统。[①] 除惜土、养土外,传统中国还形成了对土的神灵崇拜,也即社神或曰土地神崇拜。因此,“土”在古代汉语中又可指“土地神”,正如《公羊传·僖公三十一年》所云:“天子祭天,诸侯祭土。”地神信仰在中国有非常久远的历史,早在殷墟卜辞中已有相关记载,如“贞,燎于土,三小牢,卯二牛,沉十牛”;“燎于土,羌,俎小牢”。[②] 此处之“土”,很明显与地神崇拜有关。事实上,有人认为,土的甲骨文字形,本身就是对地神崇拜的象形描述。[③] 因此,虽然殷墟卜辞中并无周以后的“社”字,但王国维认为,其中的“土”应即为“社”,“假土为社,疑诸土字皆社之假借字”[④]。故东汉经学家何休在注“天子祭天,诸侯祭土”时言“土谓社也”。而“社”,即指土地神或祭祀土地神的相关场所与活动。此后,土地神逐步发展成为中国民间重要的神灵之一,并成为泥土与地方的深刻象征。“在数量上占着最高地位的神,无疑的是‘土地’。‘土地’这位最近于人性的神,老夫老妻白首偕老的一对,管着乡间一切的闲事。他们象征着可贵的

---

① 参见李琪等:《惜土 养土 敬土——传统农耕文化的精耕细作与集约用地》,《中国土地》2007 年第 10 期。

② 分别见罗振玉:《殷墟书契前编》1·24·3,1913 年珂罗版影印本;郭沫若辑:《殷契粹编》18,《郭沫若全集》第 3 卷《考古编》,科学出版社 2002 年版,第 20 页。

③ 可见谷衍奎编:《汉字源流字典》,语文出版社 2008 年版,第 18 页。本字典的编者更据此进一步认为,“土”的本义应指“筑土祭社”,后才引申为“泥土”。笔者对此观点并不认同。若按此说,先有了抽象的祭拜行为,后有具象的物质实体,而这并不符合事物的认识规律。

④ 王国维:《殷卜辞中所见先公先王考》,《王国维考古学文辑》,凤凰出版社 2008 年版,第 34 页。

泥土。”①

总之,在长期的历史发展过程中,“土”生发出诸多意义与内涵。不过,很难说我们以上所提及之“土”的用法,已包罗了“土”在古代汉语中的所有含义,因依具体语境之不同,也分别会有不同的具体意义,因此难免有挂一漏万之嫌。不过总体而言,就“土”义的演变而言,大体存在一个从具象到抽象或曰从物质到文化的发展过程,即由原初作为本义的“泥土”而发展为田地、地方、八音之土、五行之土、土地神等。而之所以会发生这种转变,与土为人们最为熟悉的物质及生存之根本(农业)有直接关系。

二、“土”“洋”之辨:近代以降“土”义的转变与社会影响

与古代汉语相比,在现代汉语中,“土”还有两个非常重要的含义:一是不合潮流、不开通、落后,具体用法如土包子、土头土脑、土里土气等;一是指我们民间沿用的生产技术和有关的设备产品等,以与“洋”相区别,如土法、土专家、土洋并举等。那这两个含义是何时产生的,又是在何种社会背景下产生的?其出现后又对中国社会产生了何种影响呢?

在现代汉语中,“土”之“不开通、落后”等含义的出现是非常晚近的事。成书于康熙五十五年(1716)的《康熙字典》,可谓是中国古代汉字辞书的集大成之作,较为详细地记载了清初

① 费孝通:《乡土中国》,北京出版社2004年版,第1页。

之前“土”字的各方面含义，但其中并未收录“不开通、落后”等的用法。据此我们可做一大体推论，即至少在清初之时，“土”还未有这方面的含义，虽然实际的语言用法与字典收录之间总会有一定的时间差存在。大体言之，“土”之“不时髦”“不开通”含义的出现应是清末以后的事。就笔者管漏所见的两条资料而言：一是成书于光绪二十九年（1903）的《官场现形记》，在第十回《怕老婆别驾担惊　送胞妹和尚多事》中，陶子尧“正想得高兴的时候，忽见管家带进一个土头土脑的人来，见面作揖”；一是最初连载于1903年8月《新小说》月刊的《二十年目睹之怪现状》第三回：“抚台见他土形土状的，又有某王爷的信，叫好好的照应他。”在这两条资料中，“土”明显已有了“不合潮流、不合时尚”之义。就字典的收录言之，则是更晚近以后的事。仅就笔者所查阅的几本清末民国时期的字典而言，就均未收录，即使是在被称为“20世纪80年代以前中国字典中收字最多的一部字典”的《中华大字典》[1]中也未收录。据笔者有限的查阅所见，较早（不敢说最早）收录此义的为1952年出版的《大众语词典》，其第4、7条释义分别为“不时髦，如土头土脑”；“乡下人，叫土包子”。[2]

那为何“土”义会在清末产生这种新的意义转换呢？大体

---

① 《中华大字典》于1909年开始编纂，1914年定稿，1915年出版，后又于1935年重印，1958年影印，1978年以后也曾数次重印。本字典共收录汉字4.8万个，比《康熙字典》多1000余个，并订正《康熙字典》错误4000余处，出版后被誉为“现在唯一之字书”“近世未有之作”。其中“土”字，被载于字典的“寅部”。关于《中华大字典》的具体成就，可参见魏励：《〈中华大字典〉述评》，《辞书研究》2008年第6期。

② 参见娄冰、孙铨编：《大众语词典》，上海宏文书局1952年版，第3页。

言之,应与当时中国所面临的社会环境变换有直接关系。长期以来,以中国大陆本土为核心的历代王朝与政权,无论是在疆域幅员、政权建设还是在文化与经济发展上都远比周边国家或民族发达,由此在中国产生了一种"天朝上国"的观念,而"中国"一词便是对这一观念的最好反映。这一观念,又是传统"卑夷尊夏"观念在后世的发展与延续,可以说早在先秦时期即已萌芽产生了。正如孔子所说:"夷狄之有君,不如诸夏之亡也。"①其后历经汉唐盛世,再经元明清,这种"天朝上国"的观念在中国也日渐发展与深入,尤其在晚清守旧派官僚中更是根深蒂固。如乾隆五十八年(1793),英国人马葛尔尼率使团访华商讨通商事宜,邀请大将军福康安观看他的卫队演习欧洲新式火器的操法,福康安却说:"看亦可,不看亦可,这火器操法,谅来没有什么稀罕!"对于英国人送的大炮和炮弹,清朝君臣们也不屑一顾,一直被摆放在圆明园而未使用,直到第二次鸦片战争中英法联军攻入圆明园时仍完好无损。因此,在这种"天朝上国"观念的支配下,中国人自然不会认为本国的、本土的观念、物品等是不开通的、落后的,反而认为是先进的,是应向其他国家、民族积极传播的。因此,"土"也就不会产生"不合时宜""落后"的含义。虽然在本国内部,可能会因"大传统"与"小传统"的差异,使作为"地方的""民间的"的"土",相比于社会上层有某种"粗糙"之义,如晋范宁《文书教》"土纸不可以做文书,皆令用藤角纸"之语。但鸦片战争之后,在西方先进工业资本主义国家"坚船利炮"的冲击下,这种"天朝上国"的观念开始逐步走向崩溃。"伴随着第二次鸦片战争、中法战

---

① 《论语》,山西古籍出版社 1999 年版,第 21 页。

争、中日甲午战争和八国联军的侵华战争，天朝上国观念经历了初步动摇、再次动摇、初步崩溃和彻底崩溃四个阶段。"而在这一过程中，伴随着"晚清自身的经济与政治条件的变化，在与外来文化发生接触中，出现了一个与原来文化完全不同的参照系统，人们由此发现了自身文化的弱点和不足；鸦片战争以来清王朝的腐败无能，割地赔款，造成了人们对自身文化信仰的动摇"。[①] 于是在这种社会大背景下，"本国的、本土的"成了"落后的、不合时宜的"，于是"土"的新用法也就逐渐产生了。而随着这一新含义的出现，许多原先本不具备贬义的用法，如"土人"一词，也开始具有了贬损的意味。"土人一词，本来只说生在本地的人，没有什么恶意。后来因其所指，多系野蛮民族，所以加添了一种新意义，仿佛成了野蛮人的代名词。"[②]

具体而言，晚清以后"土"义又是在与"洋"的对比中逐渐发生变化的。洋，按《说文解字》的解释，"水也"。另据《康熙字典》，洋则有"水名""州名""多也""广也""海名"等多层意思。《现代汉语词典》中关于"洋"的解释则如下："盛大、丰富"；"地球表面被水覆盖的广大地方"；"外国的，外来的"；"现代化的（区别于'土'）"；"洋钱、银元"。[③] 从中可以看出，"洋"的意义在历史上也有一个逐步扩展的过程。而今天，我们提到"洋"，除"海洋"外，更多想到的是其"外国的""时尚

---

① 张立胜：《试论天朝上国观念在晚清的崩溃》，《广西社会科学》2008 年第 7 期。

② 鲁迅：《热风 · 随感录四十二》，人民文学出版社 1980 年版，第 33 页。

③ 中国社会科学院语言研究所词典编辑室编：《现代汉语词典》，商务印书馆 1998 年版，第 1457 页。

的"等含义。不过,"洋"这一词义的变化也是清末以后才出现的。在1915年出版的《中华大字典》(巳集)"洋"的解释中,就出现了"俗称外国"的说法。而这一含义的出现,明显也是与晚清以后社会环境的变迁紧密相关的。我国东邻大海,受此地理环境的影响,历史上与中国发生关系的国家或民族主要位于北方与西方地区,因此早期古汉语中我们对外国或非汉族更多地以"胡"称呼之,此后又出现了"番"这一称呼。而不论"胡"还是"番",都含有明显的贬义。明以后,随着西方来华传教士逐渐增多,中国与西方国家的交往也逐渐增多,天文仪器、自鸣钟、手风琴、地图等物品也陆续传入中国。但值得注意的是,对这些物品的称呼并未如后世那样会在前面加一个"洋"字,而更多地仍延续传统的"胡""番"等字样。① 直到19世纪中叶以后,随着中国国门被逐步打开及"天朝上国"观念的打破,中国人开始深切感受到在与一个不论社会形态还是文明程度上都高于自己的国家与民族交往时的那种自卑与苦涩。本来的"天朝上国"之民,在以前被自己称作胡人、蛮夷的西方人眼中却变成了"野蛮人"。正如第一次世界大战前荷兰字典《标准范德罗字典》在记述"CHINA"一词时所写的那样:"支那,即愚蠢的中国人,精神有问题的中国人等。"②于是,相比于"本国的、本土的","外国的、外来的"成为先进的代名词。而与传统的交往国家主要是位于北方、西方的陆地之国不同,现在与中国发生交往的则主要是位于大洋之外的诸国家,于是人们逐渐

---

① 参见陈良煜:《汉语"胡""洋"之历史文化义涵探析》,《青海师范大学学报》(哲学社会科学版)2006年第3期。

② 忻剑飞:《世界的中国观》,学林出版社1991年版,第147页。

开始以"洋"来称呼这些国家以及由这些国家涌入的物品，如洋蜡、洋油、洋行、洋车、洋钱、洋纸、洋伞，等等。由此，"土"与"洋"成为一对含义相反的语言范畴。外来的、外国的，称之为"洋"，其是先进的、时髦的；本国的、本土的，称之为"土"，其是落后的、不合时宜的。

晚清以后，围绕着"土"与"洋"，中国社会的许多领域都曾引发过激烈的探论与争论。比如在体育领域。19世纪中叶之后，随着国门被打开，球类、田径等西方近代体育传入中国，并日渐受到各界重视。与之相比，传统的"国技"——武术等体育形式则日益受到冷落，并被完全排除于学校体育之外。在此大背景下，以《大公报》为中心，20世纪30年代，中国体育界展开了一场围绕"土""洋"体育孰优孰劣的大争论。[①] 其中传统派积极拥护中国传统体育，反对发展西方竞技体育，认为要想"起弊振衰，非提倡土体育之国术不可"[②]。"洋"体育的拥护者则极力宣扬西方竞技体育的优点，认为要想实现"体育救国"，"绝非土体育所能奏效"。[③] 纸面上的论争并无结局，但就实际发展来看，"洋"战胜了"土"却是不争的事实。再比如音乐领域。20世纪二三十年代，西洋美声唱法传入中国并日渐扩展其影响力，于是如何看待西洋唱法与中国民族唱法的关系

---

① 具体情形可参见冯玉龙、朱向中：《〈大公报〉与"土洋体育"之争》，《体育文化导刊》2006年第7期；陈德旭：《民国时期"土洋体育之争"的研究述评》，《搏击·武术科学》2011年第11期；等等。

② 语见时任中央国术馆馆长的张之江于1932年8月11日致《大公报》的信函。转引自杨向东：《中国体育思想史》（近代卷），首都师范大学出版社2008年版，第254页。

③ 《〈大公报〉论"今后之国民体育问题"书后》，《大公报》1932年8月13日。

成为音乐学界关心的一大问题,由此导致在20世纪40年代末50年代初至70年代,中国音乐界掀起了一场"土洋之争"的大讨论。这场论证的焦点在于如何看待中国民族唱法与西方美声唱法的技术特点,以及歌唱表现内容与发声方法间的辩证关系问题,体现出当时人们在声乐艺术观念上的矛盾与冲突。而争论的结果是,"洋"唱法由于具有院校教育的依托而逐渐占据了优势地位。①

其实,不仅在体育、音乐等具体相关领域内存在"土洋之辨",中国近代以来的历次政治与社会文化运动,我们基本也都可以放到"土""洋"之辨的视角下去理解。鸦片战争以后,随着中国人对西方世界的日益了解,越来越多的人开始逐步认识到西方世界的先进与中国社会的落后,于是他们开始放弃传统"天朝上国"的幻想,转而掀起了向西方学习的热潮。学习的内容,大体而言,可分为物质、制度与观念这三个层面。而在这些率先"觉醒的人"当中,魏源可谓是早期的代表性人物之一,他提出"师夷长技以制夷"的观点,即学习西方、"洋"为"土"用。第二次鸦片战争后,为实现"富国强兵"之目标,在洋务派的主导下又开展了轰轰烈烈的"洋务运动",开始全面学习西方的先进军事与经济技术。与此同时,具有早期资产阶级性质的民权思想亦初步萌芽,主张"讲求西学",学习西方先进国家的自然科学与社会政治学说。戊戌变法运动则在早期改良派侧重于经济发展的基础上,又明确提出了效法西方资本主义制度,变封建君主制为君主立宪制的主张,并力图加以实践。

---

① 参见王鸿立:《"土洋之争"新议》,《文化学刊》2009年第3期;房蕾蕾:《跨越时代的"土洋之争"讨论》,《德州学院学报》2010年第5期。

而这些运动,本质上都是对“洋”的学习与追求。不幸的是,如同体育等领域的“土洋之争”,在这些运动过程中也都伴随着激烈的“土洋之争”。以顽固派为代表的“土”派对“洋”派进行了多方面的阻挠与抗争,戊戌变法的失败就是这种阻挠的结果。辛亥革命推翻了清政府,使西方资产阶级民主思想在中国获得了大力推广,但很快又遭到了袁世凯及各路军阀等传统本土力量的破坏。鉴于以往历次运动的制度缺陷,新文化运动,又进一步明确提出了“民主”与“科学”的口号。1928 年南京国民政府统一中国后,为更好地改造社会道德和国民精神,于 1934 掀起了“新生活运动”。这场运动,一方面强调“中华民族传统美德”,另一方面又号召向外人(西方等先进国家)学习,力图实现“土”与“洋”的结合,从而对中国的国民性进行现代式改造。其他如晏阳初在河北定县的平民教育运动、梁漱溟在山东邹平的乡村建设运动,本质上也都是在追求一种“土”“洋”结合,虽然“土”“洋”所占的分量可能并不相同。20 世纪 50 年代初,新中国仿照苏联模式,迅速掀起了工业化及其他方面的社会改造运动,本质上也都是近代以来学习“洋”的延续。但 20 世纪 60 年代以后,随着中苏关系及中国所面临国际环境的恶化,“洋”开始成为一个禁忌性的话题。因为“洋”代表着资本主义,而资本主义又是腐朽的,因而“洋人不能接触,洋技不能问津,洋事不能涉及”①。直到改革开放后,这一禁忌才被打破,“洋”又成为我们学习的目标。故可以说,近代以来,“土”“洋”之辨就一直没有停止过。

---

① 李俭:《在“土”“洋”观上少点盲目性》,《思想政治工作研究》1986 年第 11 期。

总之，鸦片战争以后，受中国所面临的国际与国内社会形势急速变迁的影响，“土”的含义也发生了新的变迁，并与“洋”形成了一对相反的范畴，一则代表落后，一则代表进步。而这又对其后的整体中国社会变迁产生了深远影响。当然，我们说近代以后“土”出现了新的意义变迁，并不是说其原有之义就消失了，而是仍旧存在并使用着。

三、“天然的”“传统的”：20 世纪末以来的“土”义变迁

近代以后，原本并无贬义的“土”义发生了很大变迁，成为“落后”“不合时宜”的代名词，并一直延续到了今天。不过，时间跨入 20 世纪末之后，随着中国所面临国际与国内社会环境的再次大变迁，“土”的“名誉”又开始得到了一定程度的恢复，展现出其积极性的一面。总体而言，这种“积极性”又主要表现在两个领域内，一是饮食，二是传统文化。下面即对这一转变做具体分析。

在饮食领域，今天的“土”开始越来越展现出一种“天然的”“野生的”，因而也是“安全的”含义。如“土鸡”：“也叫草鸡、笨鸡，是指放养在山野林间、果园的肉鸡，现在多指乡村放养的鸡。由于其肉质鲜美、营养丰富、无公害污染，肉、蛋属绿色食品，近年来颇受人们青睐，价格不断攀升。”①其他诸如“土

① 互动百科“土鸡”词条，http://www.baike.com/wiki/%E5%9C%9F%E9%B8%A1。

猪”“土菜”“土鸡蛋”等也都具有这方面的含义。很明显,“天然的”“野生的”等含义是由“土”之传统含义“本地的”“本土的”生发而来的。简单来说,所谓土鸡、土猪等,也就是采用传统方法饲养的地方性鸡、猪等。正如在谈到现在享誉全国的广东壹号土猪时,其创始人陈升所说的那样:“土猪其实只是一种俗称,指的是猪的品种,而并非完全土生土长的环境和土的养殖方式。土猪的真正名字叫作‘地方猪种’,由于活动量大,生长速度慢,养殖时间长,所以‘土猪’的肥肉多,但味道却香甜有嚼头。”此外,相比于“洋猪”,土猪的另一大特点就是“饲料中没有添加剂,更没有工业饲料”,虽然“土猪也吃饲料,且与洋猪所吃的东西95%是相同的”。[①] 由于采用传统方法喂养、加工且不使用任何添加剂,因而民众普遍认为“土”食品是安全的、口味好且更富营养的[②],由此也带动了“土”义的情感色彩转变。

那为何近年来“土”义会发生这种转变呢?总体而言,这与人们生活水平的日渐提高及对食品安全的日渐关注等有直接关系。今天的中国,随着经济的快速发展与人们生活水平的提高,早已度过了“但求温饱”的发展阶段,吃得好、吃得精越来越成为人们尤其是城市民众追求的饮食目标,于是“肥壮的

---

① 彭文蕊、朱琳:《土猪肉为什么这样贵?》,《中国畜牧兽医报》2012年7月22日。

② “土”食品是否更有营养,其实并没有绝对的标准。以鸡蛋为例,“土鸡蛋”与“洋鸡蛋”就具体营养成分而言其实是各有千秋,分别适合不同的人群食用。如土鸡蛋由于养分积累周期长,脂肪含量也高,因而不适合老年人长期食用。参见常怡勇:《土鸡蛋洋鸡蛋,哪个好》,《家庭医药》2014年第2期。

鸡肉渐渐让人失去了胃口,而身材小、肉质弹性好的土鸡便成了市民普遍欢迎的肉食"[1]。另外,食品安全也成为人们今天越来越关注的一个话题。传统中国的食品生产可谓是一种自然生态式的技术体系,种子由自家选育,肥料为自家生产、积累的土肥,病虫害主要依赖于人工防治;猪、鸡等主要在自家院内圈养或散养,饲料则是自家生产或完全从野外获取。但近代以后,随着西方农业生产技术的传入,这种状况开始逐渐发生改变。尤其是20世纪八九十年代以后,为保证丰产、高产,化肥、农药等开始全面进入农业生产领域,加之大量工业废水、废气、废渣的排放,使大量农产品成为"有毒物品",如毒大米、毒花生、毒生姜等,相关报道屡见于报端、网络等。[2] 在畜禽生产方面,个体性的家庭散养模式逐渐让位于大规模的集中圈养,在品种上生长快、出栏率高的"洋"品种也逐渐取代传统的"土"品种。同时,为了防止大规模圈养的病害及缩短养殖周期,各种抗生素、食品添加剂等被用于畜禽饲养,使相关产品对身体产生极大危害,如"瘦肉精"猪肉等。而在食品加工领域,"地沟油""塑化剂""染色馒头""毒豆芽""鸭血黑作坊"等更是屡屡见诸报端。[3] 另外,当前随着信息、物流等传播的迅速加快,在饮食加工与口味上日渐表现出一种趋同性特征,即随着主流

---

① 徐华:《沾"土"价格飙升,土鸡越"土"越好?》,《深圳特区报》2011年4月12日。

② 如《广东等地发现镉超标大米》,和讯新闻,http://news.hexun.com/2013/dudami/;康宇:《山东"毒姜"事件再调查》,《辽沈晚报》2013年5月10日。

③ 参见《2008—2011食品安全事件大盘点》,联尚·资讯中心,2011年5月3日,http://www.linkshop.com.cn/web/archives/2011/161178.shtml。

饮食文化的推广，全国各地的饮食文化正变得日渐统一。久而久之，这种千篇一律、工业化流水线式的饮食模式开始越来越被人们的厌倦，具有地方风味的“土菜”开始受到人们的青睐。

在上述背景下，在今天的中国，“天然”“绿色”“健康”的土产品开始日益受到人们的青睐与追捧。“肉不香了，菜没味了，瓜不甜了，钝化的味觉让消费者选择食品，追捧起了土猪肉、土鸡、土鸡蛋等‘土’类产品。因为带上了‘土’字，食品的售价也随之迈入贵族行列。”①于是，在全国各地，“土”货开始大行其道。在无锡，点心糕饼等“土”年货大抢高档烟酒的风头。② 在港台地区，曾经被白肉鸡挤出的土鸡又重新霸占了鸡肉市场。③ 在深圳，土鸡备受追捧，身价大增。④ 一些地区也充分利用“土”字做文章，以带动地方经济发展。在浙江遂昌，开始施行“让农作物种植回归生态本原”的发展模式，完全采用传统土法发展农业生产，如土农药、土肥料等，以图“把遂昌打造成长三角市民的原生态菜篮子”⑤。在湖南衡东，当地政府则抓住“土菜”大做文章，从 2008 年起开始举办土菜文化节，

---

① 谢朝红：《土姓食品变贵族 真土假土难辨别》，《中国食品报》2011 年 12 月 15 日。

② 参见山石、朱潇丹：《“土”年货抢了高档烟酒风头》，《无锡日报》2009 年 1 月 9 日。

③ 参见一辉：《“土洋大战”土鸡重新称霸港台市场》，《中国国门时报》2008 年 1 月 14 日。

④ 参见徐华：《沾“土”价格飙升，土鸡越“土”越好?》，《深圳特区报》2011 年 4 月 12 日。

⑤ 李亚彪：《遂昌：农业回归“原生态”，土肥土药派用场》，《新华每日电讯》2010 年 2 月 8 日。

使土菜成为推动地方经济发展的重要环节,“年产值超过25亿元”[①]。于是,随着“土”产品在全国各地的流行与推广,“土”义也开始发生了“好”的转变。不过,需要注意的一点是,受经济利益的驱动,市场上开始出现了大量以假乱真的现象,如在成都,土鸡蛋九成都是假的[②]。长此以往,这必将影响人们对“土”产品的价值认知,从而也影响到“土”义的这种良性转变。因此,必须要尽快规范市场行为,对究竟何谓“土”产品制定具体规定与标准。

鸦片战争后,在“洋”的比照下,传统中国文化被认定是“土”的、落后的,作为“小传统”的、地方性的、民间的文化更是被认为是落后的,因而是急需改造的。因此,指代“本土文化”的“土”长期以来一直含有一种贬义的味道。但从20世纪末期以来,这种情况开始逐渐发生改变。随着全球化的迅速推进及中国自身文化自觉性的逐步提高,作为本土文化的传统中华文化开始日益受到人们的重视。由此,“土”开始逐渐摆脱清末以来的落后形象,而成为应该被珍视的地方“传统”。因为“土”本身就是一种美。[③] 于是,具有地方特色的“土文化”开始越来越受到人们的广泛重视。“建设和繁荣文化,不仅需要建设剧院、博物馆、图书馆、体育中心等硬件设施来弘扬‘洋文化’,也需要通过举行传统活动、仪式等方式来继承‘土文化’。

---

① 朱章安等:《衡东举办第三届土菜文化节》,《湖南日报》2010年10月27日。

② 参见《成都土鸡蛋九成是假的》,《亚太经济时报》2000年8月19日。

③ 参见王才忠:《“土”就是一种美——关于文化资源与市场对接的思考》,《湖北日报》2004年11月10日。

健康的‘土文化’由于扎根本土、世代传承，既有历史传统的沉淀，也有植根于生活的变化和发展，更能代表地方特色，而且相较‘烧钱’的‘洋文化’而言，‘群众基础’深厚的‘土文化’，政府只要积极引导、努力扶持、稍加投入，即可取得事半而功倍的效果。”①

在指代传统文化时，“土”之所以在近些年来发生情感意义上的转变，与人们对传统的日益重视有直接关系。而这种对传统的重视，又是对近代以来传统所受的打压与冲击进行反思及重新“发现”与“创造”的结果。近代以来的中国历史，某种程度上说就是一部对传统进行否定、打击与改造的历史，其中又尤其以“五四”时期与“文化大革命”时期最为严重。而经过“一个世纪以来在思想上和行为上的文化自戕冲动”，以儒家为主的中国传统文化陷入一种“文名危浅，朝不虑夕”的危机之中。② 同时，改革开放以后，随着中国与外部世界的逐步接轨，席卷世界的全球化浪潮亦不可避免地对中国社会造成了巨大冲击。在社会文化领域，随着占强势地位的西方文化的输入与影响力日益突出，中国传统文化更是受到进一步的冲击，并且国人对民族文化的认同呈现出一定的弱化趋势。③ 但是，在全球化过程中，传统又成为个体、民族、社会与国家进行文化认同的重要工具，普遍主义与特殊主义两种认同间的矛盾也被进

① 刀拉斯：《发展“土文化”事半而功倍》，《玉溪日报》2011年11月30日。

② 张祥龙：《全球化的文化本性与中国传统文化的濒危求生》，《南开学报》（哲学社会科学版）2002年第5期。

③ 参见潘正祥、宋玉：《全球化背景下我国传统文化复兴的机遇及挑战》，《理论建设》2008年第2期。

一步激化。与此同时，在反思经典现代化及现代性的基础上，“寻求原教旨”的社会思潮和社会实践又在全球弥散开来，由此出现了传统在全球范围内的复兴现象。[①] 正是在这一全球性的传统复兴背景下，在中国传统文化遭受全球化浪潮冲击的过程中，越来越多的中国人也开始认识到自身传统文化的意义与价值所在，使“传统”重又受到人们的重视与认同。因为“一个民族的身份证不仅仅是你的黄皮肤、黑头发和语言，最最重要的是自己的传统文化与文化传统，它是本民族区别于其他民族的根本所在”[②]。而从 2004 年以后正式开展的非物质文化遗产保护运动，更是在全国范围内进一步唤起了人们对自身传统的珍视与认同。当前由政府所主导的非物质文化遗产保护工作实践，注重对一个国家或一个地区有代表性“原生态”文化的挖掘与保护，而所谓的“原生态”文化，也就是原先备受冲击的“传统文化”，于是“传统”成为“香饽饽”，并在整个社会掀起了一股浓郁的“传统主义”之风。“‘传统’变成一个使用率极高的术语，几乎人人谈论传统，人人找寻传统。”[③]

20 世纪八九十年代之后，随着人们对传统的“重又发现”与日益关注，“传统”在中国由此急速“复兴”。总体言之，这一传统的“复兴”又可大体分为两个时段。第一个时段为 20 世

---

① 参见王树生：《全球化进程中的文化认同与传统复兴》，《黑龙江社会科学》2008 年第 5 期。

② 此语为中国非物质文化遗产保护中心常务主任张庆善所言，具体见孟菁苇：《张庆善　传统文化是一个民族的身份证》，《中国消费者报》2009 年 2 月 20 日。

③ 陈映婕、张虎生：《非物质文化遗产保护下的“传统”或“传统主义”——以两个七夕个案为例》，《民族艺术》2008 年第 4 期。

纪八九十年代。许多地方政府为吸引外界关注、促进地方经济发展而大力凸显地方特色，也即所谓的“文化搭台，经济唱戏”。如福建泉州早在20世纪80年代初，就曾充分利用历史上曾有大量穆斯林在当地居住的事实而大力挖掘本地的伊斯兰历史与社会文化资源，从而使泉州声名远播。[①] 而在1990年代，这种“文化搭台，经济唱戏”的做法曾被许多地方政府作为发展地方经济的好经验而加以推广，由此导致在全国范围内各种“公祭大典”“文化旅游节”等的兴起。第二个时段为21世纪以后尤其是非物质文化遗产保护运动正式开启之后。这一阶段最引人注目之处就是不论政府还是民间均热衷于对地方传统及文化遗产的发现与挖掘，从而掀起了一股轰轰烈烈的“传统的发明”运动。就本质而言，这一阶段在一定程度上可谓是前期“文化搭台，经济唱戏”做法的延续。因为在具体的保护运动中，人们不仅关注地方传统文化本身，更致力于“传统”以外的东西，如经济资本、社会资本及自我文化的符号认同等。于是，一些原本经济文化欠发达的地区，反而在非遗保护运动中具有了“硬件”优势；经济文化相对发达的地区，反而因“传统”的过多流失而底气不足，于是便挖空心思地去找寻与“发明”地方传统。[②] 在此，我们并不关注“复兴”传统的目的究竟为何以及这些做法是否合理等，仅从“土”义变迁的角度来说，这一传统的“复兴”运动大大改善了“土”的含义与情感色彩却是不争的事实。

---

① 范可：《“申遗”：传统与地方的全球化再现》，《广西民族大学学报》（哲学社会科学版）2008年第5期。

② 参见陈映婕、张虎生：《非物质文化遗产保护下的“传统”或“传统主义”——以两个七夕个案为例》，《民族艺术》2008年第4期。

总之,与近代以后“落后的”“不合时宜的”等带有贬义的含义相比,20世纪末期以后,“土”的含义又开始出现了一种“良性”转换,具有了“天然的”“安全的”“传统的”等意义,而“传统的”又是积极的、有价值的。当然,这种含义的变迁仍只限于少数领域,就整体而言,“落后”“不合时宜”等仍未发生根本性改变。另外,历史上“土”所产生的其他含义,如“土地”“本土的”等,也仍旧在延续使用着。

四、结　语

历史上,中国一直是一个以农为本的国度,而“土”又是农业生产中最基本的生产资料,因此土在传统中国人的心目中具有极为重要的价值与意义。由此,以“土壤”“土地”之“土”为本义与基础,“土”又生发出一系列相关用法与含义,如“居处”“家乡”“本地”“本土”“土地神”和五行之“土”等,呈现出一个从物质向文化、从具象到抽象的演变过程。而近代以后的语义生发,如“落后的”“不合时宜的”“传统的”等,则已脱离了本来的物质性,而成为纯粹的从文化到文化的演变了。总之,经过几千年的发展与演变,与不同的社会历史情境相结合,今天的“土”已具有了丰富多彩的含义。而在所有这些用法与含义中,又以文化方面的意义更为丰富,这充分体现出“土”在中国文化创造过程中的重要性。不过,虽然与“文化”相关的“土”义用法更为丰富,在日常生活中似乎提及度也更高,但实际上,在所有与“土”有关的各种用法中,却仍旧以与“土”的原初含义相关的用法使用频率最高。如据对现代汉语中与“土”相关的例句进行统计后发现,“土”原型用法的使用频率高居首位,占全部语料的70%。①

纵观几千年“土”义生发与演变的历史可以发现,这其中充满着丰富的情感色彩变化。虽然表面看来,近代之前的“土”义内涵并无好与坏、先进与落后的价值判断在里面,但若结合当时中原王朝(尤其是在中古之前)所处的“国际环境”我们就可以发现,就内外对比而言,“土”不仅不是“落后的”,反而是“先进的”。之所以如此,因为“土”代表着定居,代表着发达的农业文明。因此,与北方、西北方地区的游牧文明相比较,“土”自然也就代表着“先进”与“文明”。事实上,发达的农业生产与精耕细作的优良传统,正是中国能够形成“卑夷尊夏”与“天朝上国”观念的重要基础。② 但近代以后,以工业文明为基础的西方国家凭借坚船利炮打开了中国的国门,于是在西方更先进的技术、制度与观念映衬下,以儒家文化为根基的传统中国文化的“劣势”就暴露无遗,于是代表“本国”“本土”的“土”成为“落后”“不合时宜”的代名词,因而是“不好的”、需要被改造的;与之相对应的则是“洋”的“先进”与“发达”。至此,“土”的价值判断开始发生了根本转向。不过到20世纪末期之后,随着中国经济的快速发展及民众对饮食口味与食品安全的日益关注,“土”的情感色彩又出现了“良性”转换,代表了“自然”与“原生态”,因而是“安全的”“口味好的”;相比之下,

---

① 参见贾冬梅、蓝纯:《五行之土行背后的概念隐喻和借代》,《当代外语研究》2013年第1期。

② 正如王明珂的研究所表明的那样,是否有发达的农业生产是判断一个族群是否属于华夏族群的一个重要标准。具体参见王明珂:《华夏边缘:历史记忆与族权认同》,社会科学文献出版社2006年版。

“洋”则是“非自然的”“人工的”，因而也是“口味差的”与“不安全的”。与此同时，随着人们对“传统”的日渐关注与认同，代表传统的“土”也不再是被打击与改造的对象，而成为可带动经济社会发展与提高族群认同的重要文化资源，因而也就是积极的、有价值的。总之，从古至今，“土”的价值判断与情感色彩大致经历了从“先进”（好）到“落后”（不好）再到“安全”与“有价值”（好）的转变。而之所以会发生这种转变，又是与不同的社会历史情境紧密相关的。

山东大学儒学高等研究院教授自选集

◎王绍曾 《文献学与学术史》
◎吉常宏 《古汉语研究丛稿》
◎龚克昌 《中国辞赋学论集》
◎董治安 《先秦两汉文献与文学论集》
◎孟祥才 《学史集》
◎张忠纲 《耘斋古典文学论丛》
◎徐传武 《古代文学、文化与文献》
◎马来平 《追问科学究竟是什么》
◎郑杰文 《墨家与纵横家论丛》
◎冯春田 《〈文心雕龙〉研究》
◎孙剑艺 《里仁居语言论丛》
◎王学典 《史料、史观与史学》
◎黄玉顺 《生活儒学与现象学》
◎张其成 《国学之心与国医之魂》
◎杨朝明 《洙泗文献征信》
◎戚良德 《〈文心雕龙〉与中国文论话语》
◎李平生 《中国近现代史研习录》
◎赵睿才 《唐诗纵横》
◎杜泽逊 《文献探微》
◎叶　涛 《民俗文化与民间信仰》
◎张士闪 《民俗之学：有温度的田野》
◎宋开玉 《语文丛考》

◎徐庆文　《儒学的现代化路径》
◎王承略　《古典文献与学术史论丛》
◎刘　培　《思想、历史与文学》
◎聂济冬　《汉唐文史论集》
◎周纪文　《和谐美散论》
◎赵卫东　《道教历史与文献研究》
◎何朝晖　《书与史》
◎孙　微　《杜诗的阐释与接受》
◎陈　峰　《重访中国现代史学》
◎王加华　《农耕文明与中国乡村社会》
◎龙　圣　《山河之间:明清社会史论集》